インドの水問題

州際河川水紛争を中心に

多田博一

創土社

まえがき

　世界においてインドは人口で16％、国土面積で2.45％、水資源で4％を占めている。年間平均降雨量は4000km^{3}である。表流水と地下水を合わせた利用可能水資源は1086km^{3}であるのに対し、現在の利用量は600km^{3}であり、インド全体としてみると現時点では水はけっして不足していない。しかし、人口増加、工業化と都市化の進展にともない2050年には水需要は973〜1180km^{3}に達すると予測され、しだいに水不足状態が生じるものと危惧されている。1人当たりの水利用可能量は1951年に5177m^{3}であったのが、2001年には1869m^{3}に減少し、2025年には1341m^{3}になるものと予測されている。1700m^{3}以下になると間欠的な不足感や地域的不足状態が生じ、1000m^{3}以下になると完全な不足状態に陥り、500m^{3}以下では生命存続の危機さえ発生するといわれる。インドはすでに不足状態に入りつつあるといえよう。

　インドは広大であり、自然条件が地域的に多様である。概して降雨は年間数カ月の雨季に集中しており、しかも雨季の間でも数週間にまとまって降ることが多い。降雨量の地域間差異も大きく、西部のラージャスターン州では年間100mmにすぎないのに、東部のチェランブンジは1万1000mmにも達する。全体として北部と東部は水資源に恵まれており、西部と南部では水が不足している。このような水資源賦存の地域的差異を反映して、いくつかの州を貫流するいわゆる州際河川の多くでは関係諸州政府の間、関係諸州の住民同士の間で水をめぐる紛争が頻発するようになってきている。

1947年にイギリス植民地から独立したのち、インド政府は河川開発のために1956年河川審議会法と1956年州際水紛争法を制定している。前者は州際河川・流域の水資源保全、灌漑・排水、洪水制御、水力発電、舟運、植林・土壌保全、水質汚染防止などを含む総合的開発を促進することを目的としている。それに対し後者はある州の河川開発計画が他の州の計画に不利な影響をおよぼすことから生じる州間の利害対立・紛争の調停を目指すものであり、州際水紛争審判所の設置と役割を規定している。水不足が深刻化するにつれて審判所の裁定に従わない州もでてきており、インド連邦制にとって重大な試練となっている。

　また、独立後50余年にわたる民主主義体制のもとで一般民衆の間にも権利意識がしだいに高まり、大規模ダム・灌漑施設の建設にともなう町村・耕地・森林の水没や環境破壊、十全な補償なしの土地収用や住民の強制的立ち退きに対する反対運動も各地で起こるようになってきている。さらに、灌漑用水や飲料水のために地下水を過剰に揚水することにより、内陸での地下水位低下や沿岸部での海水浸透、ヒ素集積とフッ素集積という問題が発生する地域も出てきている。

　水資源賦存状況の地域的・季節的差異を克服し、州間対立を緩和する一つの方法として河川連結構想が打ち出されている。用水路・トンネル・サイフォン・動力揚水など各種の近代的水利土木工学技術を駆使して、とくに水余剰地域であるガンガー・ブラーフマプトラ河水系の北部・東部から、水不足状態の深刻な南部へ水を移送しようという壮大な計画が練られている。しかし、これに対しては憲法上の制約、財政負担、環境問題、多数の立ち退き者の発生とそれに対する莫大な立ち退き補償、救済費用などの面から反対意見も強く出されている。そのうえガンガー河やブラーフマプトラ河のような北部インドの州際河川は同時に国際河川でもあり、隣国との外交的折衝・調整も必要になり、インドのみで構想を実現できるものではない。

　筆者がインドの水問題に関心をもち調査を始めてからもっとも強い影響を受けたのは、1990年代中頃から主としてエコノミック・アンド・ポリティカ

ル・ウィークリー（*Economic and Political Weekly*）誌上に現れるようになったラマスワミ．R. アイヤル（Ramaswamy R. Iyer）の諸論考であった。かれは34年にわたりインド政府高等文官として種々の部局に勤務し、1987年水資源省事務次官を最後に退職し、その後水資源開発関係の政府各種委員会の委員、インド政府シンクタンク政策研究センター（Centre for Policy Research）の教授や種々の国際機関の水関係委員会委員を務めてきている。環境保護・人権を重視する立場から多目的大規模ダム建設を中心とするこれまでの水資源開発政策にきわめて慎重な態度をとるようになっている。最近その諸論考が一書にまとめられて出版された。

Iyer, Ramaswamy R.（2003）*Water; Perspectives, Issues, Concerns*, New Delhi, Sage Publications.

同じ政策研究センターの教授を務めたことのあるフェルギース（B. G. Verghese）はタイムズ・オブ・インディア紙（*The Times of India*）の記者を経て、ヒンドゥスタン・タイムズ紙（*The Hindustan Times*）やインディアン・エクスプレス紙（*The Indian Express*）の編集長を務めたあと各種政府委員会・外郭団体に関係している。かれはアイヤルと反対に、インド政府が計画している大規模ダム建設中心の水資源開発を擁護する立場から精力的に数多くの著書、雑誌論文、新聞論説を発表している。主たる著作はつぎの2書である。どちらも時論ではあるが、新聞記者として養われた詳細な事実へのこだわりのゆえに、インドにおける水問題をめぐる議論の展開過程を理解するのにたいへん役立つ。

Verghese, B. G.（1994）*Winning the Future; From Bhakra to Narmada, Tehri, Rajasthan Canal*, Delhi, Konark Publishers.

Verghese, B. G.（1990, 1999）*Waters of Hope; Himalaya-Ganga Development and Cooperation for a Billion People*, New Delhi, Oxford and IBH Co. Ltd.

水利工学技術官僚として独立以前からインド政府の河川開発に携わった経験をもとにして、州際河川水紛争についてまとめたグルハティ（N. D. Gulhati）の著書は出版後すでに30年を経過しているが、当時の公文書へのアクセスが

困難な現在にあってきわめて利用価値が高い。

Gulhati, N. D.（1972）*Development of Inter-State Rivers; Law and Practice in India*, Bombay, Allied Publishers.

法学の専門の立場から水問題を扱ったものとしては、つぎの2書がもっとも有用な情報を多く含んである。

Chauhan, B. R.（1992）*Settlement of International and Inter-State Water Disputes in India under the Auspices of the Indian Law Institute*, Bombay, N. M. Tripathi.

Singh, C.（1991）*Water Rights and Principles of Water Resource Management under the Auspices of the Indian Law Institute*, Bombay, N. M. Tripathi.

水の主要需要部門である灌漑の側面からは、つぎの農業経済研究者の諸著作が議論の緻密さの点で優れている。詳しくは文献目録を参照していただくことにし、四つだけを挙げておく。

Dhawan, B. D., ed.（1990）*Big Dams; Claims, Counter Claims*, New Delhi, Commonwealth Publishers.

Dhawan, B. D.（1993）*Indian Water Resource Development for Irrigation; Issues, Critiques, Reviews*, New Delhi, Commonwealth Publishers.

Saleth, R. M.（1996）*Water Institutions in India; Economics, Law, and Policy*, New Delhi, Commonwealth Publishers.

Vaidyanathan, A.（1999）*Water Resource Management; Institutions and Irrigation Development in India*, New Delhi, Oxford Univ. Press.

政治経済学の立場からはつぎの書が理論的にもっとも優れている。

Singh, Satyajit（1997）*Taming the Waters; the Political Economy of Large Dams in India*, Delhi, Oxford University Press.

インドの環境問題と環境保全運動の歴史的展開に関してはガドギル（M. Gadgil）の書がもっとも包括的・理論的である。

Gadgil, Madhav and R. Guha（1992）*This Fissured Land; An Ecological History of India*, Delhi, Oxford Univ.Press.

Gadgil, Madhav and R. Guha（1995）*Ecology and Equity; the Use and Abuse of Nature in Contemporary India*, London, Routledge.

　本書は、以上若干例示した以外にも文献目録に載せた多くの先行研究に依拠し、触発されながら、研究対象国の政治・法律・経済・社会を統合的に理解しようとする学際的地域研究の立場から、州際河川の水紛争の事例を中心にして、独立後のインドにおいて水資源開発をめぐり、なにが問題とされ、どのように論じられてきたか、その論点がどのように変化してきたかを事実に即して具体的かつ総体的に紹介することを目的にしている。主として依拠した資料は英語で発表されている研究書や雑誌・新聞の論文・記事であり、いわば英語メディアに表れたインド社会における水資源開発をめぐる思想状況の一端を描き出すことにより、インド理解の一助とすることを目指したものである。

　本書の構成は以下のとおりである。

　序章では主としてインド政府水資源省の資料に依拠しながら現在のインドの水資源賦存状況、水利用の現状と将来の水需要予測を紹介する。

　Ⅰ章ではインドにおける州際河川・流域の規制・開発に関する法的枠組み——1956年河川審議会法と1956年州際水紛争法——の制定経緯と内容、最近の改正を検討する。

　Ⅱ章では特別法または水資源省通達にもとづいて設置されている六つの河川審議会・運営審議会について説明し、1956年河川審議会法の空文化の状況を紹介する。

　Ⅲ章が本書の中心部分であり、1956年州際水紛争法を適用された五つの河川の事例——クリシュナー河、ゴダーヴァリー河、カーヴェーリ河、ラーヴィー・ビアース河、ナルマダー河——を検討する。利用できる資料・文献の都合からとくに後3者について詳しい叙述を試み、最近の状況にまで言及する。

　Ⅳ章では地下水資源の調査方法と小規模灌漑、主としてパンジャーブ州における管井戸灌漑の発達を扱い、地下水過剰揚水の全インド的状況について触れる。

V章では多くの地域が早魃に襲われた 2000 年以後注目されるようになった、インド亜大陸の河川連結構想とそれをめぐるインド国内における最近の議論の状況を紹介する。

　最後に、結論においてインドが現在直面している水問題について総括する。

目　次

まえがき

序章　インドの水資源賦存状況、水利用の現状および将来の水需要 9
第 1 節　インドの水資源賦存状況
第 2 節　水利用の現状
第 3 節　将来の水需要

Ⅰ章　州際河川・流域の規制・開発の法的枠組み 37
第 1 節　連邦と州の権限分掌に関する憲法の規定
第 2 節　州際河川・州際流域に関する法律
第 3 節　州際河川・流域関連法律の適用

Ⅱ章　河川審議会 51
第 1 節　トゥンガバドラー河審議会（Tungabhadra Board）
第 2 節　ベトワー河審議会（Betwa River Board）
第 3 節　バンサガル監督審議会（Bansagar Control Board）
第 4 節　バークラー・ビアース運営審議会（Bhakra Beas Management Board = BBMB）
第 5 節　ブラーフマプトラ河審議会（Brahmaputra Board）
第 6 節　アッパー・ヤムナー河審議会（Upper Yamuna River Board = UYRB）

Ⅲ章　州際河川水紛争 71
Ⅲ-1　クリシュナー河 74
第 1 節　クリシュナー河流域

第 2 節　州境再編以前

　　　第 3 節　州境再編以降

　　　第 4 節　クリシュナー河水紛争審判所における審理と裁定

　Ⅲ-2　ゴダーヴァリー河 89

　　　第 1 節　ゴダーヴァリー河流域の概要

　　　第 2 節　州再編以前の水紛争

　　　第 3 節　州再編以降

　　　第 4 節　ゴダーヴァリー河水紛争審判所

　Ⅲ-3　カーヴェーリ河 102

　　　第 1 節　カーヴェーリ河概要

　　　第 2 節　分離独立以前

　　　第 3 節　独立後

　　　まとめ

　Ⅲ-4　ラーヴィー・ビアース河 132

　　　まえがき

　　Ⅲ-4-1　インドとパーキスターンの分離独立以前のインダス河水紛
　　　　　　争 134

　　　第 1 節　インダス河水系

　　　第 2 節　州際水紛争の始まり

　　　第 3 節　最初の流域協定（1937 年）

　　　第 4 節　1942 年インダス河委員会

　　Ⅲ-4-2　分離独立後の状態 145

　　　第 1 節　1947 年～1965 年

　　　第 2 節　1966 年パンジャーブ州再編以後

　　　まとめ

　Ⅲ-5　ナルマダー河 162

　　　まえがき

　　Ⅲ-5-1　ナルマダー河水紛争審判所の裁定 164

第 1 節　ナルマダー河概要

第 2 節　ナルマダー河流域開発の始まり

第 3 節　ナルマダー河水紛争の発端

第 4 節　ナルマダー河水紛争の調査──コースラー委員会──

第 5 節　ナルマダー河水紛争審理の予備論点

第 6 節　予備論点に関する審判所の裁定

第 7 節　ナルマダー河水紛争審判所最終命令の主な内容

第 8 節　ナルマダー水利計画（Narmada Water［Amendment］Scheme 1990）（灌漑省通達）

まとめ──ナルマダー河水紛争審判所報告書の特徴──

Ⅲ-5-2　サルダル・サロヴァル・プロジェクト（SSP）と民衆運動 ... 187

第 1 節　サルダル・サロヴァル・プロジェクト（SSP）建設の時期区分

第 2 節　サルダル・サロヴァル・プロジェクト（SSP）実施にいたる過程

第 3 節　第 1 期（1980 ～ 1984 年）──グジャラート州における立ち退き問題──

第 4 節　第 2 期（1984 ～ 1987 年）──非政府組織運動の拡大とグジャラート州政府の新再定住・更生政策──

第 5 節　第 3 期（1988 ～ 1994 年）──SSP 建設反対運動の勃興──

第 6 節　第 4 期（1995 年以降）──最高裁判所判決──

第 7 節　最高裁判所判決後の動向

Ⅲ-6　州際河川水紛争の最近の動き 278

第 1 節　クリシュナー河──紛争再燃と新審判所の設置──

第 2 節　カーヴェーリ河水紛争

第 3 節　ラーヴィー・ビアース河水紛争

第 4 節　ナルマダー河水紛争

目次　3

Ⅳ章　地下水資源とその利用 315
　　第 1 節　地下水資源量の推計
　　第 2 節　地下水灌漑の発達

Ⅴ章　河川連結（流域変更）案（Interlinking of Rivers）....................... 345
　　はじめに
　　第 1 節　ラオ博士の全国水グリッド案
　　第 2 節　ダストゥル機長の花環用水路案
　　第 3 節　1980 年全国水資源開発展望
　　第 4 節　全国統合水資源開発計画委員会
　　第 5 節　タースク・フォースの設置
　　第 6 節　河川連結構想の是非をめぐる論議
　　第 7 節　河川連結構想をめぐる最近の動き

結論 387

あとがき 399
参考文献目録 403
索引 421

図表一覧

〈図〉

図序-1	インド行政区分図	10
図序-2	インドの主要河川流域	12
図序-3	インドの河川と開発計画	24
図Ⅰ-1（1）	1956、1960、1963、1966年の州境再編前後のインド州別領域図――州再編前のインド	40
図Ⅰ-1（2）	1956、1960、1963、1966年の州境再編前後のインド州別領域図――州再編後のインド	41
図Ⅱ-1	バークラー・ビアース複合プロジェクト	56
図Ⅲ-1-1	クリシュナー河流域	75
図Ⅲ-2-1	ゴダーヴァリー河流域	90
図Ⅲ-3-1	カーヴェーリ河流域	103
図Ⅲ-4-1-1	インダス河水系	135
図Ⅲ-4-1-2	パーキスターンの近代的用水路体系	138
図Ⅲ-4-2-1	インドの灌漑用水路体系――パンジャーブ、ハルヤーナー、ラージャスターン州――	148
図Ⅲ-4-2-2	パンジャーブ州・ハルヤーナー州の水紛争地帯	156
図Ⅲ-5-1-1	ナルマダー河流域プロジェクト	165
図Ⅲ-5-2-1	サルダル・サロヴァル・プロジェクト地域	193
図Ⅲ-5-2-2	サルダル・サロヴァル・プロジェクト予定給水可能地域	193
図Ⅴ-1	半島部河川連結案	356
図Ⅴ-2	ヒマラヤ水系河川連結案	357
図	水をめぐる行政諸段階・住民の利害関係略図	388

〈表〉

表序-1	インドの大規模河川流域	13
表序-2（1）	インドの中規模河川流域	14
表序-2（2）	インドの中規模河川流域	15
表序-3	全国水資源概要	16
表序-4	インドの河川流域における水資源能力	17
表序-5	インド河川流域別地下水資源量	18

表序-6	計画期間別灌漑投資額と創出能力	20
表序-7	大・中規模プロジェクト	20
表序-8	インドにおけるダム建設進捗状況	21
表序-9	インド州別ダム分布	21
表序-10	インド諸河川の水資源量と有効貯水量状況	22
表序-11	用途別水利用（1997年）	23
表序-12	州別大・中規模灌漑最終能力	26
表序-13	土地利用	27
表序-14	州別純灌漑面積、純作付面積および純作付面積に対する純灌漑面積の割合（1998～99年）	28
表序-15	インド水資源協会の推計	31
表序-16	全国統合的水資源開発計画委員会水需要展望ワーキング・グループ	31
表序-17	南アジア地域2025年水展望	32
表序-18	チョプラとゴルダルの推計	32
表序-19	国際灌漑・排水委員会インド国内委員会の推計	33
表Ⅱ-1	ラージガト・ダム・プロジェクトの概要	53
表Ⅱ-2	バンサガル・ダムの概要	54
表Ⅱ-3	BBMB発電所と発電能力	57
表Ⅲ-1-1	クリシュナー河流水量の州別配分	77
表Ⅲ-2-1	ゴダーヴァリー河流水量の州別配分	92
表Ⅲ-3-1	カルナータカ、タミル・ナードゥ州によるカーヴェーリ河の水利用	120
表Ⅲ-3-2	カルナータカ、タミル・ナードゥ州の水源別灌漑面積	120
表Ⅲ-4-1-1	分離独立以前のインダス河水系用水路別水利用状況	143
表Ⅲ-4-2-1	ラーヴィー・ビアース河の水の州別配分	147
表Ⅲ-4-2-2	1981年協定による州別水配分量	152
表Ⅲ-4-2-3	パンジャーブ州とハルヤーナー州の比較	154
表Ⅲ-4-2-4	1985年7月1日現在での水利用状況	155
表Ⅲ-4-2-5	余剰水の配分	155
表Ⅲ-4-2-6	ラーヴィー・ビアース河水紛争関連州の耕地利用（1992～93年）	158
表Ⅲ-4-2-7	ラーヴィー・ビアース河水紛争関連州の灌漑（1992～93年）	158

表Ⅲ-5（a） ナルマダー河流域開発プロジェクト概要	162
表Ⅲ-5（b） ナルマダー・サーガル・プロジェクト	163
表Ⅲ-5（c） サルダル・サロヴァル・プロジェクト	163
表Ⅲ-5-2-1 サルダル・サロヴァル・プロジェクト（SSP）とナルマダー・サーガル・プロジェクト（NSP）の概要	194
表Ⅲ-5-2-2 プロジェクト立ち退き者総数に占める指定諸カースト成員の割合	198
表Ⅲ-5-2-3 立ち退き者総数に占める指定諸部族民の割合	199
表Ⅲ-6-1（1） 主要工事進捗状況（2004年6月現在）	302
表Ⅲ-6-1（2） 主要工事進捗状況（2004年6月現在）	303
表Ⅲ-6-2（1）（2） グジャラート州における更生・再定住進捗状況（2004年5月現在）	304
表Ⅳ-1 降水量の地下浸透度	316
表Ⅳ-2 国立農業・農村開発銀行の比産出率	317
表Ⅳ-3 地下水推計委員会の比産出率	317
表Ⅳ-4 地下水最終灌漑能力推計の基礎になった作物1ha当たりの用水深	318
表Ⅳ-5 地下水資源による灌漑の最終能力に関する改訂前推計および改訂推計	319
表Ⅳ-6 地下水観測所網の現状	320
表Ⅳ-7 インドにおける小規模灌漑の発達	323
表Ⅳ-8 インドの地下水利用構造物・機器の数	324
表Ⅳ-9 インド水源別灌漑面積	324
表Ⅳ-10 州別・水源別灌漑面積（1999～2000年）	327
表Ⅳ-11 パンジャーブ州における地下水揚水方法別割合	329
表Ⅳ-12 パンジャーブ州における地下水収支	330
表Ⅳ-13 パンジャーブ州における地下水涵養源	332
表Ⅳ-14 州・連邦直轄領別地下水利用状況	334
表Ⅳ-15 州別過剰利用および危険（黒色）ブロック・タールク・集水域数	336
表Ⅴ-1 河川流域別流水量と灌漑能力	362

【凡例】
文中で用いた水量、流水量、電力量の単位は次のとおり。
水量単位：
 MCF ＝ Million Cubic Feet（100万立方フィート）
 TMC ＝ Thousand Million Cubic Feet（10億立方フィート）
 1TMC ＝ 2832万立方メートル＝ 22956.8エーカー・フィート
 acre・feet（エーカー・フィート、1エーカーの面積に1フィートの深さの水量）
 MAF ＝ Million Acre Feet（100万エーカー・フィート、100万エーカーの面積に深さ1フィートの水の量）
 1MAF ＝ 12億3348万立方メートル
 ha・m（ヘクタール・メートル、1ヘクタールの面積に1メートルの深さの水量）
 M.ha・m ＝ Million hectare meter（100万ヘクタール・メートル、100万ヘクタールの面積に深さ1メートルの水の量）
 1ヘクタール・メートル＝ 8.107エーカー・フィート
 BCM ＝ 10億立方メートル
 1BCM ＝ 1km^3（1立方キロメートル）
流水量単位：
 cusec ＝ cubic feet/second（毎秒1立方フィートの流量）
 cusecs ＝複数形
 Mcusecs ＝ 100万立方フィート／秒
 cumec ＝ cubic meter/second（毎秒1立方メートルの流量）
 cumecs ＝複数形
 Mcumecs ＝ 100万立方メートル／秒
 1cumec ＝ 35.315cusecs
電力単位：
 kw ＝ Kilowatt
 KWH ＝ Kilowatt hours（キロワット・時）
 MW ＝ Megawatt
 GWH ＝ Gigawatt hours（10億ワット・時）

序章
インドの水資源賦存状況、水利用の現状および将来の水需要

第1節　インドの水資源賦存状況

　インドは連邦制をとる諸州の連合である。政治的には28州と7連邦直轄領に分かれている。国土面積は約3億2900万ha、2001年国勢調査によると総人口は10億270万人であり、その72％が農村居住者で、農業および関連産業に従事している。

　大小多数の河川が縦横に流れており、そのいくつかは世界でも巨大河川に数えられる。河川は農業生産にとって欠かすことのできない灌漑水源として、国民にとって繁栄の基である。

1　降雨

　インドでは降雨は南西モンスーンと北東モンスーン、インド洋熱帯性低気圧および局地的大風雨によってもたらされる。局地的大風雨は海洋の冷たい湿気を含む風が内陸からの熱い乾いた風と出会い、ときにサイクロン（台風）ほどの強さに成長する。降雨の大部分は南西モンスーンの影響で6月から9月の間に降る。ただし南のタミル・ナードゥ州は別で、ここでは北東モンスーンの影響下で10月、11月に降る。大半の地域では降雨総量の約80％が6月半ばに始まり、2カ月半ほど続くモンスーン季の期間に集中的に降る。地

表単位面積当たりの年間降雨量ではインドは世界平均よりもはるかに多い。しかし、インドの降雨量は非常に変動しやすい。季節によって不均等であるだけでなく、地理的にはいっそう不均等であり、さらに年ごとの変動も大きい。

図序-1　インド行政区分図

地理的には東経78度より東の地帯では年間降雨量は1000mmを超えるのが普通である。西海岸全域と西ガーツ山脈およびアッサムとウェスト・ベンガルのヒマラヤ山麓地帯では2500mmに達する。メガーラヤ州のチェラプンジでは1万mm以上を記録する。グジャラート州のポルバンダルとデリー、そしてさらにパンジャーブ州のフィローズプルを結ぶ線の西側では降雨量は500mmから最西端での150mmへと急激に減少する。半島部の大部分では600mm以下であり、ところによっては500mmになる。地域平均の降雨量は測定方法により異なる。

　降雨量が年間400mm以下の地域は国土総面積の12％を占め、750mm以下では35％を占めており[1]、旱魃の多発地域となっている。

　蒸発率も季節によって異なる。夏季の4～5月に最高に達し、国の中央部ではこの期間に最大の蒸発率を記録する。モンスーンの到来とともに蒸発率は目立って低下する。国の大部分の地域では年間蒸発率が150～250cmである。半島部の月別蒸発率は12月の15cmから5月の40cmと大きな幅がある。東北部では12月の6cmから5月の20cmまで変動する。ラージャスターン西部では6月に40cmに達する。モンスーンの到来とともに蒸発率は全土で一般的に低下する[2]。

　インドの年間降雨総量約4000億m^3のうち利用可能水量は1953億m^3と推定されている[3]。

2　河川

　インドは多くの河川に恵まれている。

　そのうち12が大規模河川と分類され、その合計集水域面積は2億5280万haにおよぶ。主要河川のうちガンガー・ブラーフマプトラ・メグナ河体系が集水域面積約1億1000万haと最大であり、主要河川すべての集水域総面積の43％を占めている。1000万ha以上の集水域面積をもつその他の主要河川はインダス（3210万ha）、ゴダーヴァリー（3130万ha）、クリシュナー（2590万ha）およびマハーナディー（1420万ha）である。

図序-2 インドの主要河川流域

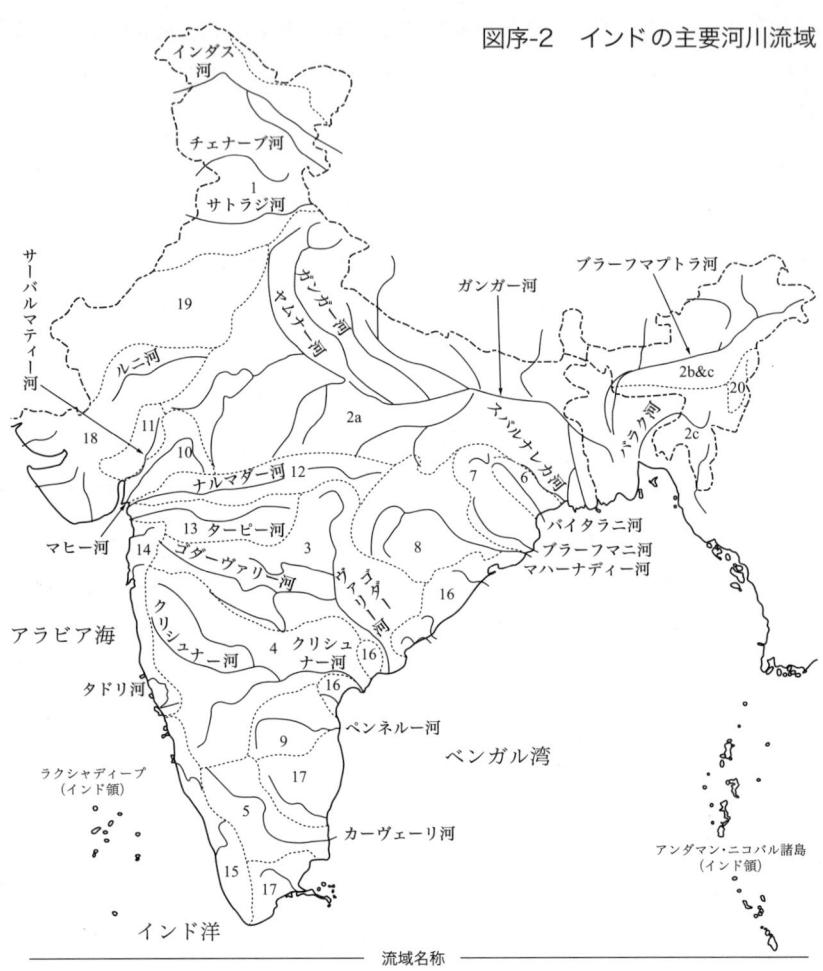

流域名称

1　インダス河流域
2　ガンガー、ブラーフマプトラおよびバラク(メグナ)河流域(国境線まで)
3　ゴダーヴァリー河流域
4　クリシュナー河流域
5　カーヴェーリ河流域
6　スバルナレカ河流域
7　バイタラニ・ブラーフマニ河流域
8　マハーナディー河流域
9　ペンネルー河流域
10　マヒー河流域
11　サーバルマティー河流域
12　ナルマダー河流域
13　タービー河流域
14　タービー河とタドリ河の間の西流河川流域
15　タドリ河とカニヤクマリ河の間の西流河川流域
16　マハーナディー河とゴダーヴァリー河の間およびクリシュナー河とペンネルー河の間の東流河川流域
17　ペンネルー河とカーヴェーリ河およびカーヴェーリ河とカニヤクマリ河の間の東流河川流域
18　ルニー河流域
19　ラージャスターン砂漠の内陸排水域
20　バングラデーシュおよびミャンマーに流入する小規模河川流域

原資料：Central Water Commission
出所：Iyer, R. R. (2004) *Water; Perspectives, Issues, Concerns*, New Delhi, Sage Publications, p.71.

表序-1　インドの大規模河川流域

番号	河川名		水源	延長 (km)	集水域面積 (km²)
1	インダス		マンサロヴァル（チベット）	1,114	321,289
2	a	ガンガー	ガンゴトリ（ウッタル・カシ）	2,525	861,452
	b	ブラーフマプトラ	カイラシュ山系（チベット）	916	194,413
	c	バラク・その他河川 ゴムティ・ムハリ・フェ ニなど、メグナに流入			41,723
3	サーバルマティー		アラヴァリ丘陵（ラージャスターン）	371	21,674
4	マーヒー		ダル（マディヤ・プラデーシュ）	583	34,842
5	ナルマダー		アマルカンタク（マディヤ・プラデーシュ）	1,312	98,796
6	タービー		ベトゥル（マディヤ・プラデーシュ）	724	65,145
7	ブラーフマニ		ラーンチー（ビハール）	799	39,033
8	マハーナディー		ナズリ町（マディヤ・プラデーシュ）	851	141,589
9	ゴダーヴァリー		ナーシク（マハーラーシュトラ）	1,465	312,812
10	クリシュナー		マハーバレシュワル（マハーラーシュトラ）	1,401	258,948
11	ペンネルー		コラル（カルナータカ）	597	55,213
12	カーヴェーリ		クールグ（カルナータカ）	800	81,155
計					2,528,084

出所：India, Govt. of, Ministry of Water Resources, *Water Resources in India*（http://wrmin.nic.in./wr_resource）

　中規模河川の合計集水域面積は約 2500 万 ha であり、集水域面積 190 万 ha をもつスベルナレカ河が中規模河川のなかでは最大である。

　インドの河川体系は二つのグループに分けられる。すなわち、源を北部のヒマラヤ山脈内の氷河に発し、融雪水に恵まれている周年河川（perennial rivers）とモンスーンの降雨に全面的に依存する半島部インドの季節的河川（seasonal rivers）である[4]。

3　水域（Water Bodies）

　内陸水資源は以下のように分類される。河川と用水路、貯水池（reservoirs）、

表序-2（1） インドの中規模河川流域

		河川名	水源村・県	州	延長 (km)	集水面積 (km²)
西流河川	1	オザト	カティアーワル	グジャラート	128	3,189
	2	シェトルンジ	ダルカニア	グジャラート	182	5,514
	3	バダル	ラージコト	グジャラート	198	7,094
	4	アジ	ラージコト	グジャラート	106	2,139
	5	ダダル	パンチマハル	グジャラート	135	2,770
	6	プルナ	ドサ	マハーラーシュトラ	142	2,431
	7	アンビカ	ダングス	マハーラーシュトラ	142	2,715
	8	ヴァイタルナ	ナーシク	マハーラーシュトラ	171	3,637
	9	ダンマンガンガー	ナーシク	マハーラーシュトラ	143	2,357
	10	ウルハス	ライガル	マハーラーシュトラ	145	3,864
	11	サヴィトリ	プネ	マハーラーシュトラ	99	2,899
	12	サストリ	ラトナーギリ	マハーラーシュトラ	64	2,174
	13	ワシシティ	ラトナーギリ	マハーラーシュトラ	48	2,239
	14	マンドヴィ	ベルガウム	カルナータカ	87	2,032
	15	カリナディ	ベルガウム	カルナータカ	153	5,179
	16	ガンガヴァティまたはベトティ（上流部）	ダルワル	カルナータカ	152	3,902
	17	シャラヴァティ	シモガ	カルナータカ	122	2,209
	18	ネトラヴァティ	ダクシナ・カンナダ	カルナータカ	103	3,657
	19	チャリアル（ベイポル）	エラムタルヴィ丘陵	ケーララ	169	2,788
	20	バラタプザ（ポンナニ）	アンナマライ丘陵	タミル・ナードゥ	209	6,186
	21	ペリヤル	シヴァジニ丘陵	ケーララ	244	5,398
	22	パンバ	デヴァルマライ	ケーララ	176	2,235
東流河川	23	ブルハバラング	マユルバハンジ	オリッサ	164	4,837
	24	バイタルニ	ケオンジャル	オリッサ	365	12,789
	25	ルシクリヤ	プルバニ	オリッサ	146	7,735
	26	バフダ	ラムギリ村	オリッサ	73	1,248
	27	ヴァムサダラ	カラハンディ	オリッサ	221	10,830
	28	ナガヴァリ	カラハンディ	オリッサ	217	9,410
	29	サルダ	ヴィシャカパトナム	アーンドラ・プラデーシュ	104	2,725
	30	エレル	ヴィシャカパトナム	アーンドラ・プラデーシュ	125	3,809
	31	ヴォガリヴァグ	グントゥル	アーンドラ・プラデーシュ	102	1,348
	32	グンドラカンマ	クルヌール	アーンドラ・プラデーシュ	220	8,494
	33	ムシ	ネロール	アーンドラ・プラデーシュ	112	2,219
	34	パレル	ネロール	アーンドラ・プラデーシュ	104	2,483

表序-2（2） インドの中規模河川流域

		河川名	水源村・県	州	延長 (km)	集水面積 (km²)
東流河川	35	ムネル	ネロール	アーンドラ・プラデーシュ	122	3,734
	36	スワルナムキ	コラプト	オリッサ	130	3,225
	37	カンドレル	ヴィヌコンダ	アーンドラ・プラデーシュ	73	3,534
	38	コルタライヤル	チングルペト	タミル・ナードゥ	131	3,521
	39	パラル(含むチェイヤル)	コラール	カルナータカ	348	17,871
	40	ヴァラハンディ	北アルコト	タミル・ナードゥ	94	3,044
	41	ポナイヤル	コラール	カルナータカ	396	14,130
	42	ヴェラール	チトリ丘陵	タミル・ナードゥ	193	8,558
	43	ヴァイガイ	マドゥライ	タミル・ナードゥ	258	7,031
	44	パンバル	マドゥライ	タミル・ナードゥ	125	3,104
	45	グンダル	マドゥライ	タミル・ナードゥ	146	5,647
	46	ヴァイパル	ティルノルヴォリ	タミル・ナードゥ	130	5,288
	47	タンブラパルニ	ティルノルヴォリ	タミル・ナードゥ	130	5,969
	48	スバルナレカ	ナグリ/ラーンチー	ビハール	395	19,296
計						248,505

出所：India, Govt. of, Ministry of Water Resources, *Water Resources in India*（http://wrmin.nic.in./wr_resource）

溜池（tanks and ponds）、湿地（beels）・河の湾曲部湖沼（oxbow lakes）・放置水（derelict water）、塩水（brackish water）。

　河川と用水路以外の総水域は約700万haの土地を覆っている。河川と用水路ではウッタル・プラデーシュ州が延長3万1200kmで第1位であり、国内の河川・用水路総延長の約17％を占めている。ウッタル・プラデーシュ州につづくのはジャンムー・カシミール州とマディヤ・プラデーシュ州である。

　内陸水資源の他の形態のなかでは溜池が1987年の小規模灌漑調査によれば150万[5]あり、その表面積は290万ha、貯水池が210万haである。溜池面積の大部分はアーンドラ・プラデーシュ、カルナータカ、タミル・ナードゥの南部諸州に集中している。これら3州にウェスト・ベンガル、ラージャスターン、ウッタル・プラデーシュ州を加えた6州で国内の溜池総面積の62％を占めている。貯水池についてはアーンドラ・プラデーシュ、グジャラート、カルナータカ、マディヤ・プラデーシュ、マハーラーシュトラ、オリ

ッサ、ラージャスターン、ウッタル・プラデーシュ州が大きな部分を占めている。

湿地・川の湾曲部・湖沼・放置水の77％以上がオリッサ、ウッタル・プラデーシュ、アッサム州にある。塩水面積ではオリッサが第1位であり、グジャラート、ケーララ、ウェスト・ベンガルがそれに次ぐ。

内陸水資源の総面積の分布は不均等であり、オリッサ、アーンドラ・プラデーシュ、グジャラート、ウェスト・ベンガルの5州が内陸水域の半分以上を占めている[6]。

4　表流水資源

主要水資源は、①河川からの表流水、②地下水、である。

インドには大規模12、中規模48の河川流域がある。国内の主要水源である降雪を含む降雨量は4000km^{3}と推定されている。降雨の点でインドは35の測候区に分けられている。中央用水委員会（Central Water Commission＝CWC）の最新の流域別の推計によると、表流水と地下水の双方を一つの体系としてみた場合、河川の天然流水（natural run off）として表れる水資源量は約1869km^{3}である。ガンガー・ブラーフマプトラ・メグナ河体系が水資源総量の主要な源である。その割合は種々の河川の水資源総量の約60％である。

1991年国勢調査によると、1人当たり水利用可能量は2208m^{3}であった。地形、場所・時による資源の不均等分布など種々の制約要因により水資源総量1869km^{3}のうち利用できるのは約1122km^{3}だけであると推定されている。うち690km^{3}は表流水による。利用可能水量の約40％はガンガー・ブラーフマプトラ・メグナ河体系にある。河川流域の大部分において現在の利用度はき

表序-3　全国水資源概要

項目	水量
年間降雨量（降雪を含む）	4,000km^3
平均年間河川流量	1,869km^3
1人当たり利用可能水量(1997)	1,967m^3
推計利用可能水量	1,122km^3
表流水	690km^3
地下水	432km^3

出所：India, Govt. of, Ministry of Water Resources, *Water Resources in India*（http://wrmin.nic.in./wr_resource）

わめて高く、利用可能水量の50〜95％の間である。しかし、ナルマダーやマハーナディーのような河川では利用度はまだきわめて低く、それぞれ23％、34％である[7]。

水資源量の分布によると、全国平均1人当たり年間利用可能水量2208m³に対して、高いところはブラーフマプトラ河とバラク河の1万6589m³であり、低いところはサーバルマティー河流域の360m³にすぎない。国土面積の7.3％、

表序-4　インドの河川流域における水資源能力

		河川流域名	年間平均流水量 (BCM)	割合 (%)	利用可能水量推計 (%)
	1	インダス（国境まで）	73.31	3.92	6.66
	2	(a)　ガンガー	525.02	28.09	36.22
		(b)　ブラーフマプトラ、バラク他	585.60	31.33	3.48
西流河川	3	タドリからカニヤクマリまで	113.53	6.07	3.52
	4	タ―ピーからタドリまで	87.41	4.68	1.73
	5	ナルマダー	45.64	2.44	5.00
	6	タ―ピー	14.88	0.80	2.10
	7	ルニを含むサウラーシュトラ	15.10	0.81	2.17
	8	マヒー	11.02	0.59	0.45
	9	サーバルマティー	3.81	0.20	0.28
	10	ラージャスターンの内陸排水地	微量	0.00	0.00
東流河川	11	ゴダーヴァリー	110.54	5.91	11.05
	12	クリシュナー	78.12	4.18	8.40
	13	マハーナディー	66.88	3.58	7.24
	14	ブラーフマニとバイタルニ	28.48	1.52	2.65
	15	スバルナレカ	12.37	0.66	0.99
	16	マハーナディーからゴダーヴァリーまで、クリシュナーからペンネルー	22.52	1.20	1.90
	17	カーヴェーリ	21.36	1.14	2.75
	18	ペンネルー	6.32	0.34	0.99
	19	ペンネルーからカニヤクマリまで	16.46	0.88	2.42
	20	バングラデーシュとビルマに流入する小河川	31.00	1.66	
合計			1,869.37	100.00	100.00
BCM				(1,869.37)	(690.32)

注：利用可能水量推計は、地下水を除いた値。
出所：1. World Commission on Dams (2000) *Large Dams; India's Experience, Final Report*, prepared for the World Commission on Dams by R. Rangachari and Others, Cape Town, p.18.
　　　2. Govt. of India, Ministry of Water Resources, *Water Resources in India* (http://wrmin.nic.in./wr_resource)

人口の4.2％を占めるだけのブラーフマプトラ河とバラク河流域が水資源量の31％を占めている。ブラーフマプトラ河とバラク河流域をのぞくと、1人当たりの年間利用可能水量は1583m^{3}となる。

しかしながら、1人当たり利用可能水量の点では見通しは暗い。独立以来1人当たり年間利用可能水量はしだいに減少し、1947年には6008m^3、1955年には5277m^3、1997年には2266m^3、1999年には1970m^{3}になった[8]。政府予測によれば、インドの水需要総量は今世紀中葉に利用可能水量総量に等しくなる[9]。1000m^{3}以下の利用可能水量の状態は国際機関により不足状態とみなされている。すでにカーヴェーリ、ペンネルー、サーバルマティー、東流河川と西流河川の流域がこのような水不足地域にあるとみられている。

表序-5　インド河川流域別地下水資源量

(単位：km^3/年)

番号	流域名	涵養可能地下水資源
1	ブラーフマニ（バイタルニを含む）	4.05
2	ブラーフマプトラ	26.55
3	キャンベイ複合	7.19
4	カーヴェーリー	12.30
5	ガンガー	170.99
6	ゴダーヴァリー	40.65
7	インダス	26.49
8	クリシュナー	26.41
9	カッチ・サウラーシュトラ複合	11.23
10	マドラス・南部タミル・ナードゥ	18.22
11	マハーナディー	16.46
12	メグナ	8.52
13	ナルマダー	10.83
14	北西複合	18.84
15	ペンネルー	4.93
16	スバルナレカ	1.82
17	タービー	8.27
18	西ガーツ	17.69
計		431.42

出所：India, Govt. of, Ministry of Water Resources, *Water Resources in India* (http://wrmin.nic.in/wr_resource)

5　地下水資源

地下水は重要な灌漑水源の一つであり、1997～98年には灌漑延面積の57％に給水するようになっている。1965年に食糧生産自給自足達成のために新農業戦略が採用され、高収量品種、化学肥料、農薬のパッケージが灌漑地を中心に投入されるようになって以来、適時に適量の水を作物に供給することのできるディーゼル・

電動ポンプ揚水による地下水灌漑が急速に普及した。地下水利用は今後も灌漑農業拡大と食糧生産の目標達成のために何倍にも増加するものと考えられる。それだけでなく、全国的に上水供給水道施設の普及していない農村地域はいうまでもなく、河川に恵まれないラージャスターン州などでは都市地域でも飲料水・家庭用水源として地下水が大きな比重を占めている。

　地下水は毎年涵養できる資源ではあるが、その利用可能性は時と場所により均等ではない。

　インドでは地下水の所有・利用権の法的規定が明確でなく、灌漑用深管井戸の急速な普及にともなって生じた過剰揚水対策をめぐって混乱が生じている[10]。

　表流水と地下水を合わせたインド全体の水資源量、河川流域別の表流水と地下水の資源量は表序-3、表序-4、表序-5のとおりである。

第2節　水利用の現状

1　水資源開発

　インドでは灌漑プロジェクトが行政上大規模、中規模および小規模の3種類に分類されている。大規模プロジェクトとは耕作可能給水地面積（Cultivable Command Area ＝ CCA）が1万ha以上のもの、中規模は2000ha以上1万ha以下のものであり、2000ha以下のものは小規模とされている。大・中規模灌漑プロジェクトは主として河川の表流水を利用し、小規模プロジェクトは表流水と地下水の両方を使用する。

　インドは独立後、工業化の推進と農業生産の増大を目的に灌漑・発電のための大・中規模プロジェクトに多額の投資を行ってきた[11]。

　計画期間別の灌漑投資額と完工済み・工事中の大中規模プロジェクトはそれぞれ表序-6、表序-7のとおりである。

　大規模ダム（国際大規模ダム委員会[International Commission on Large Dames

＝ICOLD]の定義により高さ15m以上のもの）と高さ10〜15mのものを合わせると、インドのダムの数は1996年に4291に達した。年代別にみてもっとも多く完工されたのは1971〜80年期間で1190、ついで1981〜90年の1066であった。

　州別の分布を見ると、マハーラーシュトラ州が1529、マディヤ・プラデーシュ州が1093、グジャラート州が537であった。この3州で全体の73.9%を占めていた[12]。

　すでに完工したダムや貯水池の有効貯水量は約1740億m^3であり、追加有

表序-6　計画期間別灌漑投資額と創出能力

期間	支出額 (1,000万ルピー)	創出能力　(100万ha)	
		期間中	累積
計画前	利用不可能	9.70	9.70
第1次計画（1951〜56）	376	2.50	12.20
第2次計画（1956〜61）	380	2.13	14.33
第3次計画（1961〜66）	576	2.24	16.57
年次計画　（1966〜69）	430	1.53	18.10
第4次計画（1969〜74）	1,242	2.60	20.70
第5次計画（1974〜78）	2,516	4.02	24.72
年次計画　（1978〜80）	2,079	1.89	26.61
第6次計画（1980〜85）	7,369	1.09	27.70
第7次計画（1985〜90）	11,107	2.22	29.92
年次計画　（1990〜92）	5,459	0.82	30.74
第8次計画（1992〜97）	21,072	2.21	32.95
第9次計画（1997〜2002）	*48,259	*2.04	*34.99

注　：＊印の数字は暫定。
出所：India, Govt. of, Ministry of Water Resources, *Annual Report 2002-2003*, New Delhi, p.15.

表序-7　大・中規模プロジェクト

プロジェクトの状態	大規模	中規模	計
計画以前完工済み	74	143	217
第9次計画までに着工したプロジェクト数	301	966	1,267
第10次計画前（1951〜2002）に完工したプロジェクト数	142	724	866
第10次計画（2000〜2007）へ繰り越したプロジェクト数	159	242	401

出所：India, Govt. of, Ministry of Water Resources, *Annual Report 2002-2003*, New Delhi, p.15

表序-8　インドにおけるダム建設進捗状況

完工年	ダム数	全体の割合（％）
1900年以前	42	0.97
1901～1950年	251	5.85
1951～1960年	234	5.45
1961～1970年	461	10.74
1971～1980年	1,190	27.73
1981～1990年	1,066	24.84
1991～1996年	116	2.70
建設年利用不可能	236	5.50
建設中	695	16.20
合計	4,291	100.00

原資料：Central Water Commission (1994) *National Register of Dams*.
出所：World Commission on Dams (2000), *Large Dams; India's Experience, Final Report*, prepared for the World Commission on Dams by R. Rangachari and Others, Cape Town, p.19 (http://www.dams.org)

表序-9　インド州別ダム分布

州名	完工済み	建設中	合計	100m以上 既存	100m以上 建設中
マハーラーシュトラ	1,229	300	1,529	1	
マディヤ・プラデーシュ	946	147	1,093		
グジャラート	466	71	537		1
カルナータカ	188	28	216	1	
アーンドラ・プラデーシュ	158	26	184	2	
オリッサ	131	18	149		
ウッタル・プラデーシュ	123	22	145	2	3
ラージャスターン	122	4	126		
タミル・ナードゥ	84	13	97	1	
ビハール	61	33	94		
ケーララ	38	16	54	5	
ウェスト・ベンガル	22	5	27		
ジャンムー・カシミール	7	2	9	2	
ヒマーチャル・プラデーシュ	4	1	5	3	
パンジャーブ	1	1	2		
ゴア	5	2	7		
メガーラヤ	6	1	7		
マニプル	2	3	5		
アッサム	2	1	3		
アルナチャル・プラデーシュ	0	1	1		
トリプラ	1	0	1		
インド合計	3,596	695	4,291	17	4

出所：World Commission on Dams (2000) *Large Dams; India's Experience; Final Report*, prepared for the World Commission on Dams by R. Rangachari and Others, Cape Town, p.20 (http://www.dams.org)

表序-10　インド諸河川の水資源量と有効貯水量状況　　　（単位：10億 m³）

順番	河川流域名	平均年間流水量	利用可能水量（地下水を除く）	有効貯水量		
				完工プロジェクト	建設中プロジェクト	計画中プロジェクト
1	インダス	73.31	46.00	13.85	2.45	0.27
2	a　ガンガー	525.02	250.00	36.84	17.12	29.56
	b　ブラーフマプトラ	629.05	24.00	1.10	2.40	63.35
	c　バラク、その他	48.36				
3	スバルナレカ	12.37	6.81	0.65	1.65	1.59
4	ブラーフマニ・バイタミ	28.48	18.30	4.76	0.24	8.72
5	マハーナディ	66.88	49.99	8.49	5.39	10.96
6	ゴダーヴァリー	110.54	76.30	12.51	10.65	8.28
7	クリシュナー	69.81	58.00	34.48	7.78	0.13
8	ペンネルー	6.32	6.86	0.38	2.13	
9	カーヴェーリ	21.36	19.00	7.43	0.39	0.34
10	タービー	14.88	14.50	8.53	1.00	1.99
11	ナルマダー	45.64	34.50	6.60	16.72	0.46
12	マーヒー	11.02	3.10	4.75	0.36	0.02
13	サーバルマティー	3.81	1.93	1.35	0.12	0.09
14	カッチ・サウラーシュトラの西流諸河川	15.10	14.98	4.31	0.58	3.14
15	タービー以南西流河川	200.94	36.21	17.35	4.97	2.54
16	マハーナディー・ゴダーヴァリー間の東流河川	17.08		1.63	1.45	0.86
17	ゴダーヴァリー・クリシュナー間の東流河川	1.81	13.11			
18	クリシュナー・ペンネルー間の東流河川	3.63				
19	ペンネルー・カーヴェーリ間の東流河川	9.98	16.73	1.42	0.02	0.00
20	カーヴェーリ以南の東流河川	6.48				
21	ラダク以北	n.a.	n.a.	n.a.	n.a.	n.a.
22	バングラデーシュに流入する河川	8.5	n.a.	n.a.	n.a.	n.a.
23	ミャンマーに流入する河川	22.43	n.a.	0.31	n.a.	n.a.
24	アンダマン・ニコバル・ラクシャディープ諸島の河川	n.a.	n.a.	n.a.	n.a.	n.a.
	総計	1,952.87	690.32	173.71	75.43	132.32
	概数	1,953	690	174	76	132

出所：*Report of the National Commission on Integrated Water Resource Development* (1999)

効貯水量754億m³を開発するダムが現在建設中である。計画段階にあるダムがさらに1323億m³の有効貯水量をもたらすものと予測されている。

表流水と地下水の現在の利用は利用可能水量のそれぞれ70％、30％であり、用途別利用状況は表序-11のとおりである。農業部門での水利用量が圧倒的に多いことが顕著である。

表序-11　用途別水利用（1997年）

用途	BCM	割合（％）
灌漑	501	82.8
家庭	30	5.0
工業	20	3.3
エネルギー	20	3.3
その他	34	5.6
合計	605	100.0

出所：Indian Water Resources Society（1998）*Theme Paper on Five Decades of Water Resources Development In India*, New Delhi, p.7 より算出。

2　灌漑能力の開発

インドの灌漑能力は1947年の$2.26 \times 10^7 m^3 ha$に対して1995～96年末には$8.852 \times 10^7 m^3 ha$になった。現在の灌漑総面積のうち地下水によるものは$4.58 \times 10^7 m^3 ha$である。

1960年の推計によれば、灌漑可能面積はおおよそ1億1300万haであった。大規模事業5800万ha、中規模体系1500万ha、すなわち表流水による灌漑可能面積は7300万haであり、小規模地下水事業による灌漑面積は4000万haであった。

しかしながら、現在の推定では大・中規模表流水事業で5847万ha、小規模表流水事業1738万ha、小規模地下水事業6405万haである。こうして現在の推計では灌漑能力総面積は1億3989万haとなっている。州別の詳細は表序-12のとおりである。

実際の灌漑面積をみると、純灌漑面積は1950～51年に2085万haであったのが、1999～2000年には5665万haになり、純作付面積に対する割合は17.6％から40.1％に増加した。同じように1950～51年に延灌漑面積は2256万haであったのが、1999～2000年には約2.5倍の5665万haになっている。総作付面積に対する割合もこの間に17.1％から41.4％に増加している。2025

年の延灌漑面積は9500万haに達すると予測されている。

州別の詳細をみると、1998〜99年に純作付面積の純灌漑面積に対する割合が50%を超えているのは、パンジャーブ（94.5）、ハルヤーナー（78.3）、ウッタル・プラデーシュ（72.2）、タミル・ナードゥ（53.6）の4州、30〜50%がビハール（49.6）、マニプル（46.4）、ジャンムー・カシミール（42.2）、アーンドラ・プラデーシュ（41.3）、ウェスト・ベンガル（35.1）、オリッサ（34.6）、ラージャスターン（34.2）、マディヤ・プラデーシュ（33.1）、グジャ

図序-3　インドの河川と開発計画

図序-3、プロジェクト立地点名称

インダス流域
1　アッパー・バリー・ドアーブ用水路
2　スィルヒンド用水路
3　イースタン用水路
4　ガング用水路
5　バークラー用水路
6　ナンガル堰
7　ハリケ堰
8　ラージャスターン用水路
9　パンドー・ダムと接続トンネル
10　ポング・ダム

ガンジス流域
11　西ヤムナー用水路
12　アッパー・ガンガー用水路
13　ロワー・ガンガー用水路
14　アーグラー用水路
15　サルダー用水路
16　ラームガンガー計画
17　テヘリー・ダム
18　ベトワ用水路
19　マタティーラ・ダム
20　ウェスタン・ガンダク用水路
21　コシー計画
22　ラージプル
23　バーグマティ計画
24　ソン用水路
25　ソン・ハイ・レベル用水路
26　バドゥア
27　ダモダル河谷
28　モユロッキー
29　カンショバティ
30　ガンディー・サーガル
31　ラナプラタープ
32　コーター堰

グジャラートの小流域
33　サーバルマティー・ダム
34　マーヒー

タービー流域
35　カクラパル・ダム計画
36　ウーカイ・ダム計画
37　ギルナ計画

マハーナディ流域
38　マハーナディ用水路
39　ヒラクンド・ダム
40　マハーナディ・デルタ計画
41　オリッサ用水路

ゴダーヴァリー流域
42　ゴダーヴァリー用水路
43　ニラ用水路
44　ニザーム・サーガル
45　ゴダーヴァリー堰
46　ゴダーヴァリー・デルタ計画
47　ジャヤクワディ計画
48　ムラ計画
53　ポーチャムパド計画

クリシュナー流域
49　クリシュナー・デルタ用水路
50　ビーマ計画
51　トゥンガバドラー・ダム
52　ナーガルジュナ・サーガル・ダム
54　ガートプラバ計画
55　マルプラバ計画
56　アッパー・トゥンガバドラー計画

ペンネルー流域
57　ペンネルー計画

カーヴェーリ流域
58　クリシュナラージャ・サーガル・ダム
59　カーヴェーリ・デルタ用水路

ペリヤール流域
60　ペリヤール・ダムとトンネル

出所：ジョンソン、B. L. C.（山中一郎他訳）『南アジアの国土と経済　第1巻インド』二宮書店、1986年、70頁。(一部、訳語の表記を変更)。

表序-12　州別大・中規模灌漑最終能力　　　　　　　　　　　　　（単位：1,000ha）

	州	大中規模灌漑	小規模灌漑			合計
				表流水	地下水	
1	アーンドラ・プラデーシュ	5,000.00	6,260.00	2,300.00	3,960.00	11,260.00
2	アルナチャル・プラデーシュ	0.00	168.00	150.00	18.00	168.00
3	アッサム	970.00	1,900.00	1,000.00	900.00	2,870.00
4	ビハール*	6,500.00	6,847.00	1,900.00	4,947.00	13,347.00
5	ゴア	62.00	54.00	25.00	29.00	116.00
6	グジャラート	3,000.00	3,103.00	347.00	2,756.00	6,103.00
7	ハルヤーナー	3,000.00	1,512.00	50.00	1,462.00	4,512.00
8	ヒマーチャル・プラデーシュ	50.00	303.00	235.00	68.00	353.00
9	ジャンムー・カシミール	250.00	1,108.00	400.00	708.00	1,358.00
10	カルナータカ	2,500.00	3,474.00	900.00	2,574.00	5,974.00
11	ケーララ	1,000.00	1,679.00	800.00	879.00	2,679.00
12	マディヤ・プラデーシュ*	6,000.00	11,932.00	2,200.00	9,732.00	17,932.00
13	マハーラーシュトラ	4,100.00	4,852.00	1,200.00	3,652.00	8,952.00
14	マニプル	135.00	469.00	100.00	369.00	604.00
15	メガーラヤ	20.00	148.00	85.00	63.00	168.00
16	ミゾラーム	0.00	70.00	70.00	0.00	70.00
17	ナガーランド	10.00	75.00	75.00	0.00	85.00
18	オリッサ	3,600.00	5,203.00	1,000.00	4,203.00	8,805.00
19	パンジャーブ	3,000.00	2,967.00	50.00	2,917.00	5,967.00
20	ラージャスターン	2,750.00	2,378.00	600.00	1,778.00	5,128.00
21	シッキム	20.00	50.00	50.00	0.00	70.00
22	タミル・ナードゥ	1,500.00	4,032.00	1,200.00	2,832.00	5,532.00
23	トリプラ	100.00	181.00	100.00	81.00	281.00
24	ウッタル・プラデーシュ*	12,500.00	17,999.00	1,200.00	16,799.00	30,499.00
25	ウェスト・ベンガル	2,300.00	4,618.00	1,300.00	3,318.00	6,918.00
州計		58,367.00	81,382.00	17,337.00	64,045.00	139,749.00
連邦直轄領計		98.00	46.00	41.00	5.00	144.00
合計		58,465.00	81,428.00	17,378.00	64,050.00	139,893.00

注　：＊印の数字はジャールカンド、チャッティスガル、ウッタルアンチャルの最終灌漑能力を
　　　ビハール、マディヤ・プラデーシュ、ウッタル・プラデーシュの最終灌漑能力にそれぞれ
　　　入れてある。
出所：India, Govt. of, Ministry of Water Resources, *Annual Report 2002-2003*, p.13.

表序-13　土地利用　　　　　　　　　　　　　　　　　　　　　　（単位：100万 ha）

年	純作付面積	総作付面積	多毛作地面積	純灌漑面積	A（％）	延灌漑面積	B（％）	2回以上灌漑地
1950～51	118.75	131.89	13.14	20.85	17.6	22.56	17.1	1.71
1960～61	133.20	152.77	19.57	24.66	18.5	27.98	18.3	3.32
1970～71	140.27	165.79	25.52	31.10	22.2	38.19	23.0	7.09
1980～81	140.00	172.63	32.63	38.72	27.7	49.78	28.8	11.06
1990～91	143.00	185.74	42.74	47.78	33.4	62.47	33.6	14.69
1995～96*	142.20	187.47	45.27	53.40	37.6	71.35	38.1	17.95
1999～2000*	141.23	189.74	48.51	56.65	40.1	78.49	41.4	21.84

注　：＊印の数字は暫定。多毛作地面積＝総作付面積－純作付面積。A（％）＝純灌漑面積／純作付面積。B（％）＝延灌漑面積／総作付面積。2回以上灌漑地＝延灌漑面積－純灌漑面積。
出所：India, Govt. of, Ministry of Agriculture, Dept. of Agricultural Cooperation and Rural Development, *Agricultural Statistics at a Glance 2003*, 14.2.（http://agricoop.nic.in/statistics2003）より算出。

ラート（31.6）の9州であり、他は30％以下である。

のちに詳述する州際水紛争の当事者である州の灌漑比率をみると以下のとおりである。クリシュナー河の場合には上流部のカルナータカ州が23.76％と低く、下流域のアーンドラ・プラデーシュ州が41.34％と高い。カーヴェーリ河の場合も同じように上流に位置するカルナータカに対して、下流域のタミル・ナードゥ州の灌漑比率が53.58％とインドでも有数の灌漑農業地域である。ラーヴィー・ビアース河の場合には上流域のパンジャーブ州の灌漑比率が94.48％とインド最高であるのに対し、下流部のラージャスターン州が34.21％とかなり低い。流域を異にするハルヤーナー州は78.34％でインドでは二番目に高い方であるが、パンジャーブに比べると低い。自然地理的および歴史的に形成されてきたこのような灌漑比率の州間格差が州際水紛争の一因となっていることはIII章で検討するところである。

3　農業部門の電力利用

電力が農業部門では重要な役割を果たしている。

農業部門は電力消費者としては工業についで2番目である。農業部門における電力消費量は1965/66年の1892GWHから1995/96年には8万5736GWH

表序-14 州別純灌漑面積、純作付面積および純作付面積に対する純灌漑面積の割合（1998～99年） (単位：1,000ha、%)

順位	州	純作付面積	純灌漑面積	純作付面積に対する純灌漑面積の割合
1	パンジャーブ	4,238.00	4,004.00	94.48
2	ハルヤーナー	3,628.00	2,842.00	78.34
3	ウッタル・プラデーシュ*	17,585.00	12,691.00	72.17
4	タミル・ナードゥ	5,635.00	3,019.00	53.58
(連邦直轄領計)		136.00	70.00	51.47
5	ビハール*	7,431.00	3,682.00	49.55
6	マニプル	140.00	65.00	46.43
7	ジャンムー・カシミール	733.00	309.00	42.16
8	アーンドラ・プラデーシュ	10,978.00	4,538.00	41.34
州計		142,462.00	56,985.00	40.00
インド合計		142,598.00	57,055.00	40.01
9	ウェスト・ベンガル	5,440.00	1,911.00	35.13
10	オリッサ	6,048.00	2,090.00	34.56
11	ラージャスターン	16,073.00	5,499.00	34.21
12	マディヤ・プラデーシュ*	19,839.00	6,560.00	33.07
13	グジャラート	9,674.00	3,058.00	31.61
14	ナガーランド	261.00	63.00	24.14
15	カルナータカ	10,489.00	2,492.00	23.76
16	メガーラヤ	221.00	48.00	21.72
17	アッサム	2,701.00	572.00	21.28
18	アルナチャル・プラデーシュ	185.00	36.00	19.46
19	ヒマーチャル・プラデーシュ	549.00	103.00	18.76
20	シッキム	95.00	16.00	16.84
21	マハーラーシュトラ	17,732.00	2,946.00	16.61
22	ケーララ	2,259.00	375.00	16.60
23	ゴア	142.00	22.00	15.49
24	トリプラ	277.00	35.00	12.64
25	ミゾラーム	109.00	9.00	8.26

注：＊印の数字はジャールカンド、チャッティスガル、ウッタルアンチャルの最終灌漑能力をビハール、マディヤ・プラデーシュ、ウッタル・プラデーシュの最終灌漑能力にそれぞれ入れてある。

出所：India, Govt. of, Ministry of Water Resources, *Annual Report 2002-2003*, p.19 にもとづき配列変更。

となり、電力消費量全体の年間成長率8.1％に対して年間伸び率は13.6％であった。1994/95年の発電総量は35万0490.4GWHであり、そのうち水力発電量は23.6％にあたる8万2712.0GWHであった。これは1995/96年の農業部門の電力消費量8万5736.0GWHよりも少なかった。換言すれば、水力発電総量は農業の需要を満たすに十分でなかった。消費の割合は1965/66年の7％から1995/96年には31％になった。

1995/96年の農業の電力消費量ではマハーラーシュトラ州が州別の第1位で1万3621GWHであり、ついでアーンドラ・プラデーシュ、グジャラート、ウッタル・プラデーシュ、マディヤ・プラデーシュ州の順でそれぞれ1万1775、1万152、9888、8235GWHであった。上記5州では農業の電力消費量の割合はそれぞれ30、50、39、37、36％であった。アーンドラ・プラデーシュ州が割合ではトップで半分を占めていた。1995年3月31日現在1070万台の揚水ポンプがあった。1995/96年の設置能力総量は8万3288MWで、そのうち2万976MW（25.1％）は水力であった。

中央電力庁（Central Electricity Authority ＝ CEA）は1987年にインドの水力発電能力の再評価を行い、8万4044MWすなわち小規模事業の寄与をのぞく負荷（load）の60％と推定した。完全に開発されると水力発電能力は平均負荷で15万MWの設備能力（installed capacity）になろう。インドの電力需要は平均年間複利で8〜9％で成長している。設備能力21万MWで第11次計画末までの需要を満たし、35万MWで2020年までの需要を満たすことになろう。農業の水力電力需要総量は総発電量の40％を必要とすると仮定して、14万MWになろう[13]。

第3節　将来の水需要

インドにおける将来の水需要に関してはいくつかの予測がある。そのうち重要と考えられるものは以下の五つである。

①インド水資源協会（Indian Water Resources Society）の予測[14]
②全国統合的水資源開発計画委員会（National Commission for Integrated Water Resources Development Plan ＝ NCIWRDP）の水需要展望ワーキング・グループの予測で、同委員会のインド政府提出報告書に採用されたもの（1999年9月）[15]
③2000年1月ハーグで開催された世界水フォーラム（World Water Forum）への準備の一環として、世界水パートナーシップ（Global Water Partnership）南アジア技術諮問委員会（South Asia Technical Advisory Committee）が作成した『南アジア地域2025年水展望』[16]
④デリーのインド経済成長研究所（Institute of Economic Growth）のカンチャン・チョプラ（K. Chopra）とビシュワナト・ゴルダル（B. Goldar）が作成した持続的水資源開発研究[17]（これは国連大学プロジェクトの一環として作成されたものである）
⑤国際灌漑・排水委員会（International Commission on Irrigation and Drainage）のインド国内委員会（Indian National Committee on Irrigation and Drainage）の報告書[18]

　これら五つの予測のうち原資料を利用できたのは、①、③、⑤であり、他の二つはアイヤルの著書からの引用である[19]。

　水需要量予測の前提となる人口増加率、都市人口比率の変化、食糧需要量、灌漑面積の増加、作付形態と作物要水量の変化などをどのように指定するかによって、結果が大きく変わってくることはいうまでもない。ここでは推計方法自体の当否には踏み込まず、それぞれの予測結果とそれへの対策の提言を紹介することにする。

　年間利用可能水量については、インド水資源協会は1122BCM、全国統合的水資源開発計画委員会とインド国内灌漑・排水委員会は1086BCM、南アジア技術諮問委員会は1121BCM、チョプラ・ゴルダルは1110BCMと推定している。これにもとづいて、いずれの予測でも2020年代後半から2050年にかけてインドでは水需要量が利用可能水資源量とほぼ等しくなるか、それを上回

ることになるものと見込んでいる。

　インド水資源協会は、2025年の水需要量は表流水と地下水を合わせた利用可能水量とほぼ等しくなる、と予測し、その後生じる水不足への対処として利用可能水源の十全な利用と既存の水源管理方法の改善だけでなく、追加資源の開発を試みなければならない、と結論している[20]。

　南アジア技術諮問委員会は、先にみたような水需要を満たすためには2000〜2025年間に5兆ルピーという巨額の投資が必要である、と算出している。そのような厖大な額の投資を河川流域総合開発の形でするべきである。新規プロジェクトには水余剰地域から不足地域へ、また余剰季節から不足季節への水移転を可能にするものでなければならない。そのような大規模プロジェクトは懐妊期間が長いので、できるだけ早期に着工することが望ましい。

表序-15　①インド水資源協会の推計
〈インドの水需要〉　　　　　　　　（単位：BCM）

項目	2000	2025
家庭用	33	52
灌漑用	630	770
エネルギー	27	71
工業用	30	120
その他	30	37
合計	750	1,050
表流水	500	700
地下水	250	350

出所：Indian Water Resources Society (1998), p.52.

表序-16　②全国統合的水資源開発計画委員会水需要展望ワーキング・グループ

〈低増加率のもとでの水需要〉（単位：BCM）　〈高増加率のもとでの水需要〉（単位：BCM）

項目	2010	2025	2050	項目	2010	2025	2050
灌漑用水	543	560	628	灌漑用水	557	611	807
家庭用水	42	55	90	家庭用水	43	62	111
電力用水	18	31	63	電力用水	19	33	70
家畜用水	4.8	5.2	5.9	家畜用水	4.8	5.2	5.9
工業用水	37	67	81	工業用水	37	67	81
内陸舟運用水	7	10	15	内陸舟運用水	7	10	15
環境・生態用水	5	10	20	環境・生態用水	5	10	20
貯水池蒸発量	36	42	65	貯水池蒸発量	36	42	65
合計	694	784	973	合計	710	850	1,180

注　：四捨五入のため合計が若干異なる。
出所：Iyer, R. R. (2003) より作成。

表序-17 ③南アジア地域 2025年水展望
〈インドの水需要〉（単位：BCM）

項目	2025
灌漑	730
上水	70
生態	77
工業	120
エネルギー	30
合計	1,027

出所：Global Water Partnership, South Asia Technical Advisory Committee (1999), p.16.

大規模プロジェクト着工前になすべきこととして、同委員会は水消費パターンの変更、降雨貯水、集水域開発、灌漑・家庭・工業における水利用の効率化、排水の再利用などをあげている[21]。

全国統合的水資源開発計画委員会は水収支を調査した上で、「大々的な（流域間）水移送は緊急に必要とされていない。各流域の推定必要量は流域内の資源の十分な開発と効率的利用でもって満たされる。例外はカーヴェーリ河流域とヴァイガイ河流域で、そこではそれぞれ5％、8％不足している」と述べている。そして水供給増加の一つの手段としての河川連結構想に触れて、ヒマラヤ山脈系諸河川についてはより詳細な調査を必要とし、半島部の東流河川についても流域間水移送の可能性についてはさらなる調査を必要とする、と慎重な態度を示した[22]。

チョプラとゴルダルは州別の分析も行い、地下水または表流水、あるいは双方の不足がアーンドラ・プラデーシュ、グジャラート、ハルヤーナー、パンジャーブ、タミル・ナードゥおよびマハーラーシュトラの諸州で顕著になろうと警告している。供給増加のための河川連結構想に関しては「河川の流れの全体性を変更しないような開発が重要な目標となりつつある」として消極的な態度を示している。むしろ一層の効率的利用や節水技術による需要抑制に重点をおいている

表序-18 ④チョプラとゴルダルの推計
〈インドの水需要（2020年）〉　（単位：BCM）

項目		経常	高成長	持続可能
灌漑用		677.30	804.20	768.37
	表流水	248.96		
	地下水	428.34		
その他用途		103.62	*121.39	77.73
	家庭用	67.52	67.52	45.01
	電力用	8.19	12.29	5.00
	工業用	27.91	41.58	27.72
蒸発		42.00	42.00	42.00
環境・生態		78.00	78.00	78.00
合計		920.92	1,004.77	964.09

注：*印の数字はアイヤルの著書では120.57になっている。また、実際の合計は900.92、1045.59、966.1。著者の計算ミスか。
出所：Iyer, R. R. (2003); Chopra, K. (2003) より作成。

ように思われる[23]。

インド国内灌漑・排水委員会は、早魃発生の可能性を視野に入れ、日常の必要に応じるための不可欠の手段として、流域間水移転や地下水の人為的涵養のようなこれまで軽視されてきた措置を実施することが不可避になろう、と結論している[24]。

表序-19　⑤国際灌漑・排水委員会インド国内委員会の推計

〈インドの水需要（2025年）〉　　（単位：BCM）

項目	需要総量	純需要量
農業	580	350
家庭用	60	12
エネルギー・水力発電	85	61
工業	120	65
舟運・生態	10	0
計	800	486

出所：Indian Committee on Irrigation and Drainage, *Country Position Paper*.

全国統合的水資源開発計画委員会のワーキング・グループ、2025年インド水展望およびチョプラ・ゴルダルの三つの推計を検討したアイヤルは、3者に共通する特徴として需要・供給計算、「成長」と「発展」の観念、「持続性」の理解をあげ、いずれも過去との急進的決別を想定していない、と批判している。そして、かれはガンディー主義的禁欲を求めるわけではないが、節水を旨とする質実な繁栄を目標とすべきである、と主張し[25]、そのために節水耕作技術、降雨貯水、伝統的堰による地下水涵養、小規模集水域開発を重視すべきである、と提言している[26]。

インドでは全国レベルでは水収支からみて将来水不足がさほど大きくならないものと予想される。しかし、地域的には深刻な水不足状態に見舞われるところが現に存在するし、今後も増加する恐れがある。すでにカーヴェーリ、ペンネール、サーバルマティ、クリシュナー河流域では国際基準の1人当たり年間利用水量1000m^{3}に満たないという水不足が現実化している。

チョプラの予測では、アーンドラ・プラデーシュ、グジャラート、ハルヤーナー、パンジャーブ、タミル・ナードゥおよびマハーラーシュトラの諸州において、地下水または表流水、あるいは双方で、不足がいずれ深刻化するとみられている。

水資源賦存の地域間不均衡から生じるこのような地域的水不足およびモンスーン気候に起因する季節的水不足問題が現在のインドにおいて深刻な州際

序章　インドの水資源賦存状況、水利用の現状および将来の水需要

河川水紛争の主要な原因になっている。この問題はⅠ～Ⅲ章で扱う。そしてⅣ章では地下水過剰揚水、Ⅴ章では河川連結問題を検討することにしたい。

注

1) Rao, K. L. (1995) *India's Water Wealth; Its Assessment, Uses and Projections*, Bombay, Orient Longman, pp.15-16.
2) India, Govt. of, Ministry of Water Resources, *Water Resources in India* (http://wrmin.nic.in./wr_resource)
3) National Commission for Integrated Water Resource Development Plan = NCIWRDP (1999) *Integrated Water Resource Development; A Plan for Action*.
4) Indian Committee on Irrigation and Drainage, *Country Report*.
5) India, Govt. of, Ministry of Water Resources, *Status of Development,* (http://wrmin.nic.in./development)
6) 前出、India, Govt. of, Ministry of Water Resources, *Water Resources in India*.
7) 同上。
8) Pachauri, R. K. and P. V. Sridharan, ed. (1998) *Looking Back to Think Ahead; Green India*, Tata Energy Research Institute; India, Govt. of, Ministry of Water Resources, *Annual Report 2000* (http://www.wrmin.nic.in/publication/ar2000)
9) Bandyoppadhyay, J. and others (2002) 'Dams and Development; Report on a Policy Dialogue', *Economic and Political Weekly*, Oct. 5.
10) Saleth, R. M. (1996) *Water Institutions in India; Economics, Law, and Policy*, New Delhi, Commonwealth Publishers (Institute of Economic Growth, Studies in Economic Development and Planning no.63)
11) Vaidyanathan, A. (1999) *Water Resource Management; Institutions and Irrigation Development in India*, New Delhi, Oxford Univ. Press, pp.56-122.
12) World Commission on Dams (2000) *Large Dams; India's Experience, Final Report*, Prepared for the World Commission on Dams by R. Rangachari and Others, Cape Town ; 南埜猛（1996）「インド① 大規模灌漑の発達」堀井健三他編『アジアの灌漑制度――水利用の効率化に向けて――』新評論、297～330頁。
13) Indian National Committee on Irrigation and Drainage (2002) *Country Position Report*.
14) Indian Water Resources Society (1998) *Theme Paper on Five Decades of Water Resources Development in India*, New Delhi.
15) India, Govt. of, Ministry of Water Resources, National Commission for Integrated Water Resources Development Plan (1999) *Report of the Working Group on Perspective of Water Requirements*, New Delhi, Sept.

16) Global Water Partnership, South Asia Technical Advisory Committee (1999) *South Asia Regional Water Vision*, July. インドだけについての報告書もある。India Water Partnership (1999) *India Water Vision 2025*.
17) Chopra, K. and B. Golder (2000) *Sustainable Development Framework for India; the Case of Water Resources, Final Report*, Delhi, Institute of Economic Growth; Chopra, K. (2003) "Sustainable Use of Water; The Next Two Decades", *Economic and Political Weekly*, Aug. 9.
18) 前出、Indian National Committee on Irrigation and Drainage (2002).
19) Iyer, R. R. (2003) *Water; Perspectives, Issues, Concerns*, New Delhi, Sage Publications, p.273.
20) Indian Water Resources Society (1998), p.52.
21) Global Water Partnership, South Asia Technical Advisory Committee (1999), p.16.
22) Chopra, K. (2003) に引用。
23) Chopra, K. (2003).
24) Indian Water Resources Society (1998), p.52.
25) Iyer, R. R. (2004), p.292.
26) Iyer, R. R. (2002), "Linking of Rivers; Judicial Activism or Error?", *Economic and Political Weekly*, Nov. 16.

Ⅰ章
州際河川・流域の規制・
開発の法的枠組み

第1節　連邦と州の権限分掌に関する憲法の規定

1　独立前

　独立以前の英領インド帝国は総督管轄下の11州、高等弁務官管轄下の三つの州ならびに562の大小さまざまの藩王国からなっていた。

　1921年以前は、州内の灌漑施設の建設・運営・水力発電、その他すべての水資源開発がインド植民地政府の管轄下にあった。実際の建設・運営は州政府が行ったが、州公共事業局の活動はすべてインド植民地政府とイギリス本国のインド省大臣の監督・命令を受けねばならなかった。

　1919年インド統治法が施行された1921年以降は政府の所管事項は中央管轄事項と州管轄事項に区分された。州管轄事項はさらに、制限選挙によって選ばれたインド人の議会へ委譲された移管事項と、総督が任命する州知事とその行政参事会が所管する留保事項に分けられた。水の供給・灌漑・用水路は留保事項に入れられた。州政府は独自に灌漑事業を立案・施工できることになったが、建造費用見積額500万ルピー以上のものはインド植民地政府を通じてインド省の許可をえなければならなかった[1]。

　1937年4月に施行された1935年インド統治法にもとづいて、中央政府と州政府からなる連邦制が導入されることになり、中央立法議会が立法権限をも

つ連邦立法事項表と州立法議会が権限をもつ州立法事項表、および両者がともに権限をもつ共同事項表が作成され、それぞれの権限のおよぶ範囲が明確に分けられた。この法律の付則第2表19項により「水、すなわち給水、灌漑と用水路、排水と築堤、貯水と水力発電」は州立法事項に入れられ、完全に州に移管された。中央政府は、州間の紛争が当事者である州の間の協議・協定で解決されない場合にのみこの問題に関与することになっていた。統治法の第130～134条にわたって、天然の給水源からえられる水をめぐり州間に紛争が生じた場合の処理の仕方が規定されていた。ある州から不服申し立てがあった場合には、総督は委員会を任命し、調査させ、その勧告にもとづいて決定または命令を発することができた。そしてそのような決定または命令は裁判所の管轄権限外とする、と規定されていた[2]。

2 独立後

独立後のインド憲法は1935年インド統治法の規定を踏襲して、水利用に関連する事項を州の権限に委ねている。すなわち、インド憲法第246条「国会および州立法府の立法事項」第3項および第7付則第2表（州管轄事項表）第17項にもとづいて、州政府は第1表（連邦管轄事項表）第56項を条件として、「水、すなわち給水、灌漑および用水路、排水および築堤、貯水ならびに水力発電」に関する立法権限を与えられている[3]。

ここで条件とされている第1表（連邦管轄事項表）第56項とは、「国会が法律でもって、連邦の監督のもとに規制および開発することが公共の利益であると認める範囲内での州際河川および州際流域の規制および開発」に関しては、中央政府が関与しうる、ということである。

これは1930年代以降、水利土木技術者たちが河川流域全体を水資源開発の単位として取り扱うようになってきたことの反映であった。すでに、1945～47年にインド政府はダモダル河流域およびマハーナディー河流域の流域開発計画を立案しており、前者については1948年にインド制憲議会がダモダル河流域公社法（Damodar Valley Corporation Act, 1948）を制定して、ビハール

州とウェスト・ベンガル州を流れるダモダル河の流域全体にわたる多目的開発事業が着手されていた[4]。このような動きを反映して、「州際河川および州際流域」という新しい概念が独立後の憲法で導入されることになった[5]。

水利用をめぐる連邦と州との間の関係を規制するインド憲法のもう一つの条項は第262条である。同条の規定は次のようなものである。

第262条「州際河川または州際流域の水に関する紛争の調停」
(1) 国会は、法律で、州際河川または州際流域の水の利用、配分または管理に関する紛争または不服申し立ての裁定に関し規定を設けることができる
(2) 本憲法のいかなる規定にもかかわらず、国会は、法律で、最高裁判所も他の裁判所も第(1)項に言及されているような紛争または不服申し立てに関して裁判権を行使できないと規定することができる

このほかに関連する憲法の条項としては第73条「連邦の行政権の範囲」、第162条「州の行政権の範囲」、第257条「一定の場合における連邦の州に対する監督」、第275条「一定の州に対する連邦の補助金」および第282条「連邦または州がその収入により行う支出」がある[6]。

第73条は、国会が法律を規定する権限を有する事項および条約または協定によりインド政府が行使できるような権利、権限または裁判権の行使について連邦政府に行政権限を与えている。第7付則第3表第20項では「経済・社会計画立案」は、共管項目に入れられており、州政府が中央政府と無関係に開発計画を立案できない仕組みになっている。また、財政的にもインド政府の補助金がなければ州政府は計画したプロジェクトを実施できないことがある。州政府がそれを実施できるのは、プロジェクトが最終的に連邦政府の認可を受け、財政的に保証されたのちである。

さらに1970年代後半から世界的に、経済発展にともなう環境悪化問題が注目を浴びるようになり、インドでも1980年に中央政府に環境・森林省が設置

された。同年、森林（保全）法（Forest［Conservation］Act, 1980）が制定され、州の管轄事項である森林の非森林目的への転用を原則的に禁止し、また州が森林環境を著しく損なう可能性のある灌漑プロジェクトを実施する場合には環境上の認可を受けることが義務づけられた。ついで 1986 年に環境保護法（Environmental Protection Act, 1986）が施行され、プロジェクト実施前に環境に対する影響評価を行い、認可を得なければならなくなった[7]。

図 I-1（1）　1956、1960、1963、1966 年の州境再編前後のインド州別領域図——州再編前のインド

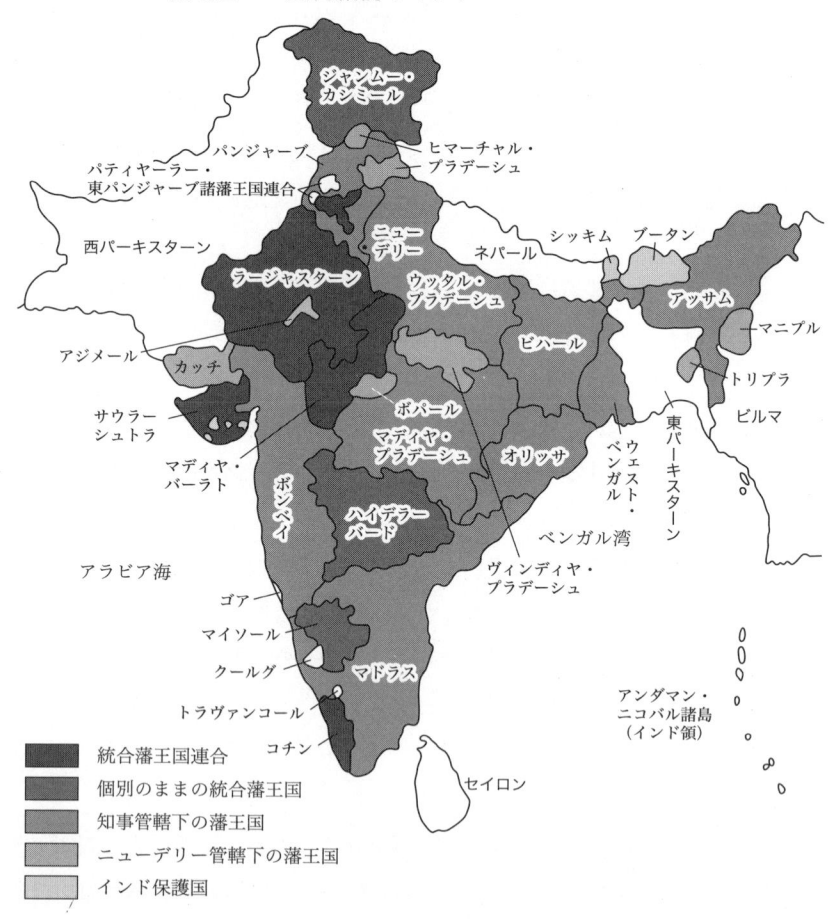

このようにして、現行の憲法の枠内では、州立法府または州政府は、州際河川の管理に関して他の州の権限に不利な影響をおよぼすような立法行為または行政行為をなすことができないようになっている。

　州を再編する権限は連邦政府に属しており、それにともなって州際河川または州際流域であったものが、州内河川または州内流域になることもある。その逆の場合も起こりうる。それにともない、それぞれの州の州際河川また

図Ⅰ-1（2）　1956、1960、1963、1966年の州境再編前後のインド州別領域図──州再編後のインド

出所：Schmidt, K. J. (1995) *An Atlas and Survey of South Asian History*, Armonk, M. E. Sharpe, p.89.

は州際流域に対する権限も変化せざるをえない。1947年独立時のインドではイギリス統治時代に直轄統治下にあった州がそのまま存続すると同時に、新たに併合された藩王国のいくつかが単独で州を構成しており、州の行政領域は種々の歴史的偶然事によって定まっており、なんら体系性をもっていなかった。1953年アーンドラ州法により旧マドラス州の一部が言語を基礎にアーンドラ州となった。その後各地で同じような洲境界再編を求める動きが起こり、インド政府は1953年に州再編委員会を任命した。その委員会の勧告にもとづき1956年に州再編法（States Reorganization Act）が制定され、主として言語別に14の州が形成された。その後1960年に当時のボンベイ州がマラーティー語を中心とするマハーラーシュトラ州とグジャラーティー語を話すグジャラート州に分割され、1966年にはパンジャーブ州がスィク教徒を主体とするパンジャーブ州とヒンドゥー教徒が多数のハルヤーナー州に分かれた。このような州境再編が河川水利用をめぐる関係州間の利害関係のあり方に大きな影響を与えていることは、のちにクリシュナー河、ゴダーヴァリー河、カーヴェーリ河、ラーヴィー・ビアース河の事例でみるところである。

第2節　州際河川・州際流域に関する法律

　インド国会において1955年5月3日に州際河川・流域に関する二つの法案が提出され、通過成立され、1956年から施行された。

1　1956年河川審議会法（The River Boards Act, 1956）

　インド憲法第7付則第1表第56項および第262条の規定にしたがって制定されたのが、1956年河川審議会法である[8]。同法によれば、中央政府は関係州政府と協議したうえで、州際河川の規制・開発のために、河川審議会を設置することができる。構成員は中央政府が任命する灌漑、電力、洪水制御、水保全、土壌保全、行政または財政の専門家である。河川審議会の主たる任

務は州際河川・流域の総合的開発に関し、関係州政府に助言を与えることである。さらに、中央政府が関係諸州政府と協議したうえでその権限をあたえた場合には、河川審議会は州際河川・流域の開発計画を作成し、計画事業施工の費用を諸州間に配分し、事業の進捗状況を監督することができる、と規定されている[9]。

2　1956年州際水紛争法（The Inter-State Water Disputes Act. 1956）

　憲法第262条の規定にもとづいて、1956年州際水紛争法が国会によって制定された[10]。同法にもとづいて、ある州政府から要請が出され、中央政府が紛争は交渉によって解決されないと考えた場合には、州際水紛争の調停のための審判所を設置できる。1986年の法律改正により連邦政府も紛争の調停を求めることができるようになった[11]。本法で取り上げられる紛争事項は州際河川および流域の水の利用・配分・管理に関わる事項ならびにそれに関連する既存の協定の条項の解釈と実施に関連するもので、他州に不利益をもたらすとみなされるものである。審判所は最高裁判所または高等裁判所の判事のなかから、インド最高裁判所長官によって選任される3名によって構成される。

　当事者となる州は州際河川が貫流する、または流域に立地する沿岸権州（Riparian State）に限られない。沿岸権をもたない州であっても、その州際河川または流域の開発で影響を受ける州は当事者たりうる[12]。

　州際河川・流域の州内にある部分の水の利用に関しては、当該州に権限があり、対立・紛争が生じた場合には関係諸州間の交渉・協議によって協定または慣行の形で解決されることがもっとも望ましい。それが不可能な場合には州際水紛争法に訴えることになる。

　河川審議会は州際河川・州際流域の総合的開発のために諸州の利害を調停する専門家の機関である。これに対し、水紛争審判所はある州の水資源開発事業が他の州の既得権益を損なうことから生じる州際紛争の調停を主たる目的にしており、構成員は判事である。河川審議会は諸州の協力により州際河

川・流域の水資源保全、灌漑・排水、洪水制御、水力発電、舟運、植林・土壌保全、水の汚染防止などを含む総合的開発[13]を促進することを目的にする積極的な法律である。他方、州際水紛争法はある州の開発計画が他の州の計画に不利な影響をおよぼすことから生じる州間の利害対立・紛争の調停を目指す消極的な法律であるといえよう。両者はそれぞれ異なる分野を対象にしており、相互に補い合うことが期待されていた[14]。

第3節　州際河川・流域関連法律の適用

　1956年河川審議会法についてみると、実際には、関係州政府が中央政府の介入を望まず、州際河川・流域全体の開発を推進する審議会はこれまで設置されていない。ただし、個別の州際プロジェクトの全体または一部の建設・運営・管理を監督する審議会（Control Board）は、中央政府と関係諸州の協議のうえ政府決議や特別法でもって設置されている。たとえば、トゥンガバドラー管理審議会（カルナータカ、アーンドラ・プラデーシュ州）、ナルマダー管理委員会（マディヤ・プラデーシュ、マハーラーシュトラ、グジャラート、ラージャスターン州）、バンサーガル管理審議会（マディヤ・プラデーシュ、ウッタル・プラデーシュ、ビハール州）、ベトワー河審議会（マディヤ・プラデーシュとウッタル・プラデーシュ州）、バークラー・ビアース運営審議会（パンジャーブ、ハルヤーナー、ラージャスターン、ヒマーチャル・プラデーシュ州）などである[15]。

　州の間で水紛争が生じたが、審判所の設置にいたらずに、中央政府の関与や関係諸州政府の間での協議・調整によって、協定が結ばれ解決した事例としては以下のようなものがある[16]。
①トゥンガバドラー河水紛争（カルナータカ、アーンドラ・プラデーシュ州）
②パラル河水紛争（カルナータカ、タミル・ナードゥ、アーンドラ・プラデーシュ州）

③ムサカンド・ダム・プロジェクト（ウッタル・プラデーシュ、ビハール州）
④バジャジ・サーガル・ダム・プロジェクト（マディヤ・プラデーシュ、ラージャスターン、グジャラート州）
⑤ヤムナー河水紛争（旧パンジャーブ、ウッタル・プラデーシュ、ラージャスターン州、デリー）

　インド政府の仲介によっても、当事者である諸州政府間の協議によっても解決されずに、1956年州際水紛争法にもとづいてインド政府が審判所を設置するにいたった水紛争は以下の5事例である[17]。

① クリシュナー河水紛争——1969年4月審判所設置、最終命令1976年、関係州：マハーラーシュトラ、カルナータカ、アーンドラ・プラデーシュ、マディヤ・プラデーシュ、オリッサ州

② ナルマダー河水紛争——1969年10月6日審判所設置、最終命令1978年8月10日、関係州：マディヤ・プラデーシュ、グジャラート、マハーラーシュトラ、ラージャスターン州

③ ゴダーヴァリー河水紛争——1969年4月10日審判所設置、最終命令1980年7月7日、関係州：マハーラーシュトラ、カルナータカ、アーンドラ・プラデーシュ、マディヤ・プラデーシュ、オリッサ州

④ ラーヴィー・ビアース河水紛争——1986年1月25日審判所設置、第1次命令1987年1月30日、関係州：パンジャーブ、ハルヤーナー、ラージャスターン州

⑤ カーヴェーリ河水紛争——1990年5月4日審判所設置、暫定命令1991年6月25日、1992年4月3日改訂命令、関係州：タミル・ナードゥ、カルナータカ、ケーララ州、ポンディチェリー

　このうち、①、②、③の事例では関係州が審判所の最終命令を受け入れて、それにしたがって各州が開発を進めている。ただし、①の場合は新たな紛争が生じ、再び水紛争審判所が設置されるにいたっている。また、ナルマダー河の場合には、水の配分やダムの高さなど審判所に審理を委ねた問題に関しては関係州の間でほぼ合意に達し、各州の個別事業が推進されているが、埋

没地の立ち退き者に対する補償や代替地の提供の条件、環境問題、山岳地居住の部族民の伝統的文化の維持、持続的発展のあり方の問題など審判所の審理事項を超える問題が提起されて、インド国内だけでなく、国際的に市民団体や NGO を巻き込んで、現在も紛争が続いており、議論されている[18]。④、⑤の事例はいまだに審理中であり、最終決定が公布されず係争中である。

　のちに詳しく見るように、どちらの法律も実際の運用は満足すべきものでなかった。州際水紛争法についてみれば、審判所設置要請から実際の設置までの期間、審判所の審理期間が長引き、裁定の公布までの期間が十数年におよぶ事例も生じた。その結果つぎのような批判が出されるようになってきた[19]。
(1) すべての段階（審判所の設置、審判所の審議、裁定の決定、再照会、補完的釈明または命令に）おける遅滞
(2) このような紛争を扱うのに裁定（adjudication）という方法は不満足なものであり、交渉による解決の方が優れている

　さらに、中央政府と州政府の関係のあり方を再検討していた通称サルカリア委員会（Sarkaria Coimmission）は、つぎのような勧告をしていた[20]。
(1) 中央政府は州政府からの水紛争審判所設置申請をうけてから 1 年以内に設置すること
(2) 紛争が存在しており、必要とあれば、連邦政府に自ら審判所を設置する権限をあたえること
(3) 全国レベルのデータ・バンクと情報システムの適当な機構を設置すること。州政府に必要なデータを提供するようにするために審判所に法廷の権限を与えること
(4) 審判所は設置後 5 年以内に機能すること。必要があればさらに 5 年延長できること
(5) 審判所の裁定を真に拘束的にするために審判所裁定に最高裁判所命令または判決と同等の効力と制裁を与えること

　内務省管轄の州際評議会（Inter-State Council）の常設委員会が州政府と水資源省の見解を聴取したうえで、インド政府はこの勧告に対する態度を決定

し、2001年3月7日に改正法案を国会に提出した。同法は2002年3月28日に大統領の認証を受け州際水紛争(改正)法(Inter-State Water Disputes [Amendment] Act, 2002)として成立した。

それにもとづき審判所の種々の手続きに時間的制限を加えるようになった[21]。
(1) 州政府の要請を受けて中央政府が審判所を設置するのに1年
(2) 審判所が裁定を下すのに3年(必要とあれば、中央政府によって2年を超えない期間だけ延期可能)
(3) 法に定めているように、照会があった場合には、審判所が補完的報告書を出すのに1年(必要とあれば、期限なしにさらに延期可能)
(4) 審判所の裁定は最高裁判所の命令または判決と同じ効力をもつものとされた

以下、Ⅱ章では河川審議会について、Ⅲ章では水紛争審判所が設置された順に五つの州際河川の水紛争の経緯を紹介したい。クリシュナー河とゴダーヴァリー河の水紛争については一次資料を参照できなかったので、主としてグルハティとチョウハン(B. R. Chauhan)の著書に依拠し、他の三つの事例については最近の動向も加えてやや詳しく述べることにする。

注
1) Keith, A. B. (1961) *A Constitutional History of India, 1600-1935*, 2nd ed., reprint, Allahabad, pp.247-254.
2) Misra, B. R. (1942) *Indian Provincial Finance, 1919-1939*, Oxford Univ. Press, pp.108-114; 1935年インド統治法の第130〜134条はつぎに所収。Chauhan, B. R. (1992) *Settlement of International and Inter-State Water Disputes in India*, Bombay, N. M. Tripathi, pp.148-150.
3) 本章で引用する憲法の条項は、Bakshi, P. M., comp. & ed. (1997) *The Constitution of India with Selective Comments*, Delhi, Universal Law Publishing Co. Ltd., 3rd.ed. による。
4) Gulhati, N. D. (1972) *Development of Inter-State Rivers*, Bombay, Allied Publishers, p.32; 前出、Chauhan, B. R. (1992), pp.167-168.
5) 前出、Gulhati, N. D. (1972), p.34; Abraham, P. (2002) "Notes on Ambedkar's Water Resources Politics", *Economic and Political Weekly*, Nov. 30.
6) 前出、Chauhan, B. R. (1992), p.169-171.

7) Saleth, R. M. (1996) *Water Institutions in India; Economics, Law, and Policy*, New Delhi, Commonwealth Publishers, p.227; Iyer, R. R. (2003) *Water; Perspectives, Issues, Concerns*, New Delhi, Sage Publications, pp.143-149, 154-157.
8) この法律と1958年制定の施行規則はつぎに所収。前出、Gulhati（1972）pp.247-263; Ramana, M. V. V. (1992) *Inter-State River Water Disputes in India*, Madras, Orient Longman, pp.83-92.
9) 本書では River Board を「河川審議会」と訳してみた。The River Boards Act, 1956 の定義によると、「中央政府は州政府の要請またはその他により、官報公示の通達により、州際河川または流域またはその特定の一部の規制または開発に関する事項について関係政府に勧告し、また通達で特定されるその他の職務を遂行するものであり、それぞれの州際河川または流域について別々の Board を設置することができる」（同法 Chapter Ⅱ Establishment of Boards, 4 [1] および Chapter Ⅲ Powers and Functions of the Board, 13）。日本での審議会という用語の意味を超え、政府の諮問に応じて勧告を出すだけでなく、一定の職務を遂行する権限も与えられているので、「委員会」と訳す方が適当ではないかと迷った。しかし委員会と訳すと Board のなかにいくつかの委員会が設けられる場合もあるので、まぎらわしくなる恐れがある。中央政府または州政府の特定の省の下部機関でなく、官報公示の中央政府通達によって設置され、特定の州際河川に関係ある州政府代表と中央政府代表を構成員とし、主たる職務が「勧告」と明記されているので、「審議会」と訳したことを、誤解を避けるためにここに記しておく。
10) この法律と1959年制定の施行規則はつぎに所収。前出、Gulhati（1972）pp. 264-271.
11) 前出、Chauhan, B. R. (1992), p.179.
12) 同上、p.170.
13) 河川審議会法第13条。
14) 前出、Gulhati, N. D. (1972), p.47.
15) India, Govt. of, Ministry of Water Resources (1993) *Annual Report 1992-93*, pp.7-8; Jain, S. N., Jacob and S. C. Jain (1971) *Interstate Water Disputes in India; Suggestions for Reform in Law*, Bombay, N. M. Tripathi, pp.13-18.
16) 前出、Chauhan, B. R. (1992), pp.308-315.
17) 同上、pp.217-307.
18) インドにおける環境問題と環境保全運動については、Gadgil, M. and R. Guha (1995) *Ecology and Equity; the Use and Abuse of Nature in Contemporary India*, London, Routledge and New Delhi, Penguin Books India.
19) Iyer, R. R. (2002) "Inter-State Water Disputes Act 1956; Difficulties and Solutions", *Economic and Political Weekly*, Jan. 13.

20) India, Govt. of,（1987-88）*Report of the Commission on Centre-State Relations*（Sarkaria Commission）, Nasik.
21) *Inter-State Water Disputes*（http://www.wrmin.nic.in/cooperation）; India, Govt. of, Ministry of Water Resources（2003）*Annual Report 2002-2003*, New Delhi, p.45.

II章
河川審議会

　1950年インド憲法施行以前にインド自治領政府によって設置され、ウェスト・ベンガル州とビハール州を流れるダモダル河の総合的開発にあたるダモダル河谷公社（Damodar Valley Corporation ＝ DVC）を含め、特別法または中央政府灌漑省または水資源省通達によって設置されたいくつかの審議会がある。それらが対象にしているのは州際河川のごく一部、しかも紛争のない個所・機能だけである。州際河川の総合的開発計画を目指して制定された1956年河川審議会法は空文化している。

　以下、特別法または中央政府通達によって設置され、きわめて限定された機能を担っているいくつかの河川審議会を紹介しよう[1]。

第1節　トゥンガバドラー河審議会 (Tungabhadra Board)

　トゥンガバドラー河審議会は、トゥンガバドラー・プロジェクト完工とその運用・維持管理のために、インド政府がアーンドラ・プラデーシュ州法第66 (4) 条にもとづいて賦与された権限を行使して、1955年3月10日に発した通達第 NW Ⅵ (4) (S) 号にしたがって1955年3月に設置された。

　同審議会はトゥンガバドラー・プロジェクトの共用部分を管轄し、カルナータカ州とアーンドラ・プラデーシュ州によるトゥンガバドラー河の水の利

用に関するクリシュナー河水紛争審判所の裁定に含まれるいくつかの特定条項の遂行を委ねられている。

同審議会の構成はつぎのとおりである。

委員長：インド政府により任命された者

委員：カルナータカ州政府代表者

　　　アーンドラ・プラデーシュ州政府代表者

　　　インド政府代表者

同審議会の行政機構は以下のようになっている。

(1) 灌漑部門

(2) 水力発電部門

(3) 衛生部門

(4) 医学部門

(5) 漁業部門：①養魚場班、②貯水池班、③氷・冷蔵班、④魚網製作計画班

(6) 公園部門

(7) 安全部門

トゥンガバドラー河審議会の基金は州政府が拠出し、支出・受け取りはアーンドラ・プラデーシュ州とカルナータカ州によってつぎのように分担される。

①灌漑部門

　右岸高台用水路：

　　アーンドラ・プラデーシュ州　　71％

　　カルナータカ州　　　　　　　　29％

　右岸低地用水路：

　　アーンドラ・プラデーシュ州　　5/9

　　カルナータカ州　　　　　　　　4/9

②水力発電部門

　　アーンドラ・プラデーシュ州　　80％

　　カルナータカ州　　　　　　　　20％

第2節　ベトワー河審議会（Betwa River Board）

　1973年州際協定にしたがいマディヤ・プラデーシュ州とウッタル・プラデーシュ州の共同プロジェクトであるラージガト・ダム・プロジェクト施工のために監督審議会を設置する決定が下された。それにしたがい同プロジェクトの効率的、経済的、早急の施工のために水資源省によって1976年ベトワー河審議会法のもとにベトワー河審議会が設置された。審議会の本部はジャーンシー（ウッタル・プラデーシュ州）に置かれている。

　審議会の構成はつぎのとおりである。

　委員長：連邦水資源省大臣

　委員：電力省大臣

　　　　両州首相、財務大臣、灌漑大臣、電力担当大臣

　同審議会は審議会の行政部門を担当する事務局長（Secretary）と財務部門を担当する財務補佐官によって補佐される。両者ともにインド政府水資源省によって任命される。

　審議会の日常業務は中央用水委員会委員長のもとにある執行委員会により管理される。

表II-1　ラージガト・ダム・プロジェクトの概要

プロジェクトの立地点	ラリトプルから20km
ダムの高さ	43.8m
ダムの幅	562.5m
ダムの形式	土堤で囲まれた石造
灌漑の利益	ウッタル・プラデーシュ州：13万8,000ha マディヤ・プラデーシュ州：12万1,000ha
発電	3×15MW
推定費用額（2000/1997年価格）	ダム：30億100万ルピー 発電所：13億1,260万ルピー
プロジェクト完工	1999年6月
備考	救済・再定住進捗中

第3節　バンサガル監督審議会（Bansagar Control Board）

　バンサガル監督審議会はバンサガル・ダムと関連施設の効率的、経済的、早急の施工のために1976年6月に設置された。審議会の本部はレワに置かれている。

　審議会の構成はつぎのとおりである。

　委員長：連邦水資源省大臣

　委員：電力省連邦大臣

　　　　マディヤ・プラデーシュ州およびウッタル・プラデーシュ州の首相、灌漑大臣

　　　　マディヤ・プラデーシュ州の電力担当大臣

　マディヤ・プラデーシュ州、ウッタル・プラデーシュ州およびビハール州首相はウッタル・プラデーシュ州首相を最初にして1年交代で副委員長を務める。

　同審議会はインド政府により任命される事務局長、財務補佐官によって補佐される。

　建設の実際の業務はマディヤ・プラデーシュ州政府の関係技官により監督審議会の命令にもとづいて遂行される。監督審議会は技術的、財務的側面を含み当該プロジェクトを全般的に監督する。

　審議会の日常業務は中央用水委員会委員長が委員長となる執行委員会により管理される。

表II-2　バンサガル・ダムの概要

プロジェクトの立地点	シャハドル県デオロング
ダムの高さ	61.95m
ダムの種類	石造／土工ダム
発電量	420 MW
費用見積り額（1998年価格）	115億1,410万ルピー
プロジェクト完工予定年	ダム：2003年6月 用水路：2012年

第4節　バークラー・ビアース運営審議会（Bhakra Beas Management Board ＝ BBMB）

1　概要

　バークラー・ナンガル・プロジェクトとビアース・プロジェクトはもともと旧パンジャーブ州とラージャスターン州の共同事業であった。1966年11月1日に実施されたパンジャーブ州再編により、1966年パンジャーブ州再編法第79条にもとづいてインド政府が、1967年10月1日付けでバークラー・ナンガル・プロジェクトの管理・維持・運用のためにバークラー運営審議会を設置した。ビアース・プロジェクトは完工後バークラー運営審議会に移管され、1976年5月15日付けでバークラー・ビアース運営審議会（BBMB）と改称された。

　同審議会は電力省の管轄下におかれ、サトラジ河のバークラー・ナンガル・プロジェクトとビアース河のビアース・プロジェクト（第1段階と第2段階、Unit Ⅰ &Unit Ⅱ）の管理・維持・運用を委ねられた。審議会の構成はフルタイムの委員長、2名のフルタイムの委員（インド政府任命）、パンジャーブ、ハルヤーナー、ラージャスターン、ヒマーチャル・プラデーシュ州の代表者各1名、インド政府代表者2名（電力省と水資源省から各1名）および（インダス河）長官が委員となっている。

2　職務

　BBMBの職務は以下のとおりである。
① パンジャーブ、ハルヤーナー、ラージャスターン、デリー、チャンディーガル（連邦直轄領）へのサトラジ、ラーヴィー、ビアース諸河川の水供給の規制
② パンジャーブ、ハルヤーナー、ラージャスターン、ヒマーチャル・プラデーシュ、ジャンムー・カシミール、チャンディーガル（連邦直轄領）へのバ

図II-1　バークラー・ビアース複合プロジェクト

出所：Verghese, B. G.（1994）*Winning the Future*, Delhi, Konark Publishers.

ークラー・ナンガル・プロジェクトとビアース・プロジェクトの電力配分審議会は、当事者州が締結した協定または取り決め、およびインド政府の命令にしたがって、ラーヴィー、ビアースおよびサトラジ河の電力と水を関係州に配分し、会計を保持する。審議会はその職務に関する諸問題の検討と承認のために定期的に会合をもつ。用水路への放水は BBMB の技術委員会会合において検討・決定される。それには関係諸州／州電力庁の技監および委員が出席する。

1）BBMB の監督下の事業

灌漑事業

① バークラー・ナンガル・プロジェクト

  a バークラー・ダム（高さ225.5m、貯水量：粗9621Mcumecs、有効貯水量7191Mcumecs）

  b ナンガル・ダム：容量1万2500cumecs（354cumec）のナンガル水力発電水路と容量1万150cumecs（287.4cumec）のアーナンド・サーヒブ水力発電水路への補水

  c 頭首給水量1万2500cumecs（354cumec）、延長65kmのナンガル水力発電水路

② ビアース・プロジェクト

第1段階：ビアース・サトラジ連結プロジェクト

  a パンド・ダム（高さ76m、貯水量：粗41Mcumecs、有効貯水量18.56Mcumecs）

  b パンド・バッギ・トンネル（延長13.1km、容量9000cumecs［254.9cumec］）、スンダルナガル水力発電水路（延長11.8km、容量8500cumecs［240.7cumec］）、スンダルナガル・サトラジ・トンネル（延長12.35km、容量1万4250cumecs［403.5cumec］）

  c 容量3000Acre・feet（3.7M.Cu.m）の調整貯水池（balancing reservoir）

第2段階：ポング・ダム（高さ132.6m、貯水量：粗8570M.Cu.m、有効7290Mcumecs）

発電所

表Ⅱ-3を参照。

送電体系

BBMBの電力送出（evacuation）体系は、ヒマーチャル・プラデーシュ、パンジャーブ、ハルヤーナーの諸州およびデリー

表Ⅱ-3　BBMB発電所と発電能力

	名称	設置能力		MW
1	バークラー（右岸）	$3 \times 132 + 2 \times 157$	=	710
2	バークラー（左岸）	5×108	=	540
3	ガングワル	$2 \times 24.2 + 1 \times 29.25$	=	77.65
4	コトラ	$2 \times 24.2 + 1 \times 29.25$	=	77.65
5	デハル	6×165	=	990
6	ポング	6×60	=	360
合計			=	2,755.30

に広がる送電網をもつ北部グリッドを統合的に走っている。送電体系は電力グリッドおよびウッタル・プラデーシュ、ラージャスターン州およびデリーの送電体系と連結している。

2) 便益の配分

水の配分

①サトラジ河：1959年バークラー・ナンガル協定にもとづきパンジャーブ、ハルヤーナー、ラージャスターンの諸州間で配分。パンジャーブ、ハルヤーナー、ラージャスターン各州の取り分はそれぞれ57.88、32.31、9.81%とする。

②ラーヴィー・ビアース河：1981年12月31日付けの協定および1982年12月3日付けでBBMBが臨時承認した配分によれば、ラーヴィー・ビアース河の余剰水はパンジャーブ、ハルヤーナー、ラージャスターン各州でそれぞれ30、21、49%の割合で配分される。デリーとジャンムー・カシミールは1981年協定により0.2、0.65 MAFの定量取り分を与えられた。バークラー・ナンガルからもビアース・プロジェクトからもヒマーチャル・プラデーシュ州には水が配分されなかった。委員会はバークラー・ナンガルおよびビアース・プロジェクトから灌漑・飲料用水目的のためにヒマーチャル・プラデーシュ州から受けた要請を承認してきた。

電力配分

①バークラー発電所群：共同プール消費者需要と送電ロスを除く利用可能エネルギーの15.22%がラージャスターン州に配分される。残りの84.78%はパンジャーブ、ハルヤーナー、新ヒマーチャル・プラデーシュ、チャンディーガル連邦直轄領にそれぞれ54.5、39.5、2.5、3.5%の割合で配分される。

②デハル発電所：インド政府がヒマーチャル・プラデーシュに配分した15MW、送電ロスとスンダルナガル・スララッパ・パンドでのプロジェクト供給分4%を除く利用可能電力はパンジャーブ、ハルヤーナー、ラージャスターン各州でそれぞれ48、32、20%の割合で配分される。

③ポング発電所：タルワラでのプロジェクト用供給と送電ロス4%を除く利

用可能電力はパンジャーブ、ハルヤーナー、ラージャスターン各州で費用分担比率と同じ割合、すなわち24.9、16.6、58.5％の割合で配分される。

3) バークラー・ポング貯水池の運用

　BBMBは融雪と降雨による流入の変動、関係諸州間ならびに州内の灌漑および電力需要から生じる相対立する需要に起因する難問題にもかかわらず、関係諸州にとってもっとも有利となるように統合的仕方でバークラー・ポング貯水池を運用している。BBMBはこの目的のために関係諸州の灌漑局技監、州電力局技術委員、チャンディーガル駐在中央用水委員会技監（インダス河）を委員とし、パンジャーブ州（農業）長官を特別参考人とする技術委員会を設置して、監督下の貯水池の運用を決定している。同委員会は貯水水準、流入量、灌漑および発電の需要を考慮したうえで、月例会において翌月の10日ごとの放水量を決定する。それは四半期会において再検討される。

4) BBMBの財政

　1966年パンジャーブ州再編法第79 (5) 条により、関係諸州政府と電力局はその職務遂行のために必要とされる支出に充当する資金を提供することを求められている。灌漑部門に帰せられる経常支出は、関係諸州が協定した割合でそれぞれの資金から充当する。電力部門の支出は、一部は共同プール消費者から徴収した収入と、一部は関係諸州電力局がその資金から支払う資金で充当される。発電所の最新化・修理事業、たとえばバークラー右岸発電所、ガングワル・コトラ発電所などは関係諸州電力局が自ら、または電力融資公社（Power Finance Corporation=PFC）からの借入金で充当されている。

5) BBMBに関連する懸案事項

(1) パンジャーブ州政府からBBMBへのルーパル、ハリケおよびフィローズプルの頭首工の移管

　1966年パンジャーブ州再編法第79 (1) 条にもとづき、ルーパル、ハリケおよびフィローズプルの灌漑頭首工の管理・維持・運用はBBMBに委ねられることになった。しかしながら、頭首工はパンジャーブ州政府によってBBMBにいまだに移管されておらず、ハルヤーナーとラージャスターンの州政府は

その移管を要請している。BBMB は 1989 年 10 月に電力省に詳細な現状を報告して、種々の頭首工と監督・連絡地点（Control/Contact Points）の管理が BBMB に帰属していないために、関係諸州に配分に応じるしかるべき供給を確保するのが困難であると述べていた。さらに頭首工の移管後でもすべての連絡地点が BBMB に帰属することなく、関係諸州すべてに正確な供給を確保する最良の取り決めはすべての関係諸州が BBMB の行う配分を認め、種々の監督・連絡地点で正確な供給を行うことである、と述べている。BBMB は 1998 年 1 月にも連絡地点とともに頭首工を移管することについて同じ意見を繰り返し述べている。

1992 年 7 月 30 日と 8 月 6 日に水資源省が開催したパンジャーブ、ハルヤーナー、ラージャスターンの州政府首相の州際会議においても三つの頭首工の移管問題が討議された。BBMB の灌漑担当委員の役職を 1993 年 1 月 1 日から協定締結州の官僚のなかから任期 2 年交代で順番に当てることになり、この取り決めによりこれらの頭首工を BBMB に移管する必要がなくなった。法務大臣が精査した協定案文が、1992 年 8 月に開催される予定の別の州際会議で討議されることになっていた。水資源省大臣の努力にもかかわらず、この州際会議は開催されなかった。問題は未解決のまま、頭首工の管理はパンジャーブ州政府にいまだに属している。

他方、1998 年 7 月と 1999 年 2 月にインド政府首相はかれに代わって計画委員会副委員長に対してパンジャーブ、ハルヤーナーおよびラージャスターン州政府首相の会議を開催し、これら諸州の間にある水関連諸問題を討議し、それらの間で交渉による解決にいたる努力をするよう要請した。しかしながら、インド人民党主導連邦政府の結成後、計画委員会は水資源省大臣の方がより適切に会議を開催しうるだろうという副委員長の見解を伝えた。この会議は水資源省大臣により 2000 年 2 月 2 日開催と提案されたが、行政上の理由により延期された。のちにそれは 2000 年 9 月 11 日に予定されたが、同年 9 月中にパンジャーブ州首相がニューデリーを訪問することが不可能であるとして一時的に延期された。水資源大臣は再び 2001 年 6 月 27 日に会議を提案

した。この会議もパンジャーブとラージャスターンの州首相の都合がつかず延期された。新しい開催日はまだ決定されていない。

(2) 各監督・連絡地点における自動測水機設置および流水測量曲線描写のための流水測量地点の選択

　ラーヴィー、ビアース、サトラジ河の水を利用する用水路の効率的運用に必要なデータベースを改善するために、1982年12月3日に開催された第105回BBMB会議において、種々の連絡・管理地点における流水測量曲線を描くために自動水位測量器設置の観測地点の選択に関する問題が討議された。BBMBは48地点を承認したが、パンジャーブ州は同意しなかった。パンジャーブ州選出委員は、BBMBの決定がパンジャーブ州の権利と権益に影響するものであるとし、1974年BBMB規則第7条にもとづき中央政府に問題を委ねた。

　BBMBが流水測量地点を最終的に決定できないので、水資源省は諸州の意見を徴したのち、体系の即時の必要に応じて55の流水測量地点を定めた。しかしながら、1992年7～8月に開催された州際会議において既存の8カ所に加えて33の流水測量地点を設置することが合意された。パンジャーブ州政府の用水路技監は、パンジャーブ州政府が33カ所の自動水位測量器の設置を承認したと伝えた。BBMBはしかしながら他の関係諸州の技監がこの問題で決定をまだしていないと伝えている。

第5節　ブラーフマプトラ河審議会(Brahmaputra Board)

1　設置と職務

　ブラーフマプトラ河審議会は国会の法律、すなわち1980年法律第46号ブラーフマプトラ河審議会法にもとづいてインド政府によって灌漑省(現在は水資源省と改称)のもとに設置された。審議会の管轄権限はブラーフマプトラ河とバラク河の両流域および、北東地域のすべての州の全体または一部を対象にしている。

審議会事務所は1982年1月11日に本部をグワハティに置いて職務を開始した。

　審議会に委ねられた主要職務は調査・研究を実施し、灌漑・水力発電・舟運その他の有益な目的のためにブラーフマプトラ河とバラク河両流域の水資源を開発・利用することを重点に、洪水制御・河岸浸食・排水滞留改善のマスター計画を作成することである。その職務にはマスター計画で確定され、中央政府により認可されたダムその他のプロジェクトの詳細なプロジェクト報告書の作成、中央政府によって認可されたプロジェクトとマスター計画で提案された関連施設の建設・維持管理の実施、ならびにそのようなダム・施設の維持管理・運用が含まれる。

2　マスター計画の作成

　ブラーフマプトラ河審議会はこれまでにブラーフマプトラ河・バラク河体系の種々の河川・支流およびトリプラの諸河川についてマスター計画を作成してきた。課題の膨大さのために、業務は以下の3分野に分けられている。
①マスター計画第1部：ブラーフマプトラ河本流
②マスター計画第2部：バラク河本流とその主要8支流
③マスター計画第3部：マジュリ島を含むブラーフマプトラ河の41の支流とトリプラの諸河川

　これまでに49の支流マスター計画のうち24がブラーフマプトラ河審議会によって認可され、25は諸州／機関から寄せられたコメントにもとづいて修正中である。

1) 計画

　マスター計画において審議会は北東地域において34の排水開発計画を確定し、調査した。このうち審議会はすでに13計画について詳細プロジェクト報告書を作成した。以前に作成された詳細プロジェクト報告書のいくつかは修正中である。こうして現在は排水計画21の詳細プロジェクト報告書が作成・修正・調査中である。審議会はそのうち1計画、すなわちハラング排

水開発計画を実施中である。

　ハラング排水計画は第9次計画期間中に施工することが審議会によって認可された。審議会は建設活動と土地収用を開始した。

　これまでの水門建設進捗状況は32％、堤防建設は43％である。

　3億490万ルピーの費用見積もり修正額は技術諮問委員会（Technical Advisory Committee ＝ TAC）の審査を待っている段階である。

　その他の計画は詳細プロジェクト報告書の修正・作成の種々の段階にあるか、まだ調査中である。

2）確定された多目的プロジェクトの詳細プロジェクト報告書の作成

　いくつかの多目的プロジェクトが審議会によって確定された。たとえば、バラディヤ（アッサム）、ティパイムク（マニプル・ミゾーラム）、スバンシリ（ゲルカムク、タメン）、メグナ（アルナチャル・プラデーシュ）、パシガトのデハング、アロング、プギング（アルナチャル・プラデーシュ）、ロヒト（アルナチャル・プラデーシュ）、デバング（アルナチャル・プラデーシュ）、カメング（アルナチャル・プラデーシュ）、ソメシュワリ（メガーラヤ）、ジャドゥカタ（メガーラヤ）、クルシ（メガーラヤ）である。これまでに五つの多目的プロジェクトの詳細プロジェクト報告書が審議会によって完成された。それらはスバンシリ、デハング、パグラディヤ、ティパイムク、バイラビのダム・プロジェクトである。

3）パグラディヤ・ダム・プロジェクト

　ブラーフマプトラ河審議会が施工中のパグラディヤ・ダム・プロジェクトは灌漑可能総面積5万4160 haに給水し、用水路放水で3 MWの水力発電を行い、アッサム州ナルバリ県内の4万haの面積の地に洪水防御を提供する。公共投資委員会は2000年3月にプロジェクトを認可し、最終的に内閣経済問題委員会が2001年1月に同プロジェクトを54億2900万ルピーの費用で認可した。

　プロジェクトの準備作業はブラーフマプトラ河審議会によってすでに開始されている。審議会は当初政府が認可した基準にしたがってプロジェクト被

影響者に対し救済・再定住パッケージを実施し、のちにプロジェクトの実際の建設工事が開始される。アッサム州政府は救済・再定住に必要とされる土地を利用できるようにする過程にあり、ブラーフマプトラ河審議会が必要なインフラストラクチャーの建設を始めているところで土地の一部はすでに移転されている。

3　管轄下のプロジェクト
1）ティパイムク・ダム
　マニプルとミゾーラムの州境にあるティパイムク・ダムは1500MWの発電能力をもつ高さ162mのダム建設を予定するもので、1995年にTACの認可を与えられたが、関係するマニプル、ミゾーラム、アッサムの諸州の間で合意がえられず実施できなかった。プロジェクトは1999年7月に北東電力公社（North Eastern Electric Power Corporation ＝ NEEPCO）に移され、インド政府の指示により多目的プロジェクトとして実施されることになった。

2）スバンシリ・ダム・プロジェクトとデハング・ダム・プロジェクト
　一つの高いダムをもつスバンシリ／デハング・ダム・プロジェクトの詳細プロジェクト報告書もまた1984年に審議会によって完成された。いくつか重要な町が水没するという理由でアルナチャル・プラデーシュ州政府が保留したため、計画は各流域に3段階のダムを建設するように変更され、審議会は1996年以降スバンシリ河とデハング河の両方に、あまり高くないダムを建設するための3カ所のサイトの調査を開始した。これらのプロジェクトはさらなる調査とのちの実施のために2000年5月に国立水力発電公社（National Hydroelectric Power Corporation=NHPC）に移管された。

3）バイラビ多目的プロジェクト
　80MWの発電能力の上記プロジェクトの詳細プロジェクト報告書は完成され、2000年4月にミゾーラム州政府の要請により引き渡された。

4　北東地域水力・関連研究所（North Eastern Hydraulic and Allied Research Institute）

　1985年8月のアッサム合意にもとづく協定の一部として、ブラーフマプトラ審議会は河川流況・堤防侵食・排水滞留（drainage congestion）に関連するモデル研究を遂行するために、グワハティに北東地域水力・関連研究所を建設することになった。この研究所は1996年に活動を始め、機器の大部分がすでに調達され、十分なインフラ施設を整えている。プネの中央用水・電力研究ステーション（Central Water and Power Research Station ＝ CWPRS）の指導のもとに同研究所はバラク河のモデルを実験している。それはまたアッサム州のジャイダル河のモデル研究を実施し、アッサム州洪水制御局に報告書を提出した。メガーラヤのプルバリ町保護のモデルの一部、パグラディヤ・ダム・プロジェクトの余水吐けモデル研究、マジュリ島のモデル研究が現在進行中である。研究所はまたNEEPCO、CWC、北東部協議会（North Eastern Council ＝ NEC）、州政府などのような機関の要請による材料試験や河川モデル研究を実施している。

第6節　アッパー・ヤムナー河審議会（Upper Yamuna River Board=UYRB）

　1994年9月2日に開催された州際会議において、1994年合意覚書の条文にしたがってウッタル・プラデーシュ州、ハルヤーナー州、ラージャスターン州、デリーNCT（National Capital Territory）はアッパー・ヤムナー河審議会の構成と職務に関して協定案を完成した。ヒマーチャル・プラデーシュ州は流域諸州それぞれの領域内におけるヤムナー河の水の非消費的利用に対する排他的権利に関し、同案に修正を求めた。修正案は1994年11月6日に開催された州際会議においてヒマーチャル・プラデーシュ州、ウッタル・プラデーシュ州、ハルヤーナー州、デリーNCTによって署名された。ラージャスターン州は1994年9月2日に他の流域州によってすでに署名されていた案に盛

り込まれた修正に同意していなかった。他方、最高裁判所はスレシュワール・シンハ指揮官が提出した嘆願書により、1995年1月25日付けでインド政府に対して、1995年3月15日までにアッパー・ヤムナー河審議会を設置し、業務を開始させるようにと命じた。設定した期限により、裁判所はラージャスターン州とヒマーチャル・プラデーシュ州がアッパー・ヤムナー河審議会設置に関する意見の相違を、3週間以内に整理するものと期待した。最高裁判所は水資源省大臣に、この問題に格別の関心を寄せ1995年3月15日までに同審議会を設置し、業務を開始させるようにと要請した。したがって州際会議においてラージャスターン州とヒマーチャル・プラデーシュ州との間の意見の相違を整理する試みが水資源省によってなされた。ラージャスターン州は1994年11月6日にヒマーチャル・プラデーシュ州、ウッタル・プラデーシュ州、ハルヤーナー州、デリーNCTが署名した協定修正案に同意しなかった。インド政府最高裁判所の命令にしたがって、アッパー・ヤムナー河審議会は、1994年5月12日付け合意覚書と上記の合意された範囲で同審議会を設立するために、5流域州によって署名された協定にもとづくインド政府決議によって1995年3月11日に設置された。最高裁判所は1995年3月31日付け命令において、同審議会は法的に設置され、合意覚書は法にもとづいて施行された、と述べた。その後2000年11月9日付けでウッタル・アンチャル州が2000年ウッタル・プラデーシュ州再編法によって創出されたので、同法第84（2）条にもとづきウッタル・アンチャル州も指定された日をもってアッパー・ヤムナー河審議会の委員として参加することになった。

1 審議会の構成

審議会の構成はつぎのとおりである。

パートタイム委員長：中央用水委員会委員

委員：ウッタル・プラデーシュ州、ラージャスターン州、ヒマーチャル・プラデーシュ州、ハルヤーナー州、ウッタル・アンチャル州、デリーNCTの指名された者各1名（技監より低くない職位の者）

中央電力公社の技監 1 名
パート・タイム委員：中央地下水委員会、中央汚染管理委員会の代表者
フル・タイム委員兼事務局長：中央政府が任期 3 年で任命する者
審議会の費用：上記 6 流域州が平等に負担
職務：
① 1994 年 5 月 12 日付け合意覚書にしたがい、流域州政府の間で結ばれた協定または取り決めに留意して、オークラ堰を含めその上手のすべての貯水地および堰からの水の規制と供給。ただし紛争が生じた場合には再検討委員会（Review Committee）の承認を受けること
② 上流部の貯水池の完工に応じて、タゼワーラー／ハトニクンドの下手およびオークラ頭首工の下手において、生態を考慮して 10cumec の最小流量を維持すること
③ 協定にしたがい都市および飲料水目的の消費用途のために、デリーがヤムナー河から引いた水の還流流量の監視ならびに処理後中央汚染管理審議会の基準にしたがって、排水の適正な質を確保するよう監視すること
④ 堆積物排除の目的でウッタル・プラデーシュ州とハルヤーナー州がヤムナー河から引いた水の還流流量の監視
⑤ ハトニクンドの上流部でカラ水力発電所の末端部からヤムナー河への還流の監視
⑥ 10 日ごとに水量計算と各州の水の取り分を決定するための規則と規約を作成すること
⑦ すべての観測所でのヤムナー河の流量記録を維持し、用水年のヤムナー河の流量を決定すること
⑧ 灌漑用・家庭用・都市用および工業用またはその他用途への引水あるいは河を流れ下る水の記録を維持すること
⑨ すべての関係州にそれぞれの権利にもとづく給水量を確保すること
⑩ 以下についての活動の調整と適正な命令を発すること：a. 種々の施設の建設、b. 引水を含む種々の用途のための計画の統合的実施、c. 表流水お

よび地下水の質の維持と改善の監視、d. 州際プロジェクトの円滑な実施
⑪流域保護、集水域管理、環境更生・保持のための計画の監督
⑫オークラ堰を含めその上流のすべてのプロジェクトの進捗状況の監視と検査
⑬ヤムナー河上流部の地下水の監視と利用および過剰利用を防ぐ規則の制定
⑭中央政府および流域州への年次報告書の提出

審議会は水資源省のもとにおかれたインド政府の下部機関であり、本部は（現在臨時にニューデリーにおかれている）国立首都圏（National Capital Region）におかれている。同審議会の機能のために種々のカテゴリーの役職58の創設が認められている。委任によって満たされるべきA、B、C等級の50役職の募集規則がインド公報に通知され、募集過程が現在進行中である。

2　アッパー・ヤムナー河検討委員会（Upper Yamuna Review Committee）

水資源省連邦大臣（Union Minister）／閣外大臣（Minister of State）のもとに五つの流域州首相（大統領統治の場合には知事）からなるアッパー・ヤムナー河検討委員会は、ヤムナー河の表流水の配分に関する1994年5月12日付け合意覚書の実施を確実にし、オークラにいたるヤムナー河流域上流部の適正な開発・管理に必要とされる命令を発するために政府により設置され、1995年4月22日から活動を開始した。審議会設置決議には審議会の決定についてなんらかの意見の相違が生じた場合は、検討委員会の委員により調査委員会に委ねられると規定されていた。アッパー・ヤムナー河審議会の委員長はアッパー・ヤムナー河検討委員会の事務局長である。新たに創設されたウッタル・アンチャル州の首相（大統領統治の場合には知事）もアッパー・ヤムナー河検討委員会の委員になった。

注
1)　本章は主として以下の資料による。
　1. India, Govt. of, Ministry of Water Resources, *Annual Report 2001-2* and *2002-3*, (http://

www.wrmin.nic.in）．
2. India, Govt. of, Ministry of Water Resources, Cooperation in Harnessing Water Reources（http://www.wrmin.nic.in/cooperation）．
3. Bhakra Beas Management Board（http://www.bhakra.nic.in）．
4. Rajasthan, Govt. of, Dept. of Irrigation, *Bhakra Canal Project*（http://www.rajirrigation.com）．

III章
州際河川水紛争

　本章が本書の中心部分をなすものであり、すでにI章で触れたように、沿岸諸州の間で州際河川の水利用に関する意見が合わず、1956年州際水紛争法にもとづいてインド連邦政府がこれまでに水紛争審判所を設置した五つの事例——クリシュナー河、ゴダーヴァリー河、カーヴェーリ河、ラーヴィー・ビアース河、ナルマダー河——を扱う。それぞれの事例のもつ特異性と共通性を明らかにしようと努めたが、利用できた資料の関係上叙述の精粗に大きな隔たりのあることは認めざるをえない。

　「III-1　クリシュナー河」と「III-2　ゴダーヴァリー河」では、主としてGulhati, N. D.（1972）*Development of Inter-State Rivers*, Bombay, Allied PublishersとChauhan, B. R.（1992）*Settlement of International and Inter-State Water Disputes in India*, Bombay, N. M. Tripathiに依拠して、両河川の水利用をめぐる紛争の経緯、審判所の設置とそこで取り上げられた論争点、審判所裁定の内容と特徴を概観する。クリシュナー河の事例では、1969年に設置された水紛争審判所が1976年に当時推定された流水量を関係諸州の間に配分する裁定を下した。配分した流水量を超える水量については配分比率を提示しただけで、水量そのものは明示していなかった。配分裁定条項は25年後の2000年5月31日以降再検討可能であると規定されていた。ゴダーヴァリー河の場合には、1969年に設置された審判所が審理しているうちに、関係諸州すべてあるいは特定プロジェクトに関連する2州の間で協議が続けられた。その結果紛争を

解決するいくつかの協定が締結され、審判所はそれらを取り入れて1980年に最終命令を下した。その後大きな紛争は生じていない。

　ところが、クリシュナー河の場合には配分済みの流水量を超える余剰水の利用をめぐって上流部のカルナータカ州と下流域のアーンドラ・プラデーシュ州との間で紛争が再燃し、関係州の間での協議によっては解決される見通しがなく、新たな審判所が設置されることになった。この問題は「Ⅲ-6　州際水紛争の最近の動き」で扱う。

　「Ⅲ-3　カーヴェーリ河」では、主として上流域にあるカルナータカ州と下流部のタミル・ナードゥ州の間の水紛争の経過を、上記2書に加えタミル・ナードゥ州の州首都チェンナイで発行されている隔週誌「フロントライン (*Frontline*)」、新聞「ヒンドゥ (*The Hindu*)」、ムンバイーで刊行されているエコノミック・アンド・ポリティカル・ウィークリー誌などに掲載された論説や記事も利用して、水紛争の経過を具体的に描き出すことに努めた。1990年に設置されたカーヴェーリ河水紛争審判所は1991年に暫定命令、1992年改訂命令を出したが、それがさらに紛争を悪化させ、いまだに最終命令が出されていない。

　「Ⅲ-4　ラーヴィー・ビアース河」では、イギリス植民地時代のインドにおけるインダス河の水利用をめぐる紛争とその解決法、植民地インドの分離・独立以後インドとパーキスターンとの間で締結された1960年インダス河水利協定にさかのぼって、現在のインドのパンジャーブ、ハルヤーナーおよびラージャスターン3州の間で争われているインダス河の東側の支流サトラジ、ラーヴィー、ビアース河の水利用に関わる紛争を取り上げる。1986年に設置された水紛争審判所が1987年にいったん暫定報告書を出したが、パンジャーブ州の農民の一部がその施行に暴力をもって反対し、現在もまだ最終命令が出されていない。ここではパンジャーブ州の首都チャンディーガルで発行されているトリビューン紙 (*The Tribune*) に掲載された記事・論説も多用した。

　「Ⅲ-5　ナルマダー河」の事例では、1969年に設置された水紛争審判所が1978年に関係諸州が利用できる水量配分に関する最終命令を出し、それは受

け入れられた。この審判所はインドでは初めて河川開発建設工事にともなう立ち退き予定者への補償や再定住措置に関してきわめて具体的な規定を裁定に盛り込んでいた。これがインドの人権運動家、環境保護論者やガンディー主義者らを勢いづけ、大規模水資源開発プロジェクトへの反対運動を惹起すると同時に、学界においても開発のあり方をめぐる活発な論争を誘発した。世界銀行による開発援助の効果評価とも結びついて、国際的にも注目されることになった。その論議の過程を主としてNGO「ナルマダー河救おう運動 (Narmada Bachao Andolan ＝ NBA)」およびその同調者の活動と、それへの行政側の対応を軸にして追ってみたものである。ナルマダー河流域開発問題に関しては数多くの研究書が出版されている。そのなかで信頼できるもの数冊と上記の新聞・雑誌に掲載された記事・論説に加えて、NGO「ナルマダー河の友」(The Friends of the Narmada) のホームページに頻繁に発表されているNBAのプレス・リリース、マハーラーシュトラ州政府報告書、最高裁判所判決文などを利用した。

　最後の「Ⅲ-6　州際水紛争の最近の動き」ではいまだに審判所の最終命令の出ていないクリシュナー河、カーヴェーリ河、ラーヴィー・ビアース河の水紛争および現在も続いているナルマダー河流域開発プロジェクトへの反対運動に関して、2000年以後2004年12月までの動きを新聞・雑誌の記事・論文や、運動に関わっている主要NGOのホームページに掲載されている報告にもとづいてまとめたものである。

　「Ⅲ-5　ナルマダー河」が五つの事例の中でバランスを失して長くなったことは否めない。これは「Ⅴ章　河川連結（流域変更）案」のなかで明らかになるが、州際河川水の利用をめぐる関係諸州間の紛争に関する論議、とくにナルマダー河流域開発プロジェクトをめぐる論争と運動の過程でしだいに判然としてきた、水資源開発のあり方に関わるインド社会における思想的立場の相違がその後の河川連結構想論議にも大きく影響していると考えられるからである。

Ⅲ-1
クリシュナー河

第1節　クリシュナー河流域

　クリシュナー河体系の主要水源は西ガーツ山脈に降る大量の雨である。クリシュナー河は西ガーツ山脈内の延長約724km（428マイル）の集水域を排水する。アッパー・クリシュナー225km（140マイル）、ガタプラバ64km（40マイル）、マラプラバ32km（20マイル）、アッパー・ビマ161km（100マイル）、トゥンガバドラー206km（128マイル）の支流域がある。この河川体系の主要水源はアラビア海から遠くない西ガーツ山脈に発するが、流れ着く先は東のベンガル湾である。

　西ガーツ山脈は海岸から約80〜161kmのところを海岸線にほぼ平行して延びている。斜面は西側が急峻で、東側は緩やかに下っている。降雨量は山頂稜線に沿って最大であり、東側にいくにつれて急激に減少する。支流河川はガーツ山脈に近い峡谷から流れ出す。山脈稜線が流れを二分している。少量が西側アラビア海に注ぎ、残りの支流はベンガル湾に流入する。

　河川はすべて南西モンスーンの影響を受けており、全面的に降雨依存である。山脈には河川水を維持する万年雪がない。西ガーツ山脈に水源をもつ河川の多くは6月にくる最初の雨で流れが上昇し始め、増水するとときとして激流となることがある。10月中旬から流れは急速に減少する。乾季には流量はきわめて低くなるが、地下湧水があり完全に干上がることはない。

　ガーツ山脈内部では河川は平らな狭い峡谷をなし、侵食基盤となっている深い流路を通っている。河道は安定し、はっきりと定まっている。

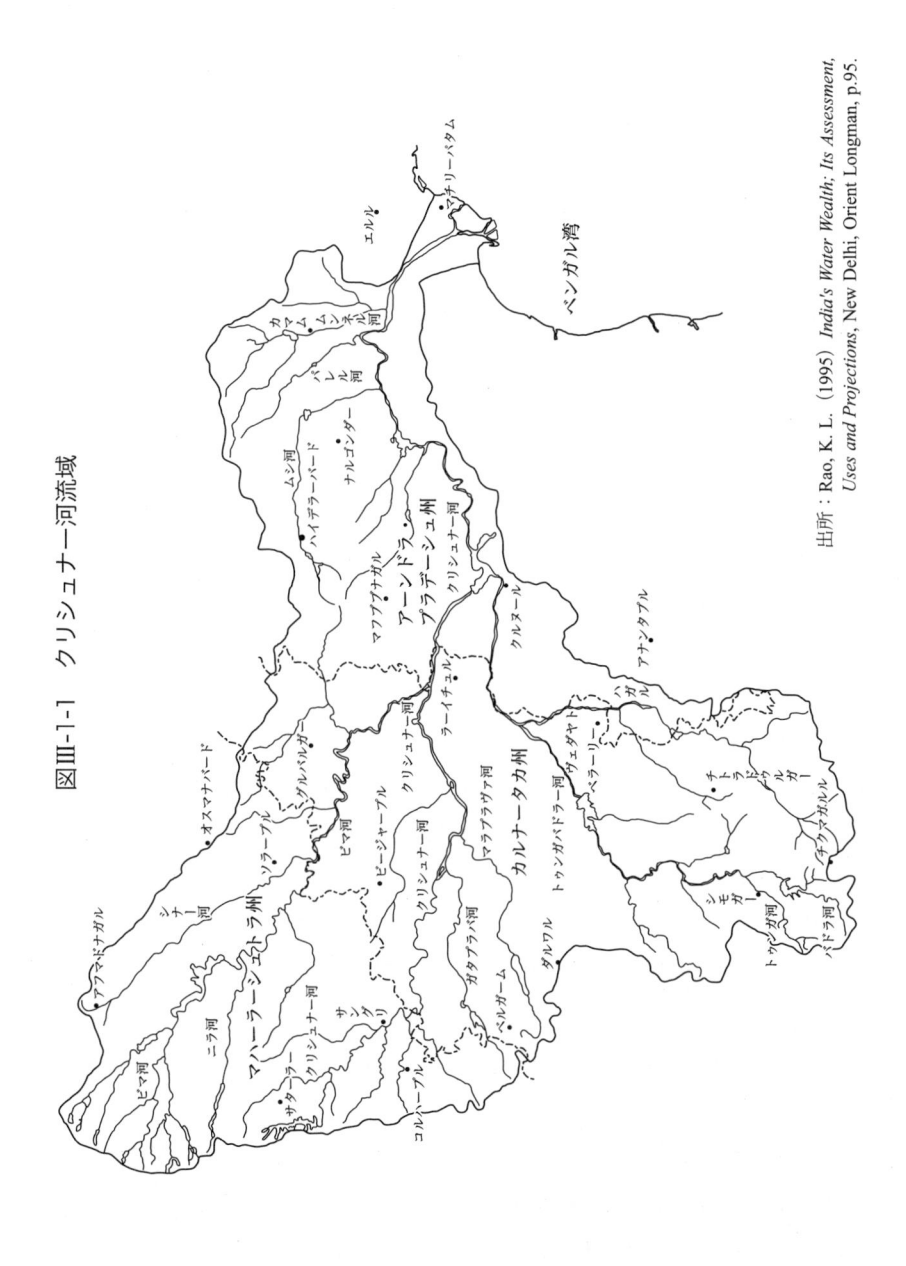

図III-1-1 クリシュナー河流域

出所：Rao, K. L. (1995) *India's Water Wealth; Its Assessment, Uses and Projections*, New Delhi, Orient Longman, p.95.

III章　州際河川水紛争　75

クリシュナー河本流総延長 1400km のうち、マハーラーシュトラ、カルナータカ、アーンドラ・プラデーシュ州におけるそれぞれの延長は 299、483、576km であり、共通部分が 42km である [1]。州別の流域面積はそれぞれ 6 万 8800（26.8％）、11 万 2600（43.8％）、7 万 5600（29.4％）km² であった [2]。

第 2 節　州境再編以前

1　水紛争の発端

1951 年以前は支流のトゥンガバドラー河を除き、クリシュナー河水系の水の開発に関して関係州間の協定はなにもなかった。それまでに実施されてきた開発はそれぞれの沿岸州が上流・下流間の相互影響を考慮することなく施工した個別事業といった性格のものであった。

1951 年 7 月 27 日に計画委員会においてボンベイ、マドラス、ハイデラーバード、マディヤ・プラデーシュおよびマイソールの州政府代表が出席して会議が開催された。会議の目的は、第 2 次 5 カ年計画において採用予定で提出されているプロジェクトそれぞれのメリットを評価するために、クリシュナー河（およびゴダーヴァリー河）の水利用を検討することであった。議論は中央水・電力委員会が作成した覚書にもとづいてなされた。

それぞれの沿岸州が多数のプロジェクトを構想していた。なかでも大規模なものはボンベイ州のコイナ水力発電（西ガーツ山脈を横断する流域変更173TMC）、ハイデラーバード州のアッパー・クリシュナーとロワー・クリシュナー（405TMC）、マドラス州のクリシュナー・ペンネルー（825TMC）であった。

中央水・電力委員会の覚書によると、同委員会がヴィジャヤワダ地点の三角州頭頂で「河川流域の信頼できる総水量」とみなしている1700TMC に対して、関係諸州において運用中、建設中および調査または計画中のプロジェクトをすべて合わせると必要水量は 2670TMC になった。

同会議ではヴィジャヤワダの地点でのクリシュナー河流域の信頼できる年間流水量（51年のうち44年について利用可能）を1715TMCとした。この水量が州ごとに表Ⅲ-1-1のように配分された。

表Ⅲ-1-1　クリシュナー河流水量の州別配分

	既存の利用量プラス建設中のプロジェクトに必要な水量（TMC）	余剰水の配分（TMC）	割合（%）
ボンベイ州	176	240	24
ハイデラーバード州	180	280	24
マイソール州	98.5	10	1
マドラス州	290	470	47
計	744.5	1,000	100

1744.5TMCを超える水量は流域諸州の間でつぎのように配分されることになった。ボンベイとハイデラーバードにそれぞれ30％、マドラスに39％、そしてマイソールに1％。マイソールのシェアは「技術的精査の結果もう1％程度増加されることがあり、その際にはマドラスのシェアがそれに応じて減少される」と付言されていた。

上記の配分は「西ガーツ山脈を横断するコイナ・プロジェクトへの流域変更水量が67.5TMCに限られる」という条件にもとづいていた。さらに「新たな利用は既存施設の毎日の利用量と新規施設について合意した利用量を妨げないように調整されねばならない」と付言された。配分は25年後に見直されることになった。

マドラス、ボンベイ、ハイデラーバードの諸州は1951年8月までに「協定」を批准した。マイソール州は批准を通達しなかった。反対に、同州は再検討を要請した[3]。

2　クリシュナー河・ペンネルー河プロジェクトの放棄

1951年12月に計画委員会は「マドラス州に配分されたクリシュナー河の水の最良かつもっとも経済的な利用の仕方について技術的調査を実施すること」を決定した。この目的で技術委員会を任命し、「クリシュナー河・ペンネルー河プロジェクトが技術的に健全で、経済的に他の計画よりよい提案であるか、このプロジェクトを計画の第2部に含めるべきかどうか」を検討する

よう要請した。

同技術委員会は 1952 年 10 月に報告書を提出し、クリシュナー河とペンネルー河の西側にあって、クリシュナー河関連のどのプロジェクトにも入っていない広大な地域に注意を向けた。委員会はこう述べている。

「当委員会の見解では、クリシュナー河とペンネルー河に挟まれた地域に灌漑便宜を与えず、クリシュナー河の水をペンネルー河対岸の地域のために取ることは不合理である」。

同委員会はクリシュナー河・ペンネルー河プロジェクトの実施を勧告しなかった。その理由をこう述べている。

「クリシュナー河・ペンネルー河プロジェクトの他の悪い面は、耕地 18 万 2000 エーカーを含む 30 万エーカーの土地の水没とクリシュナー・ダムとペンネルー・ダムの建設による 15 万人の立ち退きである。……さらに、便益はすでに用水路と溜池で給水されている地域にもたらされ、クリシュナー河の近くにありながら、他に灌漑給水源をもたない地帯が永久に給水を受けられなくなることである……」。

同委員会はハイデラーバード州のロワー・クリシュナー・プロジェクトをマドラス州内のこの地方にも給水するよう見直し、修正されたこのプロジェクトをマドラス州とハイデラーバード州の共同プロジェクトとしてはじめに採用するべきである、と提案した。これにしたがい、1952 年 12 月 8 日に計画委員会において開催された会議で、同委員会の提案に沿って新たに調査することが決定された[4]。

第 3 節　州境再編以降

1　州境再編

1953 年アーンドラ州法（Andhra State Act）により、マドラス州はアーンドラ州とマドラス州に分割され、クリシュナー河とその流域のうち 1953 年以前

にマドラス州に入っていた部分が新しいアーンドラ州に属することになった。

　1956年に州再編の結果、ハイデラーバード州は三つの部分に分けられ、当時存在していたアーンドラ州、マイソール州およびボンベイ州に併合された。1956年11月からアーンドラ州はアーンドラ・プラデーシュ州と呼ばれるようになり、同時にボンベイ州のカルナーティック地方はボンベイ州からマイソール州に委譲された。数年後の1960年5月1日に、1956年11月1日に設置されたボンベイ州はマハーラーシュトラ州とグジャラート州に分けられた。ボンベイ州内のクリシュナー河流域の一部はマハーラーシュトラ州に属することになった[5]。

2　ナーガルジュナ・サーガル・プロジェクト

　計画委員会が命じた調査の結果、ナーガルジュナ・サーガル・プロジェクトの建設が認可され、1956年2月に着工した。このプロジェクトはナンディコンダの地点でクリシュナー河にダムを建設し、アーンドラ・プラデーシュ州（旧マドラス州と旧ハイデラーバード州のアーンドラ地方）内で200万エーカーを灌漑するものであった。1963年アーンドラ州法によりマドラス州はクリシュナー河とその水に対するいっさいの請求権を失った。建設中にこのプロジェクトの規模が増大され、他の沿岸州の反対を招いた[6]。

3　クリシュナー河・ゴダーヴァリー河委員会

　上述の行政領域の変化により、河川を管理する権限をもつ新しい行政当局を考慮して、1951年協定を再検討・修正せねばならなくなった。中央水・電力委員会は1957年5月に再編された諸州に対して1951年協定の早期の見直しを要請した。諸州はこの方向に沿ってなにもしなかった。1959年2月に中央水・電力委員会は1951年に構想されていたプロジェクトにもとづいて、1951年協定の調整についてみずから若干の提案を作成し、諸州政府に回覧した。その提案はどの州にも受け入れられなかった。いくつかの州はまったく新たに検討しなおすことを望んだ。そこで中央水・電力委員会は先の提案を修正

し、1960年2月に討議と協定のもとになるものとして諸州に改めて回覧した。しかし、それも同意をえられなかった。諸州の意見の相違は大きかった。アーンドラ・プラデーシュ州は1951年協定に固執したのに、他の諸州は問題全体を新たに検討しなおすことを求めた。

　1961年5月1日にインド政府は、クリシュナー河とゴダーヴァリー河の水に対するさらなる要求を満たす程度を決定するために、「両河の水の利用可能性の状況」を検討する委員会を任命した。同委員会がとくに報告を求められたのは、1951年に運用中のプロジェクト、その後インド政府が施工を認可したプロジェクト、諸州が提案しているその他のプロジェクトおよび1961年3月までに認可された小規模計画の水需要であった。同委員会はまたゴダーヴァリー河の余剰水をクリシュナー河に移送する可能性を検討するよう求められた。

　1962年8月に提出された委員会報告書にはクリシュナー河流域（同時にゴダーヴァリー河流域について）の水の開発に関連する技術的データと、その他のデータが網羅されていた。その多くは、それ以前には関連する州以外に知られていないものであった。同委員会は適正で信頼できる流水量データが利用不可能なので、緊急措置として河川水系の38の重要地点に「恒久的に、科学的方針にもとづいて、毎日行われる流水量観測所の設置」を勧告した。同委員会はまた河川水系の貯水および分水に関連する定期的観測を行い、データを収集・公刊する必要性を強調した。

　同委員会はすべての流域州により1951年までに開発された用途、1951年以降の開発および提案されているすべての新規プロジェクトを検討し、つぎのように指摘した。

　「おおむね、諸州政府はつぎのような前提でプロジェクトを提起している。無制限に資金が得られること、河川水系の他のプロジェクトの需要を考慮することなく各プロジェクトの立地点で利用可能な流水量に対して最高の優先順位を与えていること」。

　いくつかのプロジェクトは二つの州が共同で提出した。他のものは1州に

よって提案されたが、他州の領域で広大な面積を水没させるようなものであった。種々の仕方で相互に阻害しあうような他の種類のプロジェクトも提案された。同委員会は河川水系を12の支流域に分け、各支流域で利用可能給水量のおおまかな推計をもとに、運用中および提案されたプロジェクトすべての需要量を検討した。同委員会の結論によると、クリシュナー河流域で利用可能な給水量は流域諸州が提出した需要をすべて満たすには不十分であった。

　同委員会はさらにいくつかの勧告を行った。そのなかでもっとも重要なのは、クリシュナー河流域では「水が希少な天然資源であり」、「灌漑用水は高価な商品である」という事実認識にもとづく政策の必要性であった。同委員会は共同的解決の必要性が不可避であることを強調して、こう述べている。

　「本委員会は州際機関、河川審議会あるいはその他名称はどうあれ、州際機関を即刻設置し、共同的取り組みを行い、二つの河川の種々の開発の計画立案・運営において必要とされる協力体制を確立すること、を勧告するものである。不可欠とされるすべてのプロジェクトの統合的運用は、そのような調整機関なしでは不可能である」[7]。

4　1963年3月連邦灌漑・電力大臣の声明

　同委員会の報告書は1962年9月に州政府に配られた。関係諸州と協議したうえで連邦灌漑・電力大臣は1963年3月2日に下院に声明を提出した。同省がえた勧告によると、1951年の「協定は法的にまったく無効で、強制できるものでなく」、「少なくとも部分的にはじめは無効でなかったとしても、効力を失ったものとして扱うべきである」。

　委員会の勧告を受け入れて、連邦大臣は州際紛争を「以下に述べる原則に照らして解決すべきである」との結論に達した。
①包括的は流水量データを多年にわたり収集し、継続的に分析すること
②ゴダーヴァリー河からクリシュナー河へ分水できる給水量にもとづいてプロジェクト報告書を作成するために調査を実施すること
　委員会の勧告に同意せず、連邦大臣はこう述べている。

③上記の①、②を懸案として、すでに着工したプロジェクトおよび近い将来予定されているものは必要な安全性をもって進めるべきである……

ついで、委員会に同意して、連邦大臣はこう続けている。

④諸州政府は将来の灌漑政策と灌漑施設の行政・管理を希少な天然資源の最適利用に合わせねばならない

⑤ただちに採るべき措置はクリシュナー河流域とゴダーヴァリー河流域の全体のためのマスター計画を準備することである。……この目的で1956年河川審議会法にもとづく河川審議会のような中央機関を設置すべきである

連邦大臣は「州間の水の最終的配分はこの段階では不完全なデータと前提にもとづいており、そのようなものとして非現実的である」と述べている。しかし、付言して、「既存のプロジェクトを含め大中小規模すべてのプロジェクトに関連するクリシュナー河からの取水量全体が第5次計画までは以下の水量を超えないだろう」と述べている[8]。

・マハーラーシュトラ州　　　400TMC
・マイソール州　　　　　　　600TMC
・アーンドラ・プラデーシュ州　800TMC

第4節　クリシュナー河水紛争審判所における審理と裁定

　連邦大臣が声明で描いた案（大臣裁定と呼ぶ者がいた）はそれぞれの理由で関係3州政府にとって受け入れられないものであった。連邦灌漑・電力大臣と関係諸州大臣との間で個別または合同で会議がもたれたが、解決にいたらなかった。1963年末マハーラーシュトラ州政府とマイソール州政府は州際水紛争法にもとづく審判所の設置を要請した。裁判所外で解決のための協議が断続的につづけられ、いくつかの新しいプロジェクトがインド政府により認可された。

最終的に 1968 年にアーンドラ・プラデーシュ州政府も問題の調停を要請した。州際水紛争法にもとづきクリシュナー河水紛争審判所は 1969 年 4 月 10 日に最高裁判所判事 J. バチャワト（J. Bachawat）を長として設置された[9]。
　クリシュナー河水紛争審判所に提起され、確定された論争点は以下のとおりであった。

1　関連論争点と審判所の見解

　1951 年 7 月の協定が第 1 論争点であった。
第 1 論争点：
　「主張されるように、クリシュナー河の水の配分に関して締結された協定があるのか。その協定は有効で、強制できるのか。それは存続し、運用可能で、本付託に関わる諸州を拘束するものなのか。もしそうなら、どのような効力でもってか。主張されるような協定違反があるのか」。
付随論争点：
(1) 主張されるように締結された協定があったのか。関連諸州によって協定が批准され、順守され、拘束的なものとして扱われていたのか。
(2) 協定は憲法第 299 条に準拠しているのか。それは同条項の範囲内にあるのか。
(3) 協定は不衡平または恣意的または不十分なデータにもとづいていたのか。もしそうならば、どのような効果をもたらしたのか。
(4) 協定は真に解釈して特定プロジェクトに水を配分したのか。プロジェクトのいくつかは放棄されたのか。もしそうならば、協定は無効となったのか。
(5) 協定は州再編により運用不可能になったのか。
(6) 協定が拘束的であるとすれば、州再編により水の再配分をする場合にはどのようにしたらよいのか。
(7) アーンドラ州が主張するように協定違反があったのか。
(8) 協定の有効性はゴダーヴァリー協定の有効性いかんによるのか。

すべての事実や側面を検討したのち、審判所はつぎのような結論に達した。

「ボンベイ、ハイデラーバード、マドラス州はマイソール州も協定に参加し、批准するであろうとの明確な了解にもとづいて協定を批准した。マイソール州が協定を批准しなかったので、運用可能で、締結された協定はなく、3州による批准はまったく無効である。これは衡平原則を別とした法の立場である。批准する州またはその承継州は協定によって法的に拘束されず、いかなる衡平な救済も求められない」[10]。

さらに審判所はこう付言している。

「第1論争点への回答——上記の結論の結果、第1論争点のどの問題も決定の必要がなくなった。主張されるようにクリシュナー河水配分に関して締結された、拘束的な協定がない、とわれわれは判断する。第1論争点はそのように回答される」。

第2論争点：

「クリシュナー河・流域の水の有益利用上衡平な配分をするために、もしあるとしたら、どのような命令を発したらよいのか」。

関連論争点1：

「どのような基礎にもとづいて利用可能水量を決定すべきか」[11]。

これに関して提出された関連する側面と資料を精査したのち、審判所はつぎのような結論に達した。

「結論——この事例に対しては75％の信頼性でヴィジャヤワダにいたるクリシュナー河の流水量は2060TMCであると、本審判所はここに決定する」。

「第2論争点の関連論争点1は上述のように一部決定された。この論争点の他の側面は別個に検討される」[12]。

第2論争点の関連論争点1に対する回答は審判所の最終命令第Ⅲ条に盛り込まれた。それにより2060TMCの全量がマハーラーシュトラ、カルナータカ、アーンドラ・プラデーシュ州の間で配分可能である、とも命令された[13]。

第3論争点：

「1944年7月の協定が有効で、存続しているのか。もしそうであれば、どの

ような効力でか。ボンベイ、サングリ、ハイデラーバードはその当事者でなかったので、無効か。それは1945年の補完協定（supplemental agreement）により無効とされたのか。それはマイソール藩王国のインド共和国への併合後も存続したのか。州再編にともないそれは効力を失ったのか」。

第4（A）論争点：

「つぎの場合に1944年6月の協定が存続するのか、

(1) インド独立法が施行されたとき

(2) インド憲法が施行されたとき

(3) ハイデラーバード藩王国がインド共和国へ併合されたとき」。

1972年10月23日にマイソール州とアーンドラ・プラデーシュ州が第3と第4（A）論争点に関連して共同で陳述書を提出した。

「第3論争点と第4（A）論争点がトゥンガバトラ河の水について提起された。生じた事件のなかでアーンドラ・プラデーシュ州、マハーラーシュトラ州およびマイソール州の間におけるクリシュナー河の水（トゥンガバトラ河の水を含む）の衡平な配分問題において審判所が全般的管轄権を有するので、これらの論争点について決定する必要がない、という点でアーンドラ・プラデーシュ州とマイソール州は合意した。したがって、アーンドラ・プラデーシュ州とマイソール州は本審判所が第3論争点と第4（A）論争点に回答しないようにと望む」。

マハーラーシュトラ州がその要請に反対しない、と審判所が見ており、それゆえにその事実認定は以下のとおりであった。

「したがって、われわれの管轄権を行使してトゥンガバトラ河の水を含むクリシュナー河の水の衡平な配分を行わねばならず、われわれは第3論争点と第4（A）論争点を決定することを要請されていない」[14]。

第4論争点：

「クリシュナー河とその支流に関して1892年と1933年の協定が存続しているのか、もしそうであれば、どのような効力でか。それらはマイソール藩王国のインド共和国への併合後も存続したのか。それらは州再編にともない効

力を失ったのか」。

この論争点についてはマハーラーシュトラ州が関心を抱いていなかったことを記しておかねばならない。審判所はこう述べている。

「1971年9月2日にマイソール州とアーンドラ・プラデーシュ州が第4論争点およびヴェダヴァティ支流域内のそれぞれの領域における灌漑施設の保護に関して共同陳述書を提出した。……また、アーンドラ・プラデーシュ州内のアガリ溜池への給水に影響を与えるような新しい構造物をマイソール州がスヴァルナムキ河に建設しない、という点で両州が合意した」。したがって、審判所は「第4論争点を決定する必要がない」との結論に達した[15]。さらに、第4論争点の関連論争点、第5～第6論争点が検討された。

2　審判所裁定

以上のような審理ののち、審判所は1976年に裁定を下した。この裁定によればヴィジャワダまでのクリシュナー河の75％信頼性の流水量は2060TMCと推定され、以下のように配分された。

・マハーラーシュトラ州　　　　560TMC
・カルナータカ州　　　　　　　700TMC
・アーンドラ・プラデーシュ州　800TMC

それに加えて、上記の諸州はそれぞれ25、34、11TMCの還流水量の利用を認められていた。さらに、なんらの権利も与えないが、アーンドラ・プラデーシュ州はどの用水年でも余剰な水を自由に利用することができる。審判所は各州が配分された水をそれぞれの計画にしたがってどのプロジェクトに利用してもよいと認めた。

審判所はその報告書においてA方式案とB方式案の二つの案を検討した。しかしながら、最終裁定ではA方式案しか言及されていない。B方式案にはクリシュナー河流域公社（Krishna Valley Authority）の設置に関する規定がある。B方式案はまた余剰水の3州間での配分についても特定している。すなわち、利用可能水量が2060TMC以上2130TMC以下の場合には超過分の配分

をマハーラーシュトラ州35、カルナータカ州50、アーンドラ・プラデーシュ州15%とする。さらに、2130TMCを超えた場合には、その超過分の25%をマハーラーシュトラ州に、50、25%をカルナータカ州とアーンドラ・プラデーシュ州にそれぞれ配分する[16]。審判所報告書には、B方式案はすべての州が合意する場合に実施されうる、と述べられている。

また、審判所の裁定は、2000年5月31日以降諸州が配分された取り分のなかで行なっている利用を損なうことなく資格ある当局（competent Authority）または審判所によって再検討されることができる[17]。

3 審判所裁定のいくつかの特徴

審判所は最終命令の第2条において、マハーラーシュトラ州、カルナータカ州およびアーンドラ・プラデーシュ州が、クリシュナー河流域内のそれぞれの州の領域における地下水を自由に利用できる、と述べている。しかしながら、この決定は当時有効な法律にもとづく個人、団体または政府当局（authorities）の権利に影響するものではない。審判所はまた、どの州によるものであれ地下水利用はクリシュナー河の水の利用とみなされない、と決定した。

最終命令の第4条にもとづいて、審判所は命令第5条に規定された様式に応じてマハーラーシュトラ州、カルナータカ州およびアーンドラ・プラデーシュ州による有益利用のためにクリシュナー河の水を配分した[18]。

第4条において最終命令は「有益利用とは家庭用、地方自治体用、灌漑用、工業用、発電用、舟運用、養魚用、野生保護用およびレクリエーション用のためのクリシュナー河の水の利用を含む」と述べている。

最終命令の第8条において審判所は当事者に対してつぎのような原則を定めている。

「(A) いずれかの用水年にいずれかの州が、プロジェクトの未開発、またはいずれかのプロジェクトへの損害のゆえに、その年の間に配分された水の一部を利用できない場合、あるいはなんらか他の理由により利用しない場合、その州はのちの用水年に未利用の水を請求する権利をもたない。

(B) いずれかの用水年において配分された水の一部を利用できないことは、のちの用水年における水の取り分の没収または放棄を構成するものでなく、またもしそのような水を利用したとしても、のちの用水年における他の州の取り分を増加させるものでもない」[19]。

注
1) Chauhan, B. R. (1992) *Settlement of International and Inter-State Water Disputes in India*, Bombay, N. M. Tripathi, p.217.
2) Devegowda, H. D. (1996) *Krishna Basin Projects in Karnataka; Bachawat Award and After*, Munbai, Himalaya Publishing House, p.6.
3) Gulhati, N. D. (1972) *Development of Inter-State Rivers*, Bombay, Allied Publishers, pp.189-190; Rao, D. S. (1998) *Inter-State Water Disputes in India; Consitutional and Statutory Provisions and Settlement Machinery*, New Delhi, Deep & Deep Publications, pp.93-94.
4) 同上、pp.190-191.
5) 同上、p.191.
6) 同上、p.192.
7) 同上、pp.192-194.
8) 同上、pp.194-195.
9) 前出、Chauhan, B. R. (1972), p.221; The Krishna Water Disputes Tribunal (1973) *Report, Vol.1*; India, Govt. of, Ministry of Water Resources (http://wrmin.nic.in); 前出、Rao, D. S. (1998), pp.94-95.
10) 同上、The Krishna Water Disputes Tribunal (1973), p.37.
11) 同上、p.73.
12) 同上、p.81.
13) *Final Order of the Tribunal in its Report*, vol.2, p.226.
14) 前出、The Krishna Water Disputes Tribunal (1973), pp.46-47.
15) 前出、Chauhan, B. R. (1992), pp.222-225.
16) Devegowda, H. D. (1996) *Krishna Basin Projects in Karnataka; Bachawat Award and After*, Munbai, Himalaya Publishing House.
17) India, Govt. of, Ministry of Water Resources (http://wrmin.nic.in).
18) The Krishna Water Disputes Tribunal (1976), *Further Report*, pp.51-52.
19) 同上、p.53.

III-2
ゴダーヴァリー河

第1節　ゴダーヴァリー河流域の概要[1]

　ゴダーヴァリー河流域での降雨量は北東モンスーンよりも南西モンスーン（6～9月）の期間に多い。平年では通常6月中旬に、ムンバイーに南西モンスーンが到来して約10日後にダウライシュラムの地点で水位が上昇し、9月末までそのまま続く。10月中の増水は稀である。10月までに増水期は終わり、つづく2カ月は北東モンスーンの影響で地域によって若干の雨が降る。このモンスーンが過ぎると、河の水位は低下する。

　ゴダーヴァリー河流域は5州にわたり31万2812km^{2}であり、州別ではマハーラーシュトラ州15万2199（48.7％）、アーンドラ・プラデーシュ州7万3201（23.4％）、マディヤ・プラデーシュ州6万5255（20.9％）、オリッサ州1万7752（5.7％）、カルナータカ州4405km^2（1.4％）である。

　同河はマハーラーシュトラ州ナーシクの近くで標高1967mの地点に発し、インド半島東側のベンガル湾に流入するまでの延長は1465kmである。主要な支流はパルヴァラ、プルナ、マンジラ、ペンガンガ、ワルダ、ワインガンガ、インドラヴァティおよびコラブ河である。流域は低い丘陵脈で分断された起伏の多い平野部からなっている。

　同河流域の年間表流水量は110.5km^{3}と推定されている。このうち76.3km^{3}が利用可能である。

図Ⅲ-2-1　ゴダーヴァリー河流域

出所：Rao, K. L. (1995) *India's Water Wealth; Its Assessment, Uses and Projections*, New Delhi, Orient Longman, p.92.

第 2 節　州再編以前の水紛争[2]

　イギリス植民地時代のインド、マドラス州における最初の大規模灌漑施設であるゴダーヴァリー三角州用水路体系は 1877 年に完工した。ボンベイ州ではナンドゥル・マヘシュワル・ゴダーヴァリー用水路（the Godavari Canals Ex-Nandur-Madmeshwar）とプラヴァル用水路（the Pravaru canals）がそれぞれ 1915～19 年と 1926 年に運用され始めた。中央州のワインガンガー用水路とハイデラーバード藩王国のニザーム・サーガル・プロジェクトはそれぞれ 1923 年と 1931 年に運用されだした。しかしながら当時は灌漑施設がまだ数少なく、需要に対して水供給は十分であった。

　1950 年インド憲法の施行とともにゴダーヴァリー河流域全体がボンベイ、マドラス、マディヤ・プラデーシュ、ハイデラーバードおよびオリッサの諸州の管轄領域に入ることになった。1947 年 8 月 15 日以前はマドラス、ボンベイ、オリッサの諸州、中央州、ハイデラーバード、バスタル、カラハンディの諸藩王国がゴダーヴァリー河に対して沿岸権を有していた。

　1951 年 7 月 27～28 日にインド政府計画委員会において会議が開催され、ボンベイ、マドラス、ハイデラーバード、マディヤ・プラデーシュおよびマイソールの代表者が出席し、クリシュナー河とゴダーヴァリー河の水利用を討議した。しかし、沿岸州であり、利害当事者であるオリッサ州がこの会議に招かれなかった。関係州の間で上述の河川流域の流水量を配分する協定覚書が作成され、討議議事録要約に添付された。計画委員会の要請によりマドラス、ハイデラーバード、ボンベイ、マディヤ・プラデーシュの諸州はそれぞれ 1951 年 8 月 17 日、23 日、30 日、9 月 8 日に上記討議議事録要約に対する批准書を送った。同協定は 25 年間有効であった。

　1953 年アーンドラ・プラデーシュ法、1956 年州再編法およびボンベイ州のマハーラーシュトラとグジャラート州への二分が、ゴダーヴァリー河流域に

おける管轄権に大きな変更をもたらし、マハーラーシュトラ、アーンドラ・プラデーシュ、カルナータカ、マディヤ・プラデーシュおよびオリッサの諸州がゴダーヴァアリー河流域の水配分紛争の当事者となった。中央政府は1961年5月1日にクリシュナー・ゴダーヴァリー河委員会を任命したが、本委員会の勧告とその他の協議が当事者に満足のいくように紛争を解決できなかった。どの州もそれぞれの要求の再考を求めて中央政府に不服を申し立てた。

1951年以前はこの河川での開発はすべて相互に関係なく建設・運営される個別施設にもとづいていた。河川水系の水利用について州間の協定はまったくなかった。多数の新規プロジェクトが各州で調査または構想中であった。そのうちとくに大規模なのは1035TMCを利用するマドラス州のラムパダ・サーガルと、227TMCを利用するハイデラーバード州のアッパー・ゴダーヴァリー・ダムであった。

1951年7月27〜28日にクリシュナー河流域とゴダーヴァリー河流域の水利用を検討するためにボンベイ、マドラス、ハイデラーバード、マディヤ・プラデーシュ、マイソールの諸州政府の代表者が計画委員会で会議をもった。会議の目的は「5カ年計画の第2部に含めるために提案されているプロジェクトのメリット」を評価することであった。中央水・電力委員会が準備した覚書が討論の基礎になった。この覚書には種々の州で運用中、建設中、調査中または構想中のすべてのプロジェクトが列挙されていた。それらすべてを合わせると約2600TMCになった。これに対して中央水・電力委員会が記録していた三角州の頭頂にあたるドウライシュワラム堰（Anicut）の地点で

表III-2-1　ゴダーヴァリー河流水量の州別配分

	既存の利用量プラス建設中のプロジェクトに必要な水量(TMC)	余剰水の配分(TMC)	割合(%)
ボンベイ州	57	57	3
ハイデラーバード州	208	494	26
マディヤ・プラデーシュ州	30	456	24
マドラス州	300	893	47
計	595	1,900	100

の「信頼できる総水量」は 2750TMC であった。個々のプロジェクトが必要とする水量が提案されている地点で利用できるかどうかを示す流量記録（discharge observations）はなかった。だが、それは利用可能であると信じられていた。

1951 年 7 月 28 日に開催された会議の議事録によると、

「技官たちはゴダーヴァリー河流域の水の配分を検討するために午前 10 時に集合し、いくつかの暫定的配分案に到達した。会議は午前 11 時 30 分に始まった。技官たちがゴダーヴァリー河について提出した案を審議した。技官たちに協定案の作成が要請された……」。

会議は午後 3 時 30 分に再開され、協定案を承認した。それによると、ドウライシュワラムの地点での観測記録にもとづいて信頼できる年間流量は 2500 TMC（66 年のうち 58 年について利用可能で、信頼性は 85％）とされ、年間ベースで各州への配分は表Ⅲ-2-1 のとおりにされた。

表中の割合は「供給水量が上に想定した信頼できる流水量を超えても、足りなくとも適用される」ものとする。「新たな利用水量は既存施設の既存の 1 日平均利用水量と新規施設に同意した利用水量に影響しないように調整されるものとする」と付言された。配分は 25 年後に再検討されるものとされた。

マドラス、ボンベイ、ハイデラーバード、マディヤ・プラデーシュ州は 1951 年 9 月までに協定を批准した。当時も現在もゴダーヴァリー河流域に入っているオリッサ州が会議に出席していないこと、討議のもとになった中央水・電力委員会覚書もオリッサ州またはゴダーヴァリー河水系の水の需要についても触れていなかった。

1952 年ごろにマドラス州のラムパダ・サーガル・プロジェクトは経済的・技術的理由で取り下げることに決定した。

第3節　州再編以降

1　州行政領域境界の変更

　州再編にともない河川流域に管轄権を行使する新たな州政府を考慮に入れて、1951年協定を見直し、修正する必要が生じた。1957年5月に中央水・電力委員会は、再編後の州に1951年協定の早期修正のための措置を採るよう要請した。各州ともこの方向にほとんど動かなかった。1959年2月、中央水・電力委員会自体が1951年に構想中のプロジェクトにもとづいて1951年協定の修正提案を作成し、諸州政府に配布した。どの州政府もこの提案を受け入れなかった。いくつかの州はまったく新たに検討するよう求めた。オリッサ州もゴダーヴァリー河の水に取分権を請求した。その後中央水・電力委員会は提案を修正し、1960年2月に改めて討議・合意の基礎として各州に配布した。1960年9月にそのための会議が開催されたが、協定にはいたらなかった[3]。

2　クリシュナー河・ゴダーヴァリー河委員会

　すでに述べたように、1961年5月1日付けでクリシュナー河とゴダーヴァリー河の流水量を調査する委員会が任命されていた。

1）委員会の勧告

　同委員会は、ゴダーヴァリー河上流部で利用可能な水量が流域州によって提出されている需要水量を満たすのに十分でないと結論した。しかし、下流部での供給水量は需要水量を上回っていた。

　同委員会は、ゴダーヴァリー河下流部において相互に依存しあう四つの電力プロジェクトと、五つの灌漑・電力プロジェクトを特定した。「これらのプロジェクトは大量の水力発電潜在能力を有している。この潜在能力を十分に開発できるのは統合的事業計画である」。

2）ゴダーヴァリー河からクリシュナー河への分水

同委員会が提案した二つの連結用水路により「10TMC 以上と推定される、上述の発電プロジェクトからゴダーヴァリー河に戻される規制水量の大部分はゴダーヴァリー河のプロジェクトの必要量には余分なものであり、クリシュナー河流域で利用されるだけ、そちらに分水することができる」。

　ゴダーヴァリー河下流部において各州が提案している電力・灌漑開発プロジェクトと同委員会が提案している二つの連結用水路を統合する計画を作成する措置をただちに採るようにと、同委員会は勧告した。このような計画は州が提案しているプロジェクトのいくつかに必要とされる修正を示すことになる[4]。

3　1963 年 3 月連邦大臣声明

　連邦大臣の声明によると、第 5 次 5 カ年計画末までのゴダーヴァリー河流域の大中小規模プロジェクトすべての総取水推定量は、マハーラーシュトラ州で 400TMC を超えない。他の関係州、すなわちアーンドラ・プラデーシュ、マディヤ・プラデーシュ、オリッサ、マイソール州では「今後 15 年間は調査中もしくは近い将来調査予定のすべてのプロジェクト」の需要水量を満たすのになんら困難がないものと予測された。アーンドラ・プラデーシュ州のゴダーヴァリー河主流のポーチャンパド・プロジェクトについては利用可能水量として 66TMC が触れられている[5]。

　マイソール州政府は 1962 年 1 月 29 日付けと 1968 年 7 月 8 日付け公信、マハーラーシュトラ州政府は 1963 年 6 月 11 日付けおよび 1968 年 8 月 26 日付の公信、オリッサ州政府は 1968 年 7 月 8 日付け公信、マディヤ・プラデーシュ州政府は 1968 年 10 月 16 日付け公信でもって、1951 年協定が無効であり拘束的でないとし、ゴダーヴァリー河の水の衡平な配分を要求した。マディヤ・プラデーシュ州はまたアーンドラ・プラデーシュ州が予定しているインチャンパリ（Inchampally）とイップルのプロジェクトによる自州領域の水没に反対していた[6]。

第4節　ゴダーヴァリー河水紛争審判所

1　設置と審理過程

　1969年4月10日にインド政府はゴダーヴァリー河水紛争審判所を設置した。同日インド政府は審判所に対し、州際河川ゴダーヴァリー河に関連する水紛争の調停を付託した。その付託事項のなかでインド政府は、ゴダーヴァリー河の水のクリシュナー河への移送可能性についてのいくつかの州からの提案と、他の州からのそれに対する反対に関して審理するよう要請した。

　のちに1970年7月18日にインド政府はマハーラーシュトラ州政府の要請により、アーンドラ・プラデーシュ州のポーチャンパド、インチャンパリ、スワルナおよびスッダヴァグのプロジェクトに起因する領域水没に関する紛争を同審判所に付託した[7]。

　この審判所はクリシュナー河審判所と同じ判事で構成されていたが、別のインド政府通達によって設置された[8]。

2　論争点と審判所の事実解明

第1論点：

　「ゴダーヴァリー河の水の配分をめぐるオリッサ州を除く州の間での1951年協定は有効で、施行できるかどうか。それは現在の枠組みで存続しており、運用でき、関係諸州を拘束するものであるか。協定の違反がなにか認められるかどうか」。

関連論点：

(1) オリッサ州が当事者でなかったので、協定は無効か。

(2) 協定は憲法第299条に一致するか。それは同条の範囲内であるか。

(3) 協定は不平等で、恣意的で、不十分なデータにもとづいているか。もしそうならば、どのような影響があったか。

(4) 協定は正しく解釈して特定のプロジェクトに水を配分しているか。プロジェクトのいくつかは放棄されたのか。もしそうならば、協定は無効になったのか。
(5) 協定は州再編により機能しなくなったのか。
(6) 協定が拘束的であるとすれば、州再編を考慮して水の再配分はどうしたらよいのか。
(7) アーンドラによる協定違反があったのか。
(8) 協定の有効性はクリシュナー河協定の有効性いかんによるのか。

1975年12月19日に関係5州が新たな州際協定を締結したので、第1論点はもはや存在しないと判定された。

第2論点：
「州を貫流する河川水はその州に属するか。もしそうならば、どのような効果があるか」。
マディヤ・プラデーシュ、オリッサ州はこの論点を取り下げた。

第3論点：
「ゴダーヴァリー河とその支流の水の有益な用途への衡平な配分に対してどのような命令を出すべきか」。

関連論点：
(1) 利用可能な水をなににもとづいて決定するべきか。
(2) 衡平な配分はどのようにして、またなににもとづいてなされるべきか。
(3) 運用中または建設中のプロジェクトと施設があれば、どれを保護かつ／または認可すべきか。
(4) ゴダーヴァリー河排水流域外への水の移転またはさらなる移転は防ぐべきかかつ／または認めるべきか。もしそうとすれば、どの程度かまたどのような保護措置でもってか。排水流域をどのように定義すべきか。
(5) 発電よりも灌漑になんらかの先取権または優先順位を与えるべきか。なにか別の用途になんらかの先取権または優先順位を与えるべきか。
(6) 州はその必要を満たす代替手段をもっているか。もしそうとすれば、ど

のような効果でもってか。
(7) ある州の合法的な利害が他の州の利用量および必要量の合計でもって損なわれるかまたは損なわれる可能性があるか。
(8) もしあれば、関係諸州への水配分を可能にし、規制し、さもなければ審判所の決定を実施するためにどのような機関を設立すべきか。

関係諸州が提出した協定はその間でゴダーヴァリー河の水を配分していた。関連論点(8)は上述の協定では触れていなかった。したがって、これは取り上げられなかった。

他の論点は協定のゆえに問題とならなかった。

第4論点：

(a)「①インチャンパリ・プロジェクト、②イップル・プロジェクトはマディヤ・プラデーシュ州の領域を水没させるか。もしそうとすれば、どの程度かまたどのような影響をもたらすか」。

(b)「アーンドラ・プラデーシュ州が予定している①ポーチャンパド、②スワルナ、③スッダバグ、④インチャンパリの諸プロジェクトはマハーラーシュトラ州の領域を埋没させるか。もしそうとすれば、どの程度かまたどのような影響を与えるか」。

(c)「アーンドラ・プラデーシュ州が他の諸州の事前合意をえずにその領域を埋没させるようなプロジェクトを施工することが合法的か」。

それぞれの関係州の間で水没問題の協定が締結されたために、この論点は解決した。

第5論点：

「ゴダーヴァリー河の水をクリシュナー河に移転することが可能か。そのような移転がなされるべきか、またもしそうならば、いつ、だれによって、どのような仕方で、だれの負担ですか。審判所がこのような問題を調停する権限をもつか」。

クリシュナー河水紛争審判所の最終命令第ⅩⅣ(B)条のとおりとする。

第6論点：

「当事者が受ける権利のある救済はどのようなものか」[9)]。

当事者州が提出した協定にしたがって行うことが決定された。

3 審判所裁定

　調停手続きが進行中に関係諸州、すなわちマハーラーシュトラ、アーンドラ・プラデーシュ、オリッサ、マディヤ・プラデーシュ、カルナータカの間で1975年中にいくつかの州際協定が結ばれた。つづいて、1978〜79年にいくつかの灌漑プロジェクトに関して2州間または3州間で協定が締結された。審判所はこれらすべての協定を認め、関係諸州の要請を考慮してそれらを最終裁定に含めた。有効な協定は関係諸州が特定地点までゴダーヴァリー河とその支流の流水を自由に利用できるという意味で一連の州際合意である。たとえば、マハーラーシュトラ州はパイタンまでのゴダーヴァリー河の流水を利用でき、他方アーンドラ・プラデーシュ州はパイタンの下手のゴダーヴァリー河の流水を自由に利用できる。同じように、2州間協定がゴダーヴァリー河の特定支流の水の取り分を定めている。協定はまた特定の明記した満水貯水水準（Full Reservoir Level ＝ FRL）の州際プロジェクト、たとえばインチャンパリやポラヴァラム（Polavaram）の建造を規定している。

　審判所は1980年7月に裁定を下した。ポラヴァラム・プロジェクトに関する協定の規定によれば、ゴダーヴァリー河の水80TMCがポラヴァラム・プロジェクトからヴィジャヤワダ・アニカット（堰）の上流でクリシュナー河に移送される。クリシュナー河にこのようにして移送された水の取り分は以下のとおりである。

・アーンドラ・プラデーシュ州　　　　　45TMC
・カルナータカ州とマハーラーシュトラ州　35TMC

　インチャンパリ・プロジェクトはマディヤ・プラデーシュ、マハーラーシュトラ、アーンドラ・プラデーシュの諸州の共同プロジェクトであり、3州の州際管理審議会の指令のもとに施工・運用がなされる。貯水、発電の費用および便益は3州の間で合意した割合で分担される。アーンドラ・プラデー

シュ州はインチャンパリ貯水池からの水85TMCを利用することを認められている。残りの利用可能水量はインチャンパリ発電所での発電に利用されることになっている。発電後の水はアーンドラ・プラデーシュ州がどのように用いてもよい。

　裁定によれば、審判所の規定に対するいかなる変更、修正または改正も関係諸州の合意または国会の立法によってなされる[10]。

4　裁定条項の特徴

第1条　関係州がそれぞれの地下水を自由に利用できる権利を認め、そのような利用をゴダーヴァリー河の水の利用とはみなさない。

第2条　優先順位を与えずに水の種々の用途を列挙。

第3条　ある年にある州が水を利用しない場合、後年それを請求できないが、将来それを取り上げられることもない。

第4条　ある州がゴダーヴァリー河の水の取り分をゴダーヴァリー河の外で利用するために移送することを認める。

第5条　それぞれの州が以前または審判所の調停中に締結した協定を維持し、審判所命令の一部にした。

第6条　中央用水委員会にポラヴァラム・プロジェクトを所定の規模で認可するよう命令。

第7条　関係州はその領域内で取り分の水を自由に利用できる。

第8条　(a) 州の領域内での個人または団体によるゴダーヴァリー河の水の利用はその州による利用とみなす。

　　　　(b) ゴダーヴァリー河の水はゴダーヴァリー河本流、その支流および直接的・間接的にゴダーヴァリー河に流入する流れすべての水を言う。

　　　　(d)「用水年」とは6月1日に始まり5月31日に終わるものとする。

第9条　上述の条項の変更、改正または修正は当事者の合意または国会の法律によって行われる[11]。

5 最終命令の特徴

関係諸州による協定の締結を奨励し、それらの協定を最終命令の一部にした。解決の基礎は1975年12月19日付けの協定で据えられた。当事者は模範的な協調を示し、紛争の重要な部分を解決する重大な決定を下した。

ゴダーヴァリー河水紛争審判所の裁定は州間の協定による州際水紛争の解決の有効性を重視しただけでなく、実際に示したといえよう[12]。

注

1) Gulhati, N. D. (1972) *Development of Inter-State Rivers*, Bombay, Allied Publishers, p.201; Chauhan, B. R. (1992) *Settlement of International and Inter-State Water Disputes in India*, Bombay, N. M. Tripathi, pp.258-259.
2) 同上、Gulhati, N. D. (1972), pp.203-205.
3) 同上、p.206.
4) 同上、p.207.
5) 同上、p.208.
6) 前出、Chauhan, B. R. (1992), pp.260-261.
7) 同上、pp.258-278.
8) 前出、Gulhati, N. D. (1972), p.207.
9) 前出、Chauhan, B. R. (1992), pp.258-278.
10) India, Govt. of, Ministry of Water Resources (http://www.wrmin.nic.in); 同上、Chauhan, B. R. (1992), pp.267-268.
11) 最終命令本文は同上 Chauhan, B. R. (1992), pp.274-278.
12) 同上、p.269.

III-3
カーヴェーリ河

第1節　カーヴェーリ河概要

　カーヴェーリ河は総延長約802kmで、ガンガー、ゴダーヴァリー、クリシュナー、ナルマダー河についでインドで5番目に長い州際河川である。カルナータカ州の西部のコダグ県のタラカーヴェーリに発し、同州内を東南の方向に381km流れ、そのあとタミル・ナードゥ州に入り東方に375kmほど流れ、ベンガル湾に注ぐ。残りの46kmは両州の境界である。州別の流域面積はカルナータカ州3万4273km^2（42.2％）、ケーララ州2866（3.5）、タミル・ナードゥ州4万3868（54.1）、ポンディチェリー148（0.2）である。タミル・ナードゥ州政府の調査によれば、1934〜72年間の平均の年間総流入水量（75％の確率）は67万MCFで、州別ではカルナータカ35万5000（53％）、タミル・ナードゥとポンディチェリーを合わせて20万1000（30）、ケーララ11万4000（17）と推定されている。

　タミル・ナードゥ州タンジャーヴール県のカーヴェーリ河三角州地帯はインド有数の稲作地である。クルヴァイ作稲（6〜10月）とタラディ作稲（10〜1月）の2期作が広く行われている。また、クルヴァイ作が不可能な場合には1期作でサンバ作稲（8〜1月）が栽培されている。この地帯では平年の降雨量は800mmほどであり、南西モンスーン季（6〜9月）よりも北西モンスーン季（10〜12月）の方が雨量が多い。7〜8月に十分な水がえられるかどうか、がクルヴァイ作稲にとって決定的に重要である。逆に、カルナータカ州内のカーヴェーリ河流域では年間降雨量700〜900mmのうち、70〜

図Ⅲ-3-1 カーヴェーリ河流域

出所：Iyer, R. R. (2004) *Water: Perspectives, Issues, Concerns*, New Delhi, Sage Publications, Map 3.1.

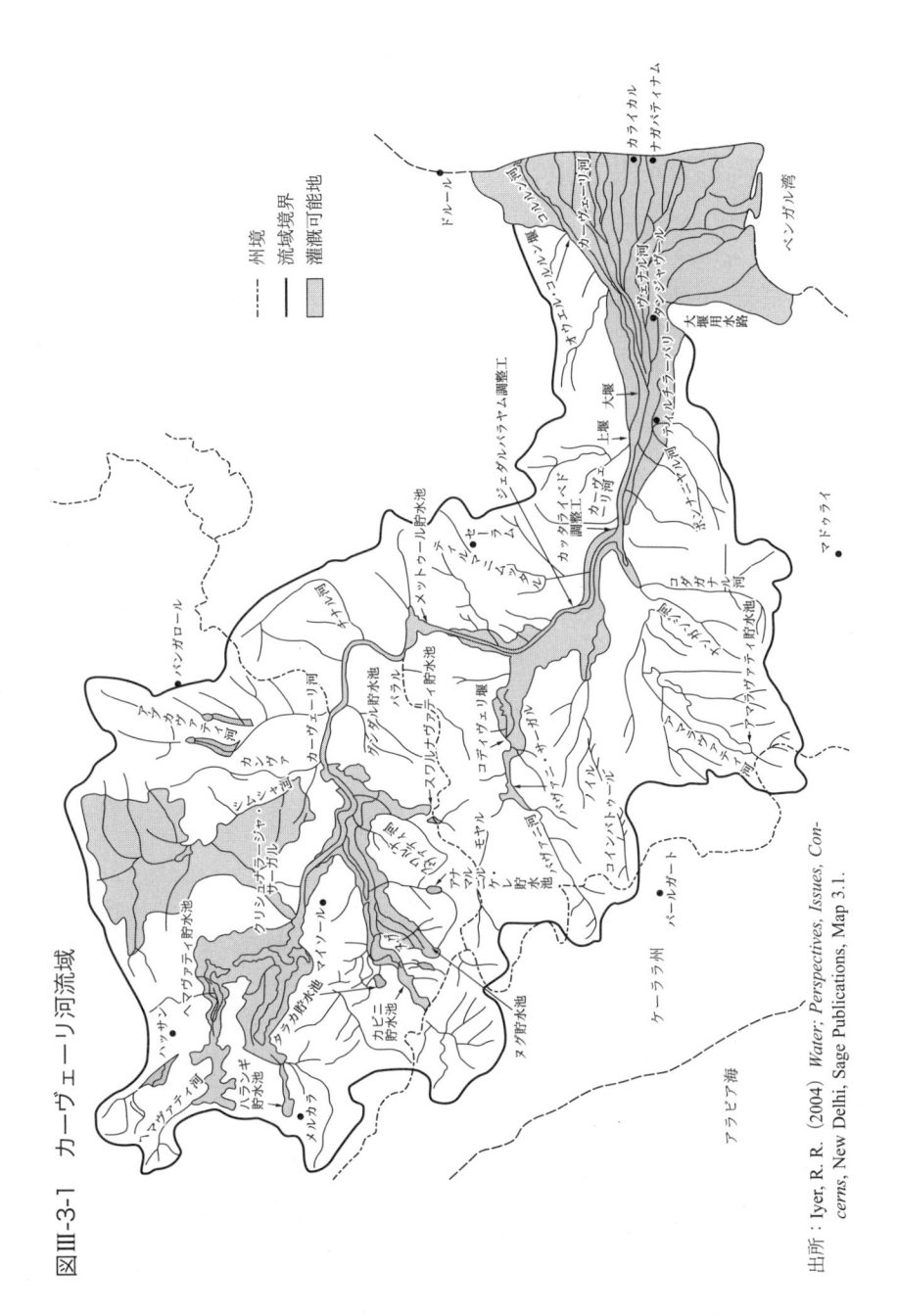

Ⅲ章 州際河川水紛争　103

80％が南西モンスーン季に降る[1]。

第2節　分離独立以前

1　1892年協定[2]

　カーヴェーリ河はインド亜大陸で早くから灌漑に利用されてきた河川の一つである。すでに2世紀に下流の三角州の頭頂に大堰（Grand Anicut）が建造されていた。イギリス植民地政府はそれを修復し、さらに1836年新たにその上手に上堰（Upper Anicut）、コッリーダム河に下堰（Lower Anicut）を建造し、当時のマドラス州内のカーヴェーリ河下流域における灌漑面積の拡大・安定と同時に洪水制御を図った。1901年にマドラス州の灌漑面積は135万エーカーに達していた。これに対して、上流域のマイソール藩王国（以下マイソールとのみ記す）では河川の勾配が急峻で、地形も起伏に富み、分水による重力流下式灌漑に適している土地が少なく、灌漑面積は11万エーカーに過ぎなかった。1881年にマイソールは大々的な灌漑事業の実施を計画するようになった。このため上流域のマイソールと下流域に位置するイギリス領マドラス州との間でカーヴェーリ河の水利用をめぐって紛争が生じるようになった。

　1890年に「両政府の間で灌漑問題を解決するための基礎」を策定する会議が開かれたが、合意にはいたらなかった。マイソール政府の要請でインド植民地政府が介入し、両政府の間で1892年に再度会議がもたれ、1892年2月18日に協定（マイソールにおける灌漑施設──1892年マドラス・マイソール協定──）が結ばれた[3]。その主な内容は以下のとおりであった。

(1) マドラス州政府の事前の同意なくして、マイソール政府はその領域内のカーヴェーリ河流域において本流を含む15の主要河川（協定付表Aに明記）に「新しい灌漑用貯水池」を建造してはならない、またカーヴェーリ河のラマスワーミーの下手、カビニ河のランプル堰の下手に「新しい堰」

を建造してはならない。

(2) マイソール政府がマドラス州政府の事前の同意を必要とする「新しい灌漑用貯水池」または「新しい堰」を建造しようとする場合には、事業計画に関する詳細な情報を提供して、着工前に同意を求める。

(3) それに対してマドラス州政府は既に取得し、現存している先取権益（既得の取水権のこと）を保護する場合以外は同意を拒んではならない。

(4) マドラス州の同意を求めた際に両者の間に紛争が生じた場合には、両政府またはインド植民地政府が任命する調停人に最終決定を委ねる。

　下流域のマドラス州の同意を条件とするという意味では、この協定は上流域のマイソールにおける新たな開発に対する制限であったといえよう[4]。また、マドラス州にとっては、先取権益にもとづく水量が明らかになったあと残されている未利用水（余剰水）に対する権利についてまったく触れていないことが不満とされるようになった[5]。

2　1914年調停

　1910年にマイソール政府は領内のカーヴェーリ河本流沿いに位置するカンナムバディに第1段階で1万1000MCF、第2段階で4万1500MCFの貯水能力をもつ発電・灌漑用のダム（クリシュナラージャ・サーガル）の建造を計画した。マドラス州政府はこれに同意を与えなかった。というのも、マドラス州政府自体がメットゥールに貯水能力8万MCFのダムを建造し、発電とカーヴェーリ河の旧用水路地帯における灌漑の拡大（32万8395エーカー）を計画していたからである。インド植民地政府の決定により、マイソール政府のプロジェクトは認可されたが、規模が1万1000MCFに縮小された。マイソール政府はその条件を表面上は受け入れたが、基礎工事は目標とした能力に合わせて着工した。このため問題が再燃した。

　両政府が合意に達することが難しいのを見て取ったインド政府は、1892年の協定の第4規則にもとづき、アラーハーバード高等裁判所判事H. D. グリフィンを調停人に、インド政府灌漑長官M. ネサソルを評定人に任命した。

調停は 1913 年 7 月 16 日に開始され、翌 1914 年 5 月 12 日に調停案が提出された。

マドラス州の先取権益は上堰の水量計で計って作季（6 月から翌年 1 月末）の灌漑のための必要を満たすに十分な水量とされ、その量は水位 6.5 フィート、2 万 2750cusecs とされた。加えて、暑季（2 月から 5 月）にマイソールが 900cusecs の水を継続的にマドラス州に供給することも同州の先取権益とみなすとされた[6]。

これに対して、マイソールは計画しているクリシュナラージャ・サーガルがマドラス州の先取権益を侵害するものでないこと、そのダムで埋没する灌漑地の代替として灌漑地を 1 万 200 エーカー拡大することを認められた。また、既存の用水路の受益地内では水の供給量を増加しない限り、灌漑の拡大は無制限に認められた[7]。

しかし、マドラス州政府の訴えによりこの調停案はインド政府によって留保された。主たる反対理由は、この調停が保証する上堰への流入水量が十分でないこと、「カーヴェーリ河の余剰水（未利用水量）と将来の灌漑拡大に関してマドラス州に与えられた保護が不十分である」ということであった[8]。

3　1924 年協定[9]

両政府の間で交渉が再開され、上堰における綿密な水量観測のデータなどをもとにした慎重な協議の上、1924 年 2 月に新しい協定が締結された。

(1) 1892 年協定にもとづきマドラス州政府はマイソールが河床よりの高さ 124 フィート、有効貯水量 4 万 4827MCF のクリシュナラージャ・サーガルを建造することに同意する。

(2) マイソールはクリシュナラージャ・サーガルからの放流に関し両政府が合意した協定付属の「規制細則」に厳密にしたがって行う。

(3) マイソールは 12.5 万エーカーと 1910 年以前に存在していた用水路の灌漑面積の 3 分の 1 に加えて、1892 年協定の付表 A に明記されたカーヴェーリ河本流と支流に貯水量 4 万 5000MCF を限度に建造する貯水池でもって

106

灌漑面積を11万エーカー増加できる。
(4) マドラス州はメットゥール・ダムの貯水能力を9万3500MCFにし、灌漑面積の増加を30.1万エーカーに制限する。
(5) マドラス州が支流のバヴァニ、アマラヴァティ、ノイル河に貯水池を建造する場合には、マイソールはその60％を超えない能力の貯水池を建造することができる。ただし、この場合の貯水は両州が合意した放流を減少させず、また将来未利用のまま残っている余剰水の配分にも影響しないものとする。
(6) 1924年の協定は50年経過後、すなわち1974年にそれまでの経験をもとにして改訂できる[10]。

　二つのダムの完成以前の両州の灌漑面積の拡大は微々たるものであった。マイソールにおける1900〜30年の間の大中規模施設による灌漑面積は11万エーカーにすぎなかった。マドラス州では同じ期間に約10万エーカー増加して、カーヴェーリ河流域の灌漑面積は144万エーカーになった。推定利用水量はマイソールが2万7200MCFのままで、マドラス州では1901年の36万7000MCFから1930年に39万1000MCFに増加した。クリシュナラージャ・サーガルは1911年に礎石を打ち、1931年に完工した。他方、メットゥール・ダムの方は1926年に着工し、1934年8月に完成した。この結果、大堰用水路を通じて用水が供給され、タンジャーヴール県の灌漑面積がおおはばに拡大するようになった[11]。

第3節　独立後

1　州再編前

　1924年協定はマドラス州の既得権益を守るもので、開発の遅れていたマイソール州（独立後藩王国は州となった）にとって不利なものであると感じられていた。カーヴェーリ河の総流水量の75％（と信じられていた）が同州に

Ⅲ章　州際河川水紛争　　107

発するものであるにもかかわらず、水利用は比率からみてはるかに少なかった。灌漑面積はマイソール州では17.6万haであったのに対して、マドラス州では101万haであった。1924年協定に見直し条項があっただけでなく、1956年の州再編法によっても同協定の改訂が必要とされるようになった。

　1950年にマドラス州が実施を計画した灌漑プロジェクト、①メットゥール高位用水路、②クッタライ河床調整工、③プラムバディ事業計画、がマイソール州との紛争を再燃させることになった。メットゥール高位用水路はメットゥール・ダムから発し、他の二つの事業はカーヴェーリ河のメットゥール・ダムの下に立地するものであった。これに反対してマイソール州はこう主張した。1924年協定によれば、マドラス州は河川本流で新しい灌漑施設を建造してはならず、主流域で所定の12.2万ha以上灌漑面積を拡大してはならない。協定によれば、マドラス州が新しい施設を建造できるのは、三つの支流――バワニ、アマラヴァティ、ノイル河――だけであった。マドラス州がこれらのプロジェクトを進めるならば、1924年協定によりマイソール州も領内のカーヴェーリ河の一支流にマドラス州内の新しい貯水池の能力の60％に相当する規模の貯水池を建造できる、と主張した。

　このようなマイソール州の立場は、1924年協定が1974年に見直されることになっていたので、マドラス州による新しい河川水利用はマイソール州にとって著しく不利になるという危惧から発したものであった。なぜならば、マドラス州はその利用権を既得のものとし、自州に有利に先取権益を主張する根拠にするものと考えられたからである。

　しかしながら、マドラス州はクッタライ河床調整工とプラムバディ事業計画はマドラス州に先取権益を賦与するものではなく、協定改訂時の余剰水の配分にあたってはこれらの計画は施工されなかったものとして扱われることに同意した。このような約束にもとづいて、二つのプロジェクトがマドラス州とマイソール州の間の余剰水の最終的配分に影響することなくカーヴェーリ河の余剰水を利用するものであるとの条件で、インド政府計画委員会はこれらのプロジェクトの施工を認可した。

メットゥール高位用水路については、計画委員会になんら特別の認可が求められなかった。メットゥール・ダムから取水するこの用水路は、1924年協定でもマドラス州が灌漑を30.1万エーカー拡大できるとされたカーヴェーリ河高位メットゥール・プロジェクトの一部であり、マイソール州はその限度内の灌漑であれば、灌漑地の立地に関して不服を申し立てることができない、とマドラス州は主張した。

　この間に1956年州再編法にもとづき、当事者州の管轄領域の境界が変化した。マドラス州に入っていたコダグ地方がマイソール州に編入され、同州はのちにカルナータカ州と名称を変更した。旧領域の一部をアーンドラ・プラデーシュ州に譲渡したマドラス州の残った部分がタミル・ナードゥ州となり、旧マドラス州の領域内にあったカーヴェーリ河流域を継承した。また、トラヴァンコール藩王国はケーララ州の一部になり、ケーララ州もこの水紛争の当事者州となった[12]。

2　州再編後

　タミル・ナードゥ州政府がカルナータカ州の同意を得ることなく、上述の3プロジェクトに着手したので、後者は技術委員会を任命した。同委員会は、タミル・ナードゥ州への既存の供給水量を損なうことなくカルナータカ州内のカーヴェーリ河の水を最適に利用する方策を勧告した。カルナータカ州技術委員会は、タミル・ナードゥ州政府の同意がなくとも1974年以前にカーヴェーリ河とその支流の水を貯水し、分水する六つの大規模プロジェクトを施工するようにと主張した。

　1970年に南部地域協議会の会合で、タミル・ナードゥ、カルナータカ、ケーララの3州はカルナータカ州内にあるカーヴェーリ河の支流ヘマワティ河のヘマワティ灌漑プロジェクトに関する紛争を3者の間で解決することに同意した。もう一つの支流カビニ河のカビニ・プロジェクトをめぐるカルナータカとケーララ州の紛争も両州間で解決することになった。しかし、カルナータカ州政府は1924年協定の遵守も計画中の二つの事業の中止も保証しな

かった[13]。

　1970年2月にタミル・ナードゥ州政府はインド政府に対して、問題を州際水紛争法にもとづいて審判所に委ねるよう要請した。同州のカーヴェーリ河から分水する用水路の受益地であるタンジャーヴール県の農民たちも同じような要請を行った。

　当時の中央政府首相インディラ・ガンディー（Indira Gandhi）の呼びかけで1972年5月29日に関係州首相会議が開催された。この結果、1972年5月31日に3州間でカーヴェーリ河の水に関する協定が締結された。このなかで、カーヴェーリ河水紛争を、交渉によりできるだけ速やかに解決するため真剣に努力すること、中央政府が技師、退職判事、必要とあれば農業専門家からなるカーヴェーリ河事実調査委員会を任命すること、中央政府が同委員会の助言を得て6カ月以内に紛争を解決するよう助力すること、が決定された。事実調査委員会の最初の報告書は1972年12月、追加報告書は1973年8月に公表された[14]。

　この報告書をもとにしてインド政府代表を交えて3州の間で何度も協議が重ねられ、インド政府が1974年11月と1976年8月に暫定解決案を示した。1976年8月にカーヴェーリ河水の利用・開発に関する「合意案」（Understanding）が作成された。この結果既存の利用水量は67万1000MCFであり、州別ではタミル・ナードゥ48万9000（72.9％）、カルナータカ17万7000（26.4）、ケーララ5000（0.7）MCFであった。平年には現存の灌漑面積が完全に保証されることが合意された。余剰水は3州間で30：53：17の割合で配分されるものとされ、その結果、カーヴェーリ河の水の最終配分比率はタミル・ナードゥ58.6、カルナータカ35.6、ケーララ5.8％になると推定された。また、この合意の実施を監視するカーヴェーリ流域委員会（Kavery Valley Authority）の設立が提案された[15]。

　1976年10月から1977年9月にかけてインド政府と関係3州政府の技師で構成された委員会がカーヴェーリ河流域の開発に関し協議を行ったが、一致にいたらなかった。1978年8月の会議でタミル・ナードゥ州政府首相が1976

年の「合意案」は受け入れられないと表明した。

　この間にカルナータカ州政府は1924年協定が1974年に失効したとの立場から、クリシュナラージャ・サーガル・ダムやその他の貯水池からの放流を、州内の季節変動や灌漑の必要度に応じて行うようになったために、タミル・ナードゥ州のメットゥール・ダムの貯水量が予測できない変動を示すようになった[16]。

　1981年に入って、両州政府がそれぞれ別々に協定の草案を作成し、提示した。カルナータカ州政府の案によれば、カーヴェーリ河流域の表流水量は79万2000MCFであり、これに三角州地帯の降雨量23万MCFのうち8万8000MCFを加えた88万MCFが配分可能な水量である。これをカルナータカ47、タミル・ナードゥ47、ケーララ5、ポンディチェリー1%の割合で配分するというのがその骨子であった。これに対して、タミル・ナードゥ州政府の調査によれば、1934/35年から1971/72年の38年間の統計では、年間利用可能水量は74万8000MCFであり、タミル・ナードゥが56万6000、カルナータカが17万7000、ケーララが5000MCFを利用していた。流域の総水量は75%の確率で67万、50%の確率で74万MCFであり、すでに過剰開発の状態にある。したがって、1924年協定を改訂する必要がないというのがその主張であった[17]。さらに、タミル・ナードゥ州はカルナータカ州からメットゥール・ダムへの放水量30万2000MCFを要求していた[18]。

　こうして、延べ26回におよぶ大臣レベルの会議や専門家による協議も満足すべき結果をもたらさず、当事者は不満をつのらせた。1989年7月27日にタミル・ナードゥ州政府は全党会議を開催し、2者の協議が失敗したならば紛争を審判所に委ねる、という決定を下した。同年8月と12月にタミル・ナードゥ州政府は水紛争審判所の設置をインド政府に要請した。他方、最高裁判所小法廷はタミル・ナードゥ州農民の請願申立書を受理して、1990年5月4日連邦政府に州際水紛争法第4条による法的義務を果たし、1カ月以内に適正な審判所を設置するよう命じた。これにしたがって連邦政府は1990年6月2日に審判所を設置した。同審判所の構成員はボンベイ高等裁判所首席判事

C. ムケルジー（Mookerjee）、アラーハーバード高等裁判所判事 S. D. アガルワル（Aggarwal）、パトナー高等裁判所判事 N. S. ラオ（Rao）の3名であった[19]。

3 審判所暫定命令
1）カーヴェーリ河水紛争審判所
　審判所の現在の構成員は以下のとおりである。
　委員長：判事 N. P. シング（Singh）
　委員：判事 S. D. アガルワル
　　　　判事 N. S. ラオ
　評価員：J. I. ギアンチャダニ（Gianchadani）
　　　　　S. R. スハスラブデ（Suhasrabudhe）
　判事 C. ムケルジーが前に委員長であったが、辞任した。流域州が請求している水量は以下のとおりである。

カルナータカ州	465TMC
タミル・ナードゥ州	流量は1892年および1924年協定にしたがって確保されること
ケーララ州	99.8TMC
ポンディチェリー連邦直轄領	9.3TMC

2）暫定命令とその実施状況
　カーヴェーリ河水紛争審判所は1999年8月31日までに172回の審問を行った。

　1991年6月25日にカーヴェーリ河水紛争審判所は暫定命令を出した。それは6月から5月（翌年）の12カ月期間（水利年）にカルナータカ州はその貯水池からの放流でもってメットゥール・ダムで利用できる水量を20万5000MCFにするようにと命じた。また、タミル・ナードゥ州はポンディチェリーに6000MCFを放流することになった。これは1991年7月1日から開始されるものとされた。また、6月から5月までの期間の月別の放水量も定め

られた。ひと月の放流水量は週ごとに 4 等分された。さらに、カルナータカ州におけるカーヴェーリ河からの水による灌漑面積を 112 万エーカーを超えないようにと命じた。

これに対しカルナータカ州議会の両院が州政府にこの暫定命令を拒否するようにとの決議を全員一致で通過成立させた。当時の州政府はさらに州政令（カルナータカ州カーヴェーリ河流域灌漑保護政令）を発し、州内を流れるカーヴェーリ河の水の全量が州の排他的管理のもとにあるとした。中央政府は憲法第 143 条「大統領の最高裁判所に対する諮問権」にもとづきこの州政令を最高裁判所の審理に委ねた。最高裁判所はこの州政令が憲法違反であるとの判決を下し、審判所の暫定命令を官報に公示するように命じた。暫定命令は 1991 年 12 月 11 日に官報に公示された[20]。

これを期して 1991 年 12 月 24 日から数日間にわたりカルナータカ州のバンガロール市、マーンドヤー、マイソールの諸県の 100 カ所ほどでカンナダ人によるタミル人の商人、農民、農業労働者らに対する暴行事件が発生した。数人が殺され、約 10 万人のカルナータカ州居住タミル人が難をのがれて、州境を越え自州に戻ったといわれる[21]。

1992 年 2 月 14 日にカルナータカ、タミル・ナードゥ両州の著名人たちが共同で連邦首相と両州首相に宛てて「カーヴェーリ河問題に関する市民共同アピール」を提出し、「関係州それぞれの立場の相違を縮めるために偏見・疑心・悪意のない自由な雰囲気のなかで心を広げてすべての代替策を検討する措置を採ること」を呼びかけた。これに続いて、3 月 28 日にカルナータカ州の州都バンガロールにおいて判事 V. R. K. アイヤル（Iyer）を議長に両州農民組織代表、社会科学者、教育者、行政官、弁護士、その他の専門家、ボランタリー組織代表、文筆家・ジャーナリストなど約 200 名を招いて会議が開催され、平和的解決を求める決議が採択された[22]。

1992 年 4 月 3 日に審判所は改訂命令を発し、カルナータカ州は毎月の放流水量規制にしたがって、毎年 20 万 5000MCF の水をタミル・ナードゥ州に放流するようにと命じた。ただし、メットゥールとビリグンドゥル（両州の境

界にある測量所）との間の流域からメットゥール・ダムへの流入量を2万5000MCFと推定すれば、カルナータカ州からの実際の放流水量は18万MCFとなるものと推計された。規定の放流のために総供給水量が不足する場合には、比例按分方式で分かち合うこととされた。しかし、どのような比例按分なのかは明らかにされなかった。

この命令をタミル・ナードゥ州政府は自州の勝利と受けとめたのに対して、カルナータカ州は政府のみならず、すべての野党を含めて同州にとって不当なものと判断し、実施を拒否した。タミル・ナードゥ州政府は審判所の命令の実施を求めて最高裁判所に訴訟を提起した[23]。

1993年7月18日にはマドラス州首相ジャヤラリタ（Jayalalitha）が紛争の解決を求めて、無期限断食に入った。連邦政府水資源大臣が介入して、二つの委員会を設置することを約束して、断食は解かれた。第1は、「中央政府が採るべき方策を決定する基礎になる精確で、科学的なデータを提供する」監視委員会であり、第2は、監視委員会が提起する問題を最終的に解決する関係諸州の官房長官を委員とし、インド政府水資源省次官または政府官房長官が議長となる高度の政治的委員会である[24]。その後も断続的に公式、非公式の協議が行われてきた[25]。

3) カーヴェーリ河委員会の設置

1997年9月30日にインド政府水資源省大臣が審判所の暫定命令を執行し、実施状況を調査するためにカーヴェーリ河委員会（Cauvery Water Authority ＝ CRA）の設立案を提出した。これに対して、タミル・ナードゥ、ケーララ、ポンディチェリー政府は受け入れる意志を明らかにしているが、カルナータカ州政府は水紛争審判所の最終命令が出ないうちに委員会を設立するのには反対であるとの立場をとった[26]。

タミル・ナードゥ州政府の提訴に関して、最高裁判所はインド連邦政府に対して1998年8月12日を最終期限として、これまで9回も延期されてきたカーヴェーリ河水紛争審判所の暫定命令を実施するようにとの命令を下した。連邦政府首相ヴァジパイ（A. B. Vajpayee）が仲介して、カルナータカ州政府

の譲歩を勝ちとり、8月7日に関係4州政府首相の間で合意に達した。カーヴェーリ河委員会は格上げされ、連邦政府首相を議長とし、関係4州の政府首相で構成されることになった。監視委員会の設置も同意されたが、その役割・構成はこれからの協議による。連邦政府のこの決定は8月11日に官報に公示された。これを受けて8月17日、最高裁判所がタミル・ナードゥ州政府の訴訟を却下する決定を下した[27]。

1998年8月6〜7日に連邦首相はカーヴェーリ河流域州首相と会議をもち、そこでカーヴェーリ河水紛争審判所暫定命令の施行計画が最終的にされた。その計画は1998年8月11日付け政府官報に公告された。計画は下記のとおりである[28]。

水資源省通達SO675（E）　ニューデリー　1998年8月11日
1　事由

1956年州際水紛争法（1956年第33号）（以下同法という）第4条にもとづき賦与された権限を行使して、中央政府は1990年6月2日付けインド政府水資源省通達第SO437（E）号により州際河川カーヴェーリをめぐる水紛争を調停するためにカーヴェーリ河水紛争審判所（以下審判所という）を設置した。

審判所は1990年民事雑訴訟第4、5および9号に関し1991年6月25日付けで命令（以下暫定命令という）を発し、必要な行為を求めて中央政府に渡した。

審判所の暫定命令は同法第6条にしたがい、インド政府水資源省通達第SO840（E）号として1991年12月10日付けインド官報に掲載され、同命令は紛争当事者を拘束することになった。

中央政府は1991年6月25日付け審判所暫定命令およびその後のすべての命令を効力あらしめる計画を作成することを決定した。

したがって、同法第6A条第（1）項により賦与されている権限を行使して、中央政府はここに同上命令の実施を効力あらしめるために以下の

計画を策定するものである。
(1) 本計画はカーヴェーリ河水（1991年審判所命令およびその後すべての関連命令の実施）計画と呼ばれる。
(2) 本計画の官報への掲載とともに効力を発する。
2 カーヴェーリ河委員会の構成
(1) この計画のもとでカーヴェーリ河委員会（以下委員会という）と呼ばれる委員会が置かれる。
(2) 委員会の構成は以下のとおりである。
　ⅰ　委員長：インド首相
　ⅱ　委員：カルナータカ州首相
　　　　　：ケーララ州首相
　　　　　：タミル・ナードゥ州首相
　　　　　：ポンディチェリー連邦直轄領首相
(3) 水資源を扱う中央政府の省を管轄する事務次官（Secretary）が委員会の事務局長となる。
3 委員会の権限と職務
(1) 委員会の役割は1991年6月25日付け審判所暫定命令およびその後の関連命令すべての実施を効力あらしめることである。
(2) 委員会はその業務遂行の細則・規定を作成する。
(3) 委員会は必要に応じて会議を開催する。
4 監視委員会（Monitoring Committee）
委員会のもとに以下の構成をもつ監視委員会を置く。
(1) 水資源を扱う中央政府の省の事務次官
(2) 委員：
　ⅰ　カルナータカ、ケーララ、タミル・ナードゥ、ポンディチェリー連邦直轄領の官房長官（Chief Secretary）またはしかるべく任命された代表者
　ⅱ　中央用水委員会委員長

ⅲ　それぞれの州政府または連邦直轄地庁によって任命されカルナータカ州、ケーララ州、タミル・ナードゥ州、ポンディチェリー連邦直轄領を代表する技監職位より低くない官僚各1名
(3) 事務局長：中央用水委員会技監
5　監視委員会の役割と職務
(1) 監視委員会の役割は委員会が検討する問題について決定を下すことができるように補佐することである。
(2) 監視委員会は情報・データの収集面で委員会を補佐する。
(3) 監視委員会は委員会の決定の実施を監視して委員会を補佐する。実施にあたりなんらかの困難が生じた場合は、監視委員会が状況を委員会に報告せねばならない。
(4) 監視委員会はデータ伝達のための近代的通信体系および水文学的状態を決定するデータ加工のためのコンピュータ管理室を備えた、水文観測ネットワークをカーヴェーリ河流域に設置することで委員会を補佐する。
6　監視委員会の会合
　監視委員会は少なくとも3カ月に1回は会議を開催し、必要に応じてなんどでも開く。
7　委員会の本部
　委員会の本部はニューデリーに置かれる。
8　財務条項
(1) 委員会によって負担されるのに必要とされる資本および歳入支出のすべては、当事者である諸州・連邦直轄領の間での費用の分担が相互の討議で決定されるか、または審判所が上記の問題について決定を下すまでは、中央政府が負担するものとする。
(2) 委員会の勘定はインド会計検査官（Comptroller and Auditor General of India）と協議して、中央政府が定める細則に規定されている仕方で維持され、検査されるものとする。

9　監視委員会とカーヴェーリ河委員会の会合

　監視委員会の最初の会合は1998年10月7日に水資源省事務次官を委員長にして開催された。カーヴェーリ河委員会の最初の会合はインド首相を委員長にして1998年10月28日に開催された。監視委員会は1998年10月7日、1999年3月4日・7月5日・9月24日、2000年2月16日・9月18日、2001年1月30日とこれまで7回開催された。カーヴェーリ河委員会はこれまで1998年10月28日と2000年7月14日の2回開催された。

10　カーヴェーリ河委員会の業務遂行に関する細則・規定

4）カーヴェーリ河委員会（CRA）の位置づけ

　1995/96年は降水量が少なかった。タミル・ナードゥ州政府はタンジャーヴール県の立ち作物を救うためにカルナータカ州が30TMCの水量を直ちに放流することを最高裁判所に求めた。最高裁判所はタミル・ナードゥ州に対して審判所に要請することを勧めた。審判所はタミル・ナードゥ州の要請とカルナータカ州の反対意見を聴取し、11TMCの即時放流を命じた。タミル・ナードゥ州は審判所のこの命令の即時実施の指示を最高裁判所に再び求めた。最高裁判所はそのような指示を出さず（暫定命令の実施に関する命令を求めるタミル・ナードゥ州の要請を聴取することになっていたため）介入して、合意により政治的解決を見出すこと、もしそれが不可能であれば即時救済について自ら決定を与えることを首相に対して求めた。当時の中央政府首相N. ラオ（Rao）は6TMCの即時放流の命令を発し、両州の立ち作物を救う要水量を決定する委員会を設置した。カルナータカ州は全党協議のあと6TMCを放流した（首相が設置した委員会は報告書を提出したが、公にはされなかった。しかし、その内容は徐々に知られるようになった）。

　審判所の命令ののち政治的解決方法に復帰したこと、および首相決定により審判所命令が実質的に廃棄されたことで混乱が生じた。これは審判所命令の位置づけとその命令を遵守しなかった場合の含意についての問題を提起し

た。これらの問題は最高裁判所が暫定命令実施に関し未決になっているタミル・ナードゥ州の訴訟を審理し、決定を下すことで解決されるものと期待されていた。

　一時、最高裁判所の照会に対し中央政府は暫定命令の実施を監督する機構（州際水紛争法第6A条にもとづく）を設置することを提案すると述べていた。それにしたがって、1997年に公式の、専門家と官僚で構成されるカーヴェーリ河委員会の設置を目指す通達草案が回覧に付された。これは多くの理由でカルナータカ州の強硬な反対にあった。その一つは、委員会が（州貯水池の接収を含め）余りにも広範な行政権限を付与されていることであった。結局1998年に中央政府首相を委員長とし、4州（カルナータカ、タミル・ナードゥ、ケーララおよびポンディチェリー）政府首相を委員とする（専門的または官僚的とは異なる）政治的カーヴェーリ河委員会が設置された。これは連邦水資源省次官を委員長とする政府レベルの監視委員会で強化されることになった。この委員会は暫定命令の実施に対する苦情に関する事実を確認し、CRAに提供することになった。当時の状況でタミル・ナードゥ州政府はこの取り決めを受け入れ、最高裁判所で未決であった訴訟を取り下げた。

　CRAは実際には「委員会」でない。それには河川管理または流域計画機能がない。それは有名なテネシー渓谷開発委員会（TVA）またはそれを模した限定的なダモダル渓谷公社（DVC）とさえ比較できない。CRAは行政または管理権限を与えられた専門家の永続的常設機関ではない。それは純粋に政治的委員会（非常に高いレベルであることは疑いない）であり、その機能は暫定命令の実施をめぐる紛争の場合の合意促進という限定的なものである。しかしながら、二つの州の間の不和を前提にすると、不完全で有効とはみえない問題解決機構をもたらした限定的合意さえ肯定的発展ととらえられ、一般に歓迎された。残念ながら、CRAは暫定命令に関連する限定的役割の遂行でさえあまり機能しなかった。いずれにしろ、暫定命令は一時的意味しかなく、審判所が最終命令を出せば妥当しなくなるものである。暫定命令が無効になれば、審判所の最終命令との関連で新しい役割を与えられないかぎり、

CRA も余計なものになろう[29]。

まとめ

　州際水紛争の研究者 S. N. ジェインらは、インドにおける州際河川水をめぐる紛争の問題点をつぎの五つに分類している[30]。

表Ⅲ-3-1　カルナータカ、タミル・ナードゥ州によるカーヴェーリ河の水利用

年＼水利用状況	利用総水量のうちのカルナータカの割合(%)	利用総水量のうちのタミル・ナードゥの割合(%)	メットゥール・ダム上流の利用水量のうちのカルナータカの割合(%)	メットゥール・ダムへの流入水量(100万平方フィート)	メットゥール・ダムへの流入水量のメットゥール上流の水量(%)
1934～70年	22.9	76.4	28.7	378,400	70.7
1970～80年	27.6	71.6	36.8	324,600	62.6
1980～90年	42.2	57.1	54.7	229,000	44.7

出所：Guhan, S.（1993）*The Cauvery River Dispute; Towards Conciliation*, Madras Frontline, p.24.

表Ⅲ-3-2　カルナータカ、タミル・ナードゥ州の水源別灌漑面積

年	州	用水路		政府		民間		溜め池	
1970/71	カルナータカ	421	(37.0)	419	(36.9)	2	(0.2)	367	(32..)
	タミル・ナードゥ	884	(34.1)	883	(34.1)	1	(0.0)	896	(34.)
1980/81	カルナータカ	546	(40.1)	546	(40.1)	—	—	304	(22..)
	タミル・ナードゥ	889	(29.6)	888	(34.6)	1	(0.0)	590	(23.)
1987/88	カルナータカ	765	(41.3)	765	(41.3)	—	—	258	(13.)
	タミル・ナードゥ	721	(29.6)	720	(29.5)	1	(0.0)	610	(25.)
1992/93	カルナータカ	903	(41.2)	903	(41.2)	—	—	257	(11.)
	タミル・ナードゥ	851	(31.5)	851	(31.5)	—	—	629	(23.)

注　：（　）内の数字は割合（％）。
出所：1970/71年の数字は、Bansil, P. C.（1974）*Agricultural Statistics in India*, 2nd. rev. ed., New Delhi, Arno, New Delhi, pp.34-35.
　　　1980/81年の数字は、Govt. of India, Ministry of Agriculture（1985）*Indian Agriculture in Brief*, 20th ed
　　　1987/88年の数字は、Govt. of India, Ministry of Agriculture（1992）*Indian Agriculture in Brief*, 24th ed
　　　1992/93年の数字は、The Fertiliser Association of India, *Fertiliser Statistics* 1995-96, New Delhi, pp. Ⅲ-1

①州際河川の水の諸州間での配分
②複数の州が共同で開発するプロジェクトの費用・便益の配分
③ある州が実施するプロジェクトによって不利な影響を受ける他の州に与えるべき補償
④協定の解釈をめぐる紛争
⑤ある州による過剰取水に対する不服

　カーヴェーリ河水紛争は上記の問題のうち①、④、⑤が複雑に絡みあった事例ということができよう。とくに、カルナータカ州が歴史的に藩王国として英領マドラス州に対して不利な立場におかれ、開発がおくれていたことが問題を紛糾させることになったといえよう。独立後カルナータカ州が農業発展のために灌漑を拡大しようとしたとき、すでにイギリス統治時代からカーヴェーリ河の水を灌漑に利用してきた農業的先進州であるタミル・ナードゥ州の既得権益（取水権）と衝突せざるをえなかった。それでも流水量にまだ未利用の余剰水があればとくに問題にならない。ところが、カーヴェーリ河は北インドのインダス河の支流やガンガー河と異なり、融雪水による補充が

(単位：1,000ha)

管井戸		その他井戸		その他		計・純灌漑面積 (1)		純作付け面積 (2)	灌漑率 (1)／(2) (％)
1	(0.0)	258	(22.7)	92	(8.1)	1,137	(100.0)	10,248	(11.1)
19	(0.7)	755	(29.1)	36	(1.4)	2,592	(100.0)	6,169	(42.0)
1	(0.0)	364	(26.7)	146	(10.7)	1,361	(100.0)	9,899	(13.7)
112	(4.4)	955	(37.2)	24	(0.9)	2,570	(100.0)	5,360	(47.9)
100	(5.4)	476	(25.7)	254	(13.7)	1,835	(100.0)	10,736	(17.1)
126	(5.2)	966	(39.6)	15	(0.6)	2,438	(100.0)	5,778	(42.2)
243	(11.1)	482	(22.0)	309	(14.1)	2,194	(100.0)	10,788	(20.3)
174	(6.4)	1,027	(38.1)	17	(0.6)	2,698	(100.0)	5,813	(46.4)

inemann Publishers, pp.455-456; Govt. of India , Ministry of Agricuture, *Indian Agriculture in Brief*, 13th ed.,
w Delhi, pp.224-225, 286-287.
w Delhi, pp.168-169, 211-213.

なく、もっぱらモンスーン季の降雨に依存しており、利用可能な水量が限られている。もちろん、州の領域内の河川管理が州に委ねられていること、測量所の数や立地などの制限により、年間の利用可能水量の精確な数字についてさえインド政府や関係諸州の専門家の間でもまだ意見の一致がみられない。現在の段階で関係諸州に受け入れられる流水量の数字は、カーヴェーリ河水紛争審判所が最終裁定において示すことになろう。

カルナータカ州が不当と感じていた1924年協定の改訂時をとらえ、上流域に位置するという有利な立場を利して、利用可能水量の関係諸州、とくにタミル・ナードゥ州との間での配分率の見直しを迫ったことが、今回のカーヴェーリ河水紛争の発端となった。1970年代以降カルナータカ州はいくつかの新しい大規模灌漑・発電プロジェクトを完成した。その結果、水利用の面でも灌漑の面でも著しい発展を遂げたことは、表Ⅲ-3-1、Ⅲ-3-2から明らかである。とくに、用水路灌漑面積の増加が目立つ。これに対して、タミル・ナードゥ州では水利用比率が1934～70年の間の76％から1980～90年には57％に縮小し、1970/71年から1992/93年の間に耕地の灌漑率は若干増加しているが、用水路灌漑面積は停滞もしくは減少の傾向を示している。

独立以前にインダス河の水利用をめぐって、上流域の英領パンジャーブ州ならびにいくつかの藩王国と下流域に位置する当時のスィンド州との間に紛争が生じた。それを解決するために任命された1942年インダス河委員会が採用した水紛争審判の原則がその後の紛争でも準拠されている。州際河川に沿岸権をもつ州の絶対的所有権も、上流域の州に権利がなく天然のまま流すべきであるという理論も、既得取水権を絶対的とする先取権説も退けて、関係諸州（河川水は流域変更が可能であるので、必ずしも沿岸権州とは限らない）の間での「衡平な配分」を原則としている。「衡平」を決定する要因としては自然条件のほかに社会・経済発展の状況、技術発展の段階、既存の協定など、個別の州際河川とその流域のそれぞれの事例に則して適当と認められる種々の要因が勘案されている[31]。

現在のところ、カーヴェーリ河の流水量のカルナータカ州とタミル・ナー

ドゥ州の間の配分比率について、カルナータカ州政府は 67:33 を主張し、タミル・ナードゥ州政府は当初は 50:50 の比率を要求していたが、その後 55:45 と自州の割合を下げ、譲歩を示してきている[32]。

注

1) Komoguchi, Y. (1986) *Agricultural Systems in Tamil Nadu; A Case Study of Peruvalanallur Village*, Dept. of Geography, Univ. of Chicago, pp.21-31.
2) この協定の主要部分はつぎの書に所収。Guhan, S. (1993) *The Cauvery River Dispute*, pp.65-66.
3) 同上、pp.9-10.
4) Gulhati, N. D. (1972) *Development of Inter-State Rivers*, Bombay, Allied Publishers, p.116.
5) 前出、Guhan, S. (1993) *The Cauvery River Dispute*, p.10.
6) 同上、pp.11-12; Chauhan, B. R. (1992) *Settlement of International and Inter-State Water Disputes in India*, Bombay, N. M. Tripathi, pp.157-159.
7) 前出、Gulhati, N. D. (1972), pp.120-121.
8) 同上、p.122; 前出、Guhan, S. (1993) *The Cauvery River Dispute*, p.12.
9) この協定の主要部分はつぎの書に所収。同上、Guhan, S., pp.66-69.
10) 前出、Gulhati, N. D. (1972), pp.123-127; 前出、Chauhan, B. R. (1992), pp.159-163.
11) 前出、Guhan, S. (1993) *The Cauvery River Dispute*, pp.15-16.
12) Jain, S. N., Jacob and S. C. Jain (1971) *Interstate Water Disputes in India; Suggestions for Reform in Law*, Bombay, N. M. Tripathi, pp.45-49; 前出、Chauhan, B. R. (1992), pp.304-377.
13) 同上、Jain, S. N., Jacob and S. C. Jain (1971), p.25; Chauhan, B. R. (1992), p.306.
14) 前出、Guhan, S. (1993) *The Cauvery River Dispute*, pp.25-26.
15) 二つの暫定案はつぎの書に所収。同上、Guhan, S., p.69-72; 前出、Chauhan, B. R. (1992), p.306.
16) 両州の暫定解決案はつぎの書に所収。同上、Guhan, S., pp.72-74.
17) 同上、Guhan, S., pp.26-27, 72-74.
18) Menon, P. (1992) "Policy of Drift", *Frontline*, vol.9, no.2, Jan. 31, pp.21-22.
19) 前出、Chauhan, B. R. (1992), p.307.
20) 前出、Guhan, S. (1993) *The Cauvery River Dispute*, pp.39-43. 章末付録参照。
21) Sebastian, P. A. (1992) "Cauvery Water Dispute and State Violence", *Economic and Political Weekly*, vol.27, no.27, July, pp.1371-1372; Subramanian, T. S. (1992) "Hardening Stand; Tactical Gain for Tamil Nadu", *Frontline*, vol.9, no.2, Jan. 31, pp.23-24; Padmanabhan, V. (1992) "Hounded Out; Tamils Live Down a Nightmare", 同 *Frontline*, pp.24-26;

Folke, S.（1998）"Conflicts over Water and Land in South Indian Agriculture; A Political Economy Perspective", *Economic and Political Weekly*, vol.33, no.7, Feb. 14, pp.341-349.
22）前出、Guhan, S.（1993）*The Cauvery River Dispute*, p.43. 決議文は同書、pp.74-75 に載せられている。
23）同上、p.42.
24）Guhan, S.（1993）"The Cauvery Dispute; What Next?", *Frontline*, vol.10, no.16, Aug. 13, pp.14-18; Subramanian, T. S.（1993）"A Questionable Victory; What Did Jayalalitha Gain?", 同 *Frontline*, pp.18-20; Menon, P.（1993）"Charges, Counters; A 'Truce' Shattered", 同 *Frontline*, pp.22-24; "The Height of Arbitrariness; Interview with Veerappa Moily", 同 *Frontline*, pp.24-26.
25）この間の経緯については、*Frontline* 誌上の記事が詳しい。vol.12, no.20, Oct. 6, 1995; vol.12, no.27, Jan. 12, 1996; vol.13, no.1, Jan. 26, 1996; vol.13, no.2, Feb. 9, 1996; vol.13, no.4, Mar. 8, 1996; vol.13, no.15, Aug. 9, 1996; vol.13, no.19, Oct. 4, 1996; vol.14, no.2, Feb. 7, 1997.
26）Menon, P.（1997）"Resisting the Authority", *Frontline*, vol.14, no.21, Oct. 31, pp.45-46; Subramanian, T. S.（1997）"Upbeat in Tamil Nadu", 同 *Frontline*, pp.46-47.
27）*The Times of India*（*New Delhi*）, Aug. 8, 9, 11, 12, 13, 17, 18, 22, 1998.
28）India, Govt. of, Ministry of Water Resources, *Inter-State Water Disputes*（http://www.wrmin.nic.in）
29）Iyer, R. R.（2002）"The Cauvery Tangle; What's the Way Out?", *Frontline*, vol.19, issue 19, Sept. 14-27.
30）前出、Jain, S. N., Jacob and S. C. Jain（1971）, p.25.
31）前出、Chauhan, B. R.（1992）, pp.153-155, 316-321; 前出、Guhan, S.（1993）*The Cauvery River Dispute*, pp.48-49
32）Menon, P.（1997）"A Change of Mood; Opposition Pressure in Karnataka", *Frontline*, vol.14, no.2, Feb. 7, pp.34-35.

記：本Ⅲ-3章は文部省科学研究費補助金「アジアの伝統技術と芸術――伝統文化の未来性と振興策――」（平成7～9年度「国際学術研究」、課題番号：07041069）の研究成果の一部である。
（初出：大東文化大学東洋研究所『東洋研究』第130号、平成10年12月20日所収。本書に収めるにあたり部分的に加筆訂正）。

〈付録〉

水資源省通達SO840（E） 1991年12月10日付け　ニューデリー

　中央政府が1956年州際水紛争法（1956年第33号）第4条にもとづき賦与された権限を行使して1990年6月2日付け通達No.SO437（E）により州際河川カーヴェーリに関連する水紛争を調停させるためにカーヴェーリ河水紛争審判所（以下審判所という）を設置した。

　審判所は民事雑訴訟1990年第4、5および9号に関して1991年6月25日に命令（以下命令という）を出し、さらに必要な行為を求めて中央政府に渡した。

　上記命令を考慮しインド大統領はインド憲法第143条第（1）項にもとづき1991年7月27日にとくに以下の点について考慮し、報告するようインド最高裁判所に委ねた。
(1) 審判所の命令は同法の第5（2）条にいう報告書および決定を構成するかどうか、および、
(2) 審判所の命令は効力をもたせるために中央政府により公表することが必要かどうか。

　最高裁判所は1991年11月22日に上記の疑問に対してとくに以下のように回答した。
(1) 1991年11月22日付け審判書命令は1956年州際水紛争法第5（2）条にいう報告書および決定を構成する、および、
(2) したがって、上記命令は効力をもたせるために同法第6条により中央政府により官報に公表することが必要である。

　したがって、同法第6条により賦与された権限を行使して中央政府はここに上述の審判所命令を公表するものである。
(タミル・ナードゥ、カルナータカ、ケーララおよびポンディチェリー連邦直轄領の間の水紛争、すなわち州際河川カーヴェーリとその流域に関連する紛争)問題での民事雑訴訟1990年第4、5および9号に関するカーヴェーリ河水紛争審判所命令

　タミル・ナードゥ州が提出した民事雑訴訟1990年第4および9号ならびにポンディチェリー連邦直轄領が提出した民事雑訴訟1990年第5号を、中央政府がタミル・ナードゥ州およびポンディチェリー連邦直轄領それぞれが提出した上記民事雑訴訟において請願した暫定救済の調停のために審判所に委任しておらず、したがって暫定救済を求めた上記訴訟は維持できないという理由で、1991年1月5日にわれわれは却下した。

　われわれの上記命令を不服として、タミル・ナードゥ州およびポンディチェリー連邦直轄領はそれぞれ1991年民事控訴第303〜304号および1991年民事控訴第2036号を最高裁判所に提出した。1991年4月26日に判事カスリワル（Kasliwal）、プンチー（Punchhi）およびサハイ（Sahai）からなる法廷が上記控訴を認め、1991年1月5日付け命令を却下し、1990年民事雑訴訟第4、5および9号それ自体を判定するようにと命じた。判事カスリワルは判事プンチーの同意をえて、緊急行為の要請が1986年7月6日付け

タミル・ナードゥ州政府の公信のなかの一節に含まれており、判事が引用していることが、タミル・ナードゥ州が「年ごとにメットゥールでの実現が減少しているので即時の救済を要請している」ことを示すと述べた。したがって、審判所が、中央政府は暫定救済になんら触れていないと主張したのは明らかに誤っていた。控訴人が1990年民事雑訴訟第4、5および9号によって訴願した救済は明らかに同法（1956年州際水紛争法）第5条にもとづいて中央政府が委ねた紛争の範囲に入るものであり、判事カスリワリはさらに、上記の事情により同法のもとで設置された暫定救済を与える権限をもつかどうかというより大きな問題を決定する必要がないと考えた、と述べた。控訴人は、1990年民事雑訴訟第4、5および9号のなかで訴願した救済が中央政府によってなされた委任に含まれているという最高裁判所が記録した事実にもとづいて進める権利を与えられた。

　1990年民事雑訴訟第4号においてタミル・ナードゥ州は当初流域諸州首相と灌漑・電力連邦大臣によって合意された「1972年5月31日にあったもの」以上にカーヴェーリ河の水を貯水・利用しないようにとカルナータカ州に命じることを訴願した。タミル・ナードゥ州はまたカルナータカ州が新しいプロジェクト、ダム（貯水池、用水路など）をタミル・ナードゥ州の同意なしに建設または進捗することを控えるよう訴願した。タミル・ナードゥ州はまた表（修正訴願書付録Ⅰ）に示されているように、週ごとにタミル・ナードゥ州のメットゥール貯水池への流入量を確実にするような仕方で、カルナータカ州の貯水および貯水池から適時かつ適量の放水をするようにと同州に命令することを追加で訴願した。

　弁論はまだ完了していない。当事者たちはすべての資料・文書を記録していない。したがって、当時のマイソール藩王国を貫流するカーヴェーリ河とその五つの支流、すなわちヘマヴァティ、ラクスマン・ティルタ、カビニ、スヴァルナヴァティおよびヤガチを含む13の主要河川にある灌漑貯水池に関するマイソール藩王国とマドラス州の間の1892年協定については、われわれはなんら言及をするつもりはない。同様の理由で、マイソール藩王国政府が所定の仕様にしたがい、現在クリシュナ・サーガルと呼ばれるダムと貯水池をカーヴェーリ河のカナンバディの地点に建設する権利を得ることになった、1924年2月18日付けの当時のマイソール藩王国政府とマドラス州政府との間の協定に関する両当事者の2種の主張を検討することをわれわれは差し控える。上記の貯水池を通じるまたそれからの放流量は同上協定の付録Ⅰに定められている細則・規定に厳密に従わねばならない。1924年協定の条項の一つは、マイソール藩王国政府が細則・規定にもとづいて定められた灌漑面積に加えて11万エーカーに決められた限度までカーヴェーリ河とその支流のマイソールにおける灌漑を将来自由に拡大できるということであった。マドラス州政府は細則・規定第（ⅹⅳ）条にもとづき州内でバヴァニ河、アムラヴァティ河またはノイル河に新しい貯水池を自由に建設でき、マイソール政府はそれの相殺として同協定第（ⅶ）条に言及されている貯水池に加えて、

マドラス州の貯水池の60％を超えない限度の貯水池を自由に建設できる。1924年協定の第（ⅹⅰ）条には第（ⅳ）条から第（ⅷ）条までの限度と取り決めは協定の発効後50年が経過したら再考されると規定されていた。われわれの前では当事者たちはこの第（ⅹⅰ）条の目的に関しては意見を異にしていた。1924年協定の署名日後50年が経過する直前の1972年5月29日にニューデリーにおいてマイソール、タミル・ナードゥ、ケーララの州首相の間で討議がもたれた。灌漑・電力連邦大臣も出席した。「州首相たちの討議では第2パラグラフのように3点について全般的合意が明らかになった」。第2.2パラグラフのもとで中央はカーヴェーリ河に関するすべての関連データを収集する事実解明委員会を任命することになった。第2.3パラグラフにはデータを利用して3州首相の間で討議をし、それぞれの州の水の取り分について合意に達するようにと規定された。第3パラグラフには連邦政府は6カ月以内にそのような取り決めに到達するよう援助し、その間はどの州も現在の水量を超えてカーヴェーリ河の水を貯水したり、利用したりして問題の解決を困難ならしめるような措置を採らない、とされている。事実解明委員会が任命され、報告書を提出した。しかし、それぞれの州への水配分に関しては最終的合意にいたらなかった。

　われわれがなんらか緊急の命令を出すべきかどうか考慮していたとき、主たる関心事は最終的調停をペンディングにして当事者の権利をできるだけ保持し、一方の当事者の一方的行為により他の当事者が最終的命令発布時に適当な救済を受けられなくなるようなことのないようにすることであった。われわれはまた審判所が州際河川の水の公正かつ衡平な配分原則にしたがって最終的命令を発する妨げとなるような当事者の行為を防ぐ努力をせねばならない。

　カーヴェーリ河が州際河川であることは、議論の余地がない。したがって、その河の沿岸である3州とポンディチェリー連邦直轄領は合理的かつ有益な仕方でその河の放流を受ける権利がある。A. H. Garretsonが編集した *Law of International Drainage Basins* の63ページにおいてR. D. HytonとC. J. Olmsteadはこう指摘している。「権利の平等は共同沿岸州に水の平等な配分の権利を賦与するものでない。むしろ、権利の平等は他の沿岸州の同じ様な権利と一致し、そのような必要に無関係な要因を考慮外にするような各沿岸州の経済的・社会的必要にもとづく水の分割への平等な権利である」。この段階では他の州の不利益を最小にし、最大限各州の必要を満たす仕方を決定することは可能でも合理的でもない。この段階でわれわれはタミル・ナードゥ州であれ、カルナータカ州であれ、カーヴェーリ河の現在の水利用が最も有用な使い方であるかどうかという問題に踏み込む積もりはない。適当な段階で、適当な仕方で、水を衡平に利用するようにする目的で各州の正当な経済的・社会的必要を考慮せねばならなくなるであろう。*Law of International Drainage Basins* の学識ある編者たちは多くの要因を検討せねばならない、と指摘している。「多くの要因が関係するが、すべてが同等の重みをもつわけではない。現在の利用がとくに重要であり、一般に大きな重みを与えら

れている」。これらの論点はわれわれが「委任事項」を最終的に処理するときに考慮されることになろう。

　この中間段階では、タミル・ナードゥ州とポンディチェリー連邦直轄領がなした訴願を、この種の目録のなかで暫定救済を賦与または拒否することに関わる考慮に照らして検討することが法の目的により適うであろう。最終的調停がペンディングであるときに現状を大きく変更することにより、どの当事者も他の当事者に不利をもたらしたり、本審判所が法にしたがって最終命令を発するのを妨げたり、害したりすることは認められない、とすでに述べている。

　民事雑訴訟第 4/90 号においてタミル・ナードゥ州のためになされた申し立ての主内容は、カルナータカを貫流するカーヴェーリ河の種々の支流に建設された貯水池にしだいに多くの水量が貯水されるようになったために、タミル・ナードゥ州のメットゥール・ダムに流入する水量が年々減少してきている、ということであった。しかしながら、この段階では、1972 年 5 月 29 日に連邦灌漑・電力大臣出席のもとに開催されたマイソール、タミル・ナードゥおよびケーララ州首相の会議で合意を記録したときの数字にもとづいてメットゥール・ダムへの流入量を決定するのは適当でないことは明らかである。1972 年 5 月 29 日の上記の合意記録からすでに 18 年以上が経過しており、のちほど新たに建設されたダムや貯水池、その他の灌漑施設を含め種々の出来事が生じた。この段階ではわれわれはこれらの貯水池、ダム、用水路などの建設の合法性または妥当性を検討する積もりはない。上記の諸問題は必要とあれば適当な時期に検討されるであろう。本件では直近の過去におけるいくつかの平年の流入量の平均を算出してメットゥール・ダムへの年間流入量を決定するのが合法的であろう。

　1972 年 5 月 29 日に開催されたマイソール、タミル・ナードゥおよびケーララ州首相の会議の議事録が記録されてから、カーヴェーリ河の総流水量を推定し、またとくにカルナータカ州とタミル・ナードゥ州の利用の割合を特定する試みが一度ならずなされてきたことを指摘する必要があろう。事実解明委員会、そしてのちに C. C. パテル (Patel) 氏を委員長とする調査チームによる報告書の正確性はわれわれの検討対象になることであり、この段階ではわれわれはこれらの報告書を取り扱わない。われわれの関心はまた 1974 年と 1976 年に作成され、争う諸州が公式に署名しなかった協定案に向けられている。諸州およびポンディチェリー連邦直轄領へ配分されるべき水の取り分を決定しようと過去になされた試みが実を結ばなかったことだけを記しておくにとどめ、それは審判所の調停に委ねられる。すでに述べたように、現段階でのわれわれの指針は現在の利用の便宜と維持の均衡に対する考慮であり、当事者の権利が最終的調停まで保持されることである。この目的にはタミル・ナードゥのメットゥール・ダムへの年間流入量の平均が妥当な基礎となろう。カルナータカ州のクリシュナ・サーガル・ダムとカビニ・ダムからの放流のほかに中間の集水地から若干の水がメットゥール・ダムに流入していることをも考慮していないわけではない。上記の事実はタミル・

ナードゥ州の訴願を全面的に拒否する事由にはならない。なぜならばメットゥール・ダムへの上記の集水地の寄与はさほど大きくないからである。カルナータカ州が水の放流をなすべきである、というのがわれわれの見解である。その量は異常に良い年と異常に悪い年を除き最近の過去における数年にわたる実際を考慮して決定すべきである。

タミル・ナードゥは 1980/81 〜 1989/90 年の 10 年間のメットゥール・ダムへの流入量について下記の数字をわれわれに提供した。

1980/81 年	394.01TMC
1981/82 年	403.20TMC
1982/83 年	173.09TMC
1983/84 年	230.37TMC
1984/85 年	284.36TMC
1985/86 年	158.28TMC
1986/87 年	187.36TMC
1987/88 年	103.90TMC
1988/89 年	181.37TMC
1989/90 年	175.64TMC

これらの数字を考慮するにあたり、われわれは 1980/81 年と 1981/82 年の数字を除くことに決した。これらは当事者によって異常によい年であったといわれている。われわれはまた悪い年と分類される 1985/86 年、1987/88 年の数字も除いた。残りの 6 年の年間平均流量は 205.3TMC と算出され、四捨五入して 205TMC とされよう。

ポンディチェリー連邦直轄領のカライカルはカーヴェーリ河三角州の末端にある。極端な水不足によるこの地域の惨状についてわれわれに仲裁付託がなされた。ポンディチェリー連邦直轄領は灌漑および上水供給などのために 9.355TMC の水をわれわれに請求していた。われわれの見解では、このような緊急の訴願に命令を出すにあたり、若干の追加水量を求めるポンディチェリー連邦直轄領の訴願を考慮に入れねばならない。衡平のためにタミル・ナードゥ州はポンディチェリー連邦直轄領に 6TMC の水を放流するよう命じることを提案する。

タミル・ナードゥ州の苦情の概要は、カルナータカ州からメットゥール・ダムへ流入する総水量がしだいに減少しているだけでなく、上記の放流がとくにタミル・ナードゥ州のカーヴェーリ河三角州における作物栽培の必要を適時に満たしていないということであった。年間放流量は 6 月から 5 月まで週ごとに規制された仕方でなされるよう命じるのが公正であろう。

ケーララ州は暫定命令を求めなかった。したがって、この命令はカーヴェーリ河と

その支流の水の衡平な配分と放流に関するケーララ州の請求と主張を損なうものでない。本日発布される暫定命令は本審判所に委託された紛争に関して当事者たちの権利と主張の最終的調停となるものでないことを、われわれは改めて明らかにしておきたい。

以上から、6月から5月の1年間にタミル・ナードゥ州のメットゥール・ダムで205TMCの水が確かに利用できるようにすることをわれわれはカルナータカ州に命じる。本命令は本年1991年7月1日から効力を発するものとする。さらにわれわれはカルナータカ州が水の放流を以下のように規制することを命じる。

　6月　　10.16TMC
　7月　　42.76TMC
　8月　　54.72TMC
　9月　　29.36TMC
　10月　　30.17TMC
　11月　　16.05TMC
　12月　　10.37TMC
　1月　　2.51TMC
　2月　　2.17TMC
　3月　　2.40TMC
　4月　　2.32TMC
　5月　　2.01TMC

特定の月について放流量は平等に4回に分けてなされるべきである。特定の週に必要水量が放流できない場合は、その不足分は翌週埋め合わせねばならない。ポンディチェリー連邦直轄領のカライカルへの6TMCの水はタミル・ナードゥ州が規則的に配分するものとする。

カルナータカ州は修正民事雑訴訟第4/90号に対する1991年5月22日付け追加反対陳述書第103パラグラフの付録K-V、13欄に言及されている既存の112万エーカーを超えてカーヴェーリ河の水による灌漑面積を増加してはならない、とわれわれは命じる。

上記の命令は審判所に付託された紛争の最終的調停まで有効である。

署名
チタトシ・ムケルジー、委員長
S. D. アガルワラ、委員
N. S. ラオ、委員

ニューデリー
1991 年 6 月 25 日

以上の水資源省通達 SO840（E）の出所は、India, Govt. of, Ministry of Water Resources（http://www.wrmin.nic.in）.

III-4 ラーヴィー・ビアース河

まえがき

　本章は、1956年州際水紛争法にもとづいて1986年1月25日にインド連邦政府によって設置されたラーヴィー・ビアース河水紛争審判所が、翌1987年1月30日に報告書を提出したにもかかわらず、いまだに解決の糸口の見えないパンジャーブ州とハルヤーナー州の間の紛争の歴史的経緯を概観するものである。

　ラーヴィー河、ビアース河はインダス河水系の一部である。インダス河水系は本流自体の源流をチベットに発するとはいうものの、イギリス統治時代にはその主流域にイギリス直轄領のいくつかの州や藩王国を含むインド帝国の国内河川であると同時に、州際または準国際河川（藩王国の政治的位置づけによる）という性格をもっていた。しかし、1947年8月のインドとパーキスターンの分離独立にともなって、インダス河水系は国際河川となり、本流部はパーキスターンを流れ、支流河川の一部、しかもそれらの上流部のみがインドに属するという事態になった。

　独立後のインドにおいてインダス河水系の支流河川の沿岸州となったのはジャンムー・カシミール、パンジャーブ、パティヤーラー・東パンジャーブ藩王国連合、ビーカーネール藩王国であったが、1956年州再編成により関係する州はジャンムー・カシミール、パンジャーブ、ラージャスターンとなった。さらに1966年にパンジャーブ州再編法により旧パンジャーブ州が現在のパンジャーブ州とハルヤーナー州に2分割された。これにより、地理的に

はインダス河水系の沿岸州でないハルヤーナー州が生まれたわけである。しかし、ハルヤーナー州は1966年パンジャーブ州再編法の条項にもとづく旧パンジャーブ州の権益の承継権利を主張し、沿岸権をもたないラーヴィー・ビアース河の水の配分を要求している。

こうしてインダス河水系の水利用は、インドとパーキスターンの独立を転機に、一国内の州際問題または準国際問題から国際的側面と州際的側面が複雑に絡み合う問題に転化したのである。

インドとパーキスターンの間のインダス河水系の水利用をめぐる問題は世界銀行の仲介により1960年に「インダス河水系協定(The Indus Waters Treaty)」が締結されて解決をみることになった。これはこれで非常に重要な問題であり、別個の取り扱いを必要とするので、本章では必要な限りで簡単に触れるにとどめておきたい。

河川水は灌漑、発電、工業、生活など種々の用途に不可欠で、しかもインド亜大陸では季節的にも地域的にも偏在する希少資源であり、国民の経済発展と生活水準の向上のために必要に応じて、できるだけ公平に配分されることが望ましい。

本章で取り上げる主たる問題は、同じ河川の水系または流域に属するいくつかの州の間での水利用をめぐる利害の対立がどのような枠組みでいかように調停されてきたのか、現在はどのような法制度になっているのか、それが有効に機能しているのかどうか、といったことである。この点では、インダス河水系の水紛争の解決の仕方はその後の同じような問題を扱う際の先例の一つになったものであり、取り上げるに値する主題である。

これはまたインドの連邦制という政体のあり方自体に甚大な影響をおよぼす問題の一つでもあると同時に、一般民衆の日常生活にも直接影響する経済的に重要な問題である。今回は原資料の入手が困難であったために、二次資料による概観にとどめたい。

Ⅲ-4-1
インドとパーキスターンの分離独立以前のインダス河水紛争

第1節　インダス河水系[1]

　インダス河水系はインダス河本流とそれに流入する主要な支流7河川からなる。本流の右岸側にカーブル河とスワト河の2河、左岸側にはジェーラム、チェナーブ、ラーヴィー、ビアースおよびサトラジの5河がある。インダス河本流はチベットに発し、インドの東北部、パーキスターンの2国領内を流れて、カラーチ市近郊でいくつもに分かれてアラビア海に注ぐ。本流の延長は2880km、主要支流河川の総延長5600km、流域面積は全体で116万5500km^{2}の世界最大の河川の一つである。インド国内の流域面積は32万1290km^{2}である。

　主要な支流河川の概要はつぎのとおりである。

①ジェーラム河：延長725km。カシミールに発し、ジャンムー・カシミール州境を流れ、ジェーラム市の東北でパーキスターンに入り、322km下のトゥリームーでチェナーブ河に合流。

②チェナーブ河：インドのヒマーチャル・プラデーシュ州に源をもち、カシミールを通って、アクヌールでパーキスターンに入り、644km流れて、パンジナドの地点でサトラジ河に合流。

③ラーヴィー河：チェナーブ河と同じくヒマーチャル・プラデーシュ州に発し、マドゥープルの近くでパンジャーブ平原に注ぎ入る。延長376km。その後、26km流れてアムリトサルの下、ラーホール市の近郊でパーキスターン領内に入り、トゥリームーの下手約72kmの地点でチェナーブ河に注ぎ込む。

図III-4-1-1　インダス河水系

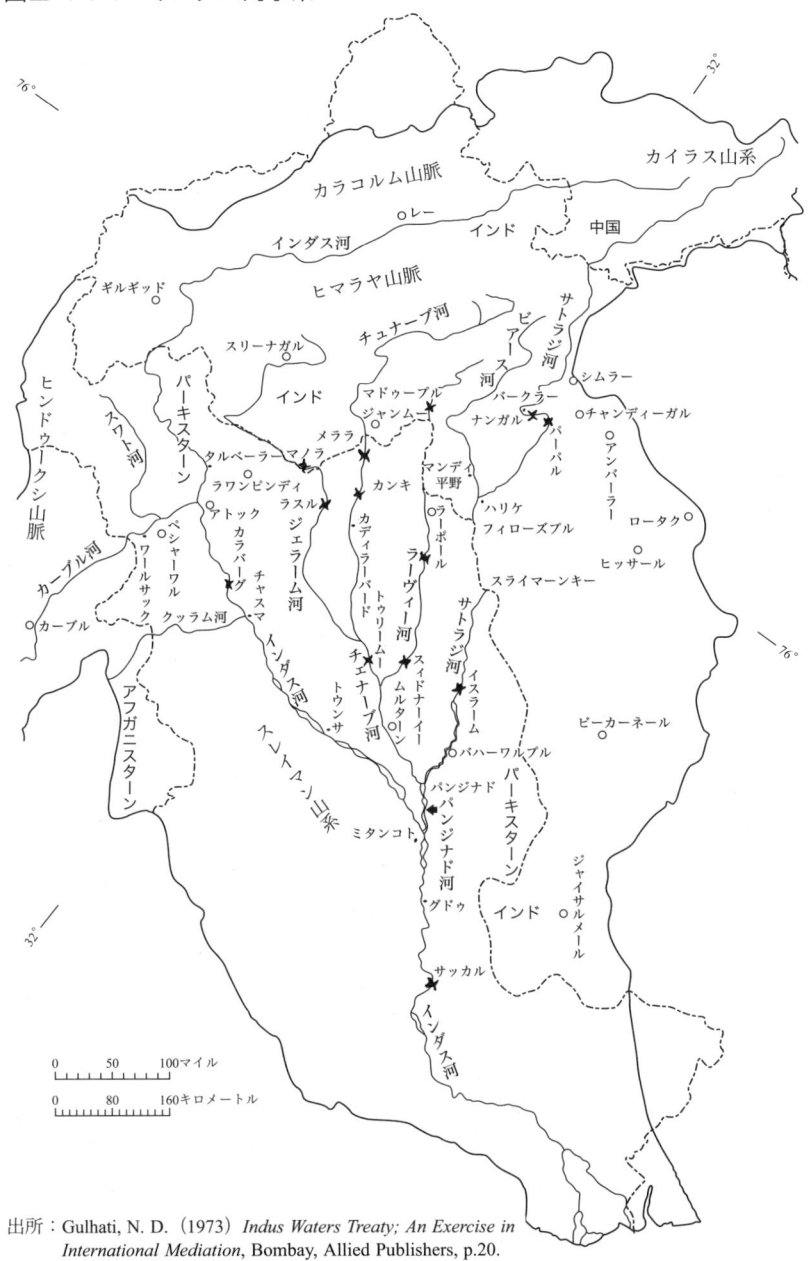

出所：Gulhati, N. D.（1973）*Indus Waters Treaty; An Exercise in International Mediation*, Bombay, Allied Publishers, p.20.

III章　州際河川水紛争　135

④ビアース河:延長460km。クルーから流れ出て、インド領内を流れて、パンジャーブ平原のハリケの近くでサトラジ河に合流。

⑤サトラジ河:チベットを通り、インド領内に入り、ルーパルの地点でインドのパンジャーブ平原に注ぎ、フィローズプルからパーキスターンとの国境に沿って流れ、スライマーンキーの近くでパーキスターン領内に入り、パンジナドでチェナーブ河に合流する。延長1440kmで、そのうち1078kmがインド領内を流れている。

以上五つの河はパンジナドで合流したあとパンジナド河と呼ばれ、河口から965kmの地点ミタンコトでインダス河本流に合流する。

⑥ガッガル河:延長242km。ヒマーチャル・プラデーシュ州に発し、ハルヤーナー州、パンジャーブ州を通って、ラージャスターン砂漠に消える。

⑦カーブル河とスワト河:カーブル河はアフガニスターンに源流をもち、ワールサクの近くでパーキスターン領に入る。ペシャーワル渓谷を流れて、スワト河を合わせたのちアトックの地点でインダス河に合流する。

インダス河本流とカーブル河を除く支流を合わせた年間平均流水量は約170MAFで、ナイル河の2倍、チグリス河とユーフラテス河の合計の3倍である。インダス河本流が約90MAF、ジェーラムとチェナーブ河がそれぞれ23、ラーヴィー河が6.4、ビアース河が12.7、サトラジ河が13.5MAFである。

独立後のインド、パーキスターンの2国を流れるインダス河本流と五つの支流河川——西からジェーラム、チェナーブ、ラーヴィー、ビアース、サトラジ河——の水利用はイギリス統治時代から諸州・諸藩王国間で紛争のもとになってきた。

イギリス植民地統治期のインドでインダス河流域に含まれていた行政区域はつぎのとおりであった。イギリス直轄領の北西辺境州とスィンド州(いずれも独立後パーキスターン領に入った)およびパンジャーブ州(独立時に分割)。藩王国のジャンムー・カシミール(現在も帰属紛争中)、パティヤーラー、ナーバー、ファリードコト、ジーンド、カプールタラー、ビーカーネール、バハーワルプル、ジャイサルメール、カイルプル、ビラスープル、マン

ディー、チャンバー、その他パンジャーブ丘陵地帯の小規模藩王国、インド藩王国ジョドプルとジャイプルの一部（大部分が現在インド領）。北西辺境藩王国・部族地域、そしてイギリス直轄領バローチスターン州の一部（現在パーキスターン領）。

第2節　州際水紛争の始まり

　インダス河とその支流河川、とくにパンジナド河、チェナーブ河下流域、サトラジ河とジェーラム河の沿岸の狭い地帯では、伝統的に5月から9月にかけての増水期に川岸を切って水路で水を導いて耕地に冠水させる溢流灌漑（inundation irrigation）が行われてきた。これはサイラーバーまたはボシ・ラービーと呼ばれ、河川の水位が下がる初秋に播種されるラービー（冬作）作物が対象であった。これは河川流水量の自然変動に依存する季節的な不安定な灌漑であった[2]。

　インダス河とその支流の流域における近代的灌漑網の本格的建設はイギリス統治時代に入った19世紀中葉に始まる[3]。ここで近代的という意味は、河川を横断する頭首工つきの堰堤（weirまたはbarrage）を建造することにより人為的に水位を上げて年間通して（perennial）給水し、幹線用水路から配水路、小配水路、耕地内水路としだいに枝分かれしていき、最終的に各農民が末端耕地で取水できるような灌漑施設体系ということである[4]。

　主要なものはラーヴィー河から分水するバリー・ドアーブ用水路（1850年着工、1859年完工）とアッパー・バリー・ドアーブ用水路（1851年着工、1859年完工）、サトラジ河のスィルヒンド用水路（1872年着工、1882年完工）、同じくサトラジ河から取水するロワー・ソハグ用水路とパラ用水路（1882年完工）、ラーヴィー河のスィドナーイー用水路（1886年完工）、チェナーブ河から引水するチェナーブ用水路（1883年着工、1892年完工）、ジェーラム河からのジェーラム用水路（1898年着工、1901年完工）などである[5]。

Ⅲ章　州際河川水紛争

図III-4-1-2　パーキスタンの近代的用水路体系

······ 幹線用水路
---- 連結用水路

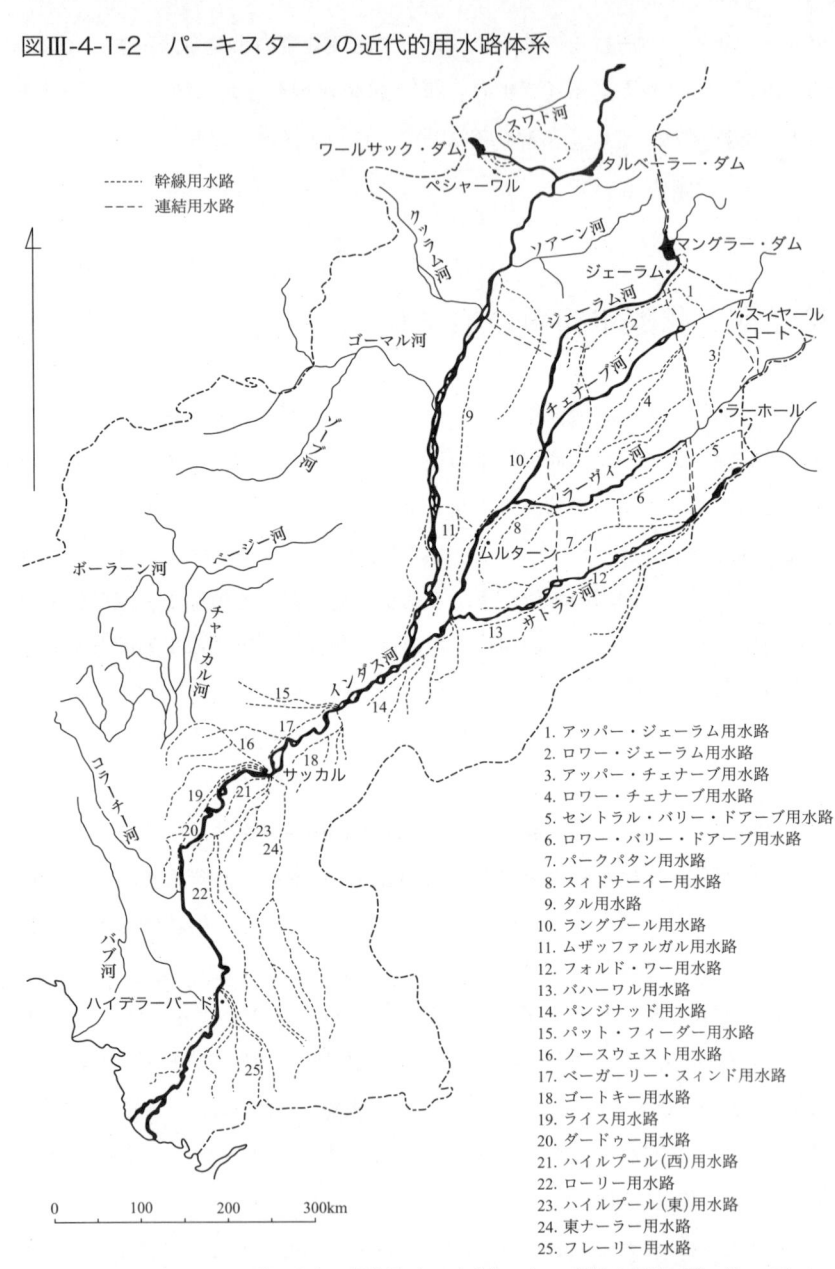

1. アッパー・ジェーラム用水路
2. ロワー・ジェーラム用水路
3. アッパー・チェナーブ用水路
4. ロワー・チェナーブ用水路
5. セントラル・バリー・ドアーブ用水路
6. ロワー・バリー・ドアーブ用水路
7. パークパタン用水路
8. スィドナーイー用水路
9. タル用水路
10. ラングプール用水路
11. ムザッファルガル用水路
12. フォルド・ワー用水路
13. バハーワル用水路
14. パンジナッド用水路
15. パット・フィーダー用水路
16. ノースウェスト用水路
17. ベーガーリー・スィンド用水路
18. ゴートキー用水路
19. ライス用水路
20. ダードゥー用水路
21. ハイルプール（西）用水路
22. ローリー用水路
23. ハイルプール（東）用水路
24. 東ナーラー用水路
25. フレーリー用水路

出所：ジョンソン,B.L.C.著・山中一郎他訳（1987）『南アジアの国土と経済　第3巻　パキスタン』二宮書店、73頁。

このなかで、スィルヒンド用水路がイギリス領パンジャーブ州[6]とパティヤーラー、ジーンドおよびナーバーの3藩王国に関わるもので、州際問題を含む最初の事例の一つであった。1873年2月18日にインド植民地政府と3藩王国の間で協定（スィルヒンド用水路協定）が結ばれ、施設の設計・工事はインド政府が行うこととし、費用、水利権料、維持管理費、改修費用の分担などが規定された[7]。

今世紀に入ってからもインダス河流域の灌漑施設の建設は継続された。ロワー・ジェーラム用水路（1901年完工）、アッパー・ジェーラム用水路／アッパー・チェナーブ用水路／ロワー・バリー・ドアーブ用水路からなる三重用水路プロジェクト（1905年着工、1915年完工）などであった[8]。

1919年までにさらに新たにいくつかのプロジェクトが計画された。

①サトラジ・ダム（バークラー）・プロジェクト：ダムの高さ395フィート、貯水量2.67MAF。主として、パンジャーブ州東南部とビーカーネール藩王国で新開地を灌漑するためのもの。

②サトラジ流域プロジェクト：ビアース河との合流点より下の3地点でサトラジ河から取水する九つの用水路とサトラジ河とチェナーブ河の合流点の下のパンジナドで取水する二つの用水路。パンジャーブ州、バハーワルプルとビーカーネール藩王国における新開地を灌漑すると同時にパンジャーブ州とバハーワルプル藩王国内の溢流用水路灌漑の改善を目的とする。

③ハヴェーリー・プロジェクト：ジェーラム河との合流点の下でチェナーブ河から取水するもので、スィドナーイー用水路と溢流用水路に依存する灌漑の改善を主たる目的とする。

④タル・プロジェクト：インダス河から取水し、パンジャーブ州で新開地を灌漑するもの。

以上、4プロジェクトの主たる立案者はパンジャーブ州であった。

⑤サッカル堰プロジェクト：ボンベイ州[9]政府の計画で、インダス河を横切る堰を建造し、スィンドとカイルプル藩王国の新開地を灌漑し、スィンドの溢流用水路を周年用水路に代えるもの。

このような新しい大規模灌漑・水資源開発計画の策定にともなって、関係諸州・藩王国の間に意見の相違や対立が起こってきていた。バハーワルプル藩王国はサトラジ・ダム・プロジェクトとハヴェーリー・プロジェクトが完成すると、領内の溢流灌漑のための取水量が減少するのではないかと恐れた。また、フィローズプルで分水する灌漑水を、沿岸をもたないビーカーネール藩王国に配分することに反対であった。

　1920年9月4日にインド政府とバハーワルプル藩王国およびビーカーネール藩王国の政府の間で「サトラジ河のガッラー区域とチェナーブ河のパンジナド区域から給水可能な地帯の灌漑に関する」協定が結ばれた[10]。サトラジ渓谷プロジェクトは1932年に完工した。

　1919年初頭にボンベイ政府はパンジャーブ州における上流部プロジェクトのいくつかの建設がサッカルに到達する水量に影響をおよぼす恐れがあるとして、計画中のプロジェクトについて詳しい情報を求めた。これに対しパンジャーブ州政府はスィンドに計画されているプロジェクトについて同じような詳細を要求した。

　1923年4月にイギリス政府インド省がサッカル堰プロジェクトを認可すると、パンジャーブ州政府はスィンド地方を優遇するものであるとして抗議した。同様に、1924年11月にパンジャーブ州政府がタル・プロジェクトをなんらかの形で認可するよう要請した時には、ボンベイ州政府がその認可に反対した。何度かの意見や抗議の交換ののち最終的には1934年3月にボンベイ州政府はバークラー・ダムの建設に反対しない旨を、パンジャーブ州政府に伝えた。

第3節　最初の流域協定（1937年）

　サトラジ渓谷プロジェクトとサッカル堰が完成すると、ビーカーネール、カイルプル、バハーワルプルの諸藩王国から取水不足の苦情がでるようにな

った。このような諸問題を処理するために、インド政府は中央灌漑庁に委員会を設置して、「インダス河とその支流の水に利害をもつ当事者を損なうことなく」実際に必要とされる追加水量がどの程度あるかを見いだし、「委員会が新たに取水許可を勧告した場合、関係州・藩王国の既得権または予想される権利にどのような影響を与えるか」を検討するよう求めた。同委員会は 8 名の専門家で構成されていた。関係州または藩王国——パンジャーブ州、ボンベイ（スィンド）州、北西辺境州、バハーワルプル、カイルプル、ビーカーネール諸藩王国——からの 6 名の首席技官と委員長ジョン・アンダーソン（John Anderson）を含む 2 名の中立の立場の技師であった。ジャンムー・カシミール州はこれらの河川が領域外に出たあとの水利用に関してなんらの関心も示さなかったので、同委員会の審議には参加を求められなかった。アンダーソン委員会の努力により当事者間でつぎのような方針で合意が成立した。

(1) サッカル堰用水路（スィンド）からの取水に対して若干の増量を認める。
(2) パークパタン用水路（イギリス領）とガング用水路（ビーカーネール藩王国）の取水を若干増量する。
(3) スライマーンキーとイスラームで取水するバハーワルプル用水路では若干の減少、パンジナドから取水するバハーワルプル用水路には若干の増量を認める。

アンダーソン委員会は少数意見を付属文書として付けて全員一致の報告書を 1935 年 9 月 16 日に提出した。インド政府は関係諸政府と協議して、1937 年 3 月 30 日に最終命令を発布した。

ハヴェーリー・プロジェクトは 1935 年インド統治法の施行（1937 年 4 月 1 日）後の 1937 年 6 月に認可されたので、インド政府の事前承認が必要とされた。このプロジェクトは 1939 年 4 月に完工し、ついでタル・プロジェクトが着工された。これからみてパンジャーブ州政府は当初は西部地域の開発により大きな関心をもっており、バークラー・プロジェクトは遅延させられた。この間にバークラー・プロジェクトの計画が改訂され、改訂された形のものは 1934 年にボンベイ州政府が「反対なし」と通告したものとは異なるものに

なっていた。さらに、パンジャーブ州はビアース河に貯水プロジェクト、ラーヴィー河とサトラジ河の連結用水路を計画しており、それらの計画はスィンドに不利な影響を与えるものと危惧された[11]。

第4節　1942年インダス河委員会

　スィンド州政府[12]はインド統治法第130条にもとづきインド総督に不服を申し立てた。「パンジャーブ州が計画しているバークラー・ダム・プロジェクトやその他のプロジェクトの影響は、タルおよびハヴェーリー・プロジェクトならびに完工済みのいくつかのプロジェクトの全面的影響とともに、5月から10月末までのアッパー・スィンドとロワー・スィンド（でインダス河）の水位を大幅に下げ、スィンドの溢流灌漑に甚大な影響を及ぼすことになろう」。この結果、1941年9月にインド総督は統治法第131条にもとづき委員会を任命し、「インダス河の水に対する利害に関してスィンド州政府の不服を調査」させることになった。委員会はカルカッタ高等裁判所判事 B. N. ラウ（Rau）が委員長となり、連合州灌漑局退職首席技官 P. F. B. ヒッキー（Hickey）とマドラス州首席技官 E. H. チェイヴ（Chave）が委員となった。

　インダス河委員会は関連する事実や資料を検討したのち、1942年7月に報告書を提出した。それにもられた勧告は両州の受け入れるところとはならなかった。両州政府はともにインド政府に同委員会の結論と勧告に反対する申立書を提出した。こうして統治法第131条により問題は総督に委ねられた。非公式に両州の首席技官の間で解決を求める協議がもたれた。1945年9月に協定原案が作成されたが、1947年8月15日までに締結にはいたらなかった。この日を期してインドとパーキスターンの二つの主権国家が誕生し、この問題は両国家に継承されることになった[13]。

　だが、この報告書にもられた諸原則はインドにおけるその後の水紛争問題調停の先例となった。第1に、当事者の間の交渉による協定の締結を優先す

表Ⅲ-4-1-1　分離独立以前のインダス河水系用水路別水利用状況

	利用水量 (MAF)	利用水量 (BCM)
カシミール用水路（ジャンムー・カシミール）	0.04	0.05
アッパー・バリー・ドアーブ用水路（パンジャーブ）	1.48	1.83
東部用水路（パンジャーブ）	0.50	0.62
ビーカーネール用水路（ラージャスターン）	1.11	1.37
計	3.13	3.87

出所：India, Govt. of, Ministry of Water Resources (http://www.wrmin.nic.in).

ること。第2に、利害当事者の主権あるいは絶対的所有権もまた沿岸権も認めず、関係する州すべてが公正な取り分をえる「衡平なる配分」を主張したこと。第3に、先取利用権に優先権を認めたこと[14]、などである。分離独立以前の用水路別水利用状況は表Ⅲ-4-1-1のとおりであった。

注

1) Misra, S. D.（1970）*Rivers of India*, New Delhi, pp.14-16; Gulhati, N. D.（1973）*Indus Waters Treaty; an Exercise in International Mediation*, Bombay, Allied Publishers, pp.18-30; Chauhan, B. R.（1992）*Settlement of Inter-national and Inter-State Water Disputes in India*, Bombay, N. M. Tripathi, pp.81-82; ジョンソン, B. L. C. 著・山中一郎他訳（1987）『南アジアの国土と経済　第1巻　インド』第4章　人間と水循環；『南アジアの国土と経済　第3巻　パキスタン』第5章　水資源環境の改造、二宮書店。
2) Michel, A. A.（1967）*The Indus Rivers; A Study of the Effects of Partition*, New Haven and London, Yale Univ. Press, Chapter 3.
3) Ali, I.（1988）*The Punjab under Imperialism, 1885-1947*, New Jersey, Princeton Univ. Press; 拙著『インドの大地と水』、日本経済評論社、1992年、164〜188頁。
4) 同上『インドの大地と水』、130〜140頁。
5) Brown, J.M.（1983-84）"Contributions of the British to Irrigation Engineering in Upper India in the Nineteenth Century", *Transactions of the Newcomen Society*, vol.55, p.89; 前出、Gulhati, N. D.（1973）, pp.31-35.
6) ほぼ現在のパーキスターンのパンジャーブ州、インドのパンジャーブ州およびハルヤーナー州を含む地域から散在する藩王国地域を除いた部分。
7) 詳しくは、Gulhati, N. D.（1972）*Development of Inter-State Rivers; Law and Practice in India*, Bombay, Allied Publishers, pp.134-140.

8) 同上、pp.140-141; 前出、Chauhan, B. R.（1992）, p.279.
9) 現在のインドのマハーラーシュトラ、グジャラートおよびパーキスターンのスィンド州からなっていた。
10) 前出、Gulhati, N. D.（1972）, pp.141-146; 前出、Chauhan, B. R.（1992）, p.280.
11) 同上、Gulhati, N. D.（1972）, pp.146-151; Chauhan, B. R.（1992）, p.152.
12) 1935年インド統治法によりボンベイ州から分離。
13) 前出、Michel, A. A.（1967）, pp.128-133; 前出、Gulhati, N. D.（1972）, pp.151-152; 前出、Chauhan, B. R.（1992）, pp.152-153.
14) 同上、Chauhan, B. R.（1992）, p.15.

III-4-2
分離独立後の状態

第1節　1947年〜1965年

1　バークラー用水路の建設

　1947年8月15日のイギリス領インドの分離独立の結果、インドとパーキスターンの二つの独立主権国家が誕生し、新しい国境線がインダス河流域またはインダス河川体系を二分することになった。この結果インダス河と東部の支流ジェーラム、チェナーブ、ラーヴィー、ビアース、サトラジ河の上流部はインド領内にあり、中・下流部はパーキスターン領に入ることになった。既存の広大な用水路網の大半はパーキスターン領に帰属したが、それに給水する若干の施設と頭首工はインド側に残ることになった。

　世界銀行が仲介してインド、パーキスターン両国の間のインダス河水紛争の解決が探られることになった。この協議が進行中にも、インドではインダス河流域の水の一部を得ることを前提にして、その利用の仕方について準備が進められた。

　1948年12月3、4日にニューデリーにおいて東パンジャーブ州（1950年に施行されたインド憲法ではパンジャーブ州と名称変更）、パティヤーラー・東パンジャーブ藩王国連合（Patiara and East Punjab States Union=PEPSU、以下PEPSU[1]と略記）およびビーカーネール藩王国の首席技官の会議が開催され、バークラー・ナーンガル事業計画の関係3州の間で灌漑面積および水供給の配分に関して合意が得られた。

　この合意は、1950年1月10、11日に開かれた州間大臣会議で発電量についてはさらに調査することを条件に受け入れられた。また、調整機関として

インド政府顧問技師、インド政府首席技官および財務省官僚、関係3州の首席技官を構成員とする「検討委員会」の設置が合意された。

1950年9月25日に開催された中央政府と当事者州の会議において、検討委員会の代わりにバークラー管理審議会（Bhakra Control Board）とバークラー諮問審議会（Bhakra Advisory Board）を設置し、事業の効率的、経済的、早期の実施が図られることになった。管理委員会の構成は委員長にパンジャーブ州知事をおき、委員としてインド政府顧問技師、インド政府財務省次官補、バークラー・ダム首席技官、パンジャーブ州財務次官が就き、他にもう1人PEPSUとラージャスターン[2]から交替で出ることになった。関係3州は管理委員会の指令にもとづき事業、資材調達、役務の契約を締結する権限をそれぞれの首席技官に委譲することに同意した。

バークラー諮問審議会の構成は、インド政府顧問技師を委員長に、事業担当首席技官、インド政府および関係諸州政府の財務次官、ビラースプル藩王国高等弁務官を委員としていた。その主要任務は関係諸州の利害調整について中央政府と州政府に助言することであった[3]。

2　1955年協定[4]

1954年7月8日にバークラー用水路が開通した。パンジャーブ、PEPSU、ジャンムー・カシミール、ラージャスターンの諸州は1954年の世界銀行の提案にもられた東部の河川水を予期した開発・利用計画を準備するよう求められた。サトラジ河の水は既存のスィルヒンド用水路とバークラー・ナーンガル事業で利用されるものとされた。したがって、ラーヴィー河とビアース河の水の利用が焦点となった。諸州の準備した計画案が1955年1月29日付け協定のもとになった。

1955年1月29日に連邦政府灌漑・電力大臣を議長として開催された州間大臣会議においてつぎのような決定がなされた。

ラーヴィー、ビアース河の平均流水量にもとづく分離以前の実数値を超える流量と貯水量は表III-4-2-1のとおり配分されるものとされた。

総給水量に変化が生じた場合には、取り分は表Ⅲ-4-2-1の割合で変更される。ただし、カシミール州の取り分はそのままとする。

1955年の協定は、バークラー・ダムに貯留されるサトラジ河の水の利用の仕方だけでなく、東部の三つの河川すべての水を統合的な開発計画のもとで配分しようとするもので、単一のバークラー・ビアース・ラージャスターン・プロジェクト[5]またはスィルヒンド・バークラー・ナンガル複合計画[6]と呼ぶにふさわしい、と指摘されている。

表Ⅲ-4-2-1　ラーヴィー・ビアース河の水の州別配分

	配分水量 (MAF)	配分水量 (BCM)
パンジャーブ	5.90	7.28
カシミール	0.65	0.80
ラージャスターン	8.00	9.87
PEPSU	1.30	1.60
計	15.85	19.55

3　バークラー・ナンガル事業に関する協定

1958年3月にラージャスターン用水路（現インディラ・ガンディー用水路）事業が承認された。これはパンジャーブ州[7]内のハリケから州内を通ってラージャスターン州境に達する約120マイルの補水路を除き、延長約300マイルのものであった。給水能力1万8500cusec、支線用水路や配水路合わせて約4000マイル、給水可能面積369万エーカー（うち287.5万エーカーが毎年灌漑予定）の巨大プロジェクトであった。すでに1950年にサトラジ河とビアース河の合流点の下手のハリケに堰が建造されていた。この堰にはラージャスターン用水路のための取水頭首工が含まれていた。パンジャーブ州はその後ラージャスターン州の費用でこの用水路の州内部分を建設した。

バークラー・ナンガル事業に関する正式の協定が1959年1月13日にパンジャーブ州とラージャスターン州との間で結ばれた。この協定にはこれまでに採られた決定、1956年の州再編によってもたらされた変化を統合し、各州の灌漑面積、貯水池貯水期間と減少期間それぞれの供給水量、水利費の徴収の仕方、用水路体系の運営、建設費用の分担などが細かに規定された。

1960年にビアース事業が承認された。それは二つの事業からなっていた。

図Ⅲ-4-2-1　インドの灌漑用水路体系──パンジャーブ、ハルヤーナー、
　　　　　　ラージャスターン州──

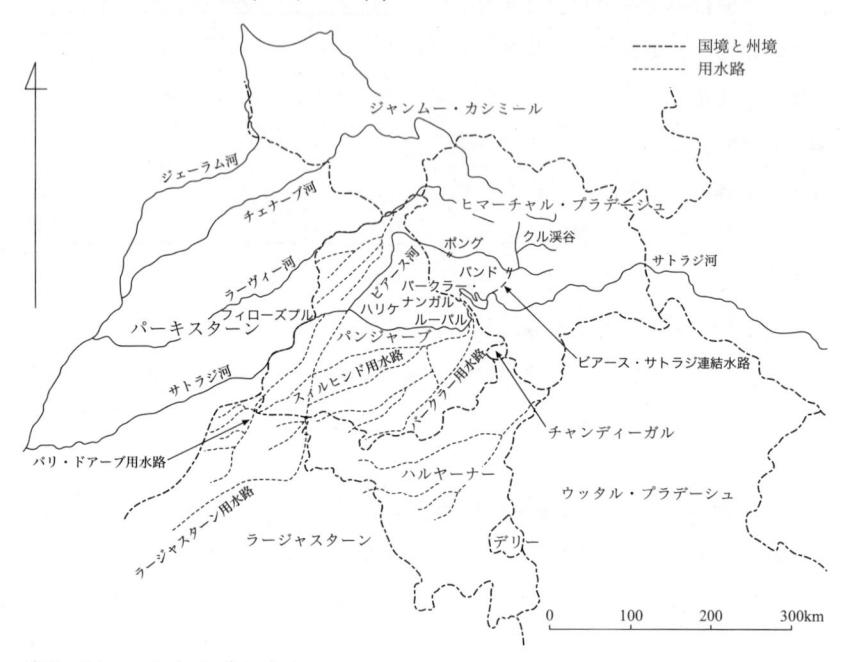

出所：Johnson, B. L. C.（1981）*South Asia*, 2nd ed., London, Heinemann Educational Book, p.66.

　第1は、バークラー・ナンガル事業の発電量増加とパンジャーブ州の灌漑開発のためのビアース河の水をサトラジ河に補給するビアース・サトラジ連結用水路であった。第2は、ポングで発電し、下手でパンジャーブおよびラージャスターン州内の灌漑に用いるためにビアース河の水を貯留するポング・ダムの建設であった。

　1963年のビアース管理委員会の会合で、両州の事業費用総額の分担割合が決定された。

　すでに述べたように1954年にバークラー・ダムの予定地の下手12kmの地点ナンガルに堰を建設し、60km下に位置するルーパルからバークラー用水路が引かれた。この間に1963年にバークラー・ダムが完工した。バークラー・ダムとナンガル堰には発電所が建設された。つづいてビアース河のプロ

ジェクト第1段階が着工された。ポング・ダムの上流113kmの地点パンドでビアース河の水3.82MAFを分水し、サトラジ河に150フィートの高さから落とす。デハル水力発電所（990MW）を経て、水はサトラジ河を下り、バークラーのゴーヴィンド・サーガル貯水地に入る。第2段階として、ビアース河が平原に入る手前のタルワーラーに高さ455フィート、貯水量6.95MAFのポング・ダムが建設された。発電能力は360MWで、パンジャーブ、ラージャスターン2州の共同事業であった[8]。

4　1960年インダス河水系協定[9]

　世界銀行が1954年に行った提案にもとづき、インドとパーキスターンの間で1960年9月19日にインダス河水系協定が結ばれ、翌1961年に批准された。この協定にもとづき、西部の諸河川、すなわちインダス、ジェーラム、チェナーブはパーキスターンのものとなり、東部の諸河川、すなわちラーヴィー、ビアース、サトラジの水の開発・利用の無制限の権利がインドに与えられることになった。

　しかし、パーキスターンのために三つの条件が付された。

　第1に、パーキスターンは東部諸河川の水を若干家庭用およびその他の非消費的用途に用いることができる。

　第2に、パーキスターンはラーヴィー河の支流の水を灌漑のために取水できる。

　第3に、天然の流路でサトラジ河主流およびラーヴィー河主流がパーキスターン側に流入したのちに、それらに合流する支流の水はすべてパーキスターン内を流れている間はパーキスターンが無制限に利用できる。

　ただし、所定の移行期間はインドが東部の諸河川の水の一部をパーキスターンに認めることになっていた。移行期間は1970年3月31日に終了した。この後はインドは東部の諸河川の水の全量を沿岸州と非沿岸州を区別することなく自由に利用できるようになった。

　パーキスターン側の用水路が東部諸河川から取水していたのを、西部諸河

川からの取水に切り換えるための施設建設費用として、インドは10年年賦で6200万ポンドをパーキスターンに支払うことになった。

インドとパーキスターンの利用可能取水量の比率は約19:81で、パーキスターンの方がはるかに多かった。それでもインドが1947年までに利用していた水量8MAFに対して、今後利用できる水量は33MAFになると推定された[10]。

第2節　1966年パンジャーブ州再編以後

1　パンジャーブ州再編の影響

1966年11月1日に旧パンジャーブ州が現在のパンジャーブ州とハルヤーナー州の2州に分割された[11]。それにともなって、河川水の取り分をめぐって新しい2州の間で紛争が生じてきた。1966年パンジャーブ州再編法にはバークラー・ナンガル・プロジェクトとビアース・プロジェクトに関連して承継州の権利・義務を規定する特別条項第78、79、80条が含まれていた。

同法により、旧パンジャーブ州の権利・義務はすべて承継州の権利・義務となり、その配分は2年以内に両州の間で協定によって決定されることになった。それが不可能な場合には、連邦政府が命令で決定できるとされた。この権利には配分される水だけでなく、プロジェクトが発電する電力の受取・利用権も含まれていた。

パンジャーブ州再編時前にバークラー・ナンガル・プロジェクトは完工していたが、ビアース・プロジェクトは進行中であり、再編法第80条によって承継2州とラージャスターン州に代わって連邦政府が完工する義務を負った。資金は連邦政府が決定する割合で3州が負担することになっていた。

同法ではまた、バークラー・ナンガル・プロジェクトの一部の施設の管理・維持・運営のために連邦政府がバークラー運営審議会（Bhakra Management Board）を設置することを定めていた。ビアース・プロジェクトの一部の施設

も完工後バークラー運営審議会に移管され、名称がバークラー・ビアース運営審議会（Bhakra Beas Managememt Board）に変更されることになっていた。運営審議会の運営に関しては連邦政府が規則を制定することになった[12]。

2 現在の紛争の発端

　州の二分後、新しいパンジャーブ州とハルヤーナー州の間に1955年協定で旧パンジャーブ州に割り当てられていた水量15.85MAFのうちの7.2MAFの配分をめぐって紛争が生じた。ハルヤーナー州は衡平配分の原則にもとづいて7.2MAFのうちの4.8MAFを要求したのに対し、パンジャーブ州は以下の三つの理由で全量の7.2MAFを請求した。

(1) ハルヤーナー州はラーヴィー、ビアース両河に関して沿岸州でなく、州のどの地方も両河の流域に入っていない。
(2) 両河から分水する頭首工はすべて新パンジャーブ州に立地している。
(3) パンジャーブ州は水の全量を利用して灌漑率を200％に上げることを計画している。

　1968年9月19日にインド政府が招集した会議において、最終決定は先送りして、暫定的にラーヴィー・ビアース河の水をパンジャーブ州とハルヤーナー州で65：35の比率で配分する決定が下された。

　紛争がパンジャーブ州再編法で定められていた2年以内に協定で解決されるにいたらなかったので、同法第78条にもとづいてハルヤーナー州は1969年10月21日に中央政府に決定を要請した。1970年4月24日にインド政府は第三者の専門家で構成される委員会を設置した。同委員会は1971年2月に報告書を提出し、ハルヤーナー州に3.70MAFの水を配分するようにと勧告した。この報告書がまだ検討中に、計画委員会副委員長D. P. ダルが問題の検討を求められた。かれは1976年4月24日付け覚書でハルヤーナー州に3.74MAF、パンジャーブ州に3.26MAF、デリーに0.20MAF配分するように勧告した。しかしながら、ハルヤーナー州は灌漑能力の未開発を理由に6.90MAFを要求した。

関係州の意見が対立し、手詰まり状態が続いた。問題は中央水利・電力委員会委員長 Y. K. ムルティ（Murthi）に委ねられた。かれは「配分可能プール」という概念を導入して、配分可能な水の量は 4.4MAF だけであると結論した。かれはそのうちの 3.09MAF をハルヤーナー州に配分した（デリーへの 0.03MAF を含む）。「配分可能プール」という概念はマドゥプルの地点でラーヴィー河からビアース河に移される水だけを配分の対象とするものであった。1979 年に報告書が提出された。ハルヤーナー州はそれを拒否した。パンジャーブ州もまたハルヤーナー州の取り分は 0.9MAF に過ぎないと主張した[13]。

紛争が未解決のままのところ、連邦首相インディラ・ガンディーとパンジャーブ州会議派政府の命令により、インド政府は 1976 年 3 月 20 日付け通達[14]でもって再編法第 78 条にもとづいて両州に 3.5MAF ずつ、残り 0.20MAF をデリーに配分する決定を下した。ハルヤーナー州がその取り分を完全に利用できるようにするためにサトラジ・ヤムナー連結用水路（Sutlej Yamuna Link Canal = SYL 用水路、196km、7500cusec）の建造が提案された。会議派の後を継いだスィク教強硬派のアカリ・ダルによるパンジャーブ州政府は同上の配分案を受け入れず、またパンジャーブ州再編法第 78 ～ 80 条が違憲であるとしてインド政府の決定を最高裁判所に提訴した。ハルヤーナー州政府も最高裁判所に訴え、パンジャーブ州に決定を実施することを求めた。

これらの訴訟が未決のうちに、再び政権が変わり、すべて会議派が州政府を掌握したパンジャーブ、ハルヤーナー、ラージャスターン 3 州の首相が 1981 年 12 月 31 日に協定[15]を結び、インド政府首相インディラ・ガンディーも副署した。この協定にもとづき 1921

表Ⅲ-4-2-2　1981 年協定による州別水配分量

	配分水量 (MAF)	配分水量 (BCM)
パンジャーブ州	4.22	5.21
ハルヤーナー州	3.50	4.32
ラージャスターン州	8.60	10.61
デリー	0.20	0.25
ジャンムー・カシミール	0.65	0.80
計	17.17	21.19

出所：India, Govt. of, Ministry of Water Resouces (http://www.wrmin.nic.in)

〜60年の改訂流水量データをもとに改定された余剰水17.17MAFは表Ⅲ-4-2-2のように配分された。

パンジャーブ州は2年以内、つまり1983年12月31日までにSYL用水路を完工するように要請された。ラージャスターン州が余剰水を完全に利用できるようになるまでは、その未利用分をパンジャーブ州が利用できることになった。この協定に署名したのち、3関係州は最高裁判所で未決になっていた訴訟を取り下げた。1982年4月23日にパンジャーブ州は1981年の協定を称賛する「白書」を公表した。

アカリ・ダルとインド共産党（マルクス主義）は1981年12月31日の協定に反対して用水路開削に反対する運動を開始した。この運動がアカリ・ダルにより「宗教戦争」に転化されるにつれて、インド共産党は参加をとりやめた[16]。

3　1956年州際水紛争法の改正

このあとパンジャーブ州で政変が生じ、政権が代わった。1985年11月5日にパンジャーブ州立法議会は1981年の協定を破棄し、州政府の「白書」を不要かつ不適切なものであると声明した。

その間延々と協議が続けられ、1985年7月24日にパンジャーブ合意（ラジーブ・ロンゴワル合意書）[17]の署名にいたり、これをもとに紛争を最終的に解決するラーヴィー・ビアース河水審判所（エラディ審判所）が設置されることになった。

このパンジャーブ合意にもとづいて、インド大統領は1986年1月24日に「ラーヴィー・ビアース河水審判所政令」を発した。上記の政令の第3項にもとづき、1986年1月25日付け通達SO28（E）号により、最高裁判所現職判事V. バラクリシュナー・エラディ（V. B. Eradi）を委員長とする審判所が設置された。

しかし、連邦政府は政令という手段によらず、1956年州際水紛争法にもとづいて審判所を設置した方が好ましいと判断した。しかし、同法によれば、

審判所の設置は当事者である州の要請にもとづくと規定されていた。そこで、連邦政府は1986年3月24日に国会に同法を改正する法案を提案し、承認を得た。

改正法第14条にはつぎのように規定されている。

「第14条第1項 本法の前条の諸規定にもかかわらず、中央政府は官報に掲載する通達により、パンジャーブ合意の第9.1、9.2段落で言及されている問題の確認と調停のために、ラーヴィー・ビアース水審判所と呼ばれる本法による審判所を設置できる」。

「第2項 前項にもとづき審判所が設置された場合、構成、審判、権限、権威および審判弁護に関連する本法の第4条第2、3項、第5条第2、3、4項および第13条第5A項の諸規定は本条第3項を条件として、第1項で設置された審判所の構成、審判、権限、権威および審判弁護に適用される」。

この改正の結果、政令は撤回された。こうして、改めてエラディを委員長とするラーヴィー・ビアース水紛争審判所が設置された[18]。

同審判所に審理を要請された事項はつぎのとおりであった。

(1) パンジャーブ、ハルヤーナーおよびラージャスターン州の農民が1985年7月1日にラーヴィー・ビアース水系から利用していたよりも少なくない水を取り続けること。消費目的で利用されてきた水もそのままとすること。利用量は審判所によって確証されること。
(2) 残りの水の取り分に関するパンジャーブ州とハルヤーナー州の請求は審判所によって調停されること。

表Ⅲ-4-2-3 パンジャーブ州とハルヤーナー州の比較

州＼項目	面積 (km^2)	インダス河流域面積 (km^2)	耕作可能面積 (エーカー)	水需要 (MAF)	人口 (19 年国勢調 (万人)
パンジャーブ州	50,362	50,304	10,653,231	19.25	1,6
ハルヤーナー州	44,222	9,939	9,365,454	16.92	1,2
両州の比率 (パンジャーブ：ハルヤーナー)	1.4：1	5：1	1.14：1	1.14：1	1.3

出所：Chauhan, B. R.（1992）*Settlement of International and Inter-State Water Disputes in India*, Bombay, N. M dia; Consitutional and Statutory Provisions and Settlement Machinery, New Delhi, Deep & Deep Publication

4 ラーヴィー・ビアース河川水配分に関するエラディ審判所（1986年）

同審判所は1987年1月30日に審判報告書[19]を提出した。

調停に当たって考慮すべき諸要因を取り上げて、パンジャーブ州とハルヤーナー州を表Ⅲ-4-2-3のように比較している。

諮問事項（1）に関する審判所の判断は表Ⅲ-4-2-4のとおりであった。

諮問事項（2）に関しては、同審判所の調停案は以下のとおりであった。

(1) ハルヤーナー州はSYL用水路が未完成なために1976年調停および1981年協定にもとづいて配分された水量を完全に受け取りも、利用もしていない。このため、南部の干魃頻発地帯で灌漑を拡大できないでいる。

(2) ハルヤーナー州はヤムナー河の水量3.68MAFを受け取っており、それはさらに0.5MAF増加するものと思われる。これに対してパンジャーブ州にはラーヴィー・ビアース河以外の水源がない。

1921～60年の時系列流量統計にもとづき、利用可能な余剰水量は7.72MAFプラス1.11MAFの計8.88MAFと推定された。うえの事情を勘案して、余剰水を表Ⅲ-4-2-5のように配分する。

特定の年にラーヴィー・ビアース河の利用可能水量が変動する場合には、2州で上記の比率で増減するものとす

表Ⅲ-4-2-4　1985年7月1日現在での水利用状況

	利用水量（MAF）
パンジャーブ州	3.106
ハルヤーナー州	1.620
ラージャスターン州	4.985

表Ⅲ-4-2-5　余剰水の配分

	配分水量（MAF）	配分水量（BCM）
パンジャーブ州	5.00	6.17
ハルヤーナー州	3.83	4.72
ラージャスターン州	8.60	10.61
デリー	0.20	0.25
ジャンムー・カシミール州	0.65	0.80
計	22.55	18.28

出所：India, Govt. of, Ministry of Water Resouces（http://www.wrmin.nic.in）

図Ⅲ-4-2-2　パンジャーブ州・ハルヤーナー州の水紛争地帯

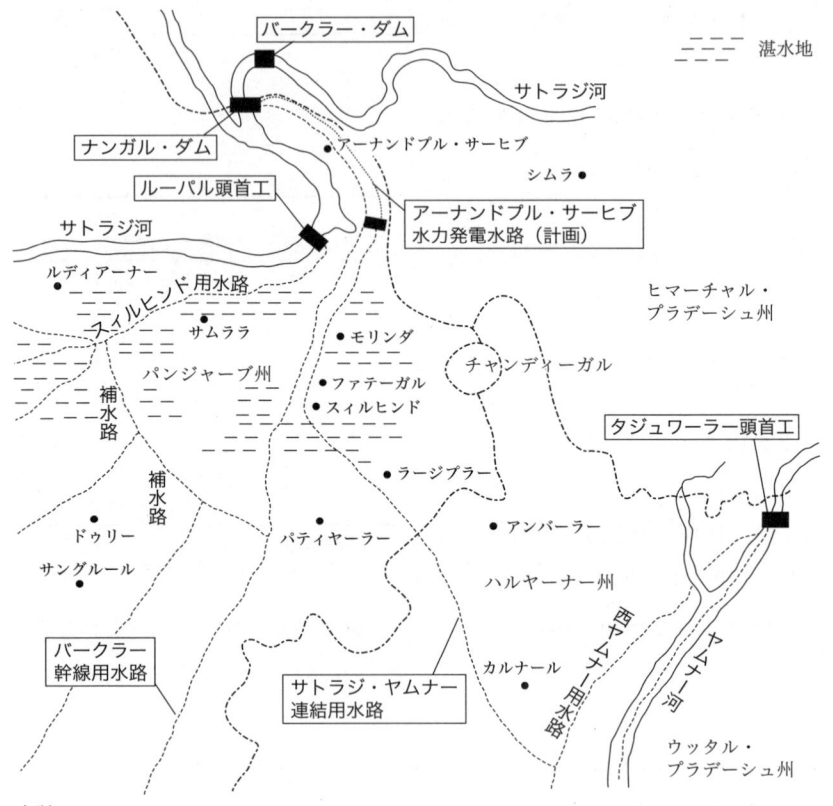

出所：*India Today*, Nov. 30, 1985.

る。1981年の協定で認められたラージャスターン州の取り分8.60MAFとデリー水道の取り分0.2MAFはそのままである。

　パンジャーブ合意において一致をみた、SYL用水路は1986年8月15日までに完工するようにと決定された。

　審判所は報告書を1987年1月30日にインド政府に提出した。インド政府は同年5月にその報告書を関係州政府の回覧に供した。いくつかの点に関して追加説明と指示を求める中央政府および関係諸政府からの諮問が審判所になされた。1998年7月18日に審判所の最後の聴取が行われた。1999年1月

4日に審判員が1名辞任した。最終報告書はまだ提出されていない[20]。

まとめ

　1981年協定にしたがって1982年にSYL用水路の掘削工事が開始されると、パンジャーブ州ではアカリ党員を中心に用水路封鎖（ナハル・ロコー）など実力行使による工事妨害などの反対運動が展開された[21]。エラディ審判所の調停案に対してはパンジャーブ州もハルヤーナー州もともに不満を表明した。その後パンジャーブ州内におけるスィク教徒過激派の煽動による政情不安のなかで、SYL用水路の技官や労働者がテロリストに殺害されるという事件が起こり、審判所は1988年7月に審理を中断し、いまだに解決の目処がたっていない。SYL用水路は完成まで数kmを残したまま、工事が中断されている[22]。

　パンジャーブ州はヤムナー河の水になんらの権利も認められていないのに、ラーヴィー・ビアース河の水を一方的にハルヤーナー州に引き渡すことは不公平であると主張している。

　ハルヤーナー州の主要な灌漑用水路である西ヤムナー用水路[23]は、本来は現在のウッタル・プラデーシュ州（当時の北西州）において1817～25年にイギリス東インド会社政府が修復・開通したもので、1864年にイギリス領パンジャーブ州に移管されていた。独立後は1954年にインドのパンジャーブ州とウッタル・プラデーシュ州との間の協定により、西ヤムナー用水路と東ヤムナー用水路の取水量、共通の頭首工の維持管理費の分担などが定められていた。パンジャーブ州の二分割後は、ヤムナー河の西岸の水利用権はハルヤーナー州に帰属していた。

　ハルヤーナー州の西南部高地は砂漠に接している。同州はこの地域の灌漑のために五つの揚水計画を立て、200～400フィート揚水しようとしている。しかし、この地域の灌漑のためにはもっと多くの水が必要とされる、とハルヤーナー州は主張している。

ラーヴィー・ビアース河水紛争に関係する州の土地利用ならびに灌漑の現状は表Ⅲ-4-2-6、Ⅲ-4-2-7のとおりである。

　降水量、森林面積が少なく、もともと周年河川にとぼしいラージャスターン州では耕地利用度120％、純灌漑面積割合26％で、全インド平均よりも低いのはいたしかたない。パンジャーブ州とハルヤーナー州はともにこの点では恵まれており、インドでも最高の土地利用度、純灌漑面積割合を示している。両州が1965年以降要水量の多い小麦と米の二毛作でもってインドの「緑の革命」の中心地となり、食糧自給自足を達成する穀倉となったことはよく知られた事実である。とくにパンジャーブ州の優位が顕著である。

　1997年にハルヤーナー州政府の強い要請により、エラディは再び聴取を始めようと試みたが、パンジャーブ州首相が強く反対している。スィク教徒を

表Ⅲ-4-2-6　ラーヴィー・ビアース河水紛争関連州の耕地利用（1992～93年）

(単位：1,000ha)

州	耕作面積 純	耕作面積 総	耕地利用度(％)	灌漑面積 純	灌漑面積 総	純灌漑面積／純耕作面積(％)	食用穀物作付け面積	総耕作面積の割合(％)
ハルヤーナー	3,474	5,852	168.5	2,628	4,472	75.6	3,967.1	67.8
パンジャーブ	4,139	7,552	182.5	3,861	7,142	93.3	5,691.3	75.4
ラージャスターン	16,938	20,167	119.1	4,471	5,486	26.4	12,837.0	63.7
全インド	142,509	185,487	130.2	50,101	66,144	35.2	123,147.6	66.4

出所：The Fertilizer Association of India (1996) *Fertilizer Statistics 1995-96*, New Delhi, pp. Ⅲ-10-11.

表Ⅲ-4-2-7　ラーヴィー・ビアース河水紛争関連州の灌漑（1992～93年）

州	用水路	政府	民間	溜池	井 管井戸
ハルヤーナー	1,359 (51.7)	1,359 (51.7)	― ―	1 (0.0)	1,238 (4
パンジャーブ	1,365 (35.4)	1,365 (35.4)	― ―	― ―	2,387 (6
ラージャスターン	1,428 (31.9)	1,428 (31.9)	― ―	207 (4.6)	469 (1
全インド	17,084 (34.1)	16,596 (33.1)	488 (1.0)	3,243 (6.5)	15,824 (3

注：（　）内の数字は割合（％）。
出所：The Fertilizer Association of India (1996) *Fertilizer Statistics 1995-96*, New Delhi, pp. Ⅲ-10-11.

中心とするパンジャーブ州のインド農民組合（Bharatiya Kisan Sabha）がそれを強力に支持している[24]。

イギリス植民地統治期には、インド政府とその後ろ楯となっている本国のインド省の権力と権威でもって、イギリス直轄領内の州や藩王国の間の河川水をめぐる利害の対立を最終的には解決できた。

独立後のインドでは、行政区画に関係なく、河川水系全体を総合的に開発しようとする土木工学的合理性とそれを支えるために制定された1956年河川審議会法と1956年州際水紛争法[25]が、議会制民主主義の諸原則を遵守しない政党や、その政党政治の枠外で活動する農民運動や、スィク教徒過激派の実力行動によって機能不全に陥っているといってよい。

解決にいたる一つの方向は、連邦政府と州政府が同一の政党または連立与党によって支配されることである。昨年解決の糸口を見いだしたカーヴェーリ河水紛争がその例となろう。紛争の当事者である現在のカルナータカ州政府とタミル・ナードゥ州政府の政権党が連邦政府連立政権の中心になっているインド人民党の与党であったことである[26]。

もう一つの方向は、連邦政府が議会で絶対多数を占める一政党によって支配され、中央政府が現行の法的枠組みでなされた決定の実施を州政府に強制できるほど強力であることである。もしそれに従わなければ、州議会を解散して大統領統治下に移して決定の実施を迫るほどの断固たる措置が必要となろう。一党支配体制の崩れたインドの現状ではこれはもはや望むべくもないことである。また、敢えてそれを行った場合の反動の恐ろしさはすでに、インディラ・ガンディーの暗殺によって示唆されている。

州際水紛争は法律的側面と政治的側面が複雑に絡み合っており、解決が非常に困難な問題である。

（単位：1,000ha）

その他		他の水源		純灌漑面積	
1	(0.0)	29	(1.1)	2,628	(100.0)
11	(0.3)	98	(2.5)	3,861	(100.0)
335	(52.2)	32	(0.7)	4,471	(100.0)
714	(21.4)	3,236	(6.5)	50,101	(100.0)

注

1) PEPSU を構成したのはつぎの 8 藩王国であった。パティヤーラー、ナーバー、ジーンド、ファリードコト、カプールタラー、マレルコトラ、カルシア、ナラガル。Menon, V. P.（1985）*Integration of the Indian States*, Hyderabad, Orient Longman, reprint, pp.240-249.
2) ラージャスターン州を構成したのは、イギリス統治期にラージプータナ庁の管轄下にあったジャイプル、ジョドプル、ジャイサルメール、ビーカーネールなど 22 の藩王国であった。同上書、pp.250-273.
3) Gulhati, N. D.（1972）*Development of Inter-State Rivers; Law and Practice in India*, Bombay, Allied Publishers, pp.156-159.
4) Chauhan, B. R.（1992）*Settlement of International and Inter-State Water Disputes in India*, Bombay, N. M. Tripathi, p.281; 同上、Gulhati（1972）, pp.159-160.
5) Michel, A. A.（1967）*The Indus Rivers; A Study of the Effects of Partition*, New Haven and London, Yale Univ. Press, Chapter 3, p.320.
6) Gulhati, N. D.（1973）*Indus Waters Treaty; an Exercise in International Mediation*, Bombay, Allied Publishers, p.359.
7) 1956 年州再編法により、パンジャーブ州と PEPSU が合併して、パンジャーブ州となった。
8) 前出、Gulhati, N. D.（1972), pp.160-162; 前出、Gulhati, N. D.（1973), pp.357-363; Verghese, B. G.（1994）*Winning the Future; From Bhakra to Narmada, Tehri, Rajasthan Canal*, Delhi, Konarak Publishers, pp.12-15. バークラー・ビアース事業の建設過程については、直接工事に携わった技官の 1 人が個人的回想とともに当時のインド土木工学の技術水準について詳しい記録を残している。Singh, J.（1998）*My Tryst with the Projects Bhakra and Beas*, New Delhi, Uppal Publishing House.
9) インダス河協定については、つぎの 2 書が詳しい。前出、Michel, A. A.（1967）; 前出、Gulhati, N. D.（1973).
10) 前出、Gulhati, N. D.（1972), p.154; 前出、Verghese, B. G.（1994), p.11.
11) スィク教徒を中心とする現在のパンジャーブ州とヒンドゥー教徒が多数を占めるハルヤーナー州への旧パンジャーブ州分割の政治的背景については、広瀬崇子「パンジャーブ紛争」岡本幸治・木村雅昭編著『南アジア（紛争地域現代史3）』同文館、1994 年。
12) 前出、Gulhati, N. D.（1972), pp.163-164; 前出、Chauhan, B. R.（1992), p.282.
13) 同上、Chauhan, B. R., pp.283-284.
14) この通達はつぎの書に収録されている。同上、Chauhan, B. R., pp.294-296.
15) この協定はつぎの書に収録されている。同上、pp.297-300.
16) Singh, Gurdev（2002）"Punjab River Waters; Constitutional and Legal Aspects", Sikh

Review, Sept. 2002 (http://www.sikhreview.org)
17) この合意はつぎの書に収録されている。前出、Chauhan, B. R. (1992), pp.284-285.
18) 同上、pp.285-286; Rao, D. S., *Inter-State Water Disputes in India; Consitutional and Statutory Provisions and Settlement Machinery*, New Delhi, Deep & Deep Publications, pp.155-157.
19) この主な点はつぎの書に収録されている。前出、Chauhan, B. R. (1992), pp.301-302.
20) India, Govt. of, Ministry of Water Resources, *Annual Report 2002-2003*, p.49.
21) Singh, K., "Genesis of the Hindu-Sikkh Divide", Kaur, A. and Others, *The Punjab Story*, New Delhi, Roli Books International, pp.1-13; Thukral, G. (1985) "Jinxed Link; Sutlej-Yamuna Canal", *India Today*, Nov. 30, pp.27-33.
22) Shiva, V. (1991) *The Violence of the Green Revolution; Ecological Degradation and Political Conflict in Punjab*, Dehra Dun, Nataraj Publishers, pp.121-170 (シヴァ、ヴァンダナ著・浜谷喜美子訳『緑の革命とその暴力』日本経済評論社、1997年、119～174頁); Mukherji, P. N. (1998) "The Farmers' Movement in Punjab; Politics of Pressure Groups and Pressure of Party Politics", *Economic and Political Weekly*, vol.33, no.18, May 2, pp.1043-1048.
23) 西ヤムナー用水路の修復事業については、拙著『インドの大地と水』第3章；前出、Gulhati, N. D. (1972), pp.175-81.
24) Swami, P. (1997) "A Dispute in Full Flow", *Frontline*, vol.14, no.23, Nov. 28; Swami, P. (1999) "A Fusion of Politics and Religion", *Frontline*, vol.16, no.9, Apr. 24-May 7, pp.35-39.
25) 拙稿（1998）「インドの州際河川の水利用――カーヴェーリ河水紛争の事例――」『東洋研究』第130号、大東文化大学東洋研究所、12月20日、(3)～(8)頁。
26) 同上論文、(24)頁。

(初出：大東文化大学東洋研究所『東洋研究』第135号、平成12年1月25日所収。本書に収めるに当たり一部加筆訂正)

III-5
ナルマダー河

まえがき

　本章はナルマダー河の水利用をめぐる関係4州——マディヤ・プラデーシュ、マハーラーシュトラ、グジャラートおよびラージャスターン——の間の州際水紛争の概略、審判所の決定内容、ナルマダー河流域開発反対運動の動向を紹介するものである。

　ナルマダー河流域開発は大小合わせて3165のダムを建設し、灌漑面積480万ha、発電能力2700MWを創出するほかに、洪水防御、養魚、都市・工業用水、観光などを目的にする多目的総合開発事業である。インド中央政府と関係4州政府がナルマダー管理委員会（Narmada Control Authority ＝ NCA）を組織して、共同して事業を進めてはいるが、州の間、とくに上流部のマディヤ・プラデーシュおよびマハーラーシュトラ州と下流部のグジャラートおよびラージ

表III-5（a）　ナルマダー河流域開発プロジェクト概要

ダム数	大規模（耕作可能支配面積1万ha以上）：30 中規模（耕作可能支配面積400～1万ha）：135 小規模（耕作可能支配面積400ha以下）：3,000
主要ダム	水力発電：5、多目的：6、灌漑：19（ナルマダー河：10、支流：20）
費用	2,500億ルピー以上（公式推計なし）
便益	灌漑　耕作可能支配面積：480万ha 電力　発電能力：2,700MW
水没地	60万ha以上（公式推計なし）　森林：35万ha 　　　　　　　　　　　　　　　農地その他：20万ha
立ち退き者	100万名以上（公式推計なし）

出所：Doria, R.(1990) *Environmental Impact of Narmada Sagar Project*, New Delhi, Ashish Publ. House.

ャスターン州の間の利害の対立がいまだに完全に解けているわけではない。

　灌漑面積1万ha以上のダムのなかで、グジャラート州で1987年に着工され、建設が継続されているサルダル・サロヴァル・ダムとその上流のマディヤ・プラデーシュ州で1996年に着工されたマヘーシュワル・ダムに対しては、環境保全、住民移転保障、部族住民の伝統文化保護などの点からインド人のみならず、世界各国の非政府組織（NGO）も加わって、反対運動が激化しており、国際的な注目を浴びている。とくに、前者については世界銀行や日本政府が援助を停止したこともあって、反対運動が活気づいている。インドの学界のなかでも大規模ダムの必要性をめぐって論争が繰り広げられている。

　評価が割れているナルマダー流域開発事業立案の経緯と現状を、党派的立場にとらわれることなくできるだけ客観的に紹介しようとするものである。

表III-5（b）　ナルマダー・サーガル・プロジェクト

所在	マディヤ・プラデーシュ州カンドワ県プナサ
費用	600億ルピー（1987年）（森林水没の環境費用3,092.3億ルピーを除く）
便益	灌漑　12万3,000ha 電力　設備能力：1,000MW、140〜256 MW Firm Power 洪水防御、養魚、観光、都市上水道
水没地	9万1,348 ha　森林：4万332 ha 　　　　　　　耕作可能地：4万4,363 ha
立ち退き者	12万9,396名（1981年国勢調査）、すべて同州内、うち部族民3万948名

出所：Doria, R.（1990）*Environmental Impact of Narmada Sagar Project*, New Delhi, Ashish Publ. House.

表III-5（c）　サルダル・サロヴァル・プロジェクト

所在	グジャラート県バールーチー県ヴァドガム
費用	900億ルピー（森林水没の環境費用819億ルピーを除く）
便益	灌漑　187万 ha 電力　設備能力：1,450MW 洪水防御、養魚、観光、都市上水道
水没地	3万9,134ha　森林：1万3,744 ha 　　　　　　　耕作可能地：1万1,318ha
立ち退き者	6万6,675名、うち指定カースト／指定部族民　4万8,250名

出所：Doria, R.（1990）*Environmental Impact of Narmada Sagar Project*, New Delhi, Ashish Publ. House.

III-5-1
ナルマダー河水紛争審判所の裁定[1]

第1節　ナルマダー河概要[2]

　ナルマダー河はインド亜大陸で西に向かって流れる河のなかで最大で、インド全体では5番目である。水源はマディヤ・プラデーシュ州シャードル県のマイカル山系のアマルカンタク山岳地帯（海抜1051m）である。同州を流れて、マハーラーシュトラ州に入り、さらに下ってグジャラート州を経て、キャンベイ湾に注ぐ。水源から海までの延長は1312km（815マイル）で、主要支流は41ある。サルダル・サロヴァル・ダムは水源から1163km（723マイル）の地点に計画されている。ダム地点の洪水時の河幅は488m（1600フィート）におよぶが、夏季には45.70m（150フィート）となる。平均年間流水量は420億m^3である。通常、流水量はモンスーン季の洪水時に最大になり、乾季の5月に最小になる。冬季から6月中旬まで水不足になり、夏季は過剰である。1994年9月7日に観測された最大流水量は7万847cumecs（2.5Mcusecs）であり、夏季の最小流水量は8.5cumecs（300cusecs）であった。

　流域総面積は9万7410km^2であり、マディヤ・プラデーシュ州8万5858、マハーラーシュトラ州1658、グジャラート州9894km^2である。ダム立地点までの流域面積は8万8000km^2である。流域の平均降水量は112cmである。そのほとんど全量が6月中旬から10月中旬の間に降る。ダム立地点での75%の信頼性にもとづく年間流水量は27.22MAFである。世界銀行が算出した流水量は28.57MAFであったが、1992年5月に中央用水委員会が計算した流水量は26.60、約27MAFであった。プロジェクト実施以前の流域の水利用は10%にも達していなかった。

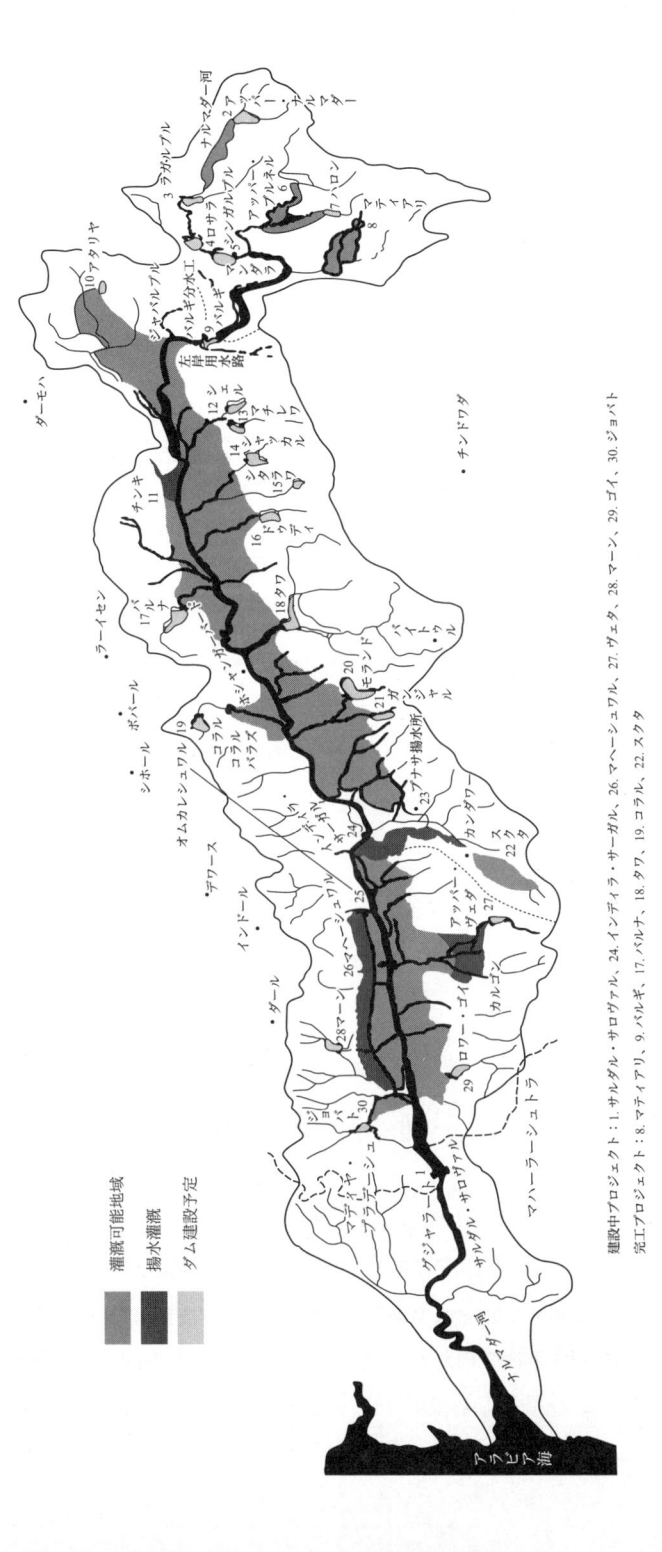

図III-5-1-1 ナルマダー河流域プロジェクト

灌漑可能地域
揚水灌漑
ダム建設予定

建設中プロジェクト：1. サルダル・サロヴァル、24. インディラ・サーガル、26. マヘーシュワル、27. ヴェダ、28. マーン、29. ゴイ、30. ジョバト
完工プロジェクト：8. マティアアリ、9. バルギ、17. タワ、18. スクタ、19. コラル、22. スクタ

出所：Friends of River Narmada (http://narmada.org)

第2節　ナルマダー河流域開発の始まり

　ナルマダー河の開発可能性に関する構想はイギリス統治下の1946年に始まる。当時の中央州・ベラール政府と当時のボンベイ管区州政府が中央水路・灌漑・水運委員会（Central Waterways, Irrigation and Navigation Commission ＝ CWINC）に対して、洪水防御、灌漑、発電および舟運の拡大を目的とする流域開発の可能性に関する調査を実施するよう求めた。1947年にCWINCが行った探査の結果、実施可能性が大きいことがわかり、七つのプロジェクトについて詳細な調査をするよう勧告された。

　独立後の1948年に電力省によって当時のCWINC委員長コースラー（A. N. Khosla）を含む3名の臨時委員会が結成され、提案を検討した結果、資金不足からつぎの4プロジェクトについてのみ詳しい調査を実施するよう勧告された。
①バルギー・プロジェクト
②タワ・プロジェクト
③プナサ・プロジェクト
④ブローチ・プロジェクト

第3節　ナルマダー河水紛争の発端

　CWINCはタワ、プナサおよびブローチの3プロジェクトの調査を1949年までに完了し、報告書を作成した。つづいて中央水・電力委員会（Central Water and Power Commission ＝ CWPC）（1955年にCWINCに代わった）が資金不足のために中断されていたバルギー・プロジェクトの調査を1960年11月に再開した。この調査の結果バルギー詳細プロジェクト報告書が1963年に

作成された。

　1959年にCWPCがボンベイ州政府にプロジェクト提案書を提出し、検討を求めた。CWPCはブローチ・プロジェクトのダムの立地点を綿密に調査し、ゴラの代わりにナヴァガムを選び、ボンベイ州政府はそれを承認した。ナヴァガム・ダムは第1段階では満水貯水位160フィートとし、第2段階では300フィートに引き上げられる予定であった。1959年1月に電力・灌漑省がコンサルタント・パネルを任命し、ブローチ灌漑プロジェクト、すなわちナヴァガム・ダムを検討させた。その報告書は翌1960年4月に提出され、二つの重要な提案がもられた。第1は、ダムの高さを320フィートとし、段階に分けずに一挙に工事をすすめること。第2に、高い水準から引水する用水路はサウラーシュトラとカッチに灌漑を拡大できること。

　この段階でのナルマダー河の沿岸州はマディヤ・プラデーシュ州と統合ボンベイ州であった。1960年5月にボンベイ州がマハーラーシュトラとグジャラートの2州に二分割された。ブローチ・プロジェクトはグジャラート州が引き継ぐことになった。1960年8月に計画委員会は満水貯水位162フィートのダム建設第1段階を、第2段階で320フィートに高めることを条件に認可した。第1段階は灌漑専用であったが、第2段階はプラント負荷率60％で出力625MWの河床発電所の建設を予定していた。グジャラート政府が行政的承認を与え、1961年4月に首相J. L. ネルーが起工の礎石を置いた。ケヴァディア工事事務所建設のために6村（4村が全面的、2村が部分的）が収用された。

　この間にグジャラート州政府は電力・灌漑省コンサルタント・パネルの提案の実現可能性の調査を目的に、プナサとナヴァガムの間の流域の調査をインド測量局に依頼した。この調査にもとづき、グジャラート州政府はナヴァガム・ダムの高さを満水貯水位460フィート余とすれば、プナサの下手の未利用水量を完全利用できるとの結論に達した。1963年4月にこのためのダム立地点が決定された。ナヴァガムはグジャラート州に位置しており、紛争の種が播かれた。

1963年11月にボパールで連邦政府灌漑・電力大臣 K. L. ラオ（Rao）がグジャラート州とマディヤ・プラデーシュ州の首相と協議し、つぎの諸点で合意したとされた。
(1) ナヴァガム・ダムの高さは満水貯水位425フィートとし、その便益全体をグジャラート州が享受する。
(2) プナサ・ダムの高さは満水貯水位850フィートとする。プナサ電力プロジェクトの費用と発電量はグジャラート州とマディヤ・プラデーシュ州の間で1：2の割合で分担する。マディヤ・プラデーシュ州に配分される電力の半分は25年間マハーラーシュトラ州に供与される。それに対して、マハーラーシュトラ州はプサナ・ダムの費用の3分の1まで借款を与える。
(3) バルギー・プロジェクトはマディヤ・プラデーシュ州が施工する。バルギー第1段階は満水貯水位1365フィートとする。グジャラートとマハーラーシュトラがこのプロジェクトに対し1億ルピーの借款を与える（ボパール協定）。
　ところが、11月28日にマディヤ・プラデーシュ州首相 D. P. ミシュラーが連邦政府灌漑・電力大臣宛の書簡において、同州は上記の諸点で同意してない、と明白に伝えた。
　ナヴァガム・ダムの満水貯水位はマディヤ・プラデーシュ州境の河床位の162フィートにとどめるべきである、というのがマディヤ・プラデーシュ州の議論であった。しかし、グジャラート州は1963年11月30日の合意を批准した。1964年2月に計画委員会に対して、ナヴァガム・ダムの高さを満水貯水位425フィートとする予定のプロジェクト報告書を提出した。
　そこで1964年9月に中央政府は当時オリッサ州知事であった A. N. コースラーのもとにナルマダー河水資源開発委員会を設置し、同資源の最適かつ総合的開発マスター・プランの策定、その計画の実施段階、ナヴァガム・ダムの検討などを委嘱した。この委員会が審議している間にマディヤ・プラデーシュ州とマハーラーシュトラ州がナヴァガムとハリンパルの間に位置するジャルシンディにダムを建設することを目的とする協定（ジャルシンディ協

定）を結んだ。この協定によると、第4次計画期間中にマハーラーシュトラ州が発電所と関連施設を建設することになった。マディヤ・プラデーシュ州はこのプロジェクト実現のために領域内の土地の取得を援助する。両州間の費用分担は $a+b:b$ とする。a とは、一方の河岸がマハーラーシュトラ州に入る地点とマディヤ・プラデーシュ州のハリンパルとの間の落差に等しく、b とは、両州の間の境界に等しい。便益も同じ比率で分け合うことになった。

第4節　ナルマダー河水紛争の調査——コースラー委員会——

　ナルマダー河水紛争を調査したコースラー委員会は1965年9月にナルマダー河水利開発のマスター・プランをインド政府に勧告した。その勧告は州益よりも国益を優先したものであると主張されている。また、電力よりも灌漑を重視した。それはマディヤ・プラデーシュ州に12、グジャラート州に一つ（すなわちナヴァガム）の大規模プロジェクトを予定していた。ナヴァガム・ダムの高さは満水貯水位500フィートを提案した。ナヴァガム用水路の取水点の満水供給水位は河床より300フィート、河床発電所の能力は1400MWとされた。同委員会はまたラージャスターン州への水の配分について初めて触れた。

　マハーラーシュトラ州政府がその勧告を拒否したのに対し、グジャラート州政府は大筋で承認した。不一致が生じたのは主として、ナルマダー河下流部の開発に関する提案と各州への灌漑用水の配分に関連していた。マディヤ・プラデーシュ州はまた州内で発電される水力電気に対し絶対的権利を主張した。

　その後中央政府の関与のもとで数次の州間協議が行われたが、なんら成果はなかった。

　1968年7月6日にグジャラート政府がインド政府に対して1956年州際水紛争法にもとづく審判所の任命を請求し、1969年10月6日にインド政府通達

No.SO4054にもとづきナルマダー河水紛争審判所が設置され、紛争は同審判所に委ねられることになった。

その後、1969年10月16日にインド政府は州際水紛争法第5条（1）項にもとづきラージャスターン州が提起した若干の問題の審議を委ねた。ラージャスターン州政府はそれらがすでに委ねられている紛争に関わりがあると見なしたからであった。

第5節　ナルマダー河水紛争審理の予備論点

審判所は関連諸州の陳述書とそれぞれの陳述書に対する反論書について聴聞・吟味したのち、最初に24の論点を整理し、さらに考慮して修正を加えた。最終的にまとめられた予備論点は以下のとおりであった。

論点1：

1969年10月6日付け通達No.SO4054で本審判所を設置した中央政府の行為または州際水紛争法（1956年法律第33号）にもとづき1969年10月6日付け通達No.12/06/69-WDでもってグジャラート州の申し立ての審議を委ねた行為は下記の理由で憲法違反であるかどうか。

a. 同法の第3条と関連して読まれた第2（2）条の意味での「水紛争」は存在していなかった、および／または、

b. 同法の第4条の意味するところにより水紛争が「交渉によって解決されない」という見解をうちだす資料を中央政府が有していなかった。

論点1A：

この審判所は、1969年10月6日付け通達No.SO4054でもって本審判所を設置し、1969年10月16日付け通達No.10/1/69-WDでもってグジャラート州とラージャスターン州の申立書を委ねた中央政府の行為が1956年州際水紛争法にもとづいているかどうか、を考慮または決定する権限を有しているか。

論点2：

ラージャスターン州の申し立てを同法第5条にもとづく裁定のために審判所に委ねた1969年10月16日付け中央政府の通達 No.10/1/69-WD はつぎの事由で違反であるか。
  a. ラージャスターン州の申し立ては中央政府が1969年10月6日付けの通達でもって審判所にすでに委ねたマディヤ・プラデーシュ州、マハーラーシュトラ州およびグジャラート州の間の水紛争に関連する、または適切な事柄ではない。
  b. ラージャスターン州の領域のどの部分もナルマダー河流域または渓谷に入っていないこと。

論点3：

　ラージャスターン州は、ラージャスターン州が沿岸州ではない、またはその領域のどの部分もナルマダー河流域に位置してないという事由で、ナルマダー河の水に対してまったく権利がないのか。

論点4：

　マディヤ・プラデーシュ州はマヘーシュワルⅠ、Ⅱ、ハリンパルおよびジャルシンディに水力発電開発プロジェクトを実施・完成させる権利を有していないのか。これらプロジェクトのいずれか、またはすべてがグジャラート州またはその住民の利益を損なうのか。

論点5：

　マハーラーシュトラ州は、CWPC宛の1959年1月16日付け公信で旧ボンベイ州がケリ・ダムの電力プロジェクトの調査を撤回した表明により禁止され、束縛されるのか。

論点6：

　グジャラート州は下記のものを建設する権利があるか。
  a. ナルマダー河を横断してナヴァガムに満水貯水位530／最高水位540フィートまたはそれぐらいまたはそれより低い高さのダム、
  b. ナヴァガム・ダムから取水地点での能力満水供給水位300フィートまたはそれぐらいまたは少ない用水路。

論点7：
　75％またはその他の信頼度によるナヴァガム・ダム地点でのナルマダー河の水の利用可能量はどれくらいか、またこの水量をグジャラート州、マハーラーシュトラ州、マディヤ・プラデーシュ州およびラージャスターン州の間でどのように配分するか。
　a. 利用可能水量をどのような基礎で決定するか。
　b. ナルマダー河の利用可能水量の諸州の間の衡平な配分はどのようにして、いかなる基礎にもとづいて行うか。各州の配分量はどれほどか。
　c. ナルマダー河排水流域外への水の移転が認められるか。もし認められるならば、どの程度か、また関係州への保護条項をどのようにするか。
　d. 発電に対して灌漑に特恵または優先が与えられるべきか。
　e. いずれかの州が他の方法でその必要を満たすことができるか。もしそうならば、その影響はどのようなものか。
　f. 各当事者の州によるナルマダー河の水の「現在の利用」または取水がどれほどであり、またそれらがどの程度認められ、保護されているのか。

論点8：
　ラージャスターン州はナヴァガムからの直接の用水路によって75万エーカーまたはそれ以下を灌漑するのに十分な量の水を受ける権利があるか。そうでないとしたら、どれくらいか。

論点9：
　ナルマダー河およびその流域の余剰水を含む水の衡平な配分にどのような命令を与えるべきか。

論点9A：
　ナルマダー河の水が配分された量より少なくなった場合に、関係州の間での災難の分け合いについてどのような命令を与えるべきか。

論点10：
　マディヤ・プラデーシュ州がジャルシンディ、ハリンパルおよびマヘーシュワルに予定しているダムの建設を抑止する権利がグジャラート州にあるか。

論点 11：

　マハーラーシュトラ州はジャルシンディ協定を実施する、またはジャルシンディに建設予定のダムに参加する権利がないという宣言をするべきかどうか。

論点 12：

　グジャラート州は毎年（ナヴァガム・ダムでの蒸発による減少を含め）2349 万エーカー・フィートまたはそれ以下を利用できると宣言する権利があるかどうか。

論点 13：

　以下のいずれかの命令を与えるべきか。

a. ナヴァガム・ダムを満水貯水位 530／最高水位 540 フィートまたはそれくらいまたはそれ以下の満水貯水位および最高水位に設定し、運営するためにナルマダー・サーガルの下手でマディヤ・プラデーシュ州によって十分な水が放水されること。

b. マディヤ・プラデーシュ、マハーラーシュトラ、その他関係州の利害を損なわないように、ナヴァガム・ダムの満水貯水位および最高水位ならびにナヴァガム用水路の満水供給水位の仕様を決定する。

c. グジャラートおよびマハーラーシュトラ州の利益のためにナルマダー・サーガルの下手でマディヤ・プラデーシュ州により放流される量。

d. ラージャスターン州の利益のためにナルマダー・サーガルの下手でマディヤ・プラデーシュ州により放流される量。

論点 14：

　関係州の水の配分量を利用できるようにし、規制するか、または審判所の決定を実施するためにどのような機構を設置するか。

論点 15：

　関係州間でのナルマダー河の水の配分は常に拘束するものとするべきか、またはさもなければ、そのような配分が拘束的である期間をどのように決定するべきか。

論点 16：

　審判所が下した水の配分にもとづくナヴァガムでの貯水必要量とナヴァガムからの取水必要量を効果的に満たすために、上流の貯水池からのナルマダー河の適時の放流のために、どのような命令を与えるべきか。

論点 17：

　グジャラート州のナヴァガム・プロジェクトの費用と便益は関係州の間で分け合われるべきか。もしそうならば、どのような仕方によるか、またどのような条件のもとでか。もしそうでなければ、グジャラート州はマハーラーシュトラ州および／またはマディヤ・プラデーシュ州に補償を支払うべきか、もしそうならば、どれだけの補償か。

論点 18：

　ナヴァガム・プロジェクトはナルマダー河の水の規制された放流を受けることに対して上流のプロジェクトになんらかの補償を支払うべきか。もしそうならば、いくらで、またどのような条件でか。

論点 19：

　a. 結果的にマハーラーシュトラ州および／またはマディヤ・プラデーシュ州の領域の一部を水没させる満水貯水位 530 またはそれくらいまたはそれ以下のナヴァガム・プロジェクトの建設は、州際水紛争法（1956年法律第 33 号）第 2 条（c）項にいう「水紛争」の対象事項を形成するかどうか。

　b. a に対する返答が肯定的であるならば、審判所はつぎのような権限をもつかどうか。

　　　i．グジャラート州が満水貯水位 530 フィートまたはそれくらいまたはそれ以下のナヴァガム・プロジェクト実施のために水没地を利用できるようにするために、マディヤ・プラデーシュ州および／またはマハーラーシュトラ州に適切な命令を与えること。

　　　ii．ナヴァガム・ダムの有益な利用の分け前に対して、および、

　　　iii．立ち退き者の再定住に対してマハーラーシュトラ州および／または

マディヤ・プラデーシュ州への補償支払いについてグジャラート州またはその他の関係州に命令を与えること。

論点20：
　グジャラート州は事件陳述書の第87.1節（ⅹ）、（ⅹⅰ）、（ⅹⅱ）、（ⅹⅲ）、（ⅹⅳ）、および（ⅹⅴ）で請求している宣言および命令を受ける権利があるかどうか。

論点21：
　関係州は、もしあるとすれば、どのような救済と命令を受ける権利があるか。

論点22：
　現行審理手続きの費用と関係州間での配分額はいくらか。

第6節　予備論点に関する審判所の裁定

　関係諸州のための法律顧問およびインド連邦のための司法長官の詳細な議論を聴取したのち、審判所は予備論点に関して決定を下した。審判所によれば、非沿岸州であるラージャスターン州が提起した問題の審理は1956年法の枠外であり、グジャラート州によって提起された問題はそうではない。審判所はまた、グジャラート州がナヴァガム・プロジェクトを実施することを可能にするために収用、その他によって水没地を利用できるようにすることに対し、マディヤ・プラデーシュ州およびマハーラーシュトラ州に適当な救済を与え、ナヴァガム・ダムの有益な利用に対する分け前を与えるために、また立ち退き者の再定住のためにマディヤ・プラデーシュ州およびマハーラーシュトラ州への補償支払いについて命令を出す権限をもつとした。
　マディヤ・プラデーシュ州とラージャスターン州は特別許可により最高裁判所に審判所の決定に反対して控訴し、1972年6月に審判所の審理の限定延期を獲得した。

その後の急速な政治的展開のなかで、1972年7月12日にマディヤ・プラデーシュ州、マハーラーシュトラ州、グジャラート州およびラージャスターン州の首相がインド首相の仲介により係争問題について妥協する協定を結んだ。当事者である州の要請により審判所は審理の延期を命じた。

　紛争のもっとも重要な側面——すなわち流水量とその配分の決定はある程度協定で解決された。その協定の第3～6節は以下のとおりである。

　第3節：年間75％の信頼度で利用可能なナルマダー河の水量は、28MAFであると推定され、審判所はそれに委ねられた紛争を解決するにあたりその推計をもとに進める。

　第4節：マハーラーシュトラ州とラージャスターン州が自領内での利用のために請求しているのがそれぞれ0.25と0.5MAFであるので、審判所はそれに委ねられた紛争の解決にあたり、マハーラーシュトラ州の自領内での利用請求は0.25MAFであり、ラージャスターン州は用水路の高さを損なうことなく自領内での利用のために0.5MAFをえる、という基礎にたって進める。

　第5節：マディヤ・プラデーシュ州とグジャラート州で利用可能な水量は27.25MAFであり、審判所はそれに委ねられた紛争を解決するにあたり、マディヤ・プラデーシュ州とグジャラート州で利用可能な純水量は27.25MAFである、との基礎にもとづいて進める。

　第6節：審判所はこの残りの水量、すなわち27.25MAFを、当事者であるマディヤ・プラデーシュ州とグジャラート州の種々の主張や提案を考慮に入れて、両州の間に配分する。

　1974年8月に当事者は1974年7月12日付けの当事者州の協定を合同で提出した。

(1) 4州は1971年1月28日付けで審判所が作成した予備論点4、5、7、7-a、7-c、7-d、7-e、7-f、8、10、11、12および20の取り下げと6、7-b、13および17の修正に合意した。

(2) マディヤ・プラデーシュ州とラージャスターン州はこの協定の条項を実施するという限定的目的のために最高裁判所に提訴していた告訴を取り下

げることに合意した。

(3) ラージャスターン州は審判所の今後の審理の当事者とされた。

　残余の論点だけが審判所によって裁定されることになった。国際司法裁判所によって宣言されているように、またインダス河委員会で指摘されているように、国際水紛争のもっとも満足すべき解決は協定によるという原則を考慮して、審判所は当事者州が作成した協定の条項を遵守した。したがってマディヤ・プラデーシュ州とラージャスターン州が提出した要請は当然ながら却下された。

　①水の量、②マハーラーシュトラ州とラージャスターン州の要求、③マディヤ・プラデーシュ州とグジャラート州が利用できる純水量、④審判所がマディヤ・プラデーシュ州とグジャラート州の間で配分すること、⑤ナヴァガム・ダムの高さは審判所が決定すること、および⑥用水路の水準は審判所が決定すること、に関して当事者州が合意したので、上述の却下と修正が必要となった。

　この協定にもとづいて審判所の決定に残された予備論点は6、7-b、9、9A、13～19、21および22となった。審判所は論点6、7-b、13および17をつぎのように修正した。

論点6：
　ナルマダー河をナヴァガムで横切るダムの高さはどれほどか、またナヴァガム・ダムから十分な給水能力をもつ分岐点での用水路水準はいかほどにすべきか。

論点7-b：
　マディヤ・プラデーシュ州とグジャラート州の間での27.25 MAFの水の衡平なる配分はどのような、またなにを基準にしてなされるべきか。それぞれの州の配分量はどれほどか。

論点13：
　つぎの点についてなんらかの命令を与えるべきか。
　a. ナヴァガム・ダムの設置・運用のためにナルマダー・サーガルの下手で

マディヤ・プラデーシュ州が十分な水量を放流するため、
b. マディヤ・プラデーシュ、マハーラーシュトラまたはその他関係州の利益を損なうことのないように、ナヴァガム・ダムの貯水の満水水位と最高水位およびナヴァガム用水路の満水供給水位の仕様について、
c. グジャラートとマハーラーシュトラの利益のため、ナルマダー・サーガルの下手のマディヤ・プラデーシュの放流について、
d. ラージャスターンの利益のため、ナルマダー・サーガルの下手のマディヤ・プラデーシュの放流について。

論点17：

　グジャラートのナヴァガム・プロジェクトの便益は関係州の間で分担されねばならないのか。もしそうとしたら、どのような仕方で、またどのような条件のもとでか。もしそうでなければ、グジャラートがなにほどかを支払わねばならないのか、もしそうならば、電力の損失のためにマハーラーシュトラおよび／またはマディヤ・プラデーシュに対する補償はどれだけか。マハーラーシュトラおよび／またはマディヤ・プラデーシュはその提案プロジェクト、すなわちジャルシンディ、ハリンパルおよびマヘーシュワルのゆえに電力に対して取り分があるのかどうか。

第7節　ナルマダー河水紛争審判所最終命令の主な内容

　ナルマダー河水紛争審判所は1974年の4州間協定を取り入れて、1978年8月16日に決定を下した。3カ月以内にインド政府および4州政府がいくつかの点で明確化を求め、審判所はそれらを審議したのち1979年12月12日付け官報に最終命令を公示した。全文は以下の16条からなっていた。

第1条　命令発効日
第2条　ナルマダー河水系の利用可能量の決定
第3条　ナルマダー河水系の利用可能量の配分

第4条　余剰水及び不足分担に関する命令
第5条　配分命令の運用期間
第6条　ナヴァガム用水路の満水供給水位
第7条　サルダル・サロヴァル・ダムの満水貯水位と最高水位
第8条　費用と便益の配分
第9条　サルダル・サロヴァル・プロジェクトの必要のためにマディヤ・プラデーシュ州がなすべき規則的放流
第10条　その放流に対してグジャラート州がマディヤ・プラデーシュ州になすべき支払い
第11条　水没地収用と立ち退き者更生に関する指示
第12条　サルダル・サロヴァル・プロジェクトの費用と灌漑と発電との間の配分
第13条　サルダル・サロヴァル・プロジェクトの費用のグジャラート州とラージャスターン州の間の分担
第14条　審判所決定の実施機関の設置
第15条　審理費用に関する命令
第16条　最終命令のいくつかの条項の有効期間

　以下、主だった条項の内容を紹介する。
(1) 命令の発効日は審判所裁定が官報に公示された日とする。
(2) 利用可能水量
　ナルマダー河のサルダル・サロヴァル・ダム地点における75％の信頼性にもとづく利用可能水量は28.00MAF（34.537Mcumecs）と推定する。
(3) 関係州の間での水の配分

　　マディヤ・プラデーシュ州　　18.25MAF
　　グジャラート州　　　　　　　 9.00MAF
　　ラージャスターン州　　　　　 0.50MAF
　　マハーラーシュトラ州　　　　 0.25MAF
　　合計　　　　　　　　　　　　28.00MAF

(4) 水の過不足の分担

　ある水利年（7月1日から翌年6月30日まで）に水量が28.00MAFを超える場合または不足する場合には、つぎの比率で関係州に配分する。

　　マディヤ・プラデーシュ州　　73
　　グジャラート州　　　　　　　36
　　ラージャスターン州　　　　　 2
　　マハーラーシュトラ州　　　　 1

(5) 流水量配分の見直し

　以上の配分は審判所の命令が効力を発してから45年を過ぎたあといつでも再検討されることができる。

(6) ナヴァガム用水路の供給水位

　サルダル・サロヴァル・ダムからの取水地点での満水供給水位は91.4m（300フィート）とする。頭首からサウラーシュトラ支線用水路の分岐点までの290km（180マイル）の区間の勾配は1万2000分の1とする。

(7) サルダル・サロヴァル・ダムの高さ

　　満水貯水位：138.68m（455フィート）（有効貯水量　4.72MAF）
　　最高水位　：140.21m（460フィート）（洪水緩和のための緩衝5フィートを含む）

　用水路の満水供給水準はダムの高さ300フィートのところで、勾配は頭首工から180マイルの間は1：1万2000とする。その先からラージャスターン州境までの間は1：1万とする。

(8) ダムの二つの発電所の電力（1450MW）配分と費用負担

　サルダル・サロヴァル・ダムでの発電量の配分は以下のとおりである。

　　マディヤ・プラデーシュ州　　57%
　　グジャラート州　　　　　　　16%
　　マハーラーシュトラ州　　　　27%

　また、発電所の建設費用も同じ比率で負担され、グジャラート州が建設にあたる。建設後の運転費用も同じ比率で分担する。

(9) サルダル・サロヴァアル・ダムの必要を満たすためのマディヤ・プラデーシュ州による規則的放流

　サルダル・サロヴァアル・ダムのために約300km上流地点にあるマディヤ・プラデーシュ州のナルマダー・サーガル・プロジェクトから規則的な放流がなされることになった。

(10) グジャラート州のマディヤ・プラデーシュ州への支払い

　マディヤ・プラデーシュ州は満水貯水位262.13m（860フィート）のナルマダー・サーガル・ダムをサルダル・サロヴァル・ダムと平行して、またはそれに先んじて建設する。

　グジャラート州は毎年ナルマダー・サーガル・ダムの支出額の17.63％をマディヤ・プラデーシュ州に支払うものとする。

(11) サルダル・サロヴァル・ダムの費用の灌漑部分はグジャラート州とラージャスターン州の間で20：1の割合で分担されるものとする。

(12) 貯水池建設の影響を受ける家族の更生・再定住についての詳細な政策を定めた。関係州は再定住のための適宜な措置を採る義務を課された。

　マディヤ・プラデーシュ州とマハーラーシュトラ州は、サルダル・サロヴァル・ダムの建設に必要とされる自州内の土地・建物を1894年土地収用法にもとづき強制収用する。グジャラート州はその費用およびダムの影響で水没する土地・建物の収用費用および立ち退き者の再定住・更生費用を2州に支払うものとする。

　グジャラート州は自州内に移住を希望する立ち退き者に対して、まずつぎのような補償措置を提供すること。

①立ち退き者1家族当たり灌漑可能農地最小限2haを有償提供
②立ち退き者1家族当たり住居敷地18.29×27.43mを無償提供
③運搬費を含み750ルピーの補助金
④社会的便宜
　a. 100家族につき一つの小学校（3教室）
　b. 500家族につき一つの村パンチャーヤト（村会）事務所

- c. 500家族につき一つの診療所
- d. 500家族につき一つの種子貯蔵所
- e. 500家族につき一つの児童公園
- f. 500家族につき一つの村貯水池
- g. 50家族につき一つの水槽つき飲料水井戸
- h. すべての居住区が主要道路へ連絡する適当な水準の道路をもつこと
- i. 50家族につき一つの集会会場

マディヤ・プラデーシュ州およびマハーラーシュトラ州に再定住することを望む者に対しても、同じような補償に要する費用をグジャラート州が両州に支払うことになった。

(13) ナルマダー管理委員会（NCA）が審判所の命令を確実に実施するために設置されることになった。

(14) サルダル・サロヴァル建設諮問委員会（Sardar Sarovar Construction Advisory Committee）がサルダル・サロヴァル・ダムとその関連施設の建設を監督するために設置される。

第8節　ナルマダー水利計画(Narmada Water［Amendment］Scheme 1990)（灌漑省通達）

ナルマダー河水紛争審判所の決定を実施するために、インド中央政府は1980年9月10日付け灌漑省通達でもって、ナルマダー管理委員会を組織することになった。これは1990年に改正された。

構成委員は以下のとおりである。
① インド政府水資源省次官（委員長）
② インド政府エネルギー省電力局長
③ インド政府環境・森林省次官
④ インド政府福祉省次官
⑤ グジャラート州政府官房長官

⑥マディヤ・プラデーシュ州官房長官

⑦マハーラーシュトラ州官房長官

⑧ラージャスターン州官房長官

⑨〜⑪中央政府が独立委員として任命する主席技官以上の職位の3名、そのうちの1名は委員会の執行委員（Executive Member）と称される。

⑪-a 中央政府が独立委員として任命する、環境および立ち退き者再定住の分野で経験のあるインド政府の次官代理または州政府の次官補以上の者1名

⑫〜⑮灌漑局または電力局または州電力庁を管掌する主任技官、主席技官以上の者4名、グジャラート、マディヤ・プラデーシュ、マハーラーシュトラおよびラージャスターン州政府がそれぞれ1名を任命する。

独立委員はフルタイムで、任期は5年を超えないものとする。州政府が任命する委員はパートタイムである。いずれの場合もその任期と条件は任命権者が定めるものとする。

委員会の職務は以下のとおりである。

(1) 土木工事、環境保護措置、更生計画を含むすべてのプロジェクトの実施の全般的監督と方向づけおよび中央政府が上記プロジェクト認可に当たって定めた条件を遵守させること。

(2) ナルマダー河水紛争審判所の命令の実施に必要なすべての事項を行う権限と義務。

 a. ナルマダー河の水の貯水、配分規則および管理

 b. サルダル・サロヴァル・プロジェクトの電力の配分

 c. マディヤ・プラデーシュ州による規則的放流

 d. サルダル・サロヴァル・プロジェクトのために関係州がそれにより水没しそうな土地・財産を収用すること

 e. 立ち退き者の更生と再定住

 f. 費用の分担

再調査委員会の構成員は以下のとおりである。

①連邦政府水資源大臣

①-a 連邦政府環境・森林大臣
②マディヤ・プラデーシュ州政府首相
③グジャラート州政府首相
④マハーラーシュトラ州政府首相
⑤ラージャスターン州政府首相

　管理委員会の命令に不服がある場合には、当時者である州政府が再調査を要請することができるようになっている。

まとめ——ナルマダー河水紛争審判所報告書の特徴——

　ナルマダー河水紛争審判所は水紛争を解決する基本的原理として、二つを検討した。
(1)「ハーモン理論（Harmon Doctrine）」は上流部の沿岸国の絶対的領有権を認め、大河川の上流地域で水をいくらでも取ることができ、下流部に位置する国を砂漠にすることもできる、とする。
(2) 他方では、沿岸権に関するイギリス慣習法（English Common Law Principle of Riparian Right）は上流部における取水に対して下流沿岸の拒否権を認め、その過程で上流部を砂漠にすることもできる。

　それら二つの原理を排して、「各河川流域がそれ独自の諸問題を抱えており、すべての事例に等しく適用されるべき所定の規則はない」とした上で、基本的原理として、衡平配分の理論（Doctrine of equitable apportionment）に依拠することが明らかにされている。

　「衡平配分の原則は、すべての沿岸州が州際河川の水の公正な取り分に対する権利をもつ」ということである。なにが公正な取り分かは、それぞれの事例の状況によって定まる。しかし、河川は、政治的境界によって分断されていようとも、その領域を流れている社会全体の共通利益のためのものである。

この理論によれば、水の配分にあたって考慮されるべき要因は、①水の利用に関連する種々の要因と相対立する要素を客観的に考慮して、沿岸諸州の経済的・社会的必要を検討すること、②最大限必要を満たす仕方で沿岸諸州の間で水を配分すること、③各沿岸州の損害を最小にし、それぞれの利益を最大にするように水の分配を行うこと。「これらの法的諸原則をもとにして、われわれはこの事例において考慮すべきもっとも重要な要因は以下のとおりである」との見解である。

(1) 州の耕作可能面積
(2) 各州でこの水系に依存する人口
(3) 各州の旱魃に遭いやすい地域

　マディヤ・プラデーシュ州は流域97.59％、流水貢献量98.75％であったが、配分水量は18.25MAF（67％）であり、流域面積0.53％、流水貢献量0.26％のグジャラート州が9MAF（33％）の配分水量をえた。また、水不足または余剰は両州で同じ比率で分け合うことになった。余剰水の取り分へのラージャスターン州の請求は却下された。しかしながら、ラージャスターン州とマハーラーシュトラ州の間で、不足または余剰を56分の1対12分の1で分け合うことが決定された。

　当事者州の希望を尊重して、審判所はこの配分を適当な期間の経過後に再検討・修正することに同意した。したがって、審判所の命令発令日から45年後に再検討されることになった。

　沿岸州でないラージャスターン州については、ナルマダー河の水に対する取り分権がない、と決定した。しかし、同州は州首相たちの協定にもとづいて配分を受けることになった。審判所は州際河川の水の河川流域外への移送が合法的であるとし、したがって他の流域への水の移送は特定の事例の状況のなかでは衡平な配分問題の適正な要因である、と述べている。立ち退き者に対する補償措置を詳細に命令したことは、インドにおける河川開発史上画期的なことであった。ナルマダー河水紛争審判所は関係諸州の間の州際水紛争を調停しただけでなく、ナルマダー河の水の最適利用の目的を達成するため

にその裁定を実施する機構の設置をも命じた。ナルマダー管理委員会(NCA)と呼ばれるこの機構は詳細な規則・規定を制定し、水収支を実施する権限を与えられた。

注
1) 本章執筆に当たり利用した原資料は以下の3点である。
   1. India, Govt. of, the Narmada Water Disputes Tribunal (1978) *The Report of the Narmada Water Disputes Tribunal with Its Decision in the Matter of Water Disputes regarding the Inter-State River Narmada and the River Valley There Of between 1 the State of Gujarat, 2 the State of Madhya Pradesh, 3 the State of Maharashtra* (*and*) *4 the State of Rajasthan*, 4 vols., New Delhi.
   2. Narmada Control Authority, *A Historical Review of the Narmada Basin Development Plan* (Website).
   3. Sardar Sarovar Narmada Nigam Ltd. (2000) *Sardar Sarovar Project*; Facts, Jan. 31. (Website).
   また、研究書としては、主としてつぎの3点を参考にした。
   1. Paranjpye, Vijay (1990) *High Dams on the Narmada; A Holistic Analysis of the River Projects*, New Delhi, INTACH.
   2. Chauhan, V. M. (1992) *Settlement of International and Inter-State Water Disputes in India*, Bombay, N. M. Tripathi.
   3. Fisher, W. F., ed. (1995) *Toward Sustainable Development; India's Narmada River*, New York, M. E. Sharpe.
2) ナルマダー河概要については、以下を参照。
   1. Paranjpye, Vijay (1990) *High Dams on the Narmada; A Hlolistic Analysis of the River Projects*, New Delhi, INTACH, pp.120-121.
   2. Patel, C. C. (1995) "The Sardar Sarovar Project; A Victim of Time", Fisher, W. F., ed., *Toward Sustainable Development; Struggling over India's Narmada River*, New York, M. E. Sharpe, pp.73.)
   3. Sardar Sarovar Narmada Nigam Ltd. (2000) *Sardar Sarovar Project; Facts*, Jan. 31, website.

(初出:大東文化大学東洋研究所『東洋研究』第139号、平成13年1月25日所収)

Ⅲ-5-2
サルダル・サロヴァル・プロジェクト(SSP)と民衆運動

第1節　サルダル・サロヴァル・プロジェクト (SSP) 建設の時期区分

　独立後50数年になるインドにおける州際河川開発のなかで、ナルマダー河流域開発ほど国内のみならず、国際的にも多大な注目を浴び続けているプロジェクトはない。1947年の独立直後に着手された可能性調査に始まる多数の調査報告書、ナルマダー河水紛争審判所記録、世界銀行借款関連資料、高等裁判所・最高裁判所審理・判決文書類、報道関係資料、賛否両方の運動関係者・団体のパンフレット、研究書・論文など関連資料の数量も他に類をみないほど膨大である。また、開発プロジェクト建設反対運動を支援するNGO、Friends of the River Narmada(http://www.narmada.org)、グジャラート州内のプロジェクトを実施するサルダル・サロヴァル・ナルマダー公社 (Sardar Sarovar Narmada Nigam Ltd. = SSNN) (http://www.sardarsarovardam.com)、ナルマダー渓谷開発全体を調整するナルマダー管理委員会(Narmada Control Authority = NCA) (http://www.nca.nic.in)はインターネット上にホームページを開いて、絶えず新しい情報を提供している。それら原資料を改めてもれなく探索することは不可能である。

　これまですでにいくつかの優れた研究書・論文によって開発プロジェクトの構想・計画立案・実施過程の諸問題が明らかにされてきていることを踏まえて、本論ではそれらにもとづいてナルマダー河流域開発、とくにグジャラート州が実施しているサルダル・サロヴァル・プロジェクト (Sardar Sarovar Project、以下SSPと略記) に対する賛否両方の運動の展開過程を概観することにしたい。

わが国では1980年代初頭からインド国内や国際的に繰り広げられてきた大規模開発反対運動に同調し、それを支援する立場からまとめられたものとして、つぎの書がある。

鷲見一夫編著 (1990)『きらわれる援助——世銀・日本の援助とナルマダ・ダム——』、築地書館

より客観的な立場からはつぎの2書が優れた論文集である。

Fisher, William, ed. (1995) *Toward Sustainable Development; Struggling over India's Narmada River*, New York, M. E. Sharpe (Indian edition [1997] Jaipur, Rawat Publications)

Drèze, Jean, Meera Samson and Satyajit Singh, ed. (1997) *The Dam and the Nation; Displacement and Resettlement and Environment*, Delhi, Oxford Univ. Press.

フィッシャーの編集した論集は、1992年3月にニューヨークにあるコロンビア大学で開催された「持続的開発を目指して」(Working Toward Sustainable Development)集会に提出されたペーパーを中心としているものである。ドレズ他編の論文集は、1993年12月にカナダ国際開発センター(International Development Research Centre, Canada)、Oxfam (India)、共同安全フォーラム(Common Security Forum)の資金援助でもって、インド、デリーにある開発経済学センター(Centre for Development Economics)と経済成長研究所(Institute of Economic Growth)において開催されたナルマダー・フォーラムで発表されたペーパーをまとめたもので、とくに立ち退きと再定住の問題に焦点を合わせている。いずれもナルマダー河流域開発に関係する主要な立場・機関・地位を代表する人物の意見を公平に収録しており、問題の発生・展開・現状、利害関係の複雑性を知るのにきわめて有用である。

サルダル・サロヴァル・ダム建設反対運動の中心となって活動してきた「ナルマダー河救おう運動」(Narmada Bachao Andolan、以下NBAと略記)の立場から書かれたものとしてはつぎのサングヴァイの書がまとまっている。

Sangvai, S. (2002) *The River and Life; People's Struggle in the Narmada Valley*, Mumbai, Earthcare Books, 2nd Rev. ed. 2002 (1st ed. 2000)

本論は主としてこれら3書所収の諸論文に依拠して、ダム反対運動の展開過程を概観するものであり、1995年ごろまでの時期については独自の研究結果ではないことをあらかじめおことわりしておきたい。

　1979年にナルマダー河水紛争審判所の裁定が下され、それにもとづいてSSPの建設工事は本論でみるように紆余曲折を経た末、1987年になってダム本体の建造に本格的に着手された。しかし、1994年にナルマダー渓谷開発プロジェクトそれ自体に反対する非政府組織連合体、NBAが、インド最高裁判所に対して、SSPは公益に反するという事由で建設差し止め訴訟を起こした。それを受理した最高裁判所は翌1995年に建設差し止め命令を出し、5年にわたり工事が中止される事態になった。この訴訟はNBAの敗訴に終わり、2000年10月から工事が再開されている。

　ナルマダー流域開発プロジェクトにおける民衆運動に関するフィッシャーとドレズの研究書で扱われている時期は1979年から1994年ごろまでが主であり、この25年間が運動の特徴からいくつかの時期あるいは段階に区分されている。

　1970年代後半からグジャラート州マングロル近辺の村々で保健衛生活動を行なってきたボランティア団体、「村落社会保健・開発行動調査」（Action Research for Community Health and Development、以下ARCH-Vahiniと略記）の所長を務めるA. パテル氏（Anil Patel）は運動の展開過程を3段階に分けている。第1段階は1979年から1983年であり、「ARCH-Vahiniと無力・受身の部族民」と題されている。第2期は1984年から1987年までであり「不法侵入者が土地を要求」と特徴づけられている。そして第3期は1988年以降であり、「SSP反対運動の勃興」とされている[1]。

　ムンバイーにあるターター社会科学研究所（Tata Institute of Social Sciences = TISS）農村研究班長S. パラスラマン（S.Parasuraman）もパテルと同じように、1980～1992年の期間を対象にして、運動の時期を三つに分けている。第1期は「混迷の時期——1980年代初頭——」、第2期は「緊張の時期——1985～1988年——」、第3期は「対決の時期——1988～1992年——」である[2]。

NBAの中心的組織者であるメダー・パトカル（Medha Patkar）は自らの運動の経験から、明示的ではないが、ダム建設反対運動の展開過程を2期に分けている。第1は、1988年までで、3州の非政府組織が共同して、立ち退き予定者のためによりよい再定住・更生パッケージを要求していた時期である。第2期はNBAが結成された1988年以後であり、ダム建設そのものに反対する運動が展開されるようになった時期である。これは1994年の最高裁への公共の利益をめぐる提訴で終わる[3]。それ以降は第3期といえよう。

　フィッシャーはパトカルと同じように、プロジェクト反対運動が二つの段階を経て展開していると主張している。第1段階は1984年から1988年までである。マハーラーシュトラ州、グジャラート州およびマディヤ・プラデーシュ州内で多くの非政府組織が共同して、また個別的に、プロジェクトで立ち退かされる人々のためによりよい再定住・更生を勝ち取ろうとしていた時期である。第2は、グジャラート州政府が1987年12月に改善された再定住・更生政策を公表したのちに始まった、プロジェクトそのものに反対する運動である。この時期には、立ち退き予定者とそのなかで活動していた非政府組織の利害と戦略が分裂し始めた。ARCH-Vahiniのようないくつかの集団はプロジェクトの影響を受ける人々に対する公正かつ正当な再定住・更生を確保することが必要であると確信し、グジャラート州政府の新しい政策が完全かつ公正に実施されるようにするために州政府SSNNと協力を始めた。これに対して、マディヤ・プラデーシュ州のナルマダー渓谷新生活委員会（Narmada Ghati Navnirman Samiti = NGNS）、マハーラーシュトラ州のナルマダー・ダム土地死守委員会（Narmada Dharangrast Samiti = NDS）、グジャラート州のナルマダー・ダム被影響者委員会（Narmada Asargrashta Samiti = NAS）のような他の非政府組織は、ナルマダー河流域開発にみられるようなトップダウン方式の政策決定構造が社会正義または持続的開発をもたらすことはないという立場から、新しい再定住政策にもかかわらずダム建設それ自体に反対することを表明するようになり、新しい運動連合体NBAを組織することになった[4]。M. パトカルがこの運動に関わるようになったのは1985年以後のこ

とといわれ、それ以前にすでにグジャラート州内でプロジェクトによる立ち退き予定者の救済運動が開始されていた。

したがって、本論では、パテル、パラスラマンにしたがって、1994年以前の反対運動展開過程の概略を3期に分けて紹介することにしたい。さらに、建設差し止め訴訟が起こされた1994年以降は新たな段階として第4期を設定し、別個に扱うことにする。なお、紙数が限られているので本論は簡略な記述に留め、主要事件の略年表を付属資料として本章末に添付しておく。

第2節 サルダル・サロヴァル・プロジェクト（SSP）実施にいたる過程

1970年代末から世界的に開発にともなう環境悪化問題が注目されるようになり、国際連合、世界銀行など国際機関で議論され、各国においても環境保全のための施策・機構が試みられるようになった。インドにおいても1980年に中央政府に環境庁（これはのちに環境・森林省に組織替えされる）が設置され、同年早速森林（保全）法が制定され、州の管轄事項である森林の非森林目的への転用を原則的に禁止、また州が森林環境を著しく損なう可能性のある灌漑プロジェクトを実施する場合には環境上の認可を得ることを義務づける措置が採られた[5]。

すでに1978年にインド政府は世界銀行との間でSSPに対する借款交渉を開始していた。1980年にインド政府は長期にわたるナルマダー河流域開発計画の第1期工事に関連して、グジャラート州のSSPへの融資援助を世界銀行に求めた。プロジェクト全体は20年にわたり4期に分けて実施されることになっていた。第1期はサルダル・サロヴァル・ダム（高さ146.5m）（河床発電所、河川水がグジャラートの灌漑幹線用水路に流れ入る頭首工における小規模発電施設、灌漑幹線用水路の最初の144km、当初45万ha［全体で約190万haのうち］を灌漑する支線用水路・配水路・排水路網）の建設であった。政府の要請に応じて世界銀行は既存計画（グジャラート州政府が作成し

た14巻の可能性調査報告書)を検討し、詳細なプロジェクト作成を開始するために専門家チームを派遣した。このチームはグジャラートに本拠を置く上級レヴェルのナルマダー計画グループの設置、システム調査や全体計画のためにグジャラート州が民間または独立コンサルタントならびに特定の計画策定のために国際的専門家を、国連開発プログラムや世界銀行の国際開発協会の資金援助で、確保するようにと提案した。

システム計画、水文学、水力学、ダム・用水路設計、水力発電、配水・排水、地下水資源評価、農業、河川舟運、運営・維持管理計画、影響を受ける人々の再定住、資材調達、制度計画、費用見積もりなどすべての分野の専門家が動員され、計画作成・評価作業はその後4年間続けられた。

世界銀行の最終評価は1983〜84年に段階に分けて行われ、4巻の報告書にまとめられた[6]。

1983年2月にはグジャラート州政府がSSP計画に対するインド政府環境・森林省の環境認可を求めて提出した。そのなかでプロジェクトの便益はつぎのように算出されていた。

本プロジェクトは完工後、

① 追加灌漑能力180万haを創出し、州の12県62郡を益することになる。州の旱魃常襲地帯総面積のほぼ38%が灌漑用水を入手できるようになる。農業生産は約45%増加するものと予想される。
② 都市および工業用水として1.06MAFの水が利用可能となる。これにより131の都市と4270カ村が受益することになる。
③ 1450MWの水力発電を行い、グジャラート、マハーラーシュトラおよびマディヤ・プラデーシュの3州で、57：27：16の比率で分け合う[7]。

プロジェクトの費用：

① ナルマダー河流域での約3万7000haの土地の水没。
② 水没により影響を受ける世帯数約3万。半数は他の地域に移住、半数はマディヤ・プラデーシュ州内の影響の少ない村に移動。これにはグジャラート州で用水路建設によって影響を受ける世帯は含まれない。これは議論に

図Ⅲ-5-2-1　サルダル・サロヴァル・プロジェクト地域

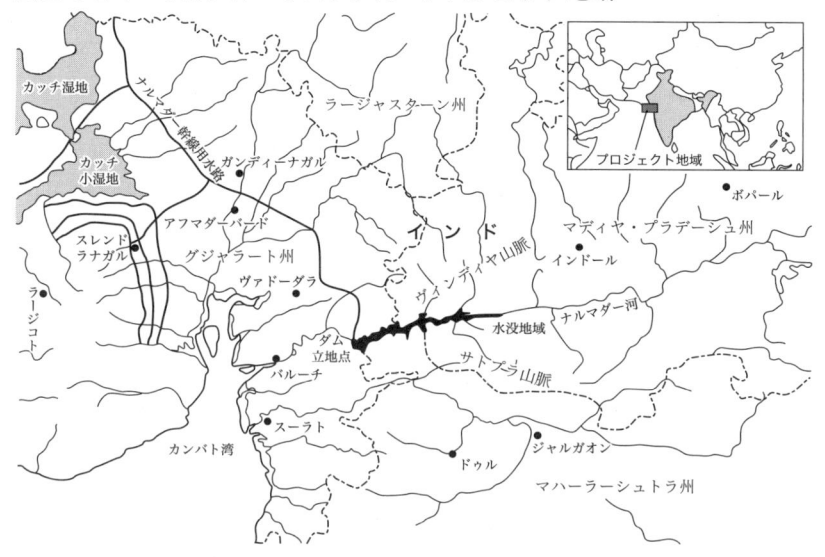

出所：Fisher, W. F., ed.（1995）*Toward Sustainable Development; Struggling over India's Narmada River*, New York, M. E. Sharpe, p.14.

図Ⅲ-5-2-2　サルダル・サロヴァル・プロジェクト予定給水可能地域

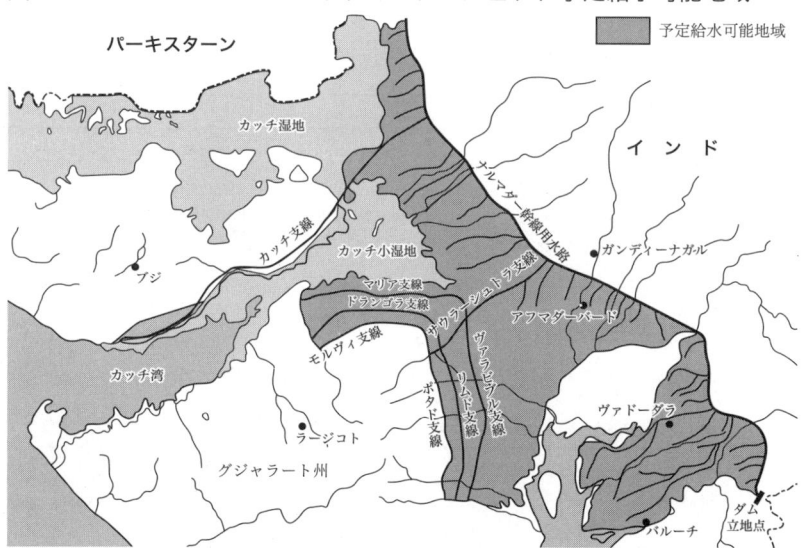

出所：Fisher, W. F., ed.（1995）*Toward Sustainable Development; Struggling over India's Narmada River*, New York, M. E. Sharpe, p.16.

表III-5-2-1 サルダル・サロヴァル・プロジェクト (SSP) とナルマダー・サーガル・プロジェクト (NSP) の概要

項目		SSPダム	NSPダム
ダム高	ダム堤頂	146.5m（480.6フィート）＋ 22.9m ＝ 169.4m（海抜）	267m（海抜）＝ 880フィート
	海抜最大高さ（MAL）	163m ＝ 535フィート	
	最大水位高さ（実際のダム高）	140.21m ＝ 460フィート	84.4m ＝ 250フィート
	水門	30	20
ダムの長さ		1,210m ＝ 3970フィート	574m ＝ 1,894フィート
流域面積		88,000km^2、グジャラート州の分は423km^2	61,642km^2
降水量		最大：ナヴァガム、112cm（44インチ）	流域：75〜140cm
貯水	最大水位（MWL ＝ Maximum Water Level）	140.21m ＝ 460フィート	266.35m（海抜）
	満水貯水位（FRL）	138.68m ＝ 455フィート	266.13m
	最低引水水位（MDDL）	110.64m ＝ 363フィート	
	総貯水量	7.70MAF	10.8MAF
	最少貯水量	2.97MAF	2.9MAF
	有効貯水量	4.73MAF	7.9MAF
	年間蒸発量	0.50MAF	
貯水池の長さ		214km	
貯水池の最大幅		16.1km	
貯水池の平均幅		1.77km	
水没地	FRLでの水没面積	34,867ha（37,000ha Shri Raj）	90,000ha
	MWLでの水没面積	41,000ha（洪水水位）	
用水路	形態	舗装等高用水路	コンクリート舗装
	長さ	445km	248km
	耕作可能受益地	2,119,000ha ＋ 70,000ha（ラージャスターン分）	174,967ha
	灌漑可能面積	1,792,000ha（グジャラート分）	123,758ha
電力	発電能力	1,450MW	1,000MW
	発電機台数	6（ダムにそれぞれ200MW） 5（用水路にそれぞれ50MW）	8（それぞれ125MW）

出所：Patel, J.（1994）"Is national interest being served by Narmada Project ?", *Economic and Political Weekly*, vol.29, no.30, July 23, p.1962.

はなったが、世界銀行の評価には含まれなかった。州政府の補償で十分であろう、と考えられた。

③土地、森林（水没予定の3万7000haのうち約18%が当時森林として分類されていた）、漁業、ダム下手の河口部への環境上の影響。

これらを考慮に入れた上で、便益が費用に優るとの結論が出された。

ボンベイのターター経済コンサルタンシー・サーヴィスが費用・便益調査を委託された。同社は1983年5月に経済評価報告書を提出し、SSPの便益・費用レシオを市場価格で1.39、経済価格で1.84と算出していた。

この報告書をもとにして、インド政府と三つの沿岸州の代表者と交渉がもたれた。交渉は1984年11月に完了し、1985年3月に世銀理事会は以下のような融資行為を承認した。

(1) ナルマダー河が海に流入するキャンベイ湾の上流約95kmにあるグジャラート州内の地点にサルダル・サロヴァル（ナルマダー）・ダムと発電施設を建設する総費用の約18%を調達するために3億ドルにおよぶ世界銀行融資とIDA信用を供与する。

(2) プロジェクト第1段階の最初の期間（3年）を占めるグジャラート州内の灌漑幹線用水路の一部ならびにそれと関連する配水・排水施設の建設費用の30%を融資するためのIDA信用1億5000万ドル。

これにつづいて、日本政府はダムのタービンと発電機のために1億5000万ドルの資金援助を承認した[8]。

世界銀行はすでに1980年2月に、同銀行融資プロジェクトにおける立ち退き予定者の再定住・更生に関して運用指針を公表していた。

1986年4月に環境・森林省はグジャラート州から環境認可を求めて提出されていたSSPに関して「ナルマダー・サーガルおよびサルダル・サロヴァル多目的プロジェクトの環境的側面」と題する覚書を発表し、つぎのような見解を明らかにした。

(1) 二つのプロジェクトの環境影響評価はまだ完了しておらず、さらに2～3年を要するだろう。

(2) ナルマダー・サーガル・プロジェクト（Narmada Sagar Project ＝ NSP）の環境問題は SSP よりもはるかに深刻であろう。

(3) 立ち退き者の更生用に確定された土地の可能性調査が行なわれていない。また、必要とされる土地の3分の1しか確保されていない。

(4) NSP の高さを低減することが望ましく、それにともなって SSP の最低引水水準（Minimum Draw Down Level ＝ MDDL）も引き下げる。高さのわずかの低減は水没面積と影響を受ける人口数を大幅に減少させるが、SSP の灌漑能力はさして減少しない[9]。

　環境・森林省は現状のままでは二つのプロジェクトに強い不同意を表明したわけである。これに対して、水資源省は、すでに多額の資金が費やされており、両プロジェクトともに大きな便益をもたらすのであるから、条件つき、すなわち必要な環境調査が完了されるという条件を明文化して認可すべきである、と主張した。

　両州関係者の何カ月にもわたるロビー活動の結果、インド政府首相は関係3州首相と会談をもった。1987年4月13日に主要新聞は首相がプロジェクトを認可する必要があると感じている、と報道した。

　このような政治的圧力のもとで、1987年6月24日に環境・森林省は省内覚書によって条件つき認可を与えた。その条件とは、1989年末までにグジャラートおよびマディヤ・プラデーシュ州政府が再定住・更生マスター・プラン、段階的流域処置計画、代償的植林、灌漑可能地域開発、植物相・動物相、地震頻度、保健問題に関する詳細な報告書を提出することであった。1988年10月に計画委員会がプロジェクトを認可し、予算支出が確定された[10]。このような建設工事と同時に種々の調査を継続するインド政府の方法はのちに並行政策（pari passu policy）として非難されることになる。

　世界銀行は環境・森林省の条件つき認可に反発し、7月にインド政府に書簡を送り、再定住・更生に関する計画案の欠陥を指摘した[11]。

　このように、プロジェクト実施の事前調査が不十分なままに、インド政府および関係2州が着工に踏み切ったことが、のちの反対運動を勢いづかせる

ことになった。

第3節　第1期（1980〜1984年）──グジャラート州における立ち退き問題[12]──

　ナルマダー管理委員会の資料によれば、SSP最高貯水位でのダムの高さ455フィート（138m）により影響を受けると予想される村と家族の総数はそれぞれ244と4万0882と推定されている。州別ではもっとも多いのがマディヤ・プラデーシュ州で192村3万3014家族であり、マハーラーシュトラ州では33村3113家族、電力・灌漑・飲料水・工業用水の面でこのプロジェクトから受ける恩恵の一番大きいグジャラート州では19村4600家族であった。村総数244のうち完全に水没するのは4カ村で、残りは部分的に水没することになっていた。影響を受ける土地総面積は3万7533haで、内訳は耕作可能地1万1279、森林地1万3385、その他1万2869haとなっている[13]。

　これに加えて、グジャラート州では用水路・灌漑体系の建設によって影響を受ける農民が14万名ほど生じるものと推定されている。その他に約7000家族、4万2000名ほどがダム下流部、海水逆流、強制的植林、自然保護区設定などにより間接的に影響されるものと推計されている[14]。

　ダム建設による水没予定地域には二つの種類があった。

　第1は、SSPダムに隣接する上流部にあたる部族民居住地域であった。ビル族（BhilsまたはVasavas）、ラトワ族（RathwasまたはBhilalas、Pavras）およびタドヴィ族（Tadvis）など部族民（Tribals）が居住していた[15]。グジャラート、マハーラーシュトラ州の立ち退き者はすべて、マディヤ・プラデーシュ州でも約40％が部族民であった。もともとナルマダー河沿岸山岳地帯だけでなく、インドの半島部全体の森林地帯にはまだ完全にヒンドゥー社会に融合されていない部族民が居住しており、焼畑農耕、森林産物の採取・利用、狩猟、放牧、河川漁業など、地域の特性に応じて組み合わせた複合的生計を営んでいた。かれらのなかにはインド経済全体の商品・貨幣経済化にともな

い農業労働やその他の労働に依存する者も増加していた。

1988年発表のインド行政研究所の未公刊資料によれば、ダムが山岳地帯の奥深い地に建設されることが多いため、独立以降のインドにおける主要ダム建設プロジェクトによる立ち退き者の半数近くが部族民であり、15％が指定カースト成員であった。両者合わせて立ち退き者総数の62％であった。人口に占める両者の割合24％に比して、負担がはるかに大きいことがみてとれる[16]。

第2は、マディヤ・プラデーシュ州のニマド地域で、ここでは通常のインド農村構造が主で土地保有者は19世紀にグジャラートから移住してきた農耕カーストのカンビー・パーティダール、零細保有地をもち農業労働に従事

表III-5-2-2 プロジェクト立ち退き者総数に占める指定諸カースト成員の割合

ダム名称	立ち退き者総数	立ち退き指定カースト成員	指定カースト成員の割合（％）
バルギ	37,725	3,840	10.2
ビサルプル	57,138	5,900	10.3
ハスデオ・バンゴ	13,585	680	5.0
ヒラクド	75,000	10,125	13.5
イサプル	16,940	14,399	85.0
ポラヴァラム	154,484	15,757	10.2
レンガリ	4,015	233	5.8
ナーガルジュナ・サーガル	24,400	1,708	7.0
ナルマダー・サーガル	82,120	10,090	12.3
シプ	5,494	495	9.0
ソンドゥル・ダム	1,510	55	3.6
ティースタ（V段階）	1,020	25	2.5
ティラリ	4,274	183	4.3
アッパー・インドラヴァティ	26,630	10,985	41.3
アッパー・ワインガンガー	6,435	860	13.4
アッパー・ワルダ	11,817	1,195	10.1
ワルナ	7,906	132	1.7
計	530,493	76,662	14.5

出所：World Commission on Dams (2000) *Large Dams; India's Experience; Final Report*, prepared for the World Commission on Dams by R. Rangachari and Others, Cape Town, p.130. (http://www.dams.org)

表Ⅲ-5-2-3 立ち退き者総数に占める指定諸部族民の割合

ダム名称	立ち退き者総数（政府統計）	立ち退き指定諸部族成員	指定諸部族成員の割合（％）
バリメラ	60,000	5,880	9.8
バルギ	37,725	11,430	30.3
バークラー	36,000	12,514	34.8
バサルプル	57,138	5,700	10.0
ボドガト	12,700	9,520	75.0
チャンディル	48,500	46,075	95.0
ダマン・ガンガー	11,805	7,770	65.8
ハスデオ・バンゴ	13,585	10,910	80.3
ヒラクド	75,000	24,975	33.3
イチャ	30,800	24,640	80.0
インチャンパリ	38,100	29,063	76.3
ジャカム	335	320	95.5
カルジャン	8,025	7,970	99.3
コエ・カロ	66,000	58,080	88.0
コナル	5,747	1,224	21.3
マヘーシュワル	20,000	12,000	60.0
マヒバジャジ・サーガル	34,875	26,017	74.6
マイトン	28,030	15,830	56.5
マサン	29,975	2,292	31.0
ナーガルジュナ・サーガル	24,000	8,784	36.0
ナルマダー・サーガル	82,120	15,870	19.3
ポラヴァラム	154,484	81,722	52.9
ポング	20,722	11,656	56.3
レンガリ	4,015	23	0.6
サルダル・サロヴァル	150,720	92,770	61.6
ソンドゥル・ダム	1,510	1,250	82.8
タワ	3,070	3,070	100.0
ティースタ（Ⅴ段階）	1,020	255	25.0
トゥトゥリ	13,600	7,019	51.6
ウカイ	80,000	15,120	18.9
アッパー・インドラヴァティ	26,630	4,285	16.1
アッパー・ワインガンガー	6,435	1,835	28.5
アッパー・ワルダ	11,817	3,466	29.3
ワルナ	7,906	93	1.2
計	1,202,789	566,434	47.1

出所：World Commission on Dams（2000）*Large Dams; India's Experience; Final Report*, prepared for the World Commission on Dams by R. Rangachari and Others, Cape Town, p.130-131.（http://www.dams.org）

する指定部族民や指定カースト成員に加えて種々の職人カースト成員が居住していた。1970年代以後電化にともなって農民たちはナルマダー河から揚水するポンプを設置して灌漑用地下配水管を整備し、穀作に加えてトウガラシ、綿花、パパイヤ、バナナ、サトウキビなどの換金作物を栽培している。マディヤ・プラデーシュ州の水没予定村192のうち約140がこの地帯にあった[17]。

第1の問題点は、SSP実施にともない影響を受ける人々の多様性であった。州政府によって納税調査済みの村落に住み土地保有者として登録されているカースト・ヒンドゥー教徒農民、政府森林地の不法侵入者として合法的土地保有権を公認されていない部族民、土地なし労働者、職人など利害を異にする水没予定者がいた。さらに、村総面積のうちまた個々人の保有地のうち水没を予定される面積の割合の違い、家屋のみ水没する者、耕地の一部が貯水池内に島状（タプ地［tapu］）に残される者など、村や家族によって影響の度合いが異なっていた。このような事情が補償問題を複雑にした[18]。

第2の大きな問題は、公共建設にともなう立ち退き者に対する全インドに共通する補償制度がなかったことである。

全インドに共通する唯一の法律はイギリス統治時代に制定された1894年土地収用法（Land Acquisition Act of 1894、1984年改正）であり、それには土地は「公共目的」または会社のために収用されうると規定されているが、「公共目的」がなにかは定義されていない。また、土地収用法の下では立ち退き者に与えられるのは収用される土地に対する現金補償だけである。再定住・更生は同法の範囲外である。土地収用後の更生に関して、中央政府には法律も、指針を定める政策もなかった。それぞれの州では開発プロジェクトによる立ち退き問題は、当該州政府の全体的政策および規則または特定プロジェクトのために制定された規則によって行われてきた。したがって、再定住はしばしばプロジェクトごとに個別に行われていた。

ナルマダー河水紛争審判所裁定は以前の水紛争審判所と異なり、更生・再定住に関し細かい条件を定めていた。主要な点は以下の二つである。
(1) 貯水池で水没により立ち退かざるをえないマハーラーシュトラ州とマデ

ィヤ・プラデーシュ州の人々の再定住の便益と手続きを定め、その費用はグジャラート州の負担とした。立ち退き者は経済的・社会的進歩の機会をもたらす便益を受けるようにするものとされた。

(2) 水没地の立ち退き者は失うことになる土地に代わる土地、家屋敷地、短期融資を与えられるようにする。失う財産に対する現金補償のほかに、再定住補助金、移住する新開村または既存の村における社会的便宜、新しい家屋敷地を与えるよう裁定がなされた。とくに重要な点は、保有地の25％以上を失う立ち退き家族には同じ規模の農地を（土地保有最高限度法を条件とし、最低2ha）与えることを3州に義務づけたことである。また、「成人した男子（18歳以上の息子）」も自分の権利で補償便益を受けるようにと定めた。

しかし、耕作している土地に対して慣行的権利を有している不法侵入者と土地なし者については規定していなかった。土地が水没でなく、タプ地になる人についても触れていない。しかし、1979年審判所裁定は、それまでの金銭的補償だけでなく、「金銭と土地をともに」補償とした点で、進歩的であると認められた。

1980年代前半には、関係3州ともに立ち退き者の数も、再定住のための計画も持ち合わせていなかった。

グジャラート州政府は審判所裁定を受け入れ、土地を失う人々は灌漑地／灌漑可能地2haを与えられるものとした。しかし、土地なし者、不法侵入者、土地が水没せずタプ地になる者、すべての世帯の世帯主以外の成人男子には土地が与えられないことになった。

マハーラーシュトラ州は1976年に再定住・更生に関する法律を制定した。プロジェクトの影響を受ける世帯は失う土地の補償として受け取る金額の75％を預託すれば、最低1haの灌漑地を与えられることになった。生計を農業賃金労働に全面的に依存している土地なし労働者が土地保有者とともに移住することを決心したときには、土地が利用可能な場合に1エーカーが与えられることになった。

マディヤ・プラデーシュ州は再定住・更生法を制定せず、失う土地に対して現金補償を支払うと決議した[19]。

第3の問題点は、ナルマダー河流域開発にともなう環境への影響問題[20]であった。つぎのような問題に対する影響評価が十分になされていないと指摘されていた。①灌漑（湛水、塩害など）、②上流部影響（水没、補償的植林、流域処置、沈砂・沈泥）、③下流部影響（漁業、とくにヒルサ魚）、④健康（マラリヤ、水媒介伝染病）、⑤自然保護、⑥文化遺産。

第1期の運動の中心的担い手はグジャラート州に基盤をおくNGO、ARCH-Vahini、ガンディー主義者H.パリク（Parikh）の率いるアーナンド・ニケタン・アーシュラム（Anand Niketan Ashram）や社会知識・行動センター（Centre for Social Knowledge and Action ＝ SETU）などであった。以下、ARCH-Vahiniの責任者として活動しているパテルらの論文[21]に依拠して、その活動を紹介しよう。

ナルマダー河水紛争審判所裁定は1979年12月に下され、ダム基礎工事は1980年初頭に開始された。審判所は1979年に土地収用とサルダル・サロヴァル・ダムと貯水池によって立ち退かされる者について特別命令を出す決定を下した。立ち退き者は集団としてグジャラート州の灌漑（灌漑可能）地域か、または貯水池に近い自州内の地域に再定住することを選ぶことができる、と定められた。

世界銀行はすでに1980年2月に同銀行援助対象プロジェクトにおける立ち退き予定者の再定住・更生に関する指針を公表していた。

世銀評価報告書は審判所の裁定に加えていくつかの原則を附加した[22]。

(1) 立ち退き者は立ち退きのあと速やかに以前に享受していた生活水準を改善または少なくとも取り戻すこと。立ち退き者の希望にしたがい村単位で移転されること。受け入れ社会に完全に統合されること。適正な補償と社会的・経済的更生を与えられること。

(2) 立ち退き者は再定住・更生計画の作成に参加すること。

(3) 土地保有立ち退き者はかれが受け入れる最小限灌漑可能地 2ha を分与さ

れること。
(4) 土地なし者は農業または非農業部門で更生され、(1) にしたがって安定した生計手段を与えられる権利をもつこと。
(5) 土地補償水準は市場価値にもとづくこと。
(6) 代替地費用には土地保有立ち退き者の受け取る補償金の 50％を当て、残額は 20 年賦の無利子貸付金で回収されること。
(7) いかなる場合も土地または実際の再定住の代わりに現金補償支払いをしないこと。

　1980 年代初めに再定住・更生事業がグジャラート州の 19 カ村、マハーラーシュトラ州の 33 カ村で開始された。マディヤ・プラデーシュ州で最初に水没するのは建設工事第 2 段階以後であったので、事業実施は遅れた。この期間の最初にグジャラート州の 10 カ村とマハーラーシュトラ州の 2 カ村の人々が立ち退きの対象になった。政府官吏も立ち退き者自身も再定住・更生に関する規定も権利も知っていなかった。ARCH-Vahini は 6 カ月以内に影響を受けることになる部族民居住村において直ちに行動を開始し、1980 年 7 月部族民と最初の接触を行った。

　1983 年に最初の村々がグジャラート州政府の再定住・更生パッケージを受け入れた。その内容は審判所の裁定よりも悪いものであった。不法侵入者は補償を受けられなかった。官吏が成文誓書を撤回するという過ちを犯した。部族民は ARCH-Vahini の勧告を入れて、グジャラート高等裁判所に提訴した。高等裁判所が部族民の告訴を取り上げ、その主張をほぼ受け入れそうになり、グジャラート州政府は妥協を余儀なくされた。これにより部族民は自分たちの権利を擁護する可能性を自覚するようになった。

　1983 年 8 月、ARCH-Vahini は世界銀行に対して、このプロジェクトにおいては不法侵入者、インド相続法により父祖の土地の合法的所有者である 18 歳以上の成人男子が補償の対象にされていないという問題点があること、を伝えた。インド政府にとっても、関係諸州政府にとっても、現行法（1927 年インド森林法と 1980 年森林保全法）のもとではこのような問題は存在しえなか

った。また、ナルマダー河水紛争審判所もこれについては言及していなかった。

1983年末、世界銀行はカリフォルニア工科大学教授テイラー・スカッダー (Thayer Scudder)を長とする調査団を派遣し、ARCH-Vahiniが提起した問題点を確認した。この調査団は11月に提出した報告書において、不法侵入者の権利を承認すること、部族民が望む場合には劣化した森林を再定住地として放出することを提案した。こうして、不法侵入者の権利承認は関係諸州政府にとって看過しえない問題とされるようになった。

第4節　第2期（1984～1987年）——非政府組織運動の拡大とグジャラート州政府の新再定住・更生政策——

1　グジャラート州における運動[23]

グジャラート州ではナルマダー被影響者闘争委員会（Narmada Asargrasta Sangharsha Samiti）が、プロジェクトとプロジェクト従事者居住団地造成のために立ち退かされた6村の人々の間で活動を開始した。これらの村々は十分な補償を与えられていなかった。ARCH-Vahiniはすでにグジャラート州内の立ち退き予定者に対する完全な補償を要求していた。1987年までにボンベイ、デリー、アーメダバードから他の活動家たちも参加するようになった[24]。

部族民居住村における村民集会で、自分たちは公有地の泥棒呼ばわりをされるが、不法侵入かどうかは別として土地を耕作する以外に生計の途がないので、立ち退きに当たって代替地を求める、という声が高まってきた。

1984年3月8日、ARCH-Vahiniが中心になってグジャラート州とマハーラーシュトラ州の部族民立ち退き予定者全員の抗議行進が組織された。この行進の主要目的は不法侵入者への補償問題であった。海外ではOxfam-UKがこの問題に関して世界銀行と協議を行い、また部族民立ち退き問題に対して多くの国際NGOの関心を高めるようになった。

この行進の1カ月後の4月にグジャラート州灌漑大臣が水没予定村を回り、不法侵入者と土地保有者のすべての成人男子（18歳以上の息子）が最小限2haの土地を取得できるようにすると説明した。しかし、この約束は実行されなかった。グジャラート州政府は明らかに時間稼ぎをしていた。

　1984年9月、世界銀行の派遣でスカッダーが再び現地を訪れ、ARCH-Vahiniと再定住問題を協議した。かれの勧告をもとに世界銀行はインド政府および関係3州政府と援助条件に関する最終的協議に入った。世界銀行は不法侵入者の保有地を合法化し、土地に対する権利を承認すべきである、と主張した。この結果、1985年5月に結ばれた世界銀行の借款協定において、土地なし立ち退き者は農業部門または非農業部門に再定住させ、安定した生計手段を与えられ、生活水準を悪化させないこと、と明記された。ここでいう土地なし立ち退き者とは実際の土地なし者だけでなく、不法侵入者を含むものと解釈された。

　1984年4月の灌漑大臣の約束が実施されないので、1985年1月にARCH-Vahiniはダムサイトにおいて大規模な抗議行動を開催した。そして満足すべき再定住・更生政策が策定されなければ、立ち退きの一時差し止め命令を出すよう求めてグジャラート高等裁判所に提訴したが、却下された。しかし、インド最高裁判所がそれを認め、立ち退き差し止め命令を出したが、この命令は無視された。グジャラート州政府は提出した宣誓供述書のなかで、不法侵入者の要求を拒否していた。

　1986年6月にARCH-Vahiniはプロジェクト被影響者と再定住・更生の諸問題に関するセミナーを開催した。これにはのちにダム建設反対運動の中心になるガンディー主義者バーバー・アムテも出席した。

　1987年3月になると、1985年5、11月に提出された「不法侵入者と土地保有立ち退き者へ土地権利を与える」というグジャラート州政府決議が、世界銀行の援助条件に含まれていることが明らかになった。グジャラート州政府は世界銀行向けと部族民向けに二枚舌を弄しているように見えた。

　1987年4月、世界銀行調査団長が部族民居住村での会合においてグジャラ

ート州政府官僚の面前で、州政府は不法侵入者と成人男子全員に対して法的に土地 2ha を与えなければならない、と明言した。

ついに、1987 年 12 月 27 日にグジャラート州政府灌漑大臣が新政策を正式に言明した。グジャラート州政府は不法侵入者と土地なし者をプロジェクト影響者のカテゴリーのなかに入れることになった。また、土地保有者と土地なし者の成人男子（18 歳以上の息子）も再定住・更生の対象として別個に扱われることになった。さらに、農地の共同保有者の共同持分権者とその息子にも同じ再定住・更生の便益が提供されることになった。

しかし、現場での新政策実施に当たっては土地保有者の成人男子の権利をグジャラート州政府官吏が認めない態度を示したことに反対して、1988 年 5 月 14 日にグジャラート州の部族民が最初にして最後の「土地なしならば、ダムなし」(no land, no dam) の声を挙げた。この要求に屈して 1988 年 5 月 19 日、グジャラート州政府ナルマダー公社の新会長は部族民および ARCH-Vahini 代表との会見において、部族民の要求を容れることを確認した。これはグジャラート州における再定住・更生をめぐる紛争の転換点となった。

運動の指導者パテルはこの後「再定住・更生政策の解釈について州政府との間に対立がなくなった」[25] とし、「グジャラート州政府の新しい再定住・更生政策は世界銀行の借款契約条件の直接的反映であるが、それ自体は 1984 年以来部族民と ARCH-Vahini によってなされた要求にもとづくものであった」[26]、と誇らしげに記している。

この後、ARCH-Vahini をはじめとするグジャラート州のその他の NGO の活動はグジャラート州政府に協力して、再定住地の確定、土地価格の設定、公正な土地配分、更生上の社会的便宜の確実な実現を促進することに向けられるようになった。

2　マハーラーシュトラ州とマディヤ・プラデーシュ州における運動

ナルマダー河水紛争審判所の裁定によれば、マハーラーシュトラ州とマディヤ・プラデーシュ州のプロジェクト被影響者はグジャラート州か自州のい

ずれかを選び再定住することができることになっていた。以前に保有していたと同じ面積（ただし最大限2ha）の土地を補償されることになっていた。成人した息子も別個の家族として扱われることになっていた。加えて、家屋敷地として500m²、その他社会的便宜も与えられることになっていた。そのためには水没予定地の詳細な測量調査が必要とされた。

　NBAの中心的指導者となるM.パトカルは1985年に在籍していたムンバイーにあるターター社会科学研究所での研究を放棄して、立ち退き者問題の調査のために最初はSETUと関係した。その後母語マラーティー語を生かせるマハーラーシュトラ州のプロジェクト被影響地で活動するようになったといわれる。彼女の指導のもとに部族民は1986年2月16日にナルマダー土地死守委員会を結成した。部族居住村を回り、プロジェクト関連の報告書類の公開を政府関係部局に要求するよう説得した[27]。マディヤ・プラデーシュ州の部族民居住村もこれに参加するようになった。

　1987年にマディヤ・プラデーシュ州のニマド地方でナルマダー流域復興委員会が再び活動するようになった。この組織はSSPによって立ち退かされる予定の非部族民を動員した[28]。

　マハーラーシュトラ州では1978年に発布された政策で、1978年3月31日以前に不法侵入された森林地はすべて耕作者の私有地として登録されることになっていた。しかし、1980年に改正された森林保全法では、中央政府の許可を得ずには、また法の施行以前から耕作されていたことを証明しない限りは、森林地を個人所有地に転換できなかった。これには時間を要した。したがって、再定住目的のためには不法侵入者は土地保有者とまったく同等に扱われることにされた。

　1980年に最初に水没する村の住民に土地収用通達が送られた。1984年にマニベリ村の住民は25マイルほど離れたグジャラート州内の政府森林地を選んで移転していった[29]。

　マハーラーシュトラ州では部族民は同じ地域の劣化した森林に再定住することを望んでいた。ナルマダー・ダム土地死守委員会はグジャラート州の

ARCH-Vahini と同じような活動をしていた。かれらは世界銀行の借款協定の条文を盾にとって、かれらが認定した劣化森林地を再定住のために放出することを要求した。しかしインド政府環境・森林省がこれに反対していた[30]。

マディヤ・プラデーシュ州では 1985 年にマディヤ・プラデーシュ州プロジェクト立ち退き者(再定住)法(Madhya Pradesh Project Displaced Persons [Resettlement] Act) が制定された。収用すべき土地面積の測定、立ち退き者の調査、再定住に利用可能な土地の測定、すべての立ち退き者に灌漑地を配分して再定住させること、と定めている。この法律の条文と審判所裁定を総合して、マディヤ・プラデーシュ州政府はナルマダー・プロジェクトのための政策パッケージを策定した。

1987 年州政府はナルマダー・サーガル立ち退き者のため政策を承認し、これは 1989 年に SSP にも適用されることになった。

マディヤ・プラデーシュ州政府は 1985 年世銀信用・借款協定の主要目的と水紛争審判所裁定を承認した。しかし、その立ち退き者の定義は審判所の定義よりも狭かった。資格を得るには、立ち退き者は土地収用法第 4 条による通知以前に、審判所の定める 1 年ではなく、少なくとも 3 年耕作していなければならなかった。「土地なし者」の州政府の定義は、農業のための土地をもたない者だけであった。したがって、不法侵入者と成人子息は土地なし者とは認められなかった。

1987 年 4 月 1 日以前に侵入した不法侵入者は収用された土地に対して補償を受け、最低 1ha、2ha 以上収用されても最大 2ha の土地を配分される。灌漑および不法侵入日の決定方法についてはなにも述べられていない。

成人男子、1987 年後の不法侵入者、土地なし者には土地は配分されない。土地なし者（成人男子を含む）への特別便宜として職業訓練、3 年間の所得補充補助金が与えられることになっていた。

このようにマディヤ・プラデーシュ州政府の政策では、自分のものとみなしている土地を耕作している不法侵入者と成人男子が権利喪失の脅威にさらされることになった。土地に対する権利をもたない成人男子は立ち退き予定

家族総数の約40％を占めると推定されていた[31]。

　マハーラーシュトラ州とマディヤ・プラデーシュ州は、立ち退き者全員に2haの土地を補償することという水紛争審判所裁定を順守するのに十分な代替地を確保することに困難を感じていた。これに対してグジャラート州は3州すべての立ち退き予定者に与えるのに十分な土地をもっていると主張していた。しかし、活動家たちがそのような土地の確定を求めると、ただちに入手できる土地がないことが明らかになった。グジャラート州政府は市場で土地を購入することにした。広大な地域にわたって分散した土地しか入手できず、少なくとも20～30家族を1カ所に共に再定住させるに十分な面積の土地を入手することは困難であることが判明した[32]。

　この時期の運動の経験から得られた結果を、マハーラーシュトラ州を中心に活動していたターター社会科学研究所所員パラスラマンはつぎのように総括している[33]。

(1) 1988年半ばまでに民衆や活動家たちに明らかになったのは、州政府が立ち退きの規模や重要性についてなんら明確な観念をもっていないことである。理由は州政府が基準時データをもたず、またそのようなデータを作成する真面目な努力もしていなかったからである。

(2) 州政府は首尾一貫した政策を追求する努力をまったくしなかった。「不法侵入地」や「タプ地」をもつ人々への補償のような問題は未解決のままであった。

(3) 立ち退き者を再定住させる土地が得られる可能性が不確定になった。政府は再定住に関する政策変更に対する関係住民の信頼を失った。

(4) すでに再定住した村々では、悲惨な状態が増大しており、水、配給店、学校、保健所、道路、輸送などのような基本的便宜が長期にわたって欠如していた。

第5節　第3期（1988～1994年）——SSP建設反対運動の勃興——

1　インド国内における運動の分裂

　1987年にグジャラート州政府が新しい再定住・更生政策を公表すると、グジャラート州のほとんどすべてのNGOが革命的政策と賞賛した。

　しかし、マハーラーシュトラ州とマディヤ・プラデーシュ州で活動していた組織は異なっていた。両州で同じような政策を実現する方法を探るのをやめ、新しい政策が単に紙上のものにすぎないのではないかと疑いだした[34]。

　1988年1月30日にダムサイトのケヴァディアにおいてパトカルらが大集会を開催して、すでに立ち退かされた者の再定住の早急な実現、プロジェクト関連公文書の公開などを求めた。これに対する政府の返書が3月に届き、主要な報告書は公開できないと伝えてきた。5月になってパトカルたちは独自に政府や世界銀行の資料を収集して検討することにした。この結果、プロジェクト自体に多くの欠陥があり、便益の推計に誤りがあるのではないか、との結論に達した。政府に2カ月の猶予を与えて質問状を送り、返書が得られなければダム建設に反対する、という決定がなされた。質問状は1988年5月14日（または15日）に各州政府官房長官に送られた[35]。

　1988年8月18日にマハーラーシュトラ州とマディヤ・プラデーシュ州のプロジェクト影響村で活動する地元のすべての組織がアッカルクワ、アクラニ、アリラジプル、ニマドなど6郡庁所在都市で集会を開き、SSPへの全面的反対を宣言した。かれらは環境と立ち退き予定者の経済・社会的基盤を救うためにSSP実現を阻止し、代替的持続可能な開発の実現のために活動することを言明した[36]。

　これにはマハーラーシュトラ州、マディヤ・プラデーシュ州、その他の地域で部族民、スラム住民、小規模・零細農民の福祉のために活動している多数の影響力ある組織や環境グループが連帯してSSPに反対することになった。

政党や政治指導者から「距離をおく」ことに決定した。この段階でバーバー・アムテがマハーラーシュトラ州ワルダー県アーナンドワンにあるアーシュラムを出て、マディヤ・プラデーシュ州のナルマダー河畔カスラヴァドに移住してきて、運動を支援することになった[37]。

　1989年、これらの組織が合同して、NBAと呼ばれる新しい組織を結成した[38]。かれらは、インド政府がSSPの完全な再検討——ダムの建設に関連する技術的側面と費用／便益、プロジェクトの社会的・環境的費用、立ち退き・環境問題を緩和する州政府の能力の証明——を命じるよう要求した。活動家たちの主張は、技術的可能性・便益が妥当でないとしたら、政府は代替的開発戦略に代えるべきである、ということであった。運動の焦点は再定住・更生問題から環境問題、経済的採算性、部族民福祉、人権、SSPの代替策などの問題に移っていった。

　反対に、プロジェクトの主要な受益者であるグジャラート州政府はSSPの再検討を回避し、後戻り不可能な段階に達するようにダム建設作業を促進することに決定した。

　こうしてマハーラーシュトラ州とマディヤ・プラデーシュ州において激しい対立が生じた。これら2州で人々が自分の村から移転することを拒否すれば、強制力を用いるか、来るべき水没で脅すかしないかぎり、建設作業は一定段階以上継続できないことをグジャラート州政府は認識していた[39]。

　1988年から1990年の期間に民衆と活動家たちは会合、行進、デモ、請願、ストライキ、当局との公的対決など、種々の形の反対運動をくりひろげた。州政府当局はこれに対して脅迫、逮捕、ダムサイトでの会合禁止などで応じた。この期間の運動の過程で活動家たちは、マディヤ・プラデーシュ州では、中央政府にSSPの包括的検討を要求するとの約束を州政府首相から引き出した。マハーラーシュトラ州でも民衆に受け入れられる包括的な再定住計画が出されない限り、マハーラーシュトラ州の土地は一寸たりとも水没させない、との約束を州首相から得た。1990年に数百人の人々がデリーで首相公邸の前で会合を開き、全面的検討の約束を獲得した。

しかし、これらの約束は実施されなかった。グジャラート州政府、同州出身の国会議員、技術官僚などの圧力が強力であった。このような状況を政治家・官僚・産業の鉄のように固い三者結合と呼ぶ研究者がいる[40]。

　活動家たちはグジャラート州政府との直接対決を計画するようになった。1990年12月初旬にバーバー・アムテとメダー・パトカルは2万人の民衆とともに、建設工事を停止させるためにナルマダー河の水源のあるマディヤ・プラデーシュ州側からグジャラート州内のダムサイトまでの行進を開始した。かれらはマハーラーシュトラとグジャラートの州境で止められ、グジャラートに入ることができなかった。州首相夫人が指導して動員したグジャラートの政治家や農民約1万人が州境で対峙した。警察が間に入り、21日間にわたり対峙が続いた。7名の活動家が断食ストに入った。効果はなく、アムテはパドマ・ブーシャンと最高市民栄誉賞をインド政府に返上した[41]。

　活動家たちは村に戻らざるをえなかった。何ごとが生じようとも村を離れず、「村自治」(hamara gaon hamara raj) をスローガンに掲げた。1991年1月から外部者を村に入れなかった。1992年初頭にナルマダー管理委員会は政府関係者の村への立ち入り可能性の度合いをつぎのように分類した。グジャラート州：抵抗なく、すべての作業に立ち入り自由。マハーラーシュトラ州：33村すべてに立ち入り不可能。マディヤ・プラデーシュ州：強力な抵抗で立ち入り不可能34村、中位の抵抗で立ち入り困難99村、抵抗なし60村[42]。

　マハーラーシュトラ州の担当官として実際の調査に当たったギルはこう苦情を述べている。「NBAは水没予定地に州政府官吏が調査のために入ることを拒否する運動（Gaon Bandhi）を始めた。再定住・更生事業の進捗状況をモニターするために委嘱されたターター社会科学研究所調査員の入村さえ拒否されたことがあった。その結果事業遂行のための基本的な資料さえ入手できなくなった[43]」。

　再定住のための代替地を見つけるのに苦労していたマハーラーシュトラ州は、インド政府環境・森林省に森林地の一部を開放するよう何度も要請していた。NBAも1985～88年には同様の要求を掲げていた。同省はそれに反対

していたが、1990年5月に中央政府閣僚会議が特別許可を出して、2700haが開放されることになった。これに対してNBAは一転して環境破壊であるとして批判するようになった[44]。

グジャラート州政府は工事の中断を避けるという一点に的を絞り、影響を受ける人々の当初の要求を満足させるよう再定住・更生政策を変更した。そしてそれと合致するようにマハーラーシュトラ州とマディヤ・プラデーシュ州に再定住政策を変更するよう求めた。さらに望むのであれば、両州のプロジェクト影響者全員をグジャラートに再定住させることを約束した[45]。

1989年6月、マハーラーシュトラ州政府はすべての種類のプロジェクトの被影響者を対象とする包括的な再定住政策を公表した。土地保有被影響者は保有していた水没地と同じ面積の灌漑可能地を与えられることになった。1978年3月1日以前に森林地を不法侵入して保有していた被影響者にも農地5エーカーが与えられることになった。この調査は1985年に行われたので、実質的にはそれ以前の不法侵入者も合法化することになった。土地なし者は農地1エーカーを与えられることになった。成人男子は$500m^2$の家屋敷地しか認められなかった。

しかし1992年9月に政策は改善され、成人男子、土地なし被影響者にも農地2.5エーカーを認めることになった。

マハーラーシュトラ州では1990年6月にすでにタロダ森林地2700haが開放されていた[46]。1994年にマハーラーシュトラ州では、世界銀行との約束の3000haのうち環境・森林省が劣化森林地1500haを再定住のために開放した。しかし、このような情報をNBAは立ち退き予定の部族民に伝えていなかったといわれる。

約3000部族民家族のうち650家族がグジャラート州への移住を選び、800家族は自州に土地を選んだ。グジャラート州政府は自州とマディヤ・プラデーシュ州の部族民に対すると同じ再定住・更生パッケージを提供した[47]。しかし、立ち退き者全体の約25％しかグジャラートへの移住を望まなかった[48]。

この間、ARCH-Vahiniはグジャラート州政府を支持して、同州の立ち退き

Ⅲ章　州際河川水紛争　　213

者の再定住を支援していた。グジャラート州ではダム建設反対運動に対抗するNGOが多数組織された。それらの目的はSSPの完成を確実にするために、立ち退き予定者の再定住問題の面でグジャラート州政府と建設的に協力することであった。

ARCH-Vahiniの代表者パテルはNBAの方針変更を批判してこう記している。「マハーラーシュトラ州は1992年2月には部族民再定住政策を修正した。マディヤ・プラデーシュ州はグジャラート州が河川水の3分の1を得たことに反感を抱いており、絶えず再定住・更生政策の足を引っ張っている。世界銀行が改善圧力をかけていたが、1993年3月にインド政府が世界銀行融資を辞退したことにより、改善努力が弱まった。NBA・環境・森林省連合とマディヤ・プラデーシュ州政府内のその同調者たちはダム反対運動を遂行するという共通の目的のために部族民の再定住にまったく関心をもたなくなった」[49]。

1983年からナルマダー河開発にともなう諸問題の実態調査を行っていた、ニューデリーに本拠を置く多角的行動調査グループ（Multiple Action Research Group ＝ MARG）のダガムワルは研究者が帰属する州の利害によって動かされていたことを批判して、両者の対立についてこう述べている。

「ARCH-VahiniとNBAは正反対の立場をとっていた。ARCH-Vahiniはつぎのように考えていた。
①SSPはグジャラートに約束された利益をもたらす
②立ち退き者は土地補償でもって完全かつ満足すべき再定住を与えられる
③再植林は失われた森林を取り戻す

NBAはこの3点を否定し、つぎのように主張した。
①プロジェクトは約束を果たさない
②立ち退き者は利用可能な土地がないので、適切な更生を受けられない
③森林への損害は取り戻せない

ARCH-VahiniとNBAは相対立する見解を抱き、異なる途を歩み、たがいに厳しく交流を避けていたが、プロジェクトの利益と政策に関しては同じ問題を提起していた。かれらはいずれも土地補償を要求し、立ち退き者、とくに

部族民の生活様式を存続させようと望んでいる。こうしてARCH-Vahiniはすべての問題に肯定的に、NBAは否定的に答えていたが、両者の問題と開発展望は同じであった。いずれの側にも問題の全体的見方がなかった。

影響を受ける3州の外に住む者は困惑し、マディヤ・プラデーシュ、マハーラーシュトラ、グジャラートではSSPをどう見るかは住むところによって決まった。

個々の改良を求めるARCH-Vahiniは既存構造、ダムを出発点とする構造のなかでの漸次的変化を探るといえよう。NBAは制度の基礎そのものに挑戦する急進的な団体と特徴づけられよう」[50]。

パテルはまたNBAの「新戦略（よりよい再定住・更生政策の追求からのUターン）は環境防衛基金のようなNGOによってさらに強められた」[51]として、先進諸国のNGOによるSSP問題への干渉に不満の意を表明している。

2 国際的非政府組織の関与と世界銀行の融資停止 [52]

アメリカに基盤をおく環境団体、環境防衛基金（Environmental Defence Fund＝EDF）はOxfam-UKとともに世銀にたいして部族民の要求を支持していたが、突然立場を変え、1988年6月に開催された合衆国上院小委員会において流域の部族民はプロジェクトに反対であり、反対運動が広がっている、と証言した。

1989年10月24日に、世界銀行のプロジェクトにおける環境的・社会的成果をめぐって、アメリカ下院において天然資源・農業研究・環境小委員会の公聴会が開催された。ワシントンに本部をおく非政府組織も証言したが、インドからもNBAを代表してメダー・パトカル、人権協会（Lok Adikar Sangh）の人権弁護士ギリシュ・パテル、ナルマダー・プロジェクトに批判的な経済学者ヴィジャイ・パランジピエ（*High Dam on the Narmada*の著者）が証言を行なった。世界銀行はオフレコードの証言にも参加を拒否した。

この公聴会のあと、上・下院の議員の多くが当時の世界銀行総裁B.コナブル（Conable）宛にSSPの中止または無効を求める書簡を送った。

これを契機に日本でも 1990 年 4 月 21 日に Friends of Earth（東京）、その他の NGO が中心となって国際ナルマダー・シンポジウム「誰のための援助？——インド、ナルマダ・ダム計画の現場から——」が開催された。このシンポジウムにはインドからは住民団体代表 3 名、インド大使館から当時の公使が出席した。また、アメリカからは環境防衛基金代表のロリー・ユダール女史が参加した。日本政府にも招聘状を出したが、だれも参加しなかった。6 月 18 日日本政府は追加融資を見合わせることを発表した。6 月 26 日に 20 名以上の国会議員が世界銀行総裁コナブル宛に SSP 融資の中止を求める書簡を送った[53]。

1991 年 4、5 月にはベルリンの世界連帯行動（Action for World Solidarity）、その他の NGO が NBA のシュリパド・ダルマディカリとキサーン・メーターのヨーロッパ訪問を組織した。かれらはドイツ、スウェーデン、デンマーク、オランダ、イギリスを歴訪し、報道関係者、政府要人、政治家、NGO 代表と会見し、SSP の批判を繰り広げた。

世界銀行は 1991 年 6 月に前国際連合開発計画長官 B. モースを委員長とする独立調査団を任命し、SSP の実情を報告するよう命じた。同調査団は同年 9 月からインドで調査を行った。

1992 年 6 月、国連「環境と開発」会議（いわゆる「地球サミット」）が開催された。世界銀行はグローバルな環境上の優先事項・行動に関する非公式の政府間協定「アジェンダ 21」を実施する主要融資機構となった。2 日後の 6 月 18 日に独立調査団の報告書[54]が発表された。この報告書はインド政府および SSP 関係 3 州の再定住・更生政策ならびに環境保全施策を厳しく批判しただけでなく、世界銀行はその融資指針に背いて援助するという「原罪」を犯したとまで断定した。

1992 年 9 月 21 日に世界銀行と国際通貨基金の総会のために 152 カ国の蔵相がワシントンに集まってきた機会をとらえて、Financial Times 紙上に全面にわたり世界銀行総裁ルイス・プレストン宛の公開書簡が掲載された。37 カ国におよぶ 250 の NGO・連合・運動が署名し、「世界銀行はサルダル・サロヴ

ァルからただちに撤退すべきである」と要求していた。

　独立報告書の公表以後、ナルマダー国際人権パネルがアメリカの環境防衛基金やワシントンにある多国籍開発銀行間の情報交換にあたる銀行情報センター（Bank Information Center）によって結成された。このパネルには16カ国から42の環境関係団体・人権関係団体が参加した。パネリストたちは交代でインドの水没予定村を訪れ、調査を行い、1992年10月7日に中間報告書を発表した。そのなかで、開発への参加権の拒否、文化・社会・宗教的権利の保証・尊重の不履行、有効な救済を求める権利の拒否など多くの人権侵害例を指摘した。

　その後、世界銀行は別の調査チームを2度ほど派遣した。この結果をもとにして、1992年10月に世界銀行はインド政府に対して、つぎの6課題について1992年10月から1993年4月までの6カ月間に遂行するという条件つきで融資継続を認めた。

①影響を受ける部族民を含め、貯水地域のプロジェクト被影響者の人数を示すデータの満足すべき改善。マディヤ・プラデーシュ州とマハーラーシュトラ州は土地なし農業労働者と成人男子を含め、種々のプロジェクト被影響者に適用される資格基準の解釈について一致することが期待される

②3州すべてについて満足すべき再定住・更生計画の作成

③地元のNGOの適切な役割を含め、再定住・更生実施のための制度的仕組みの強化と適応

④改善されたコンサルタンシー慣行に関する確たる証拠

⑤マハーラーシュトラ州とマディヤ・プラデーシュ州における所定の規模の土地収用可能性の確かな証拠

⑥用水路の影響を受ける人々への満足すべき政策パッケージおよびすでに立ち退かされた人々への十分な援助の工夫。これは本来1989年末までにインド政府に提出されるべきものであった

　インド政府は上述の世界銀行の要請を実施する努力を示さなかった。1993年3月にインド政府は世界銀行の監査を受けるよりも、援助残額1億8000万

ドルを辞退することを選んだ。世界銀行にとっても融資資格のなかったところへ融資した過ちを認めて、面子を汚すことを免れた。こうして世界銀行はSSPから撤退し、インド政府と関係諸州政府は自力でプロジェクトを継続することになった[55]。

パトカルの活動は国際的に高く評価され、1991年にラモン・マグサイサイ賞受賞者に選ばれた。国際的な環境問題への関心の高まりの煽りを受けて批判の的にされたSSPの実施当事者グジャラート州サルダル・サロヴァル・ニガム公社総裁にとって、SSPは正に「時代の犠牲」になったと映った[56]。

3 最高裁判所への提訴の経緯[57]

1990年11月にB. D. シャルマー（B. D. Sharma）博士がサルダル・サロヴァル・ダムの立ち退き者の適正な更生をも扱う全国指定カースト・指定部族委員会の設置を求める書簡を最高裁判所に送った。最高裁判所はこの書簡を憲法第32条（基本的人権侵害に対する救済）にもとづく請願書と解釈・処理し、請願書1990年第1201号となった。

1991年7月14日、NBAはマハーラーシュトラ州で最初に水没する予定であったマニベリ村で、水に漬かっても立ち退かないサッチャーグラハを呼びかけた。2カ月にわたり流域の村々から数百人が参加した。マハーラーシュトラ州警察は60名以上を逮捕した[58]。

1991年8月9日付で最高裁判所は実際の水没に先立ち少なくとも6カ月前に完全に再定住されるべきである、との命令を出した。さらに1991年9月20日最高裁判所は同上請願書に関してサルダル・サロヴァル・ダムの更生面を監視するため次官（福祉担当）を委員長とする委員会を設置する命令をインド政府に出した。

1992年、アムテはダム立ち退き者救済のための人道的活動に対してスウェーデンからもう一つのノーベル賞といわれる「正しき生活賞（Right Livelihood Award）」と賞金180万ルピーを授与された。かれはこの賞金でもって「救済基金（Jansahayog Trust）」を設置し、立ち退き反対と代替的開発モデルを探求

している活動家たちを支援することにした[59]。

　1993年6月3日にマニベリ村でマハーラーシュトラ州警察が水没予定の家屋を破壊した。これに抗議して多くの人々がムンバイーの州政庁前で座り込みを開始した。M. パトカルら指導者はダム工事の中止とプロジェクトの再評価を求めて無期限の断食に入った。インド各地で支援集会が開かれた。断食開始後15日目の6月17日にインド政府はSSPのすべての側面について再評価することを約束し、断食は中止された。7月になるとダム立地点の近くの30戸余の家屋が水没するようになった。NBAは8月6日を期して「溺死による自己犠牲」（Jal Samarpan）を掲げて数人の活動家が水位の増す河に身を投げることを表明した[60]。

　このために、インド政府水資源省は1993年8月3日付けの部局覚書でもって、計画委員会委員 Dr. J. パティル（Patil）を委員長とし、V. ゴワリカル（Gowarikar）博士、R. R. アイヤル（Iyer）、L.C. ジャイン（Jain）およびV. C. クランダイスワミ（Kulandaiswamy）を委員とする5名委員グループを設置し、SSPに関連する諸問題についてNBAと協議を継続することにした。NBAの「溺死による自己犠牲」は中止された。このグループは報告書提出まで3カ月の猶予が与えられた。グジャラート州政府はこの委員会の活動への協力を拒否した。

　この間にダム建設は続行され、1994年2月22日に水資源省は建設水門の閉鎖に関する決定を伝えた。この決定は1994年2月24日に実施に移され、建設水門10個が閉鎖され、貯水が開始された。

　1994年4月にNBAは最高裁判所に請願書を提出し、インド連邦政府がダム建設の進行を押しとどめ、前述の水門を開くよう命令することを要請した。NBAがインド連邦と関係3州政府を相手取って最高裁判所に提出した請願書原文は、グジャラート高等裁判所の命令で公開されていない。1994年9月5〜8日に最終審問が行われた[61]。

　2000年10月18日に下された判決文によると、請願者を代表して学識者顧問 S. ブーシャン（S. Bhushan）がつぎのような四つの論点を提起したようで

ある。

すなわち、①一般的問題、②環境問題、③救済・更生問題、および④ナルマダー河水紛争審判所裁定に関わる問題、である。

第1に、SSP全体をなんらか独立の法的機関が再検討すること、プロジェクトが現在の形態で国益のために必要なのか、または再構成・修正されるべきなのかを決定するために、すべての費用・便益（社会、環境、財政）および代替案を検討すること。また、環境影響評価が完全になされ、プロジェクト可能性が透明で、民衆参加型の仕方で評価されるまでは、いかなる事業も実施されてはならないこと。

第2に、1987年に与えられた環境上の許可は、そのための完全な調査が利用不可能なまま与えられたので、それがなされるまでプロジェクトはこれ以上の進捗を認めるべきでないこと。

第3に、救済と更生に関しては、さらなる水没を生ぜしめてはならず、審判所裁定に応じた立ち退き者の満足すべき救済・更生が不可能なので、建設が認められるにしてもダムの高さを大幅に低減すること。さもなければ、憲法第21条（生命の保護と個人的自由）の基本的人権の侵害となろう。

グジャラート高等裁判所は水資源省が設置した5名委員グループの報告書の公開を差し止める命令を下したようである。1994年11月15日に最高裁判所は5名委員グループの報告書の提出を求め、インド政府もまたこの報告書に対応するよう命令された。

1994年12月13日付け命令により最高裁判所は5名委員グループの報告書を公開し、同報告書に対し関係諸州政府に対応策を提出するよう求め、またナルマダー管理委員会に報告書を検討するよう要請した。同報告書は1995年1月2日にナルマダー管理委員会によって検討され、そこでダムの高さと水文（hydrology）の諸問題に関してマディヤ・プラデーシュ州によって不同意が表明された。同州は立ち退き者のための代替地を確保することが困難であったので、ダムの高さを低減することでは、NBAと利害を一にした。5名委員グループ報告書に対してはインド政府、グジャラート州およびマディ

ヤ・プラデーシュ州政府によって異なる対応が最高裁判所に提出された。

1995年1月24日に最高裁判所は5名委員グループに対して下記の諸論点に関して詳細な報告書を提出するよう命令した。
①ダムの高さ
②水文
③再定住と更生および環境問題

5名委員グループ委員長であったパティル博士は健康不調を理由に職務継続に不同意を表明し、1995年2月9日に最高裁判所は残りの4名の委員に前記の諸問題に関する報告書の提出を命令した。

1995年4月17日に4名委員グループが報告書を提出した。しかし、意見は分かれていた。

詳細に審査するために、1995年6月15日に最高裁判所は当時80.3mに達していたダムの建設中止命令を出した。

第6節　第4期（1995年以降）──最高裁判所判決──

1　最高裁判所判決にいたる経緯

最高裁判所への提訴後、マハーラーシュトラ州の被影響村での活動の強化、グジャラート州内の立ち退き者やマディヤ・プラデーシュ州のマヘーシュワル・ダムとバルギー・ダムによる立ち退き者の組織・闘争強化に加えて、NBAは部族民の間における小学校の開設や生活改善運動といった積極的活動を展開するようになった。その過程で大規模ダムに代わる代替的開発の途について議論するようになった[62]。

1996年6月10-11日付けでNBAの活動家の間で討議のために回覧された資料（執筆者はS. ダルマディカリ [Dharmadhikary]）によると、現在行われているナルマダー河流域開発プロジェクトは以下のようなパラダイムにもとづいていた。

Ⅲ章　州際河川水紛争　221

①水を中央貯水池に集め、広大な用水路網を通じて配分
②巨大貯水池をもつ大規模またはメガ・プロジェクト
③商業的エネルギー指向
④「無駄になる」(海に注ぐ) 水すべてを利用
⑤社会が吸収すべき莫大な社会的・環境的影響(「開発のためにだれかが犠牲にならねばならない」、「オムレツを作るために卵を割らねばならない」という原理)
⑥膨大で、増え続ける支出
⑦便益の不安定、過剰評価および集中

これに対してNBAはつぎのようなパラダイムを対置する。

①持続可能性と環境向上
②最小または微小な立ち退き、追い立てなし
③水利用の優先順位決定(飲料・家庭用水、家畜、保護的灌漑、商業的作物・地場産業、工業・長距離移送、生態的機能)
④衡平
⑤統合的土地・水・エネルギー管理および1ないし2作物特化でない「農作体系」(farming systems)
⑥分権的決定機構と地方共同体による管理

以上のような諸原理を具体化する方策として以下の点が上げられている。

①統合的集水域管理
②雨水収集計画、土壌・水保全
③大規模生態改善および保水力向上
④小規模・ミクロ貯水、揚水灌漑計画
⑤地下水開発・利用
⑥支流河川における流水利用計画
⑦バイオマス利用、太陽熱利用、微小規模水力利用発電など分権的方策

1996年12月にナルマダー河沿岸のカサラヴァドにおいて「代替的用水政策」を求める大行進が行われ、それにつづいて2日にわたり全国集会が開催

された。アフマダーバード、ボパール、デリーなどでも同じような集会が開かれた。

　これと関連して、インドにおける近代的環境保護運動の先駆者のひとりアニル・アガルワル（Anil Agarwal、2002年没）によって1980年に創設され、環境問題に関する啓蒙活動を続けてきたNGO科学・環境センター（Centre for Science and Environment ＝ CSE）が、ダム建設反対運動に触発されてインド在来の水資源保全・灌漑方法を調査した報告書を出版して、大規模ダムに代わる代替的水利用方法の可能性を具体的に提示した[63]。

　つづいて、NBAの公益訴訟を受理して、最高裁判所が1995年6月15日にサルダル・サロヴァル・ダム建設工事中止命令を出したあとの行政側の対応と司法側の動向をみてみよう。

　インド政府でSSPを取り扱う中核は水資源省であり、そのほかに環境・森林省、社会的公正・権限賦与省（Ministry of Social Justice and Empowerment）が関係している。中央政府には社会的公正・権限賦与省次官を長とし、関係3州代表者からなる更生委員会が置かれており、定期的に3州内の再定住・更生地区と水没地区を視察して、随時最高裁判所に報告書を提出することになっている。

　ナルマダー河水紛争審判所裁定によりSSPの事業を調整・監督する機関として、中央政府の管轄下にナルマダー管理委員会と再調査委員会が設置されている。管理委員会の中では救済・更生小グループ（Relief and Rehabilitation Sub-Group）と環境小グループ（Environment Sub-Group）が実際の作業に当たる。前者の委員長は社会的公正・権限賦与省次官が務め、関係諸州と再定住・更生問題の研究機関の代表者、独立の社会人類学者、NGO代表者が委員に選任されている。

　1993年と1995年にナルマダー管理委員会は再定住・更生に関する統合的マスター・プランを作成した。それはプロジェクト被影響家族（Project-Affected Families ＝ PAFs）の社会・経済的および文化的背景、法的枠組み、再定住・更生政策と手続き、実施機構、組織、監視・評価、女性・若年者の権

利強化、弱者の特別保護を扱っていた。

　1996年11月13日に連邦水資源大臣を議長とするナルマダー管理委員会会議が開催された。出席したのは、ラージャスターン州を含む関係諸州の首相、インド政府環境・森林省と社会的公正・権限賦与省の代表者であった。この会議において、ダムの高さを5m高めるたびに管理委員会の再定住・更生小グループと環境小グループが共同して再定住・更生措置の実施状況を検査し、その措置の実施と平行して（pari pasu）工事を進捗させるという方針、が決定された[64]。

　他方、1998年3月23日D. シングが率いるマディヤ・プラデーシュ州国民会議派（I）政府は、1956年州際水紛争法第3条にもとづいて中央政府に苦情申し立てを行い、新たな審判所の設置を要請した。マディヤ・プラデーシュ州政府はSSP全体の再検討を望んでいた。同州はナルマダー管理委員会やサルダル・サロヴァル建設諮問委員会の席上でこの点を主張していたが、他の諸州に聞き入れてもらえなかった[65]。

　1999年1月6日、ナルマダー管理委員会再定住・更生小グループは、高さ90mで残っている関係家族の再定住・更生のために諸州が準備した措置が十分なものであり、関係州が行動計画を最終化するためにただちに会合するように、と勧告した。これを受けて21日にインド政府社会公正・権限賦与省次官を議長とする特別州際会議が開催され、ダムの高さ90mで残されている家族の再定住・更生のために諸州が策定した行動計画が承認された。グジャラート州政府はダムの高さ90mでの被影響家族および95mでの被影響家族のなかで同州に再定住を希望する者に対して、それぞれ1998年1月と1999年1月、9月に代替地の選択のための通知を出していた。

　グジャラート州政府は1999年2月17日付け決議でもって苦情処理機構（Grievance Redressal Authority ＝ GRA）を設置した。すでに再定住した者も今後再定住する予定の者も苦情があれば、申し立て、救済を求めることができる。退職した高等裁判所裁判長が委員長となった。これより遅れるが、マディヤ・プラデーシュ州でも2000年3月30日付け通達により苦情処理機構が

設置された。元パトナー高等裁判所長官が委員長となった。マハーラーシュトラ州政府も2000年4月17日付け通達でもって、グジャラート州政府のものと同じような苦情処理機構を設置した。委員長には最高裁判所退職判事が就いた[66]。

　行政側により以上のような改善措置が採られていることを確認したのち、1999年2月18日に最高裁判所は、グジャラート州政府に対してダム建設工事を再開しその高さを1995年工事中止命令時の80.3mからハンプを除き85mに高めることを許可する暫定命令を発した。ダムの高さを138.6m（455フィート）から117.0m（384フィート）に低めたい、というマディヤ・プラデーシュ州の要請は却下された[67]。

　これに対して1999年4月、マディヤ・プラデーシュ州政府はインド政府、グジャラート、マハーラーシュトラおよびラージャスターン州政府を相手取って最高裁判所に82.5mでの工事差し止めを求める訴願書を提出した。同州の意見によれば、ナルマダー河水紛争審判所が1979年に裁定を下した際に参照した流水量データはそれ以前22年間に関するものに過ぎず、しかも推計を含んでいた。だが、今では過去46年間の実際の流水量に関するデータが利用可能となった。それによると配分可能な年間流水量は審判所が基礎とした28MAFではなくて22.5MAFであり、グジャラート州の取り分もそれに比例して減少するはずである。したがってダムの高さも計画の455フィート（138.6m）から384フィート（117.0m）に低めることができる。82.5mを超えると、設計上計画の高さを低くすることは困難になる。

　また、立ち退き者への代替地を確保する見込みが立たないために、サルダル・サロヴァル・ダムの高さを455フィート（138.6m）から384フィート（117.0m）に、あるいは少なくとも436フィート（132.9m）に低めたいと望んでいた。ダムの高さを計画より19フィート低めることにより耕地・森林・その他の土地および1万1000家族3万8461名が水没を免れる。最高裁判所は告訴されたインド政府などに通知を出し、4月28日までに陳述書の提出を求めた[68]。

　5月7日になって最高裁判所はハンプの高さは3mを超えてはならないとの

命令を出した。また、グジャラート州政府の救済・更生措置が適切かどうかを調査するために最高裁判所が任命したP. D. デサイを委員長とする委員会が報告書を提出したことを受けて、サルダル・サロヴァル・ダム事件の最終審理が再開された。報告書の内容はグジャラート州政府にとって有利なものであった、といわれる[69]。

　最高裁判所が出した暫定命令は1995年の建設工事中止命令以来比較的穏やかになっていたNBAのダム建設反対運動を再燃させることになった[70]。

　4月1日からナルマダー河流域の数百名の被影響者が、ムンバイーとデリーで抗議集会を開くためにマハーラーシュトラ州とマディヤ・プラデーシュ州を通って行くマナヴァディカル・ヤトラ（人権行進）を組織した[71]。

　これに先立ち、マディヤ・プラデーシュ州政府は1997年12月16～19日にボパールで「ナルマダー河渓谷における代替策を求めて」と題する集会を開催した。これにはナルマダー河渓谷開発庁や政府官僚にダムの影響を受ける地域代表約100名が参加した。ここで現行開発計画の再検討のためのタースク・フォースの結成が決議された。1998年1月29日にナルマダー河流域プロジェクトを再検討し、流域の水資源・エネルギー資源開発の代替策を策定するためのタースク・フォースを任命していた。同州でナルマダー河開発プロジェクトの一環としていくつかのダム――マヘーシュワル、ロワー・ゴイ、ジョバト、アッパー・ヴェダ、マーン、バルギ、ナルマダー・サーガル――を建設中もしくは建設予定であった。委員長に選ばれたのは州内の民衆運動に関係ある官房長官S. C. ベラルであった。タースク・フォースは1998年11月にマヘーシュワル・プロジェクトに関する報告書、1999年1月に全般的報告書を提出した。同報告書は立ち退きから生じる深刻な事態を認め、ナルマダー河流域の水資源・エネルギー資源開発の代替策を提言した。また、影響を受ける人々の更生と環境保護が確かでない場合には、プロジェクトを実施しないようにと勧告した。州首相D. シングはヴェダとゴイの新規プロジェクトについては勧告を受け入れたが、マヘーシュワル・プロジェクトの再検討は拒否した。

1998 年 11 月 27 日にマディヤ・プラデーシュ州マンドレシュワル村に約 8000 名が集合して、タースク・フォースの勧告実施とプロジェクト代替案の提示を求めた。バーバー・アムテがこれに参加した。その後翌 1999 年 1 月 8 日、24 日、2 月 18 日、3 月 31 日と立て続けに数千名のダム建設反対者がダム立地点を占拠して、工事を妨害した。4 月 6 日にプロジェクト被影響者約 500 名以上が参加し、ナルマダー管理委員会事務所のあるボパールにおいて、タースク・フォースの勧告実施を求めて座り込みを行った。うち 7 名の活動家が断食に入った。バーバー・アムテが 4 月 21 日にこの座り込みに参加した。23 日に警察が断食を行っていた者を病院に連行し、無理やり食事を摂らせた。5 月 2 日に州政府がマヘーシュワル・プロジェクトに関するもの以外 NBA の要求をほとんど受け入れることを表明した。

(1) ナルマダー・サーガル・プロジェクトについては、水没地を拡大するような工事を直ちに停止し、1999 年 10 月 31 日までに被影響者、民衆運動代表者や専門家を加えた委員会でプロジェクトの見直し作業をおこなう。

(2) 未着工のアッパー・ヴェダ・ダムとロワー・ゴイ・ダムについては、現在の計画とまったく同じ灌漑便益をもたらす代替計画案を NBA が指名する専門家委員会で検討する。同委員会は 1999 年 5 月 31 日までに設置される。

(3) 建設中のマーン・ダムとジョバト・ダムの場合は、現在以上の水没をもたらす工事を直ちに停止し、立ち退き者代表を含む更生委員会が更生計画を策定する。

(4) 1985 年に制定されていたにもかかわらず施行されていなかったマディヤ・プラデーシュ州プロジェクト被影響者（更生）法（Madya Pradesh Project Affected [Rehabilitation] Act, 1985）の施行規則を、NBA その他関係当事者と協議して 2 カ月以内に作成し、ナルマダー河の諸プロジェクトにも適用する。

(5) 土地に代えて現金補償を認めている更生政策を再検討する。

　ただし、マヘーシュワル・プロジェクトについては、すでに民間企業に発

注済みであるので、タースク・フォースの勧告は受け入れられないと州政府は回答した。しがたって、NBAは独自に委員会を結成して、プロジェクトの費用・便益の見直しをすることにした。

こうしてNBAの26日にわたった座り込みが解除された。NBAはこれを「ナルマダー河流域における大規模ダム反対・代替案要求闘争の大勝利であり、新たな一里塚」と位置づけている[72]。

最高裁判所が7月中にはサルダル・サロヴァル・ダムの高さを90mにする許可をグジャラート州政府に出すのではないかと観測されるようになった。それが実現すると、水没する家屋や農地が増加することになる。6月1、2日にNBAの率いる一団がマディヤ・プラデーシュ州ボパールに置かれたナルマダー管理委員会事務所に押しかけ、代替地の利用可能性や関係州の再定住計画について質問したが、明確な回答がえられなかった。参加者たちは20日から座り込みに入り、モンスーン期間中継続することになった。M.パトカルは再定住・更生条件を満たすことを求めて、7月4日から12日まで断食に入ることを宣言した[73]。

NBAの呼びかけに応じて、カニヤクマリ、バンガロール、チェンナイからデリーにいたるナルマダー連帯行進が組織され、参加者はナラヤナン大統領に会見して、ナルマダー河流域の部族民と農民の権利擁護のために介入するよう要請した。

ニューデリーではこれに応じて「渓谷への行進（The Rally for the Valley）」が計画され、7月29日に出発し、8月1日現地に到着する予定であった。1997年に『小さきものたちの神（The God of Small Things）』でイギリス連邦最高の文学賞ブッカー賞を受賞した女流作家アルンダティ・ロイ（Arundathi Roy）が、行進に先立って開かれた集会に出席した市民に行進参加を呼びかけた[74]。その呼びかけに応えて約500名がこの行進に参加し、バス、トラック、ジープなどに乗り込んで8月2日にナルマダー河流域にあるジャルシンディ村に到着した。グジャラート州政府は行進の一行が州内を通過する場合に備えて警官200名を配置した。さらに同州ダム賛成派の人々70〜80名も行進を阻止

する準備を整えた[75]。

ロイは1999年5月末から6月にかけて雑誌アウトルック（*Outlook*）とフロントラインに「公益の名のもとに（The Greater Common Good）」と題するエッセーを発表し、大規模ダムと原子力爆弾に反対する立場を鮮明にした。このセンセーショナルなエッセーはインドの英語言論界に賛否こもごもの大論争を巻き起こした[76]。

NBA活動家とそれに同調する部族民は8月10-12日に水没する農地や家屋を離れずに、モンスーンで水嵩の増すナルマダー河の水に漬かったままとどまる戦術「溺死による自己犠牲」（Jal Samarpan）を採った。ドムケディ村では約300名が参加し、腰まで水に漬かっていた。9月18日と21～22日にも2回目、3回目のジャル・サマルパンが行われた。9月に入ってNBAは「単にサルダル・サロヴァル・ダムだけでなく、ナルマダー河流域におけるすべての大規模ダムの建設および民衆とその真の問題を考慮しない開発計画のもたらす荒廃」に反対する立場を表明した。NBAの呼びかけに応えて数百名の部族民が9月27～28日にも同じような行動を計画していた。しかし、この年は降雨が少なく、完全に水没することはなかった[77]。

9月23日にマハーラーシュトラ州ダドガオン村で座り込みをしていたダム反対運動者386名（女性55名、子供11名を含む）がインド刑法第144条およびボンベイ警察法第37条にもとづいて州警察に逮捕された。このときパトカルも逮捕され、ドゥレ監獄に収容された[78]。

インド政府首相A. B. ヴァジパイは9月22日付でパトカル宛に書簡を送り「溺死による自己犠牲」戦術に憂慮を表明し、思いとどまるよう説得を試みた。この書簡は獄中のパトカルに届けられた。これに対して、パトカルは長文の返信をしたためて、開発のパラダイムと計画立案過程の見直し、サルダル・サロヴァル・ダムの高さを現在の88mにとどめたままでの貯水量の代替利用方法を検討することが必要である、と自説を力説した[79]。

そしてパトカルは、10月2日から、マハーラーシュトラ州政府の非道な不法行為に抗議して獄中で無期限断食に入ることを宣言した[80]。

10月5日にナンドゥルバル県巡回裁判所の命令で逮捕者全員が釈放された。6月20日から開始された運動を総括する会議が10月12日にマハーラーシュトラ州ドムケディ村とマディヤ・プラデーシュ州ジャルシンディ村で開催された[81]。

　このような反対運動の展開中にヒンドスタン・タイムズ紙（1999年6月27日付け）上に報道されたパトカルのインタビュー記事と、アウトルック誌に掲載されたロイの論文のなかに最高裁判所を誹謗する部分があるとして、グジャラート州政府がNBAとロイを相手取って法廷侮辱罪で訴える動きが見られた。しかし、最高裁判所は7月22日にこの訴えを却下した[82]。

　ロイはノーベル経済学賞受賞者ケンブリッジ大学教授A. セン（Sen）の招きで、1999年11月8日にケンブリッジ大学で「暮らしの費用（The Cost of Living）」と題するネルー記念講演を行った。そのなかで彼女は、インド独立直後には「発電所を近代インドの寺院」と礼賛していたネルーが、晩年にはそれを「巨大主義病」と自己批判するようになったことを指摘して、サルダル・サロヴァル・ダムの高さを現在の88mのままにして、有効な利用法を考えた方がよいと主張した[83]。

　12月9日にはグジャラート州バローダ市内にあるNBAの事務所が6名の武装集団に襲われ、活動家1名が怪我をし、書類や事務機器が破壊されるという事件が起こった。しかし、犯人は特定されなかった[84]。

　1987年サルダル・サロヴァル・ダム着工以後のNBAその他による反対運動はインド国内だけでなく[85]、世界的にも大規模ダムの有用性や費用・便益の見直し、代替的開発方策を模索する動きを刺激した。

　1999年11月2日付けで国際的NGO "International Rivers Network" の代表者P. マッカリー（McCully）が中心となって世界12カ国のNGO 87団体、著名な個人9カ国90名の署名を集めて、世界銀行総裁J. ウォルフェンソン（Wolfensohn）宛に公開書簡を送った。SSPの計画立案・着工当初世界銀行が果たした役割から見て、サルダル・サロヴァル・ダム建設から生じている社会的困難と経済的・生態の損害について銀行は共同責任を負っており、イン

ド政府に対し SSP 被影響者に対する責任を果たし、独立審判所によるプロジェクトの包括的・民衆参加型再検討を行うまではダムの高さを上げないよう説得すること、そのような条件が満たされない限りグジャラート、マディヤ・プラデーシュおよびマハーラーシュトラ州を対象とする借款の承認・実行を行わないよう要請した[86]。

　これより先 1997 年 4 月に世界銀行と世界保全連合(World Conservation Union)の肝いりで、1995 年に世界銀行活動評価局(Operations Evaluation Department)がまとめた、銀行の融資した 50 のダムに関する報告書をもとにして、開発における大規模ダムの役割を再検討する会議がスイスのグランドで開催された。これには政府、民間部門、国際金融機関、社会運動機関、被影響者から選ばれた 39 名が参加した。この会議の結果として 1998 年 5 月に世界ダム委員会が設置されることになり、事務局は南アフリカのケープタウンに置かれた。委員長には南アフリカ共和国水資源大臣 K. アスマル（Asmal）教授が選任され、12 名の委員の 1 人に M. パトカルが選ばれていた。

　世界ダム委員会は 1998 年 9 月 21、22 日に南アジア諸国のダム・プロジェクトに関する公聴会をインドで開催する予定であったが、インド政府によって拒否され、コロンボに変更した。当初インド政府は世界ダム委員会が 8 月 19 日にインドを訪問することを歓迎していた。しかし、最高裁判所がサルダル・サロヴァル・ダムに関する審理を開始するところであり、世界ダム委員会の訪印予定が「時宜に適していない」との理由で断った。内務大臣アドヴァーニーなどグジャラート出身のインド人民党所属国会議員やダム賛成派の人々が首相ヴァジパイに圧力をかけて、撤回させたと伝えられる。この委員会は世界各国の大規模ダムの功罪を検討することになり、インドの事例調査を前水資源省次官 R. R. アイヤルほか 3 名に委嘱した。だが、インド政府とグジャラート州政府は、建設会社、コンサルタント会社や政府関係機関の代表が会員となっている国際大規模ダム委員会(International Commission on Large Dams = ICOLD)が 1998 年年次大会をニューデリーで開催し、サルダル・サロヴァル・ダムを視察することは認めていた。

このような国際的動向はインド国内における大規模ダムの役割をめぐる論争にも影響を与えると同時に、政治的には開発途上国インドの発展を阻害する先進国の陰謀であるとして、ナショナリズム感情を高めるという逆効果もあった[87]。

2000年3月、オランダのハーグで第2回世界水フォーラム（World Water Forum）が開催された。インドから政府関係者の一員としてグジャラート州の大臣も参加し、NGO代表として参加していたパトカルやロイらインド人同士の間で開発における大規模ダムの役割をめぐって激烈な論争を交わしたという[88]。

2000年に入ってから、NBAの運動の中心はマディヤ・プラデーシュ州のマヘーシュワル・プロジェクトに向けられるようになったが、サルダル・サロヴァル・ダム建設反対運動も継続された。7月15日にジャルシンディ村とドムケディ村で2000年モンスーン季サッチャーグラハが開始された。約1000名の被影響者のほかにインド各地や外国からも賛同者が参加した。この年の運動のスローガンの一つは、「サッチャーグラハからニヤーヤグラハへ（真理把握から正義実現へ）」であった。もう一つは、「ナヴ・ニルマン（建設的作業）」で代替エネルギー資源、保健、部族伝統の薬品、村開発計画、資源地図作成、教育などが取り上げられることになった。また、期間中に関係3州の警察署や県庁に赴いて水没・立ち退き反対を訴えた。この運動は9月17日まで2カ月間つづき、この期間に入れ替わり立ち代り多くの部族民や賛同者が訪れた[89]。

他方、1999年以降グジャラート、ラージャスターン、アーンドラ・プラデーシュ、オリッサの諸州は旱魃に悩まされていた。その対策の一つとしてグジャラート州ではサルダル・サロヴァル・ダムの早期完工が望まれていた。この旱魃は最高裁判所の審理においてグジャラート州にとって有利に作用するのではないか、という観測もなされるようになった[90]。

さらに、建設再開への障碍となっているマディヤ・プラデーシュ州を説得するために、インド政府首相が強い指導力を発揮することを期待する声が高

まってきた[91]。

　2000年2月29日に最高裁判所はサルダル・サロヴァル・ダムに対してNBAが提出していた訴訟事件の最終審理を開始した。5月9日に最高裁判所は関係3州の苦情処理機構に対して、再定住・更生に関する最新の状況ならびにダムの高さを上げた場合に今後影響を受ける予定の立ち退き者について現地で実態調査を行って、少なくとも中間報告書を7月1日までに裁判所に提出するよう命令した[92]。

　立ち退き者へ配分する土地の収用に難儀していたマディヤ・プラデーシュ州政府は、ダムの高さを455フィートから436フィートに低める妥協案を模索しだした。これによって減少するグジャラート州の発電量についてはマディヤ・プラデーシュ州の取り分を割いて埋め合わせる用意がある、と州首相A. シングが6月13日グジャラート州ラージコト視察中に言明した[93]。

2　最高裁判所判決の内容

　最高裁判所は原告側、被告側の陳述や宣誓供述書を仔細に審理したのち、2000年10月18日に判決を下した。判決は3人法廷で2対1の多数判決となった。裁判長アナンド（Anand）と判事キルパル（Kirpal）の2名が多数派で、判事バルチャ（Bharucha）が少数派であった。判決文は長文で、多数派のものは183頁、少数派のものは32頁あった[94]。

　多数派判決文の要旨は以下のとおりである[95]。

　まず、ナルマダー河水紛争審判所設置にいたったSSPの歴史をたどり、ついで審判所の裁定の内容をまとめている。そのなかでマディヤ・プラデーシュ州の求めるSSP見直しに関連して、このような判断を下した。

　「しかしながら特記すべき重要なことは、75%で信頼できる流量を28MAFに決定したことに関する第II条に含まれる審判所の決定が再検討できないことである。75%の信頼性でのサルダル・サロヴァル・ダムにおけるナルマダー河の水の利用可能量は28MAFであるとする審判所の決定は、裁定から45年後に条件を再検討できる条項のなかには含まれていない条項である」。

ついで、サルダル・サロヴァル・ダムに期待される便益の詳細、裁定後着工認可にいたった経緯を述べたのち、訴願者の趣旨と被告となった州政府とインド連邦政府の反論を以下のようにまとめている。

　「訴願者を代表するS. ブシャン(Bhushan)の議論は4項目に分けられる。一般的問題、環境問題、救済・更生問題および審判所裁定再検討問題である。訴願者の主張によれば、独立の法的機構がプロジェクト全体を再検討し、すべての費用（社会的・環境的・財政的）および便益の現在推計ならびに代替策を検討し、プロジェクトが現在のままで国益に必要なのか、または改造／修正される必要があるかどうかを決定すべきである。さらに、公開かつ参加型の仕方で環境影響評価が完全になされ、プロジェクトの可能性への影響が評価されるまで、工事を進めるべきでない、というのが訴願者の主張である。これはプロジェクトの包括的再検討の一環としてなされよう。

　環境と水没の結果立ち退かされる部族民を擁護して、1987年に下された環境認可は、完全な調査が利用できなかったので、誠心誠意のものでなく、それがなされるまでプロジェクトのさらなる進捗を認めるべきでない、と主張している。救済・更生に関しては、さらなる水没を起こさず、ダムの高さはたとえ建設を認めるにしても大幅に低めるべきである、と主張されている。なぜならば審判所裁定どおりの立ち退き者の満足すべき救済・更生が不可能であり、憲法第21条にもとづく基本的人権を侵害することになるからである。

　マディヤ・プラデーシュ州は水没地とその結果たる立ち退きの程度を減少させるために、ダムの高さの低減を求める限りで部分的に訴願者を支持している。他の諸州とインド連邦は当初救済・更生が遅れていたことを認めながら、今では少なくとも審判所に沿った救済・更生が適正に実施されるのに十分な措置が採られているとして、訴願者とマディヤ・プラデーシュ州の主張を退けている。被告は他の申し立てを退けながら、この告訴をした訴願者の善意を疑っている。その主張によれば、部族民と環境の問題を訴願者が取り上げたのは、部族民の利益のためでなく、この告訴の真の理由は高いダムが建設されないようにすること自体である。この段階で本裁判所が種々の問題、

とくに審判所の裁定によって決定された事柄については審理すべきでない、と主張している」。

多数派判決は最初に NBA が 1987 年に着工認可された SSP を 7 年後になって告訴したことを咎めて、それは懈怠であるとつぎのように批判している。

「この事業は J. N. ネルーが礎石を置いてからすでに 25 年、ナルマダー河水紛争審判所の裁定が出されてから 16 年、インド政府が正式に認可したのが 1987 年、NBA がダム反対運動を開始したのが 1986 年であったのに、初めて提訴したのは 1994 年になってからである。その間にすでに数十億ルピーの公費が投入されてきた。これは怠慢であり、いま工事を中止するのは国益に反するとしかいいようがない」。

ついで審判所裁定に触れ、その拘束性を強調している。

「法の規定にしたがえば、裁定は関係諸州を拘束するものであり、訴願者のような第三者がその正当性を争うことはできない」。

部族民の立ち退きに関連する一般的論点と憲法第 21 条および ILO 条約 107 号にもとづくいわゆる権利侵害については、つぎのような判断を下している。

「ILO 条約 107 号第 12 条の意味するところは、部族民の立ち退きが例外的措置として必要な場合には、以前に占有していた土地と少なくとも等しい質の土地を提供し、結果として生じる損害または権利侵害に対して十分に補償しなければならない、ということである。審判所裁定に含まれ、グジャラート州およびその他の州によりさらに改善された更生パッケージは、部族民に配分するのに必要とされる土地はかれらが所有していたものより良いとはいえないにしても、等しいものであろうことを示している。

本プロジェクトが国民または公共の利益にならないという非難は増大する人口の水需要に照らして正しくない」。

インド連邦政府が下した環境認可の正当性問題に関してはこう述べている。

「インドでは州際河川プロジェクトを含むプロジェクトの着手および産業の設置の場合には、事前環境認可に関して環境（保護）法第 3 条にもとづいて通達が出されている。この通達は 1994 年から効力を発している。8 年前に

着工された本プロジェクトに遡及して適用できない。環境認可が下された1987年には、それは本質的に行政的なものであった。その際、利用可能な研究調査はすべて考慮に入れられた。認可はさらなる調査をなすよう求めており、われわれはそれがなされてきたし、なされていることに満足している」。

　判決文はさらにその他の環境問題、政府の採用した監視・更生計画、機構(更生委員会、苦情処理機構)、独立監視・評価機関(グジャラート州におけるCentre for Social Studies と Gujarat Institute of Development Research、マディヤ・プラデーシュ州のDr. H. S. Gaur University、マハーラーシュトラ州のTata Institute of Social Sciences) について詳説し、政府の再定住・更生に関連する計画、行政機構、監視・評価に落ち度がなかったことを主張している。

　つづいて、関係3州の宣誓供述書に触れて、マディヤ・プラデーシュ州の立場を厳しく批判している。

　「マディヤ・プラデーシュ州のための宣誓供述書はグジャラートときわめて異なる更生の様子を描いている。マディヤ・プラデーシュ州はプロジェクト被影響者を自州内で効果的に更生させる措置を施すのに急いでいない。ダムの高さ80mで影響されるであろう33カ村のうち6カ村に関しては賠償金の裁定さえ下されていないのは驚きである。マディヤ・プラデーシュ州のための宣誓供述書を読んで受ける印象は、同州の主たる努力はプロジェクト被影響者を説得して、更生パッケージと努力が同州よりはるかに勝っているグジャラート州に移住させることである。したがって、マディヤ・プラデーシュ州のプロジェクト被影響者の大多数はグジャラート州に再定住されることを選んだとしても驚くにあたらない。しかし、そうだからといって少なくとも救済・更生に関する審判所裁定の条項を守るような迅速な措置を採る責任をマディヤ・プラデーシュ州が免れるものではない。マディヤ・プラデーシュ州は立ち退き者の数を減らすためにダムの高さを436フィートに低めるべきだと主張している。だが、われわれの見るところでは、436フィートでの立ち退き者の更生についてさえ同州の更生・再定住計画はまったく実施されていない。同州はグジャラート州に行くことを選ばなかった立ち退き者を効果

的に再定住させる義務を負っている。……緊急度の欠如はおそらくは資金の欠如によるものであろうが、マディヤ・プラデーシュ州の更生はグジャラート州の費用で行われているのである。もっともな理由は、電力を除きダム建設の主たる利益はグジャラート州に、若干少ない利益がマハーラーシュトラ州とラージャスターン州に属することであろう。インドのような連邦制のところでは、そのような州際プロジェクトが承認され、事業が実施されるときは、関係諸州はたがいに協力する責任がある。それらの間に生じる意見の相違を解決する方法がある。州際水紛争の場合にはそれを審判所に委ねることである。審判所の裁定は拘束的であり、関係諸州はその条件に従わねばならない」。

　最後の結論部分では、人間生活にとっての水の重要性、インドの水資源状況（降雨、地下水、河川水）、ダムによる貯水の意義、インフラストラクチャー建設の3段階（計画立案、政策決定、適切な施工）における政府の役割に触れ、このような公益問題における裁判所の役割をこう断定している。

　「対立する権利が考慮されねばならなかった。一部の人々、すなわちグジャラートの人々にとってただ一つの解決、すなわちダム建設があり、同じことが家屋や農地が水没する他の人々にとって悪影響を与える。1987年に最終的にプロジェクトが認可されるまで長期間を要したのはこのような対立する利害のためであった。おそらくは青信号を出す必要はグジャラート州の人々にとってナルマダー河の水を供給する以外に解決策がなく、マディヤ・プラデーシュ州の立ち退き者の難儀は代替地、住宅地および補償を提供することで緩和されると考えたからであろう。国家統治にあたって対立する利害がある場合そのような決定がなされねばならない。政府によってしかるべき考慮ののち、誠心誠意をもって決定がなされた場合、裁判所はそのような決定を審理する立場にない」。

　部族民の立ち退き問題については、つぎのような判断を下している。

　「これらの人々の立ち退きは過去、文化、慣習および伝統からかれらを疑いもなく切り離すことになる。しかし河川をより大なる善のために利用するこ

とが必要である。自然河川は近くに住む人々だけのものではなく、離れていようが近くにいようがそれを利用できる人々の利益にならねばならない。……部族や未開発村に住む人々がよりよき健康のために科学・技術の成果を享受しえず、高度の生活様式をもつことなく同じ状態に留まり続けるのは公正でない」。

環境問題については「訴願者はダム建設が全体として悪い環境影響をもたらすという事例を一つも指摘できなかった」、と断じている。

水紛争審判所裁定の再検討を求めるNBAとマディヤ・プラデーシュ州に対しては、裁定の持つ重みを強調している。

「審判所裁定は関係州を拘束する。同裁定はまた採られるべき救済・更生措置も提示している。なんらかの理由でいずれかの州が適正な救済・更生を提供するのに遅れている場合、裁判所の採るべき妥当な方針は裁定の実施を命ずることであり、プロジェクトの施工を停止することではない。この国の連邦裁判所としての本裁判所はとくに裁定が下された州際河川紛争の事例においては拘束的裁定が実施されることを確実にしなければならない。プロジェクトを停止することはなんら解決にならない。それは単に反抗的な州が罰を受けることなく裁定を侮り、実施しないことを助長するものである。これは決して許容されてはならない。飲料水さえ不足するほどに水不足で苦しみ続けている人々の基本的権利が脅かされているとき、一つの州の非協力がプロジェクトの停滞を結果することは、国益にとって望ましくない」。

とくに、マディヤ・プラデーシュ州の主張に対してはきわめて厳しく批判的である。

「すでに見たように、マディヤ・プラデーシュ州はダムの高さを436フィートに低めることに熱心である。グジャラート州とラージャスターン州は別として、マハーラーシュトラ州もこれには同意しない。ラージャスターン州がプロジェクトから得る唯一の利益はプロジェクトからの水力電気の取り分である。高さを455フィートから436フィートに低めることは、土地9399haを水没させても、その利益を取り去ることになろう。高さを436フィートに低

めると、発電量の損失だけでなく、発電を年間通して一定でなく、季節的にすることになる。……（中略）……しかし、電力は必要であり、これらの選択肢のうち一つまたは二つ以上を実施せねばならない。どの選択肢を行使するかは、わが国の憲法の枠組みでは、種々の要因を考慮した上政府が決定すべきことである。本件の場合、熟慮の上の決定がなされ、水力電気を開発する能力のある満水貯水位455フィートの高さのダムを建設するという裁定が下された。上に列挙した事実や事情を本裁判所が疑問視したとしても、採択された決定は過っていない」。

以上の理由により、最高裁判所は3名の判事による2対1の多数判決でもってつぎのような命令を出した。

「命令を発し、本件を処理するにあたり、以下二つの条件に留意せねばならない。①できるだけ速やかにプロジェクトを完工すること、②政府が作成した計画を遵守して、救済・更生事業の完了と環境保護のための改善的・補償的措置を採ることを含むプロジェクト認可の条件に従うことにより憲法第21条にもとづく諸権利を保護すること。これらの原則に留意して、われわれは以下の命令を発する。

(1) ダム建設は審判所裁定にしたがって継続する。
(2) 救済・更生小グループが90mまでの建設を認可したので、同上はただちに遂行されうる。今後の高さの増加は救済・更生の実施と並行し、救済・更生小グループの認可いかんによる。救済・更生小グループは苦情処理機構と協議のうえ今後の建設の認可を与えることになる。
(3) インド政府、環境・森林省事務次官の下の環境小グループはダム建設の各段階で、90m以上の建設がなされる前に、環境認可を考慮し、与えるものとする。
(4) ダムの高さを90m以上に高める許可は、ナルマダー管理委員会が救済・更生小グループおよび環境小グループから上述の認可を受けたのち、時に応じて与えられるものとする。
(5) 苦情処理機構、とくにマディヤ・プラデーシュのそれの報告書によると、

土地の確認、適当な土地の収用、その後プロジェクト立ち退き者の再定住のための必要な措置の実施にかなりの怠慢が認められる。マディヤ・プラデーシュ、マハーラーシュトラ、およびグジャラートに対し裁定を実施し、それらが提供するパッケージで立ち退き者に救済・更生を与えることを命じるものであり、これらの州はこの点でナルマダー管理委員会または苦情処理機構の検討委員会によって与えられる命令にしたがうものとする。

(6) 環境認可にもとづき課された条件に十分に従っていても、ナルマダー管理委員会と環境小グループは環境を保護するだけでなく、復旧し改善するすべての措置が採られるように監視し、保証するものとする。

(7) 今日から4週間以内にナルマダー管理委員会は今後の建設および採られるべき救済・更生事業に関して行動計画を作成するものとする。そのような行動計画は日程時間割りを決定し、ダムの高さの増加と並行して救済・更生を確実にするものとする。各州はナルマダー管理委員会が作成した行動計画の条件を遵守するものとし、紛争または困難が発生した場合には、再検討委員会に報告がなされるものとする。しかしながら、各州はナルマダー管理委員会が特定した規模と期間内での救済・再定住の目的のための土地収用に関しては、ナルマダー管理委員会の命令を遵守するものとする。

(8) 再検討委員会はナルマダー管理委員会に提起された問題に関して未解決の論争が生じた場合には、必要とあればいつでも開催される。いずれにしろ再検討委員会は少なくとも3カ月に一回は開催され、ダム建設の進捗状況と再定住・更生プログラムの実施を監視する。

(9) 苦情処理機構は必要があればいつでも、関連する州に対して再定住・更生プログラムの実施のために適正な命令を出し、その命令が実施されない場合には、苦情処理機構はいつでも再検討委員会に適当な命令を求めることができる。

(10) 苦情処理機構は必要があれば、再定住・更生プログラムのしかるべき実施に関してそれぞれの州に対し適正な命令を出すことができ、その命令の不履行の場合には、苦情処理機構はいつでも自由に再検討委員会に適正な

命令を求めることができる」。

少数意見を出した判事 J. バルチャは、インド政府環境・森林省環境影響局が 1994 年 1 月 27 日付け環境影響評価通達にしたがって任命する専門家委員会が環境影響調査を済ませた上でプロジェクトを認可するまで、建設を中止するよう主張した[96]。

3 最高裁判所判決に対する反応

2000 年 10 月 18 日の最高裁判所判決のあと、23 日に NBA はマディヤ・プラデーシュ州ニマド西部の水没予定地の中心にあるバドワーニーで約 3500 名の参加者を集めて、判決に対する抗議と憤慨を表す黒旗を掲げて集会を開いた。NBA の指導者パトカルは「判決は非論理的、危険かつ反民衆的である」と評価し、「不当で、反動的であり、受け容れがたいもの」と断じ、25 日から 3 日間の断食を行った。ロイは判決を「国の最高裁判所がインド市民の人権侵害を実際に容認・奨励する出来事」であると評した[97]。

10 月 26 日付けで NBA は最高裁判所判決に対する抗議文書「多数派判決に対する簡単なコメントと分析」[98]を報道機関向けに公表した。その主要論点は以下のとおりである。

A 多数派判決に対する簡単なコメントと分析
(1) 問題はまったく解決されず、振り出しに戻っただけである。問題全体を 6 年前の訴願時に戻した。苦情処理機構の創設を除き、プロジェクトは審理以前にあったとまったく同じ実施・監視機構でもって許可された。その他唯一の変化は首相がナルマダー・プロジェクトにおける州際紛争を決定する窮極の権威を賦与されたことである。
(2) 同等者検討・独立検討（Peer Review/Independent Review）
環境評価の基本原理である同等者・独立検討を拒否した。……環境保護法にもとづく 1994 年 5 月の環境・森林省通達でさえプロジェクト当局によって遂行された調査を検討する独立専門家委員会を設置するよう環境・森林省に求めていた。

(3) 更生なしの建設・水没

　　ダムをただちに 90m に高めることを認めた。裁判所自体が命令に記しているように、救済・更生小グループは 90m までの更生のための「準備（arrangements）」が完了したと述べているだけである。救済・更生小グループによる明示的な認可もなければ、再定住が満足いくように完了したという記録もない。

(4) 再定住の全般的状態

　　裁判所は、プロジェクトが最終の高さになるまでに影響されるプロジェクト被影響家族全体の再定住の状態と準備に関する詳細を示す宣誓供述書を、2000 年 7 月 1 日までに提出するよう州政府に対して要請した。これは審理が終わったのちであった。3 州すべての苦情処理機構が土地利用可能性およびその他の準備について実態を現地調査し、確認するよう求められた。それらも 2000 年 7 月 1 日までに提出することになっていた。

　　3 州はともに宣誓供述書を提出した。NBA はこれらの宣誓供述書に対して詳細な答弁書を提出したが、これは完全に無視された。さらに、重要なことは、苦情処理機構が実態を現地調査した報告書が公にされず、事件当事者に利用できないことである。

　　現地の実態によると、マディヤ・プラデーシュ州とマハーラーシュトラ州は立ち退き者に与える土地をもっていないこと、グジャラート州ではいくらかの土地が利用できるが、地質や共同移住の面で不向きなど重要な問題を多く抱えていることが明らかである。

(5) その他の種類の立ち退き者

　　用水路や事業所実施地区で影響を受けた者、下流部で影響を受ける者などに対する再定住パッケージを完全に拒否した。

(6) 環境認可

　　少数派判事バルチャが認めているように、1987 年のインド政府環境省の認可は条件つきであり、その条件が守られていないので不当である。

(7) 特定の環境影響

　補償的植林、下流部への影響、考古学的遺産の破壊などの問題について、行政側の申し立てをそのまま受け入れている。世界銀行が委嘱した独立委員会報告書（モース報告書）は世界銀行もインド政府も正式に認めていないものとして、証言として採用していない。

(8) 共同移住

　審判所裁定でもナルマダー管理委員会でも、当事者が望むのであれば、立ち退き者は村単位で移住するよう取り計らうことになっていた。しかし、まとまった土地が利用できないために、関係州政府は立ち退き者の希望で分散して移住したと主張している。法廷はそれを認めている。

(9) 部族地域に対する偏見

　非常に厳しく、貧しく、資源不足で、やっと生計を立てていると見ているが、部族民の生活実態は河魚採り、野草・木の実の採取、燃料利用など豊富な資源、文化、技能に恵まれている。

(10) 監視機関の証言の恣意的利用

(11) モース委員会報告書の無視

(12) 懈怠

　多数派判決はNBAに懈怠の罪ありとしているが、プロジェクトに関するほとんどの情報が秘密にされ、公衆にほとんど利用できなかった。NBAは情報を少しずつ集め、政府と問題を起こし、政府が運動の訴えと増大する証拠を無視したとき初めて裁判所に働きかけることに決した。

(13) 審判所は異議申し立てを受けない

　ナルマダー河の場合、紛争は州の間ではなく、国家と民衆との間である。この紛争の領域は民衆の基本的権利である。

(14) 公益裁判 (Public Interest Litigation)

　判決には公共の利益に関わる訴訟を排除するような個所がある。「ときとともに、公益裁判は風船のように膨れ上がり、公的生活における誠実というような主題をその範囲に含むようになっている。しかし、風船

は名誉利益裁判や私的詮索裁判に堕すようなことは許されない」。
B　多数派判決における裁判所の全般的アプローチ
　(1)　法廷の環境問題の扱い方

　　　アプローチと理解の全体が国民的かつ国際的に新たに起こりつつある知識、理解および実際に反するものである。それは国家主義的かつ現状維持的である。世界中でダムがもたらす環境に対する重大な影響が認識され、広範に資料が作成されている。にもかかわらず、多数派はこう記している。

　　　「インドの各地でそのような河川流域プロジェクトが多数実施されてきた。訴願者はダム建設が全体として環境に悪影響をもたらした事例を一つとして指摘できなかった。反対に環境は改善した」。

　(2)　予防原則
　(3)　独立評価の必要性なし
　(4)　大規模ダムに対する裁判所のアプローチ

　　　判決文は無条件の大規模ダム礼賛のことばに満ちているが、大規模ダムそのものの功罪は訴願の本来の趣旨でなく、判事の個人的意見にもとづいている。このような礼賛が正しくないことは、世界ダム委員会が行った調査で明らかである。

　(5)　法廷の役割

　　　判決は行政と司法の役割を峻別し、審判所は異議申し立てを受けず、その裁定は拘束的であるとの立場をとっている。しかし、政策およびその政策決定・実施過程が基本的人権を踏みにじる場合には、法廷は介入する権利だけでなく、義務も有する。

以上が、最高裁判所判決に対する NBA の反論の主要な点である。

他方、サルダル・サロヴァル・ダム建設当事者であるグジャラート州では最高裁判所判決が喜びをもって迎えられたことはいうまでもない。当時のインド人民党州政府首相 K. パテルは判決が「グジャラート史の黄金のページである」と述べたと伝えられる。ナルマダー河を発電と灌漑に利用することを

最初に夢見たといわれるグジャラート州出身の独立インド初代内務大臣サルダル・パテルの126回誕生記念日である10月31日を期して、州営バス2300両を無料で提供して約30万人の州民が動員され、州内閣大臣全員、インド政府内務大臣L. K. アドヴァーニーの出席の下、建設再開を祝う式典がダム建設地のバルーチ県ケヴァディアで開催された。マディヤ・プラデーシュ州、ラージャスターン州、マハーラーシュトラ州の国民会議派州首相は出席しなかった。アドヴァーニーは祝辞のなかで、1998年ポカランにおける原爆実験、1999年パーキスターンとのカルギル紛争での勝利と並んで、2000年のナルマダー判決はインド人民党を中心とするヴァジパイ政府の3大偉業として記憶に残ることになるだろう、と述べたと伝えられる。また、西側諸国はインドのような開発途上国の発展を阻止しようとしている、と批判した。だが、飲料水などの準備が十分でなかったために、参加者の一部が地元のサトウキビ畑に入って渇を癒し、阻止しようとする警察と揉み合いになり、その間に5名の州閣僚乗用車やその他の政府自動車数両が焼き打ちに遭う騒ぎになった[99]。

　最高裁判所の判決に対しては、NBAだけでなく識者の間でも疑問の声がなかったわけではない。たとえば、1993年にインド政府水資源省が任命したナルマダー・プロジェクト再検討のための5人委員会のメンバーであった元インド政府水資源省次官であり、また世界ダム委員会の国別調査インド編に関わっているR. R. アイヤルは、つぎの5点で最高裁判所判決を批判している[100]。

(1) 訴願者の提起した問題、すなわち環境や更生の面での行政側の失効・失敗を取り上げていないのではないか。現在の違反を看過し、将来の順法を監視することを求めるのは、違反の容赦、プロジェクト当局と関係諸政府に対する一種の大赦ではないか。

(2) ダムの有用性全般に関して無批判的すぎるのではないか。しかも訴願者の求めたのはサルダル・サロヴァル・ダムの包括的独立的再検討であり、ダム一般の問題を提起したわけではない。

(3) NBAに対し予断のある反感を抱いているのではないか。

(4) 再定住・更生事業の進捗状況の監督をナルマダー管理委員会という行政

機構に依存し過ぎていないか。
(5) 水紛争審判所裁定を絶対視しすぎていないか。審判所が委任したプロジェクトは技術・経済的検査・承認という通常の手続きを免除されていないのではないか。これまでも発電所様式や更生・再定住の面でいくつか修正されてきた。また州際水紛争法が扱っているのは「州政府間紛争」であって、影響を受ける人々が解決にあたって協議されず、その結果だけを負わなければならないのか。

著名な開発経済学者 A. ヴァイディヤナタン（Vaidyanathan）は農業生産増加における灌漑プロジェクトの重要性を軽視しているとして、NBA の運動目的に全面的に賛同はしないが、プロジェクトの公正な再検討の要請を拒否した最高裁判所の判決には批判的であった。第 1 は、現行の SSP 計画案に代わるダムの高さを低くする合理的な代替案が示されているにもかかわらず、裁判所がそれを検討するよう命令しなかったこと、第 2 に、補償対象者の決定方法、補償の規模と形態の決定基準、完全・迅速な実施機構について原則を示していないこと、第 3 に、立ち退き者への補償費用をだれ（国・州か受益者か）がどのように負担すべきかについて明確な指針を示していないこと、である[101]。

世界ダム委員会を代表して南アフリカ共和国大統領 N. マンデラが 2000 年 11 月 16 日にロンドンで世界の大規模ダムの功罪を再検討した報告書「*Dams and Development; A New Framework for Decision Making*」を公表した。インドに関する国別報告書も公にされた。インドにおける公聴会が予定されたが、グジャラート州政府が州内へ入ることを禁止した。公聴会は 2 度にわたって延期されたのち、最終的に翌 2001 年 5 月にインド政府が中止を決定し、結局はスリランカの首都コロンボで開催された。国別インド委員会は解散され、水資源省のダム開発係（Dam Development Unit）に改組された[102]。

12 月 13 日に NBA は最高裁判所の判決の不当性を訴えて、裁判所門前で抗議行進を行った[103]。

だが、サルダル・サロヴァル・ダムに関する限りは最高裁判所により建設

自体が合法的なものと認められたことにより、NBAはサルダル・サロヴァル・ダム建設反対運動の大義を失い、今後は立ち退き者の再定住・更生が審判所裁定と最高裁判所判決に従って順法的に行われているかどうかという問題に集中せざるをえなくなった。マハーラーシュトラ州とマディヤ・プラデーシュ州におけるナルマダー開発プロジェクトへの反対運動は継続されることになる。

第7節　最高裁判所判決後の動向

1　マハーラーシュトラ州政府の再定住・更生政策の変更（2001年）

　SSP実施をめぐる行政側の性急な動きに対して、ナルマダー河流域開発と名指しはしなかったが、ナラヤナン大統領（前）は共和国記念日前日の国民向け演説のなかで間接的ながらつぎのように批判を加えた。

　「われわれが採用した開発の途はかれら（部族民）を傷つけ、存在自体を脅かしている。……インド共和国が緑の大地とそこに数世紀にわたり居住してきた罪のない部族民の破壊の上に築かれたと後世の人々に言われないようにしよう」[104]。

　しかし、行政側は最高裁判所判決後SSP工事を促進させようとしていた。ナルマダー河流域開発プロジェクトの最高決定機関である再検討委員会が1月10日に判決後初めての会合をもち、今後の建設日程を協議した。ナルマダー河管理委員会が提案した日程はダムの高さを2002年6月までに90mから100mに、2003年6月までに110mに、2004年6月までに121mに、そして2005年6月までに計画の138.68mにするというものであった。そして審判所裁定と最高裁判所判決にしたがって、ダムの高さを高める6カ月前にあたるそれぞれ前年の12月までに更生・再定住を完了させることになった。

　マディヤ・プラデーシュ州政府は2001年1月立ち退き補償として現金授与を公式の政策とした。1月10日の再検討委員会会議において州政府首相D.

シングは、プロジェクト被影響者に農地を配分し、州が土地の手当てを行い、再定住を村単位でなすべきであるというのであれば、ナルマダー管理委員会の定めた再定住期限を守ることが困難である、と述べた。公式に現金補償を原則とすることになった。その7カ月後救済・更生小グループ会議において、同州は審判所裁定に修正を加えることを正式に提案した[105]。この会合ではマディヤ・プラデーシュ州首相はダムの高さを低めるようにとの要求を出さず、グジャラート州との間に残ったいくつか意見の相違については、最終的にインド政府首相が召集する会議で決定するよう求めた[106]。

マディヤ・プラデーシュ州の立場は変化しつつあった。東部にチャッティスガル州が形成され、同州のコルバに全国火力発電公社の大規模火力発電所が建設されることになった。マディヤ・プラデーシュ州はチャッティスガル州から電力を購入する立場におかれることになった。州西部の開発には建設中のマヘーシュワル・サーガル発電所のほかに SSP からの電力も必要となった。マディヤ・プラデーシュ州もグジャラート州にならってナルマダー河を「マディヤ・プラデーシュ州の生命線」と呼ぶようになった[107]。

最高裁判所判決以後も NBA の活動は継続されている。しかし、活動領域は以前よりもいっそうマハーラーシュトラ州とマディヤ・プラデーシュ州に限定されるようになってきている。

2001年1月2日から4日にわたり、マハーラーシュトラ州のナルマダー河流域の部族村から100名以上の村民がムンバイーに出てきて、立ち退きと更生の失敗に関する実態調査を求めて苦情処理機構の前で座り込みをしていた。4日にパトカルら30名からなる NBA 代表団がマハーラーシュトラ州首相、副首相、農村開発相、更生相、雇用保障相と会見し、SSP 立ち退き者の現状を調査する独立委員会（Satyashodan Samiti）とプロジェクトの費用・便益を調査する再検討委員会（Samiksha Samuha）を設置するという約束を取り付けた。それらは2カ月以内に報告書を提出することになった[108]。

2001年2月26日に最高裁判所は、前年12月13日に裁判所門前において行進を組織し、サルダル・サロヴァル・ダム事件の判決に反対するスローガ

ンを叫び、国の最高司法機関の権威と無謬性を損ない侮辱したという理由で、パトカル、ロイ、弁護士ブシャン、その他を相手取ってJ. R. パラシャルとその他4名が法廷侮辱罪で告訴していることを告げ、告訴されるに当たらない理由を示すように求めた。最高裁判所は4月23日に審理することになった。これに対して逆にパトカルはダムの高さを上げる決定をする前に立ち退き者の更生・再定住が完了しておらず、最高裁判所判決を無視し「侮辱している」としてグジャラート、マディヤ・プラデーシュ、マハーラーシュトラの3州を告訴した[109]。最高裁判所は3月29日に前年10月の判決を再審するようにとのNBAの嘆願を却下した[110]。

最高裁判所3人法廷は、パラシャルその他が挙げた罪状は否定され、侮辱的でなかったかもしれないが、反論の「書き方・趣旨」に異議があるとし、8月までに結論を出すことにした。パトカルらに対する法廷侮辱罪の審理は告訴状が曖昧であることもあり、審理は8月第1週に延期されることになった[111]。

4月に入ってマディヤ・プラデーシュ州では審判所裁定どおりの更生・再定住パッケージの実施を要求して、部族民や農民が道路を封鎖するなどして抗議の意思を表した[112]。

A. ロイが4月にフランスから芸術・文学騎士賞 (Chevalier des Arts et des Letters) を、5月にはパトカルがカルナータカ州でムルガラジェンドラ・ブルハンマトからバサヴァシュリー賞を受賞し、NBAの活動が社会的にいっそう評価を高めることになった[113]。

NBAの度重なる批判や再定住・更生事業の遅滞や欠陥に対する抗議活動にもかかわらず、グジャラート州政府はその後も着々と工事を続行していた。2001年2月20日にナルマダー河の水がナルマダー用水路に流入し、3月7日にはマヒー用水路のシェディ支線に入り、ついでラスカ堰に流れ入り、そこから13日までにはアフマダーバード市内に給水される予定であった。夏の期間だけではあるが、ナルマダー河の水がグジャラート州の州都アフマダーバードに毎日7500万リットルの飲料水として供給されることになった。さ

らに、3月31日までにはペリイェリ貯水池に入り、サウラーシュトラまで届く予定となった[114]。

5月になるとナルマダー管理委員会の会議において建設を急ぐグジャラート州はマディヤ・プラデーシュ州とマハーラーシュトラ州の逡巡を押し切った形で、90mのダムに3mのハンプを増築する決定を勝ち取った[115]。

マディヤ・プラデーシュ州政府は5月にナルマダー管理委員会に公信を送り、審判所裁定に現金補償を可能にする条項を加えることを要請した[116]。

マハーラーシュトラ州では租税・森林局が2001年3月23日付け通達SSP312000/PK4/R-5でもって「サルダル・サロヴァル・プロジェクト被影響者再定住・更生援助委員会（Committee to Assist the Resettlement and Rehabilitation of the Sardar Sarovar Project-Affected Persons）」を設置し、とくに「審判所裁定、政府の政策および最高裁判所判決にしたがってプロジェクト被影響者の再定住に必要な土地があるかどうか」を確認することになった。この委員会は委員長の元裁判官 S. M. ダウド（Daud）の名をとってダウド委員会と呼ばれる。同委員会は同年6月29日に報告書を提出した。同報告書では、90mの高さで影響を受ける者の再定住が完了していない、と述べられていた。その勧告は多岐にわたっているが、主な点は以下のとおりであった。

(1) プロジェクト被影響者／立ち退き者の定義を変更して、ダム関連事業によって影響される者すべてを含むようにすること。
(2) 財産所有の有無にかかわらず水没の影響を受ける部族民はすべてプロジェクト被影響家族とみなし、更生の面で同じ権利を与えること。
(3) 成人した息子／未婚の娘の決定時期は政府の基準としている1987年1月1日ではなく、部族住民が水没する村にある家屋と土地から立ち退き、審判所にしたがい実際に再定住権を得た日とする。
(4) 成人した息子／未婚の娘は公認の家族長に与えられると同等の更生便宜を得る権利のある個別単位として扱うべきである。
(5) 部族民のうちの立ち退き農民が占有していた土地面積の確定には、(1992年政府決議に盛り込まれた) 未公刊の1985～86年公式測量を元の村にお

ける土地権利賦与過程の基礎として利用すべきである。
(6) 水没を免れ島状になった土地（タプ地）や孤立した村／部落を被影響とみなすかどうかについて州政府の政策が曖昧であるが、これは被影響地として、規定どおりの再定住権を与えるべきである。
(7) 現実と過去の州政府調査との間に食い違いがあるので、今後ダムの高さを上げるたびに、NBAのようなNGOの協力をえて、戸別調査を行うべきである。
(8) 立ち退き者の希望に配慮しない一方的土地（住宅地・農地）配分を行うべきでない。

最後に更生過程を監視するために7名委員会（Seven-Member Committee）の設置を提言した。その構成はNBA、更生闘争委員会（Punarwasan Sangharsh Samiti ＝ PSS）、立ち退き村と再定住先村の部族民の代表各1名、州政府租税局、森林局、部族問題局、更生局から各1名であった。

政府部内ではこの報告書は「反ダム、NBA寄り」と評価された。政府はこの報告書を受理したが、ナルマダー管理委員会に対しては再定住・更生を必要な程度完了すると約した。この約束にしたがい、同委員会は建設工事の続行を認めた[117]。

ダムが高められることにより、2001年モンスーン期間にナルマダー河流域の70〜80カ村約5000家族が水没の危険に曝されることになった。それに反対するサッチャーグラハが7月5日にドムケディ村とジャルシンディ村で開始された。それに先んじて2日にはマン・ダムによる立ち退き者がマディヤ・プラデーシュ州ケディ・バルワディ村で座り込みを行っていた。ついで9日にはアムテが指導するサッチャーグラハがチョッティ・カサラヴァド村で始められた[118]。

8月2日に開かれた最高裁判所3人法廷は、法廷侮辱罪の通告に対してパトカル、ロイおよびブシャンの提出した宣誓供述書のなかでロイのものに法廷の名誉を傷つけるような個所がある、と指摘した。ロイの著作や成果をだれも疑わないが、「それはあなたが動機を忖度できることを意味しない。あなた

がわれわれにあなたに対する個人的ヒステリーがあると感じているなら、間違っている。われわれは法の規則を執行するためにここにいるのである」。ついで、28日に開かれた最高裁判所3人法廷ではパトカルら3名に対する告訴そのものには欠陥があるとして却下し、パトカルとブシャンに対する通告を取り消したが、ロイについては宣誓供述書のなかに法廷を侮辱する個所が三つあるとして、審理することにした。その1カ所でロイはこう述べていた。「批判を黙らせ、異議を封じ、意見を異にする者を困らせ、脅かすような穏やかならざる傾向が裁判所の側にあることを示している。地元の警察署でさえ行動を起こすに当たらないと見なすような第1次調書にもとづく告訴を受理して、最高裁判所は自らの評判を大きく損なっている」。これは法廷に適切でない動機があったと忖度しているに等しい、と最高裁判所は判断したわけである[119]。

この法廷侮辱罪をめぐる裁判はインド法曹界に大きな余波を残した。9月第1週ニューデリーでNGOの法的説明責任委員会（Committee on Judicial Accountability＝CJA）と民衆関与運動（Janhastakshep）の共催により法廷侮辱を主題とするセミナーが開催された。多くの法律専門家だけでなく、報道関係者や社会運動家が参加し、2点で合意がえられた。第1は、1971年法廷侮辱法（Contempt of Courts Act, 1971）改正の必要性、第2に、法廷侮辱罪の審理は3人法廷ではなく、5人法廷で行い、批判あるいは非難の対象となった裁判官は参加しないこと、であった[120]。

9月に入って、NBAとバーバー・アムテとの間に意見の相違が生じたのではないか、という憶測が行われるようになった。これに対してNBAは報道向け広報に、アムテが9月5日にマハーラーシュトラ州のアーナンドバーワンに向かうに当たり残したつぎのような声明を掲載した。「わたしが11年の滞在ののちナルマダー河沿岸のチョッティ・カサラヴァド村を離れるのは、主として予定されているインチャンパリ・ダム反対運動を開始するためと、妻サダナ・アムテの衰弱のためである。しかしながら、カサヴァダド村のセンターであるナルマダー民衆同胞団（ナルマダー・ロク・ビラーダリー）は

代替的開発のための事業を遂行する。大規模ダム反対運動とNBAはわたしの生活の不可分の一部である。わたしとNBAとの関係になんら変わりはない。報道関係の一部のニュースは根拠がなく、無意味である[121]」。

グジャラート州ナルマダー・ニガム公社総裁は公式声明で、州の立ち退き者更生事業が成功したのを見て、アムテが離れたと述べた。更生問題をめぐってNBAとアムテとの間に意見の相違が生じた、と解釈している[122]。

2001年9月11日から主としてマハーラーシュトラ州の部族村からの人々2000人余が、ダウド委員会の勧告の実施と土地権利および再定住問題の再検討を要求してムンバイーで行進した。プロジェクト被影響者の確認はダムの高さ90m、93m、100mおよび完工時の138.68mそれぞれの場合について村ごとに行われるようにと要求した。NBAのM.パトカルらと6名の活動家は無期限断食座り込みを開始した。断食11日目の9月27日にマハーラーシュトラ州政府はナルマダー管理委員会と再調査について協議し、立ち退き者総数の確認と再定住の実態調査を2カ月以内に行うこと、それまでは現在のダムの高さを上げることを認めないということで合意した。さらに、州政府はNBAの要求のほとんどを受け入れて、更生担当次官は、更生の包括的マスター・プランを立案するためにNBAの代表者を含む新たな計画グループを設置する、と提案した。

このような提案内容を州政府官房長官名で正式に認めた公文書を受けとって、パトカルたちは抗議の断食を停止した。パトカルはこれを過去16年間の運動のなかで成功した段階の一つである、と評価した[123]。

この調査は地方長官を委員長とし再定住済みの村の村長、被影響者代表者、NBAと更生闘争委員会の代表者が加わる委員会が行うことになった。9月27日付け半公文書と9月26日付けナンドゥルバル県知事の書簡修正により、ナーシク地方長官を委員長とするタースク・フォースが任命され、立ち退き者の更生問題を調査することになった。12月5日付け政府命令SSP/31/2001/Pr. No.135/R-5によってこの委員会はNBAの代表も含む半官半民の構成となった[124]。

最高裁判所判決1年後の2001年10月18日、マハーラーシュトラ州とマディヤ・プラデーシュ州の各地で抗議行進、集会、署名運動が繰り広げられた。ナンドゥルバル県ダドガオン村では部族民や農民約2000名が集結し、裁判所判決に抗議した。州内の再定住先の村でも抗議集会が開かれた。マディヤ・プラデーシュ州ニマド地方でも村々で集会が開かれ、村民は宣誓柱を立て、ダム反対運動を継続することを誓った。抗議運動はナルマダー河流域の村々に限られず、ムンバイーやプネーのような都市においてもいくつかのNGOや左翼政党が中心となった抗議集会・行進が組織された[125]。

　2001年8月29日に開催されたナルマダ管理委員会更生・再定住小グループ第50回会議において、マディヤ・プラデーシュ州政府はSSP被影響者へ耕地に代えて現金補償を与えてよいとする修正をナルマダー河水紛争審判所裁定に加えるよう正式に提案した。同州では3万5000余家族への代替地が見いだされていなかった。修正条項はつぎのとおりであった。「マディヤ・プラデーシュ州の担当官宛に書面でその旨の申請を提出することにより、立ち退き家族は自ら選んだ村に定住し、土地を購入するために十分な補償金を受け取ることを選択できる。……選択は一度行使されたら、最終的であり、のちに土地配分の請求をなしえない」。この修正案はインド政府とナルマダ管理委員会の承認を得なければ、効力を発しない[126]。

　NBAの活動に対抗するためにグジャラート州ではグジャラート商工会議所会頭、グジャラート農業会議所会頭らが中心となって、建設促進のための非政治的・非政府的組織ナルマダー・サマルタン（Narmada Samarthan）を組織した。世界ダム委員会の報告書を認めず、ダムの有用性をPRするセミナーや会議を開催することにした[127]。

　最高裁判所判決以後も続くNBAの運動に苛立ったグジャラート州とマディヤ・プラデーシュ州の一部の政治家や有識者は、市民的自由国民評議会（National Council for Civil Liberties）の名でNBAを1957年違法活動（予防）法（Unlawful Activities［Prevention］Act, 1957）にもとづいて活動禁止処分にするようインド政府に求める覚書を、副首相兼内務大臣A. K. アドヴァーニ

ーに提出した。その罪状として挙げたのは、外国資金、国の重要プロジェクトに関連する機密報告書の外国機関への漏洩、人権侵害、所得税脱税、プロジェクト被影響者や政府官吏に対する暴力行為などであった。これに署名した者のなかにはグジャラート州の元首相たち、マディヤ・プラデーシュ州副首相J.デヴィ、同州首相の腹心で同州会議派委員会総裁も含まれていた[128]。

市民的自由国民評議会はグジャラート高等裁判所に175頁におよぶ請願書を提出して、1967年違法活動(予防)法にもとづいてNBAに活動禁止命令を出すことを求めていた。それを審理した高等裁判所の3人法廷は12月14日に申し立ての反国家的活動のゆえにNBAの活動禁止を考慮するようにとの命令を中央政府に発した[129]。

2　グジャラート州政府によるサルダル・サロヴァル・ダム建設強行（2002〜2003年前半）

2002年1月24日にマディヤ・プラデーシュ州首相とグジャラート州首相が出席した高度なレベルの会議が開催された。この会議において首相A.B.ヴァジパイの介入により、1年余にわたり90mにとどまっていたサルダル・サロヴァル・ダムの高さを100mに上げる障害がすべて取り除かれることになった。この会議には連邦灌漑相、ナルマダー管理委員会委員長、中央水資源省次官、マディヤ・プラデーシュ州財務大臣、連邦内閣官房長官、連邦森林・環境省次官補、首相首席秘書官、サルダル・サロヴァル公社総裁・副総裁・専務理事、グジャラート州官房長官、ナルマダー河水資源省次官も出席した。マディヤ・プラデーシュ州では立ち退き者へ配分すべき土地が十分でなく、審判所や最高裁判所の命令にもかかわらず州政府は現金補償を試みていた。最高裁判所への請願書では、土地に対して土地でもって補償するという政策を現金補償に変えるために、新たな審判所の設置を要求していた。首相の介入にしたがい、マディヤ・プラデーシュ州首相D.シングは最高裁判所に提出していた民事訴訟を取り下げること、2月8日に予定されている再定住・更生小委員会までにプロジェクト被影響者の再定住事業を完了する報告

書を提出すること、を約した。首相はまた連邦森林・環境相に対して2月早々に環境小委員会を開催して、環境認可を与えるよう指示した[130]。

2月8日にナルマダー管理委員会環境小グループは、デリーで開催した会議においてグジャラート州がダムの高さを100mに上げることを勧告した。ダムの高さが100mになるとマディヤ・プラデーシュ州で7913家族が立ち退かねばならなくなる。そのうち3380家族はグジャラート州に、1592家族はマディヤ・プラデーシュ州で再定住することになっていた。マディヤ・プラデーシュ州首相は2月28日までに残りの2941家族を再定住させることをグジャラート州首相に約束した。グジャラート州は立ち退き者への現金補償支払のために総額23.9億ルピーのうち4億ルピーを第1回分割払いとしてマディヤ・プラデーシュ州に支払っていた[131]。

2002年3月6日に最高裁判所はA. ロイの法廷侮辱罪審理を終え、「悪意をもって本裁判所の権威を損なうような侮辱罪を犯した」として有罪の判決を下した。しかし、「被告が女性であることを考慮し、創造的技能と想像力でもって将来芸術・文学に尽くす意識・智慧が戻ることを希望し、彼女に象徴的禁固刑を宣告することで法の目的は達せられる」、として2000ルピーの罰金と1日の象徴的禁固刑にとどめた[132]。

ダムの高さ90mでの立ち退き予定者のうち3500家族が水紛争審判所裁定に準じた移転を果たしていないにもかかわらず、2002年5月17日にナルマダー管理委員会はダムの高さを90mから95mに高める認可をグジャラート州政府に与えた。NBAはそれを違法としてダム建設中止を求めて最高裁判所に提訴した。マハーラーシュトラ州政府はNBAと共同して更生の実態を調査し、まだ完了していないという宣誓供述書を最高裁判所に提出した。この情報をもとにダムに関する決定を再検討すべきナルマダー管理委員会再検討委員会はそれを怠った。最高裁判所の法廷は休暇中で決定を下せず、9月9日に次の審理が予定されていたが、その判決が下される前に工事は完了してしまった[133]。

2002年6月に入ると、ナルマダー管理委員会はマディヤ・プラデーシュ州

のジャルシンディ、バダ・アンバ、カリア村で樹木の伐採を開始し、立ち退きが間近いことを示した。モンスーン季にはマディヤ・プラデーシュ州で 60 カ村、マハーラーシュトラ州で 33 カ村以上が水没すると予想されていた。パトカルを指導者とする NBA の運動員はマディヤ・プラデーシュ州のジャルシンディ村とマハーラーシュトラ州のドムケディ村で反対の意思表示の座り込みを開始した[134]。

　ダム立ち退き者が適正に更生されていないとする NBA の訴訟を審理中の最高裁判所の 3 名法廷は、この問題に関して 2002 年 8 月 12 日にマハーラーシュトラ州政府に対して宣誓供述書を提出するよう求めた。同じ法廷でナルマダー管理委員会を代表して法務次官は、サルダル・サロヴァル・ダムがすでに 95m に高められていることを指摘して、NBA の訴えは無効であると主張した[135]。

　2002 年 8 月 17 日にはサルダル・サロヴァル・ダムはアフマダーバード市内を貫流するサバルマティ河に給水を開始した。この河はここ数年涸れ河になっていた。グジャラート州サルダル・サロヴァル公社によれば、これでパンチハマル、バローダ、バルーチ、ナルマダーの諸県に飲料水と 10 万 ha の土地に灌漑用水を供給できるようになった[136]。

　その後の工事により、8 月 20 日にはダム立地点での水位は標高 99m を超え、翌日は 102m に達したといわれる。NBA の非暴力抗議運動の拠点であるマディヤ・プラデーシュ州のドムケディ村とジャルシンディ村も水没することになり、パトカルをはじめとする活動家たち百数名は水嵩を増す水に漬かりながら立ち去らずに抗議を続け、警察によって逮捕された[137]。同年 8 〜 9 月にナルマダー河は増水し、数軒の家屋が押し流され、多くの耕地が浸水し、数千家族が危険に曝された。マハーラーシュトラ州政府は更生させずに水没させたことを認め、直接の立ち作物の損失に対して 350 万ルピーの補償金を支払った[138]。

　これに対して NBA はプレス・リリースを通して抗議の声を上げた。マハーラーシュトラ州の官民合同タスク・フォースによると、2002 年 10 月に 95m

の高さでも 3600 余の家族が更生されずに残っていた。約 3100 家族が河の近くに留まったままであり、500 家族は再定住地に移転はしたが、まだ土地を与えられていなかった。マディヤ・プラデーシュ州では状況はさらに悪く、立ち退き家族 3500 のうち大多数がまだ移転先もきまっていなかった。ダムの高さの違法な引き上げにより、このモンスーン季にマハーラーシュトラ州では少なくとも 3000 家族、マディヤ・プラデーシュ州では 1 万 2000 家族が水没することになった。これは基本的人権の侵害であり、最高裁判所の判決に対する違反である、と NBA は主張した[139]。

　2002 年 9 月 9 日、ナルマダー・ダムの高さが立ち退き者の適正な更生なしに行われているという NBA の訴訟を、最高裁判所はダムの高さが高められることにより影響を受ける者自身が裁判所に出頭しなかった、として却下した。プロジェクト被影響者はまず各州の苦情処理機構に申し出なければならない。その決定に不服な場合には裁判所に訴えることができる。同じ法廷でナルマダー管理委員会を代表して法務次官は、立ち退き者の多くが現金補償を受取っている、と証言した[140]。

　10 日にドムケディ村で開かれた水没村代表者会議において、水没は人災であり、マディヤ・プラデーシュ州政府とマハーラーシュトラ州政府に対して補償を要求することに決した。またマハーラーシュトラ州政府に対してタスク・フォースの報告書の作成・公開を求めた[141]。マハーラーシュトラ州政府では、タスク・フォースの勧告の一部を受け入れて 9 月にプロジェクト被影響者の確定期限を、1987 年 1 月 1 日から実質的に立ち退かされる日とする決議を通したため立ち退き家族の数が増加した。

　2002 年 11 月末になってやっとマディヤ・プラデーシュ州とマハーラーシュトラ州がダムの高さ 100m での立ち退き者に関する実施措置報告書（Action Taken Report）をナルマダー管理委員会に提出した。これは初めに管理委員会更生・再定住小グループの審査を受けねばならない。さらにこれまでの苦情をそれぞれの州の苦情処理機構が処理しておかねばならない。したがって、つぎの管理委員会会議は翌年 1 月か 2 月になるものと予想されていた[142]。

NBAを中心に大規模ダム建設反対運動が展開されているなか、研究者たちを主体としてインドにおけるダム建設の是非を検討しなおそうとする機運も高まってきた。デリーにある資源管理・経済発展研究所（Institute of Resource Management and Economic Development ＝ IRMED）、インド・ウォーター・パートナーシップ（India Water Partnership）の後援により、コルカタのインド経営研究所付属開発・環境政策センター（Centre for Development and Environment Policy）が7月2日に「ダムと開発をめぐる政策対話」集会を開催した。これには水資源専門家、識者、研究者、政府官僚、社会運動家など約50名が参加した。これはデリーとパトナーでの集会につぐ3回目であり、さらにボパールとチェンナイでも予定されていた[143]。

　影響力の強い国際NGOの動きをみると、居住国際連合（Habitat International Coalition）の家屋・土地権利ネットワーク（Housing and Land Rights Network）は2002年9月18〜24日にナルマダー流域の再定住・更生の現状を調査するために現地に入った。調査はグジャラート州のSSP地域とマディヤ・プラデーシュ州のマン・ダム灌漑プロジェクト地域の数カ村で行われた。その結果、立ち退き者の再定住・更生措置が審判所裁定や最高裁判所命令のとおりに行われていないことを発見した。居住国際連合は調査結果の概要と改善を要する点を認めた書簡を11月22日付けでインド連邦首相、グジャラート州政府首相、マディヤ・プラデーシュ州首相など関係者17名に送った。その勧告の第1点は、ダムの高さ95m（現在の高さ）での被影響者の更生・再定住がまだ完了していないので、かれらの十分な居住権を保護するために、現在の被影響家族全体が更生されるまでダムの高さをこれ以上高めないこと、であった[144]。

注
1) Patel, Anil (1995) "What Do the Narmada Valley Tribals Want ?", Fisher, William. F., ed. (1995) *Toward Sustainable Development; Struggling over India's Narmada River*, New York, M. E. Sharpe (Indian edition [1997] Jaipur, Rawat Publications), pp.179-200; Patel, Anil (1997) "Resettlement Politics and Tribal Interests", in Drèze, J., M. Samson and S.

Singh, ed. (1997) *The Dam and the Nation; Displacement and Resettlement in the Narmada Valley*, Delhi, Oxford Univ. Press, pp.66-92.
2) Parasuraman, S. (1997) "The Anti-Dam Movement and Rehabilitation Policy", 同上、J. Drèze and others, ed., pp.26-65.
3) Patkar, Medha (1995) "The Struggle for Participation and Justice; A Historical Narrative", 前出、W. F. Fisher, ed. (1995), pp.157-178.
4) Fisher, W. F. (1995) "Development and Resistance in the Narmada Valley", 同上、Fisher, W. F., ed., pp.3-46.
5) Saleth, R. M. (1996) *Water Institutions in India; Economics, Law and Policy*, New Delhi, Commonwealth Publishers, p.227.
6) Blinkhorn, T. A. and W. T. smith (1995) "India's Narmada; River of Hope", 前出、Fisher, W. F., ed. (1995), p.94.
7) Gujarat, Govt. of, *Outline of Sardar Sarovar Project* (http://www.gujaratindia.com)
8) 前出、Blinkhorn, T. A. and W. T. smith (1995), p.94; 鷲見一夫 (1999)『きらわれる援助——世銀・日本の援助とナルマダ・ダム——』第3章 世銀融資、築地書館。
9) Paranjpye, Vijay (1990) *High Dam on the Narmada; A Holistic Analysis of the River Valley Project*, New Delhi, INTACH, pp.24-30.
10) この原文は、Supreme Court of India, *Judgement on Narmada Bachao Andolan versus Union of India & Others; Civil Original Jurisdiction, Writ Petition* (C) *No.319 of 1994* (http://www.narmada.org)
11) 前出、Paranjpye, Vijay (1990), p.30.
12) ナルマダー流域開発をめぐる民衆運動に関しては、運動に参加した筆者それぞれの立場から党派的な見解を主張する論文が多くみられる。そのなかでグジャラート州の運動団体ARCH-Vahini寄りで、SSP建設促進派によるものではあるが、事実関係を時系列で丹念に追ったものとしてつぎのものが優れている。Verghese, B. G. (1994) *Winning the Future; From Bhakra to Marmada, Tehri, Rajasthan Canal*, Delhi, Konark Publishers, 5 Narmda Saga, pp.118-236. NBA側からのものとしてはつぎの書がもっともまとまっている。Sangvai, S. (2002) *The River and Life; People's Struggle in the Narmada Valley*, Mumbai, Rev. 2nd Ed., Earthcare Books (1st ed. 2000). 本論文のなかで言及する1993年以前に生じた事件の多くの年月日はこれらによる。日本語の著作では、NBAよりのものとしてつぎの書がある。前出、鷲見一夫 (1990)『きらわれる援助——世銀・日本の援助とナルマダ・ダム——』築地書館。客観的な研究としては、柳沢悠 (2002)「ナルマダー開発における立ち退き民と反対運動」柳沢悠編『現代南アジア 第4巻 開発と環境』東京大学出版会。これには2名のインド人研究者のつぎの論文が含まれている。バーヴィスカル、アミター「開発をめぐるナルマダー峡谷におけるトライブの闘い」。アーヤンガール、スダルシャン「トライブの人々、開発とナル

マダー」。
13) Narmada Control Authority, *Resettlement and Rehabilitation; Submergence Details*, http://www.nca.nic.in; Sardar Sarovar Nigam Ltd., *Outline of Sardar Sarovar Project*, Gandhinagar, n.p.
14) The Institute of Social Sciences (1997) "Experience with Resettlement and Rehabilitation in Maharashtra", 前出、Drèze, J., M. Samson and S. Singh, ed. (1997), pp.185-186.
15) 前出、Patel, A. (1997), pp.66-67.
16) 前出、Parasuraman, S. (1997), pp.32-34; Singh, S. (1997) *Taming the Waters; The Political Economy of Large Dams in India*, Delhi, Oxford Univ. Press, pp.182-203.
17) Independent Review Team (1997) "Displacement and Ressetlement in Madhya Pradesh", 前出、Drèze, J. and Others, ed. (1997), pp.245-248.
18) Patel, A. and A. Mehta (1995) "The Independent Review; Was It a Search for Truth", 前出、Fisher, W. F., ed. (1995), pp.410-412.
19) Dhagamwar, V., E. G. Thukral and M.Singh, (1995) "The Sardar Sarovar Project; A Study in Sustainable Development", 同上、Fisher, W. F., ed., pp.266-269; 前出、Parasuraman, S. (1997), pp.34-36.
20) 前出、Blinkhorn, T. A. and W. T. Smith (1995), p.101-109.
21) 前出、Patel, A. (1997); 前出、Patel, A. (1995); 前出、Patel, A. and A. Mehta. (1995).
22) 前出、Blinkhorn, T. A. and W. T. Smith. (1995), p.97.
23) 第4節は主としてつぎの論文による。前出、Patel, A. (1997), pp.66-92; 前出、Patel, A. (1995), pp.179-200.
24) 前出、Parasuraman, S. (1997), p.40.
25) 前出、Patel, A. (1995), pp.194-195. シェトはこう評価している。「A. パテルは新しい寛大な再定住・更生政策を監視することに決定し、『闘争』から『再建』闘争に路線を変更した。かれら（パテルとSETUのA. ヤグニク）は環境問題を強調する新たな扇動路線から身を引いた。こうして、ナルマダー・ダム反対運動の指導権はバーバー・アムテとメダー・パトカルに移った」。Sheth, P. (1994) *Narmada Project; Politics of Eco-Development*, New Delhi, Har-Anand Publications, p.64.
26) 前出、Patel, A. (1997), p.77.
27) 前出、Patkar, M. (1995), pp.157-178; "Medha and the Struggle", *The Deccan Herald*, June 24, 2001.
28) 前出、Parasuraman, S. (1997), p.40.
29) Gill, M. S. (1995) "Resettlement and Rehabilitation in Maharashtra for the Sardar Sarovar Narmada Project", 前出、Fisher, W. F., ed. (1995), pp.235-239.
30) 前出、Patel, A. (1997), p.78.
31) 前出、Independent Review Team (1997), pp.237-241.

32）前出、Parasuraman, S.（1997）, p.43.
33）同上、p.45.
34）前出、Patel, A.（1997）, p.79; 前出、Verghese, B. G.（1994）, pp.159-166.
35）前出、Patkar, M.（1995）, p.161.
36）同上、p.162.
37）前出、Parasuraman, S.（1997）, pp.45-46; *Baba Amte's Vanaprastha*（http://www.narmada.org/AMTE/vanaprastha）Aug. 20, 2004.
38）前出、Patkar, M.（1995）, p.162; 同上、Parasuraman, S.（1997）, p.45.
39）同上、Parasuraman, S., pp.46-47.
40）同上、p.48; Gadgil, M. and R. Guha, *Ecology and Equity*, p.35-38. かれらは資源支配に対する行政官・政策決定者・受益者の三者結合について述べ、受益者のなかに都市住民・産業・大規模灌漑地保有者を入れている。
41）同上、Parasuraman, S., p.49; 前出、Patkar, M.（1995）, pp.165-166; 前出、Gill, M. S.（1995）, p.242.
42）同上、Parasuraman, S., p.49.
43）前出、Gill, M. S.（1995）, p.239.
44）同上、p.240.
45）前出、Parasuraman, S.（1997）, p.50.
46）前出、Gill, M. S.（1995）, p.240; 前出、Patel, A.（1997）, p.83.
47）同上、Patel, A., p.88-89.
48）前出、Gill, M. S.（1995）, p.238.
49）前出、Patel, A.（1997）, pp.87-88; NBA側の立場をわかりやすく説明したものとしてはインドの著名な作家アルンダティ・ロイのつぎの論文がある。Roy, A.（1999）"The Greater Common Good", *Frontline*, vol.16, no.11, June 4.（片岡夏実訳「公益の名のもとに」『わたしの愛したインド』築地書館、2000年、1〜98頁）。両グループが対立するに至った経緯を政治学の立場から分析したものとしては、前出、Sheth, P., pp.54-94, Chapter Ⅳ The Sardar Sarovar Project; Eco-Politics of Development.
50）Dhagamwar, V.（1997）"The NGO Movemenrts in the Narmada Valley; Some Reflections", 前出、Drèze, J., M. Samson and S.Singh, ed.（1997）, pp.96-98, 100-101.
51）前出、Patel, A.（1997）, p.80.
52）Udall, L.（1995）"The International Narmada Campaign; A Case of Sustained Advocacy", 前出、Fisher, W. F., ed.（1995）による。
53）日本における動きについては、前出、鷲見一夫（1990）。
54）Morse, B. and T. Berger（1992）*Sardar Sarovar; Report of the Independent Review*, Ottawa, Resource Futures International.
55）前出、Parasuraman, S.（1997）, p.52-54.

56) Patel, C. C. (1995) "The Sardar Sarovar Project; A Victim of Time", 前出、Fisher, W. F., ed. (1995), pp.71-88.
57) The Supreme Court of India, Civil Original Jurisdiction, *Wtit Petition* (C) *No.319 of 1994, Narmada Bachao Andolan Versus Union of India and Others*, http://www.narmada.org
58) 前出、Sangvai, S. (2002), p.59.
59) *Baba Amte's Vanaprastha* (http://www.narmada.org/AMTE/vanaprastha) Aug. 20, 2004.
60) 前出、Sangvai, S. (2002), pp.63-69.
61) 前出、Patkar, M. (1995), p.178.
62) 前出、Sangvai, S. (2002), pp.74-75.
63) NBA "Towards a Vision of a Just and Sustainable Development of the Narmada Valley; Draft for Discussion"; Lokaya, K., "Sardar Sarovar; Will the Courts Advise Study of Alternatives ?", *NBA Press Release*; 同上、Sangvai, S. (2002), pp.72-73; Agarwal, A. and S. Narain, ed. (1997) *Dying Wisdom; Rise, Fall and Potential of India's Traditional Water Harvesting Systems*, New Delhi (State of India's Environment; A Citizens' Report 4).
64) Supreme Court of India, *Civil Original Jurisdiction, Writ Petition* (C) *No.319 of 1994, Narmada Bachao Andolan Versus Union of India and Others*
65) "Madya Pradesh Govt. Goes to Supreme Court for New Tribunal for Narmda and Reducing Sardar Sarovar Height", *NBA Press Release*, APR. 20, 1999.
66) Supreme Court of India, *Civil Original Jurisdiction, Writ Petition* (C) *No.319 of 1994, Narmada Bachao Andolan Versus Union of India and Others.*
67) "India's Narmada Dam Construction Resumes", Feb. 22, 1999, http://ens.lycos.com; Venkatesan, V. (1999) "Triumph for Gujarat", *Frontline*, vo.16, no.6, Mar. 26.
68) 同上、Venkatesan, V. ; "Madya Pradesh Govt. Goes to Supreme Court for New Tribunal for Narmada and Reducing Sardar Sarovar Height", *NBA Press Release*, Apr. 20, 1999; Sen, J., "Setting a Tide Mard 1, 2", *The Hindu*, Mar. 8, 9, 2000.
69) Venkatesan, V. (1999) "At a Crossroads; Narmada Valley Project", *Frontline*, May 21.
70) Noronha, F. (1999) "Agitation Flares Up Against India's Narmada Dam", *Environment News Service*, Mar. 26.
71) "Human Rights March by Narmada Oustees from April 1 to Highlight the Issue of Displacement and Fraud by Govt.", *NBA Press Release*, Mar. 24, 1999.
72) Madya Pradesh, Narmada Valley Development Department (1998) *Task Force Report on Alternates of Water Resource Development of N.V.D.A.*, Bhopal; 前出、Sangvai, S. (2002), pp.189-190; 前出、Venkatesan, V. (1999) "At a Crossroads; Narmada Vally Project" ; "M.P. Government Accepts Most Demands of NBA, Fast Ends, Independent Committee to Review Maheshwar Project" , *NBA Press Release*, May 3, 1999; *A Chronology of Events in the Maheshwar Struggle*, http://www.narmada.org/maheshwar, 2003.08.26.

73) "Narmada Satyagraha Begins, Fast by Samarpit Dal from 4-12 July", *NBA Press Release*, June 21, 1999.
74) Venkatesan, V. (1999) "Threat of Submergnce", *Frontline*, July. 16.
75) Arundathi Roy's "'Rally for the Valley' Reaches Jalsindhi", *NBA Press Release*, Aug. 3, 1999.
76) Roy, A. (1999) "The Narmada Dam Story; The Greater Common Good", *Outlook*, May 24; 前出、Roy, A. (1999) "The Greater Common Good" (片岡夏実訳「公益の名のもとに」『わたしの愛したインド』); "Arundathi Roy Donates Booker Prize Amount to the Narmada Bachao Andlan", *NBA Press Release*, June 26, 1999; Verghese, B. G. (1999) "A Poetic Licence", *Outlook*, July 5; Omvedt, G. (1999) "Dams and Bombs 1, 2", *The Hindu*, Aug. 4, 5; "Interview with Arundathi Roy", *Frontline*, Aug. 14-27, 1999; Guha, R. (2000) "The Arun Shourie of the Left", *The Hindu*, Nov. 26. その後英語有力紙上の読者投稿欄などで2000年暮れまで論争が繰り広げられた。
77) "Toward Just and Sustainable Development; New Phase of the Andolan Begins 27-28 September 1999; Come to the Narmada Valley", *NBA Press Release*, Sept. 13, 1999.
78) "386 Arrested in Dhadgaon as Police Clamp Sec.144; Many Beaten Up Badly, Dragged, without Food", *NBA Press Release*, Sept. 23, 1999.
79) "Letter from Prime Minister to Medha Patkar, Dated September 22, 1999, This Was Delivered When Medha and 386 Satyagrahis Were Being Held in Dhule Jail", "Letter from Medha Patkar to the Prime Minister of India, Mr. A. B. Vajpayee", *NBA Press Release*, Oct. 10, 1999.
80) "Medha Patkar Declares Indefinite Fast in Dhule Jail", *NBA Press Release*, Oct. 1, 1999.
81) "Narmada Satyagrahis Released by Nandurbar Court, Dharna and Fast by Medha and Others to be Withdrawn on Wednesday", *NBA Press Release*, Oct. 5, 1999; "Narmada Satyagraha Concludes with Reassertion of Resolve to Dare Unjust Submergence, Villages Gear Up for Nav-Nirman", *NBA Press Release*, Oct. 15, 1999.
82) Sardar Sarovar Narmada Nigam Ltd., "In the Supreme Court of India, Civil Original Jurisdiction, I. A. NO.14 of 1999 in Writ Petition (Civil) No.319 of 1994", *Current Happennings*; "The Narmada Satyagaraha; October 12, 1999; Domkhedi-Jalsindhi", *NBA Press Release*, Oct. 9, 1999.
83) Roy, A. (2000) "The Cost of Living", *Frontline*, Feb. 5-8.
84) "Environmental Activists Find Human Rights Defenders", *Environment News Service*, Dec. 10, 1999; "Eminent Persons and Human Rights Organisations in Gujarat Condemn the Attack on Narmada Bachao Andolan", *NBA Press Release*, Dec. 11, 1999.
85) 週刊誌 *Economic and Political Weekly* を中心に繰り広げられたインド国内での論争はつぎの書にまとめられている。Dhawan, B. D. (1990) *Big Dams; Claims, Counter Claims*,

New Delhi, Commonwealth Publishers. その後のまとめとしては、Iyer, R. R.(1998)"Water Resource Planning; Changing Perspectives", *Economic and Political Weekly*, Dec. 12.
86)"NGO Letter to World Bank on Sardar Sarovar Project", Nov. 10, 1999. http://www.narmada.or, 2000.03.14.; World Bank, "Memorandum to the Executive Directors and the President on Sardar Sarovar Dam and Power Project", Mar. 29, 1995, http://www.narmada.org, 2001.08.04; McCully, P.（1996）*Silenced Rivers; The Ecology and Politics of Large Dams*, Zed Books.（鷲見一夫訳『沈黙の川──ダムと人権・環境問題──』築地書館、1998年）。
87)"Visit of ICOLD to Sardar Sarovar Exposes Hypocrisy of Gujarat Government, Why Was the World Commission Banned and ICOLD Invited to Visit ?", *NBA Press Release*, Nov. 2, 1998; Venkatesan, V.（2000）"The Debate on Big Dams", *Frontline*, Feb. 2; World Commission on Dams（2000）*Dams and Development; A New Framework for Decision-Making*, London, Earthscan Publication Ltd; World Commission on Dams（2000）*Large Dams; India's Experience*, Final Report Prepared by R. Rangachari and Others, Nov., http://www.dams.org, 2003.08.11. 世界保全連合は1948年に設立されたInternational Union for the Protection of Nature ＝ IUPNが1956年にUnion for Conservation of Nature and Natural Resources ＝ IUCNに改称、さらに1990年に現在の名称になったもので、イギリスのチャールズ皇太子が名誉総裁で、欧米の環境NGOのなかではかなり保守的な環境団体と見られている。
88) Kachauri, R. K.（2000）"Against the Tide; Do Not Foreclose Big Dam Options", *The Times of India*, Apr. 10.
89)"Sathagraha Launched in Jalsindhi and Domkhedi with Resolve to Confront the Waters", *NBA Press Release*, July 16, 2000; "Arundathi Roy and Other Supporters Reach Domkhedi-Jalsindhi, Justice Sachar, 33 Others Detained by Gujarat Poclice", *NBA Press Release*, Aug. 24, 2000; "Narmada Satyagraha Concludes with a Call for Justice and Struggle against the Destruction, People Assert Right to Create a New Life, *NBA Press Release*, Sept. 18, 2000.
90) Desai, B.（2000）"Drought 2000 Rekindles Sardar Sarovar Project", *The Times of India*, Apr. 30; "Gujarat Focuses on Narmada as Answer to Drought", *The Times of India*, May 11, 2000; "Waiting for the Rains", *The Hindu*, May 14, 2000; Ramachandran, R.（2000）"Dealing with Drought", *Frontline*, June 10-23.
91)"Narmada Jal Rakshak Sangh Criticises PM", *The Time of India*, Apr. 15, 2000.
92)"Narmada Needs a Historic Judgement", *The Hindustan Times*, Mar. 12, 2000; Sen, J.（2000）"Setting a Tide Mark", *The Hindu*, Mar. 8; "Reduction in SSP Height Won't Solve Basic Issues; Complete Review of SSP and Other Dams in Narmada Valley is Real Answer", *NBA Press Release*, May 23, 2000.
93)"I'm not Opposed to Narmada Dam; Digvijay", *The Times of India*, June 14, 2000.

94) "SC Clears Sardar Sarovar Project", *The Times of India*, Oct.19, 2000; "SC Clears Narmada Dam Height up to 138 Metres in Stages", *The Hindu*, Oct. 19, 2000; "Narmada Dam Gets SC's Nod", *Tribune*, Oct. 19, 2000.
95) *Supreme Court of India, Civil Original Jurisdiction, Writ Petition (C) No.319 of 1994, Narmada Bachao Andolan Versus Union of India and Others.*
96) *Supreme Court of India, Civil Jurisdiction, Writ Petition (C) No.319 of 1994, Narmada Bachao Andolan Versus Union of India and Others, Judgment, Bharuch, J.* http://www.narmada.org/sardar-sarovar
97) "Without Considering Basic Issues, Supreme Court Surrenders to the Pressures by Power Holders; Unfettered Dam Construction and Displacement Allowed; Assault on People and Constitution", *NBA Press Note*, Oct. 18, 2000; Patkar, M. (2000) "Illogical Verdict", *The Week*, Nov. 5.
98) "NBA Comments on the Supreme Court Judgement", http://www.narmada.org, 2000. 11.04.
99) "Work on Raising Narmada Dam Height to Begin Soon", *The Times of India*, Oct. 20, 2000; "Narmada Dam Work to Resume with Big Bang Today", *The Times of India*, Oct. 31, 2000; "Violence Mars Gujarat Govt's Narmada Bash", *The Times of India*, Nov. 1, 2000; Kumar, V. (2000) "People Cheer as Work on Narmada Dam Resumes", *The Hindu*, Nov. 1; "Drowned Out", *Frontline*, Oct. 28-Nov. 10, 2000; "Going Beyond the Narmada Valley", *Frontline*, Nov. 11-24, 2000.
100) Iyer, R. R. (2000) "A Judgment of Grave Import", *Economic and Political Weekly*, Nov. 4-10.
101) Vaidyanathan, A. (2000) "The NBA, the Court and the SSP", *The Hindu*, Nov. 22.
102) Sharma, K. (2000) "A Message for the Judges", *The Hindu*, Nov. 28; "Schimitars in the Sun; N. Ram Interviews Arundathi Roy on a Writer's Place in Politics", *Frontline*, Jan. 6-9, 2001; "Govt. Flayed for Ignoring Dams Panel Report", *The Hindu*, May 27, 2001.
103) Venkatesan, V. (2001) "Contempt in Question", *Frontline*, May 12-25.
104) *Rediff News*, Jan. 26, 2001.
105) Bavadam, L. (2003) "Narmada Valley Project; Rising Concerns", *Frontline*, June 7-20.
106) Parsai, G. (2001) "Construction Plan Ratified", *The Hindu*, Jan. 11.
107) Ghose, A. (2001) "Tactical Shift on Sardar Sarovar", *Organiser*, Feb. 4.
108) "Government of Maharashtra Appoints Committees to Review Sardar Sarovar Project", *NBA Press Release*, Jan. 4, 2001; Narmada Bachao Andolan (2001) *Monsoon Satyagraha 2001*, July (http://www.narmda.org, 2001.07.21) ;Viapurkar, M. (2001) "Fact-Finding Panels on SSP to Be Setup", *The Hindu*, Jan. 5.
109) "Medha Patkar's Charges against Narmada Basin States", *The Hindu*, Apr. 20, 2001; "SC

Notice to Arundathi Roi, Medha Patkar", *The Hindu*, Feb. 27, 2001; "Contempt Notice, a Chance to Present Our View; Medha", *The Hindu*, Feb. 28, 2001; 前出、Venkatesan, V. (2001) "Contempt in Question", *Frontline*, May 12-25.

110) Venkatesan, V. (2001) "Humps and Fears", *Frontline*, July 7-20.

111) "SC Objects to Patkar's Response", *The Hindu*, Apr. 24, 2001.

112) "People to Join 'Narmada Sangharsh Parikrama'", *The Hindu*, Apr. 4, 2001; "Villagers Demand Resettlement Scheme", *The Hindu*, Apr. 16, 2001.

113) Joshua, A. (2001) "French Award Conferred on Arundathi Roy", *The Hindu*, Apr. 27; "NBA is a Battle for Justice; Medha Patkar", *The Hindu*, May 6, 2001.

114) "Ahmadabad to Get Narmada Water from March 13", *The Times of India*, Mar. 9, 2001; "Narmada Water Reaches City", *Indian Express*, Mar. 14, 2001.

115) "Gujarat Starts Raising Dam Height", *The Hindu*, May 26, 2001.

116) D'Souza, D. (2001) "A Letter comes from MP", *Narmada Samachar*, Dec. 3.

117) Maharashtra, Govt. of, *The Report of the Chairman and Other Non-Official Members and Invitee*, http://narmada.org. 2003.07.29; Bavadam, L. (2003) "Narmada; A Protest and Some Promises", *Frontline*, June 21-July 4; Bavadam, L. (2001) "One More Indictment", *Frontline*, Aug. 4-17.

118) "A Challenge to the People and the Government Both, Ban NBA-Move of Unholy Alliance Against Democracy", *NBA Press Release*, July 2, 2001; "Narmada Satyagraha Launched in Jalsindhi-Domkhedi on July 5, People Determined to Dare Submergence, It is Larger Struggle", *NBA Press Release*, July 6, 2001; NBA, *Monsoon Satyagraha 2001; Why Have We Chosen the Path of Struggle*, July 2001; NBA, *Announcement of Narmada Satyagraha 2001*, 2001; 同上、Bavadam, L. (2001).

119) "SC Takes Exception to Arundathi Roy's Affidavit", *The Hindu*, Aug. 3, 2001; "SC Notice to Arundathi Roy", *The Hindu*, Aug. 29, 2001; 前出、Venkatesan, V. (2001) "Contempt in Question"; Bhushan, P. (2001) "Judges in Their Own Cause, 1-2", *The Hindu*, Sept. 4, 5; 2001年9月に提出されたロイの最高裁判所宛て答弁書の原文は "A Reply to the Court", *Frontline*, Nov. 10-23, 2001.

120) Venkatesan, V. (2001) "Truth as Defence", *Frontline*, Oct. 13-26.

121) "It is Ill-Health of Mrs Amte and Struggle Against Inchampalli Dam That Beckon Me", "Baba Amte Condemns Distorted Reports; Still Firm with NBA, Opposition to Large Dams", *NBA Press Release*, Sept. 7, 2001)

122) "Different Versions on Why Baba Amte Left Ashram", *The Times of India*, Sept. 19, 2001; "As Baba Amte Exits from the NBA, the Anti-Dam Campaign is in Danger of Losing of Steam", *India Today*, Sept. 23, 2001

123) Katakam, A. (2001) "A Victory for the NBA", *Frontline*, Oct. 13-26.

124) Govt. of Maharashtra, *Report of the Task Force*, 2002; "Medha, Seetarambhai, Mimmat, Ashish, Gulabbhai End Fast on 11th Day", *NBA Press Release*, Sept. 27, 2001; 同上、Katakam, A. (2001).
125) "Rallies in Narmada Valley and Outside on 'Black Day' 18th Oct., Assumptions in Verdict Belied, No Resettlement upto 90M, Call to Review Court Decision, Protect People's Rights", *NBA Press Release*, Oct. 19, 2001; "NBA Protests Seeking Review of SC Verdict", *The Hindu*, Oct. 21, 2001; Sangvai, S. (2001) "No Full Stops for the Narmada; Life after the Verdict", *Economic and Political Weekly*, Dec. 8.
126) RoyChowdhury, S. (2001) "Changing the Rules Midstream", *The Hindu*, Dec.16; "Organizations Oppose 'Sinister' Amendment in Narmada Tribunal, Govt. Denying Land to Oustees to Hide Failure of Resettlement", *NBA Press Release*, Nov. 19, 2001.
127) "Pro-Narmada Organisation Launched", *The Hindu*, June 17, 2001.
128) Kothari, A. (2001) "Against a People's Movement", *Frontline*, Jul. 21-Aug. 3; Sen, J. (2001) "Effects of the Narmada Verdict", *The Hindu*, July 31.
129) Dasgupta, M. (2001) "Gujarat HC Asks Centre to Consider Banning NBA", *The Hindu*, Dec. 15.
130) "Digvijay Agrees to Withdraw SC Case on SSP Height; Modi", *The Time of India*, 25th Jan. 2002; Bavadam, L. (2002) "High and Dry", *Frontline*, Feb. 16-Mar. 1.
131) "Nod Paves the Way for Raising Dam Height", *Indian Express*, Feb. 10, 2002; 同上、Bavadam, L. (2002).
132) Venkatesan, J. (2002) "Judgment Reserved", *Frontline*, Feb. 2-15; Venkatesan, J. (2002) "Arundathi Roy Jailed for Contempt of Court", *The Hindu*, Mar. 7.
133) "Narmada Project; Desperate Measures", *Economic and Political Weekly*, June 22, 2002; "Sardar Sarovar Dam Submerges Villages in Narmada Valley", International Rivers Network, http://www.irn.org/, Aug. 23, 2002; "SSP Dam Waters Rise Alarmingly, Traibals Face Untold Submergence, Satyagrahis Standing in Neck Deep Narmada Waters", *NBA Press Release*, Sept. 3, 2002.
134) "Narmada Satyagraha 2002, A Call to the Conscience of the Nation", *NBA Press Release*, June 15, 2002; Tewari, D. (2002) "Narmada Agitation; Death by Water", *The Week*, July 21.
135) "SC Seeks Report on Narmada Oustees' Rehabilitation", *The Hindu*, Aug. 13, 2002.
136) Singh, S. (2002) "Gujarat Relieved as Water Finally Flows into Sabarmati", http://ndtv.com, Aug. 23; Alagh, Y. K. (2002) "Use This Water with Wisdom", *Indian Express*, Aug. 27.
137) "SSP Dam Waters Rise Alarmingly, Tribals Face Untold Submergence, Satyagrahis Standing in Neck Deep Narmada Waters", *NBA Press Release*, Sept.3, 2002; "Submergence

in the Narmada, The Sardar Sarovar Dam, A Brief Introduction", *NBA Press Release*, Sept.17, 2002; Dietrich, G. (2001) "Sardar Sarovar Project; Braving the Rising Waters", *Economic and Political Weekly*, Sept. 21.

138) "Ilegal Increase of Sardar Sarovar Dam to 100m; Violation of Fundamental Rights, SC Ruling", *NBA Press Release*, http://www.narmada.org/ 2003.07.15.

139) "Sardar Sarovar Task force Report Exposes Serious Flaws in Rehabilitation", *NBA Press Release*, Oct. 5, 2002.

140) "Supreme Court Disposes of NBA Petition", *The Times of India*, Sept. 10, 2002; "NBA Petition on Rehabilitation Disposed", *Mid Day*, Sept. 9, 2002; "Dubious Order Again in Narmada Matter; SC Avoids Responsibility to Protect People's Rights", *NBA Press Release*, Sept. 15, 2002.

141) "Massive Devastation by Submergence; Narmada People Demand Compensation, No Increase in Dam Height and Task Force Report", *NBA Press Release*, Sept. 10, 2002.

142) Shah, R. (2002) "Narmada Dam Height Remains Contentious Issue, The Times of India, Dec. 5.

143) South Asian Consortium for Interdisciplinary Water Resources Studies, *Report on Policy Dialogue on Dams and Development* (http://www.saciwaters.org) ; Bandyopadhyay, J. and Others (2002) "Dams and Development; Report on a Policy Dialogue", *Economic and Political Weekly*, Oct. 5.

144) Letter Sent by the Habitat International Coalition to the Prime Minister of India Regarding the Situation in the SSP and Maan Dam Projects Based on a Fact-Finding Team Sent by HIC in September to the Valley After the Monsoon, *Narmada Samachar*, Jan. 1, 2003; Habitat International Coalition, Housing and Land Rights Network, South Asia Programme, *The Impact of the 2002 Submergence on Housing and Land Rights in the Narmada Valley; Report of a Fact-Finding Mission to Sardar Sarovar and Man Dam Projects*, Cairo, 2003.

(初出、第1～2節および付属資料：大東文化大学東洋研究所『東洋研究』第143号、平成14年1月25日。第3～5節：同誌第146号、平成14年12月25日、一部加筆訂正。第6節：同誌第151号、平成16年1月25日、一部加筆訂正)

〈付属資料：ナルマダー河水紛争審判所裁定後の事件略年表〉

1979 年	ナルマダー河水紛争審判所が最終報告書を提出。

第 1 期

1980 年	グジャラート州政府がサルダル・サロヴァル・プロジェクト (Sardar Sarovar Project ＝ SSP) 計画書をインド政府中央用水委員会 (Central Water Commission) に技術的認可を求めて提出。 インド政府が世界銀行に対して、ナルマダー河流域開発長期的計画の第 1 段階の一部であるグジャラート州への資金援助を要請。 世銀は既存計画(グジャラート州政府が SSP のために作成した 14 巻の可能性調査) の検討のため調査団を派遣。 SSP 基礎工事開始。
1980 年	中央政府に環境庁設置（のちに環境・森林省に改組）。 森林保全法の施行——森林の非森林目的への転用の禁止。 移住・更生問題、部族民問題、環境への影響が注目される。
1980 年 2 月	世界銀行、*Operational Manual Statement on Social Issues Associated with Involuntary Resettlement in Bank-Financed Projects* 公表。
1980 年 9 月	インド政府がナルマダー河水利計画を政府公報に発表。
1982 年 2 月	世界銀行、*Operational Manual on Tribal People in Bank-Financed Projects* 公表。
1983 年 2 月	SSP が環境・森林省の環境上の認可を求めて提出される。
1983 年 8 月	村落社会保健・開発行動調査 (Action Research for Community Health and Development ＝ ARCH-Vahini) が世界銀行に対して、再定住・更生計画において不法侵入者とインド相続法において権利を認められている 18 歳以上の成人男子が無視されていることを指摘する書簡を送る。
1983 年	世界銀行の委託により、Tata Economic Consultancy Services (TECS) がプロジェクトの費用・便益を調査。
1984 年	Goldsmith and Hilyard (1984) *The Social and Environmental Effects of Large Dams*、の影響。大規模ダムによる開発に反対する世界的風潮高まる。
1984 年	中央用水委員会が SSP を承認。
1984 年	ARCH-Vahini の勧めにより、立ち退き予定部族民が立ち退きに関する苦情をグジャラート高等裁判所に提訴。

1984年3月	ARCH-Vahiniがグジャラート州および近隣のマハーラーシュトラ州の部族民による抗議行進を組織。
1984年4月	グジャラート州灌漑大臣が新しい再定住・更生政策を約束。
1985年	グジャラート州政府、いくつかの決議でもって更生政策を改善。①共同保有者、②土地なし労働者、③不法侵入者、をも対象にする。

第2期

1985年	マディヤ・プラデーシュ州でナルマダー・プロジェクト建設のためにナルマダー渓谷開発庁（Narmada Valley Development Agency ＝ NVDA）設立。
1985年	インド政府、環境・森林省設置。
1985年	世界銀行が融資協定締結のためのスタッフによる評価を実施。
1985年1月	ARCH-Vahini、ダム建設予定地で抗議集会を開く。
1985年3月	世界銀行とインド政府（グジャラート州政府とマディヤプラデーシュ州政府に代わって）の間で融資協定（4億5000万ドル）締結。 インド政府より日本政府に援助要請。
1985年4月	日本政府、調査団をインドへ派遣。
1985年6月	海外経済協力基金、審査ミッションをインドへ派遣。
1985年8月	*Dewan Committee Report on the State of the Narmada Catchment* 日本政府、インド政府に融資の意図表明。
1995年9月27日	日本政府とインド政府交換公文署名、海外経済協力基金による28億5000万円の融資。
1986年	世界銀行が融資協定のためスタッフによる評価を実施。
1986年	マハーラーシュトラ・プロジェクト被影響者更生法（1989年9月30日大統領承認）。
1986年	環境（保護）法国会通過成立。
1986年4月	環境・森林省、*Environmental Aspects of the Narmada Sagar and Sardar Sarovar Multi-Purpose Projects* 発表。
1986年12月	ナルマダー渓谷開発庁、補償的植林行動計画を作成。
1986年12月	国際連合総会「開発への権利宣言」採択。
1987年	Multiple Action Research Group（MARG in Delhi）がマディヤ・プラデーシュ州カルゴネ県バルワニ郡の水没予定村を調査。
1987年	マディヤ・プラデーシュ州、プロジェクト立ち退き者補償政策。
1987年4月	SSPダム本体工事開始。

1987年6月24日	インド政府環境・森林省、*Memorandum on Environment Approval. Narmada Sagar Project*（NSS）とSSPについて条件付認可。
9月8日	SSPについてのみ森林認可。
1987年11月	ナルマダー・ダム土地死守委員会（NDS）、ナルマダー渓谷新生活委員会（NGNS）32項目要求書をナルマダー管理委員会（Narmada Control Authority = NCA, Indore）に提出。
1987年12月	グジャラート州政府が新しい抜本的更生・再定住パッケージを発表。
1988年4月	グジャラート州政府が全額出資でサルダル・サロヴァル・ナルマダー・ニガム会社（Sardar Sarovar Narmada Nigam Ltd. = SSNN）を設立。
1988年5月	アメリカのPacificorpがマヘーシュワル・プロジェクトから撤退、ドイツのBayrnwerdとVereinigte Elektrizitatswerke Westfalen（VEW）が49％の株式取得。
1988年	世界銀行が運用上級部長Moeen Quresh をインドに派遣、再定住問題の調査に当たらせる。人類学者Thayer Scudder 教授が勧告書をまとめる。

第3期

1988年8月	NGO組織の2分裂： ① Arch-Vahiniのように再定住改善を目的にするもの。 ② Narmada Bachao Andolan（ナルマダー河救おう運動、NBA）のように、ダム建設反対の立場を明確にしたもの。
1988年10月5日	インド政府計画委員会、SSPを承認。
1988年	NBA、初めて公式にナルマダー渓谷プロジェクトの工事中止を要求。多くの著名人を含む300名以上の市民の署名嘆願書が首相に提出され、ナルマダー・プロジェクトの再検討を促す。
1988年	Alvares and Billorey, *India's Greatest Planned Environmental Disaster* 出版
1989年1月	抗議集会、著名なガンディー主義者バーバー・アムテ参加。
1989年4月	世界銀行、インド局農業運用部長Jan Winandの率いる調査団をインドに派遣）。
1989年9月	ハルスドに全国から5万人が集合し、破壊的開発に抗議。
1989年10月24日	合衆国下院天然資源・農業調査・環境小委員会が世銀プロジェクトの環境・社会的成果を検討する特別公聴会を開催。NBAのメダー・パトカル、人権弁護士ギリシュ・パテル、インドの経済学者

	ヴィジャイ・パランジピェらが出席。インド政府、世界銀行の代表は欠席。
1989年	マヘーシュワル・プロジェクトの管轄をマディヤ・プラデーシュ州電力庁に移す。
1989年	世界銀行、NSPとSSPの環境的影響を調査。
1990年	世界銀行、*Operational Directives*。
1990年4月	Friends of Earth (Japan)、その他の非政府組織の代表が現地視察のあと、第1回国際ナルマダー・シンポジウムを東京で開催。
1990年3月	NBA、SSP建設に抗議し、ボンベイ・デリー間の高速道路の封鎖運動。
1990年6月18、19日	日本政府、インド援助国会議においてSSP建設への追加融資を見合わせる旨発表。
1990年6月26日	20名以上の日本の国会議員が世界銀行総裁B. コナブル (Barber Conable) 宛にSSP資金援助の停止を求める書簡を送る。
1990年夏	NBAの一団が首相V. P. シング (Singh) の住居の近くのゴル・メティ・チョウクで座り込み (dharna) を敢行。
	グジャラート州民の一部がボート・クラブで集会を催し、プロジェクトの継続を要求。
	首相はグジャラート州民に対してSSPの実施を約束。
1990年9月28日 12月	数千人が徒歩やボートで、バドワニ町に集結、反対行動をする。MPのラージガトからダム・サイトへの行進、サッチャーグラハによりダム建設阻止を試みる。グジャラート州民 (Jan Vikas Sangharsh Yatra) の反対、行進はフェルクワ村 (Ferkuwa) でストップ。武装警官による弾圧。
1991年1月7日	M. パトカル他6名抗議の断食。
	バーバー・アムテ、インド政府によって与えられた栄誉賞パドマ・ブーシャンとパドマ・ヴィブーシャンを返上。
1991年1月	世界銀行総裁B. コナブル、独立検討委員任命を決意。同委員9月から作業開始。
1991年1月28日	パトカルら断食中止。
1991年4〜5月	ベルリンの世界連帯行動、その他のヨーロッパの非政府組織の援助により、NBAの代表2名がドイツ、スウェーデン、フィンランド、デンマーク、オランダ、イギリスを訪問、非政府組織、報道関係者、国会議員、関係官僚に運動の実情を説明。
1991年5月	タータ社会科学研究所 (Tata Institute of Social Sciences = TISS) 監視・評価報告書 (*Monitoring and Evaluation Report*)。

1991 年 6 月	世界銀行、独立検討調査団任命。委員長：前国連開発計画長官 Bradford Morse。
1991 年 9 月	世界銀行、*Operational Directives regarding Tribal and Indigenous People* 公表。
1991 年 9 月	同調査団インド訪問。
1991 年	日本海外経済協力基金 SSP への借款停止。
1991 年	NBA、マグサイサイ賞、The Right Livelihood Award 受賞。
1992 年	ワシントンに本部をおく環境防衛基金（Environmental Defence Fund）と銀行情報センター（Bank Information Center）がナルマダー国際人権パネルを結成。ジャーナリスト、人権専門家、経済学者、社会学者、人類学者などを含む。16 カ国の環境、人権関連組織 42 の承認をえる。
1992 年 3 月	中央水資源大臣 V. C. シュクラ（Shukla）が 1992 年 3 月 26 日から 4 月 4 日の間にマニベリ村とその近郊で発生した事件の事実調査委員会を任命。ボンベイのターター社会科学研究所、スーラトの社会研究センター、サガルの HSG 大学の代表よりなる。
1992 年 6 月	独立検討調査団報告書（*Report of the Independent Review Mission*）。
1992 年 8 月	世界銀行、Pamela Cox Committee を派遣。
1992 年 9 月 21 日	世界銀行・国際通貨基金年次大会開催時に世銀総裁ルイス・プレストン宛の 37 カ国 250 組織・連合の署名した公開書簡が Financial Times 紙上の全面を利用して掲載され、「世銀はサルダル・サロヴァルから直ちに手を引くべきである」と要請。
1992 年 10 月	Pamela Cox 委員会の勧告にしたがって、世界銀行はインド政府に 6 カ月以内に最小限条件を実施することを条件に、借款継続を決定。アメリカ、ドイツ、日本の理事は継続に反対の投票。
1992 年 10 月	ナルマダー国際人権パネルが中間報告書を出す。
1992 年 12 月	グジャラート州政府、サルダル・サロヴァル更生機関（Sardar Sarovar Punarvasavat Agency）を設置、再定住・更生事業に従事する体制を築く。 理事会構成：州首相（委員長）、ナルマダー担当大臣（副委員長）、著明なボランティア団体代表 19 名（グジャラート 17 名、マハーラーシュトラ、マディヤ・プラデーシュ各 1 名）、非政府専門家 5 名、指名による官僚 7 名。
1992 年	TISS、監視・評価報告書（*Monitoring and Evaluation Report*, no.16）。
1993 年 3 月 30 日	インド政府が世界銀行への依存を断念（5 億 3000 万ドルの融資のうち未利用額 1 億 7000 万ドル）、自力でプロジェクト継続を表明。

1993年6月29日	NBAに反対するデモがインド政府水資源省に訪れる。ダムの反対派と賛成派がそれぞれ3名の独立裁定人を選出し、意見を述べ合う。反対派の被選出者：Supreme Court Judge Justice V. R. Krishna Iyer, Upendra Baxi（Delhi Univ. Vice-Chancellor）, Thakurdas Bhang（Sarvodaya leader）, L. C. Jain（Gandhian economist and former member of the Planning Commission）；政府の被選出者：Y. K. Alagh（Vice-Chancellor, JNU）, B. G. Verghese（journalist）。
1993年7月9日	ヨーロッパ議会が「独立検討調査団報告書」を承認、世界銀行に資金供与停止を要請、インド政府と関係州政府にSSPの中止を求める決議を採択。
1993年7月16日	グジャラート州議会が全員一致で「独立検討調査団報告書」を非難、プロジェクト続行を決議。
1993年8月	インド政府はNBAの見解と意見対立を調査する賢人グループ（Eminent Persons Group）を任命。3カ月以内に調査を完了し、報告書を1カ月以内に公表すること。グジャラート政府はこの任命に反対し、グジャラート高等裁判所に提訴。
1993年8月	TISS、監視・評価報告書（*Monitoring and Evaluation Report*）サルダル・サロヴァル・ダムの高さ61mに達する。
1993年	中央政府が世界銀行の借款の未利用分を肩代わりして、グジャラート政府に56億ルピーを貸すことを表明。
1993年	日本海外経済協力資金が融資未利用分（1億8000万円）供与の契約破棄。
1993年	マヘーシュワル・プロジェクトの利権がインドの繊維産業資本S. Kumarsに譲渡される。インドで最初の民間資本による電力開発となる。
1994年	サルダル・サロヴァル・ダムの高さ64mに達する。洪水時にジャルシンディが水に浸る。中央政府が設置した5人委員会（Five-Member Group）が報告書を提出し、計画便益に照らして問題点を再検討することを提案。
1994年2月	グジャラート州政府、ダムの水門の永久閉鎖を命じる。
1994年5月	NBA、SSPの全体計画を疑問とし、建設中止を求める請願書を最高裁判所に提出。Civil Original Jurisdiction, Writ Petition（C）No.319 of 1994.
1995年	最高裁判所、立ち退き者の更生が不十分であるという事由でグジャラート州政府にサルダル・サロヴァル・ダム工事中止命令を出す。ダムの高さ80m。

	マディヤ・プラデーシュ州政府、ナルマダー・サーガルとマヘーシュワル・ダムの工事に着手。電力購入契約を S.Kumars と締結。

第 4 期

1998 年 1 月	マディヤ・プラデーシュ州政府、ナルマダー渓谷プロジェクトを再検討し、水・エネルギー資源開発の代案を作成するタースクフォースを任命。委員長は前州政府官房長官（State Chief Secretary）。
1998 年 3 月	マディヤ・プラデーシュ州会議派（I）政府が 1956 年州際水紛争法第 3 条にもとづいて中央政府に請願書を提出し、新しい審判所の設置を要求。
1998 年 11 月	M.P. タースクフォース、マヘーシュワル・プロジェクトに関する報告書提出。
1999 年 1 月	M.P. タースクフォース、プロジェクト全体に関する報告書提出。住民立ち退きから生じる深刻な事態を指摘し、代案を勧告。マヘーシュワル・プロジェクトの発電所は最初の民営の事例で、ドイツの会社が関係している。ドイツ政府は融資保証を拒否。
1999 年 2 月	最高裁判所、グジャラート州政府にサルダル・サロヴァル・ダム工事再開を認める暫定命令を出す。ダムの高さを 80.30m から 85m に高めることも認める。同時に、苦情処理機構（Grievance Redressal Authority、退職判事 P. D. Desai を長に 3 名で構成）に対して、再定住・更生事業の進捗状況を 4 月 14 日までに報告するよう求める。マディヤ・プラデーシュ州政府は暫定命令の再考を求める訴訟を起こす予定。ダムの高さを 384 フィート（117.0m）に低める要求。
1999 年 5 月 7 日	最高裁判所、SSP 最終聴取。
1999 年 6 月 20 日	NBA がジャルシンディーにおいてサッチャーグラハを遂行。
2000 年 10 月 18 日	最高裁判所判決（Narmada Bachao Andolan versus Union of India and others）。NBA 敗訴。

主要資料：

鷲見一夫編著（1990）『きらわれる援助──世銀・日本の援助とナルマダ・ダム──』築地書館。

Drèze, J., M. Samson and S. Singh, ed.（1997）, *The Dam and the Nation; Displacement and Resettlement in the Narmada Valley*, Delhi, Oxford Univ. Press.

Fisher, W. F., ed.（1995）, *Toward Sustainable Development; Struggling over India's Narmada River*, New York, M. E. Sharpe.

以上 2 書所収の諸論文。

Friends of the River Narmada（http://www.narmada.org）掲載の諸資料。

Narmada Control Authority, *A Historical Review of the Narmada Basin Development Plan*（http://www.nca.nic.in）.

Paranjpye, V.(1990), *High Dam on the Narmada; A Holistic Analysis of the River Valley Projects*, New Delhi,INTACH.

Sangvai, S. (2002), *The River and Life; People's Struggle in the Narmada Valley*, Mumbai, Earthcare Books, 2nd Rev. ed.（1st ed. 2000）.

Sardar Sarovar Narmada Nigam Ltd., *History of the Sardar Sarovar Project; Facts*,（http://www.sardarsarovardam.com）

Supreme Court of India, *Judgment on Narmada Bachao Andolan versus Union of India & Others; Civil Original Jurisdiction, Writ Petition(C)No.319 of 1994*（http://www.narmada.org）.

Verghese, B. G. (1994), *Winning the Future; From Bhakra to Narmada, Tehri, Rajasthan Canal*, Delhi, Konark Publishers.

III-6
州際河川水紛争の最近の動き

第1節　クリシュナー河──紛争再燃と新審判所の設置──

　最初のクリシュナー河水紛争審判所による1976年裁定の見直し期限である2000年5月31日が迫るにつれて、同裁定にもとづいて配分された水量2060TMCを超える流水量の利用をめぐって、カルナータカ州政府とアーンドラ・プラデーシュ州政府との間に紛争が生じるようになった。カルナータカはアーンドラ・プラデーシュが余剰水をすべて利用しようとしていると非難し、逆にアーンドラ・プラデーシュはカルナータカがアルマッティ・ダムを高めることへの差し止め命令を求め、互いに最高裁判所に提訴していた[1]。

　カルナータカ州政府が建設しているアルマッティ・ダムの高さは連邦政府によって認可されたよりも高い、とアーンドラ・プラデーシュ州政府が連絡してきた。これに関連してカルナータカ州政府はアッパー・クリシュナー・プロジェクト（アルマッティ・ダムはその一部）を2段階にわけて建設する計画である、と説明した。プロジェクトの第1段階はすでに中央政府の投資認可を受けていた。第2段階は高さ528mのアルマッティ・ダムを予定していたが、中央政府の投資認可はまだ与えられていなかった[2]。

　カルナータカ州政府は、アルマッティの地点でクリシュナー河に高さ524.25mのダムを建設する計画を立てた。最初にまず512mにし、ついで519.6mに上げ、最終的には524.25mに高める計画であった。この高さでカルナータカ州は、1976年裁定のA方式とB方式双方を考慮して余剰水のうち302TMCの水量を利用できるようになると予測された。アーンドラ・プラデ

ーシュ州政府は、上流のカルナータカ州においてあまり多量の水を貯留・利用されることで自州内の利用可能水量が減ることを恐れて、高さを509mにとどめたいと望んでいた。

アーンドラ・プラデーシュ州の提訴を受けた最高裁判所は2000年4月25日に、1976年審判所のA方式案を支持して、ダムの高さを519.6mに高めることは認めたが、B方式案の実施に関してはつぎの審判所の裁定に委ねるべきであるとの判決を下した。これに対して519.6mの高さのダムではカルナータカ州内の旱魃多発地域であるビージャープル県には水が届かないとして、同県ではこの判決に対する反対運動が生じた[3]。

6月に入ってカルナータカ州議会野党代表のインド人民党（BJP）議員シェッタル（J. Shettar）はクリシュナー河水配分をめぐる紛争問題に関し全党会議の開催を提唱し、また中央政府に新しい審判所の設置を要求するよう、州政府首相に要請した[4]。

2001年に入ると、アーンドラ・プラデーシュ州政府がクリシュナー河流域で五つの灌漑プロジェクトを計画し、最高裁判所の判決に意図的に違反しているとして、法廷侮辱罪で提訴することを考慮している、とカルナータカ州政府大中規模灌漑大臣パティルが述べた。その五つとはテレグ・ガンガー（灌漑部分）、スリサイラム左岸用水路、スリサイラム右岸用水路、ビーマ揚水灌漑およびプルチンタラ分水であった。これらのプロジェクトは100TMCの水量を利用することになる。パティルによれば、1976年審判所裁定B方式案にもとづくクリシュナー河の余剰水330TMCは関係3州の間で配分されることになっていた。カルナータカ州政府の取り分は185TMCであり、残りをマハーラーシュトラ州とアーンドラ・プラデーシュ州の間で分けることになっていた。中央政府はアーンドラ・プラデーシュ州の違反行為をただし、最高裁判所の判決に従うようにさせるべきである、とパティルは強調した[5]。

2002年1月15日、カルナータカ州政府首相が召集した全党会議において、B. S. アンガディを委員長とする委員会が作成したマスター計画にもとづいて、州政府が中央政府に対して新しい水紛争審判所の設置を求める要請状

を提出することを全会一致で承認した。1976年の審判所裁定におけるB方式案にもとづく余剰水の50％を同州が利用できるようにするものであった。アーンドラ・プラデーシュ州政府は2州間の協議で問題を解決するよう伝えてきていた[6]。

　カルナータカ州政府は2002年9月27日に、新しいクリシュナー河水紛争審判所の設置を求める正式の要請状をインド中央政府に提出した。アーンドラ・プラデーシュ州に対しては、恒久的大規模プロジェクトの建設により（配分前の）余剰水を利用し、75％の信頼性の余剰水の配分を拒否している、とする苦情があった。また、マハーラーシュトラ州に対する不満は、取り分以上の余剰水を利用する可能性のある有効貯水能力560TMCの施設を建設していることであった。ほかに、11月から5月の期間に州境にあるビーマ河に十分な夏季流水を維持していないことであった。両州に対する共通の苦情としては、カルナータカ州が計画しているアルマッティ・ダムの高さを519.6mから524.256mに高めることに反対していることであった。要請状は州政府水資源局次官が署名し、連邦政府水資源省次官に宛てられていた[7]。アーンドラ・プラデーシュ州首相N.C.ナイドゥはこのカルナータカ州の要請を歓迎する意向を示した[8]。2003年1月22日にはアーンドラ・プラデーシュ州政府も新しいクリシュナー河水紛争審判所の設置を求める要請状を中央政府に提出した。マハーラーシュトラ州はすでに数日前に提出していた[9]。

　同年5月28日、アーンドラ・プラデーシュ州出身の州政府政権党テレグ・デーサム党所属国会議員がインド政府首相と大統領を訪れて、カルナータカ州が未公認のプロジェクトを建設していることを非難する嘆願書を提出した。6月6日にはパラゴドゥ・プロジェクトから12kmのところにある、両州の境界のコディコンダにおいてアーナンタプル県出身州議会議員が抗議の座り込みを行い、そのあと工事現場へ行進しようと試み、カルナータカ州警察に逮捕されるという事件が起こった[10]。アーンドラ・プラデーシュ州首相ナイドゥは、カルナータカ州が施工しているパラゴドゥ・プロジェクトの建設中止を条件として、同州首相S.M.クリシュナーに問題解決のための協議を呼

びかけた。インド国民会議派総裁 S. ガンディーは国民会議派のカルナータカ州首相 S. M. クリシュナーを説得し、アーンドラ・プラデーシュ州に寛大な措置を採らせる道義的責任がある、と述べた。しかし、これは不調に終わった[11]。

2003年8月23日、連邦政府はマハーラーシュトラ、カルナータカおよびアーンドラ・プラデーシュのクリシュナー河流域3州の間での水の配分をめぐる紛争解決のために、新たな審判所の設置を承認した。審判所の構成は委員長と2名の委員であるが、最高裁判所または高等裁判所の現役判事のなかから最高裁判所長が任命することになった[12]。

第2節　カーヴェーリ河水紛争

すでにIII-3で述べたように、1956年州際水紛争法第6A条にもとづいて1998年8月11日付け水資源省通達によりカーヴェーリ河委員会（CRA）とカーヴェーリ河監視委員会（Cauvery Monitoring Committee=CMC）が設置されていた。CRAの位置づけについては議論がある。

CRAは連邦政府首相を委員長とし、カーヴェーリ河流域の4州ケーララ、カルナータカ、タミル・ナードゥ州首相およびポンディチェリー連邦直轄領首相を委員としている。アイヤルによれば、CRAは技術的または専門的機関ではなく、州政府間の「合意形成」の役割をもつ政治的機関である。CMCはCRAを支える役割をもち、1991年暫定命令の実施を監視する[13]。

CRAは設置されたときに予定されていた調停フォーラムというよりはむしろ論争フォーラムとなった感がある。CRAは政治的組織であり、その運営にはカーヴェーリ河をめぐる政治的混乱が反映している。カルナータカ州もタミル・ナードゥ州もこれらの機関の役割と機能を承認しなかった。1997年にカルナータカ州は、州際水紛争法にもとづいて委員会を設置するという構想を盛り込んだ草案が誤っており、差別的であるとして斥けた。他方、タミ

ル・ナードゥ州は慎重ながら楽観的にそれを受け入れた。同案は1998年8月11日に通達された。当時の連邦政府首相ヴァジパイは通達の数日前に4州首相に署名を求め、インド人民党主導政府による紛争打開の新機軸であり、水配分の「歴史的合意」であると賞賛した。両州の野党はともに協定とその通達を拒否した。ジャヤラリタが率いる全印アンナ・ドラヴィダ進歩連盟（AI-ADMK）は通達に憤激し、のちにこの問題でインド人民党主導の連立連邦政府への支持を取り下げることになった。合意への署名者でさえさほどそれに期待していなかった。タミル・ナードゥ州を代表して合意に署名した当時の州首相カルナニディ（ドラヴィタ進歩連盟＝DMK総裁）はそれを「紳士協定」と呼んでいた。

　結局は降雨不足の季節が一度きただけで水配分協定は限界が明らかになり、崩壊してしまった。カルナータカ州は直ちに3TMCの水を、そしてそのあと間もなく6TMCの水を放流するようにとの、1999年10月の監視委員会の勧告を頑として拒んだ。「歴史的合意」は両州間の論争の本質的問題に触れなかった。その後CRAは4回開催されたが、ほとんどなにも達成しえなかった。その「合意形成」機能さえ茶番と化した。CRAは、タミル・ナードゥ州がカーヴェーリ河の水をメットゥール・ダムに放流することを要求し、カルナータカが自州の利益擁護の下にその要求を拒む場に化してしまった。

　2002年にはタミル・ナードゥ州のみならず、南部諸州が旱魃に見舞われた。当時のタミル・ナードゥ州首相ジャヤラリタはCRAの機能に不満であり、CRA会議をボイコットする意図を表明した。そして6月に、同委員会が最終決定を下すまでタミル・ナードゥ州に1.25TMCの水を放流することをカルナータカ州政府に命じるよう求めて、カーヴェーリ河水問題を最高裁判所に提訴した。最高裁判所はタミル・ナードゥ州政府に対してCRAに戻るよう命令し、後者には速やかに機能することを求めた。

　タミル・ナードゥ州の推定によればカルナータカ州が約73TMCの水を自州内の貯水池に貯留しているのに、度重なる要請に対しても放流を拒否するカルナータカ州政府の「かたくなで非合理的な態度」に抗議して、ジャヤラリ

タは8月27日にニューデリーで開催されたCRA会議を退場した[14]。緊急策として、9月3日に最高裁判所はカルナータカ州政府に対して毎日1.25TMCの水をタミル・ナードゥ州のメットゥール・ダムに放流するようにと命じた[15]。9月8日夜、首相ヴァジパイがアメリカに出発する直前に急いで開催されたCRAにおいて、タミル・ナードゥ州の強硬な反対にもかかわらず、カルナータカ州が9～10月にメットゥール・ダムに日量9000cusec、すなわち0.8TMCの水を放流することを決定した。これはカルナータカ州に毎日1.25TMCの水を放流するようにと命じた最高裁判所の9月3日の命令に代わるものであった。

　カルナータカ州政府は全党協議と閣議を経たうえ、最高裁判所の命令に従うことを表明したが、カルナータカ州農民の利益が損なわれることのないようにすると付言した。9月7日にカルナータカ州農民組合（Karnataka Rajya Raitha Sangha=KRRS）、学生団体に基礎をおくマンドヤ県農民利益擁護団体（Mandya Jilla Raitha Hitarakshana Samiti）を中心として、カルナータカ州の各地でCRAの決定に反対してジャヤラリタの人形を焼いたり、道路や鉄道の封鎖が行われた。数千人の農民たちがカビニ・ダムに集結し、制御室を占拠し、水門を閉じて放流を押しとどめた[16]。この騒動のなかで放流に抗議して貯水池に飛び込んだ農民4人のうちの1人が溺れ死ぬという事故が発生した。9月19日にカルナータカ州首相S. M. クリシュナーは緊急閣議を招集して、タミル・ナードゥ州への放流を停止する決定を下した[17]。

　CRAの9月8日付けの命令を遵守してメットゥール・ダムに毎日9000 cusec（約0.8TMC）の水を放流するようにと、10月4日に最高裁判所はカルナータカ州に命令したが、同州はそれに従わなかった。10月11日に最高裁判所3名法廷はカルナータカ州首相S. M. クリシュナー、水資源大臣H. K. パティルおよび官房長官A. ラヴィンドラに対してタミル・ナードゥ州政府が提出した2度目の法廷侮辱罪告訴を通知した[18]。10月28日に開かれた事情聴取に際して、カルナータカ州政府法律顧問は陳謝し、同州がすでにメットゥール・ダムへ1万cusecsの放流を開始した、と述べた[19]。

11月1日に最高裁判所はカルナータカ州に対しつぎのような命令を下した。11月1日から11月6日まで毎日9000cusecs、11月7日から15日までは6000 cusecs の水をタミル・ナードゥ州のメットゥール・ダムに放流すること。すでに10月28日から11月1日までに毎日平均1万 cusecs が放流されたことおよびタミル・ナードゥ州で北東モンスーンの降雨が始まったことを考慮したものであった[20]。最高裁は緊急の CRA の開催を要請し、水配分案は CRA の加える変更に従うものとする、と述べていた[21]。カルナータカ州政府が審判所の暫定命令にもカーヴェーリ監督委員会の決定にもしたがわないのに業を煮やしたタミル・ナードゥ州政府は最高裁判所に提訴した。2003年2月6日に最高裁判所は、紛争に関する首相の決定は最終的なものであり、裁判所命令の不可侵性を有する、と判決を下した[22]。

　2003年4月、カーヴェーリ河水紛争の行き詰まりを打開するためにタミル・ナードゥ州首都チェンナイにおいてマドラス開発研究所（Madras Institute of Development Studies）主催で対話集会が2日にわたり開かれた。出席したのは関係両州の農民、主要農民組織代表、灌漑専門家、農学者、経済学者、退職官僚、非政府組織代表、ジャーナリストら約150名であった。宥和と善隣関係の精神を基礎に意見を交換し、誤解の融解を目指したもので、紛争解決を州政府間の交渉に頼るのではなく、非政府の民衆対民衆路線を創出しようとする第一歩であった。タミル・ナードゥ州への水の放流に反対しているカルナータカ州の農民組織 KRRS の会員約45名、カーヴェーリ三角州農民協会（Cauvery Delta Farmers Association=CDFA）の代表数名も参加した。どの論争点についても合意にはいたらなかったが、両者の間に善意と対話継続の熱意を生み出した。この会議は今後も継続するために両州の代表者からなる委員会を設置し、6月にはカルナータカ州首都バンガロールで2回目の対話集会を開催することになった[23]。

　予定通り、この2回目の対話集会は6月4、5日の2日にわたり開かれた。今回は紛争の中心論争点である用水配分、用水不足の分担方式、作付け・水利用形態の問題まで踏み込んで議論された。用水配分を決定するために約

20名からなる委員会が設置された。両州の農民代表9名からなり、前インド政府水資源省事務次官 R. R. アイヤル、カルナータカ州灌漑大臣 N. ゴウダおよび D. ガンガッパが顧問、マドラス開発研究所所長 V. K. ナトラジ、同研究所教授 S. ジャナカラジャン、バンガロールの農科大学の T. N. プラカシュが招集者に指名された。次回会議は7月14、15日にタンジャーヴールで開催されることになった。

　他方、この会議の数日後ニューデリーで開催された公的な CMC の協議は、水不足時の分担方式をめぐって両州政府の主張が対立したまま行き詰まってしまった[24]。さらに、8月7日にニューデリーで CMC の会議が開催され、関係4州間での水不足の分担方式を協議した。しかし、タミル・ナードゥ州が審判所暫定裁定にもとづいてメットゥール・ダムだけの流入量を考慮すべきであると主張したのに対し、カルナータカ州はメットゥール・ダムではなく中央用水委員会が設置したビリグントゥル観測所での測定によるべきであるとし、合意にいたらなかった[25]。

　2001/02年来3年続きの旱魃に襲われているカーヴェーリ河三角州の米作地帯では、カルナータカ州に対する反感が再び増大した。9月1日に CMC が策定した「包括的」用水不足分担方式を、タミル・ナードゥ、ケーララ、ポンディチェリーは受け入れたが、カルナータカ州は拒否した。同州は前年に中央用水委員会が策定した比率公式も拒否していた。連邦政府首相が委員長である CRA の決定を待つことになった。タミル・ナードゥ州では与党も野党もともに中央政府首相に対して委員会の早急な開催を要請した[26]。

　水不足問題の厳しいタミル・ナードゥ州では、V章で取り上げる河川連結構想の復活とからんで州際河川の国家管理（nationalisation）を求める声が大きくなってきた[27]。

　2004年に入って、第14次下院議員選挙にあたり国民会議派と選挙協力を結んだ DMK は国民会議派を中心として成立した統一進歩連合（United Progressive Alliance）による連邦政府に閣内協力をすることになった。DMK 総裁カルナニディは直ちに会議派総裁ソニア・ガンディーと首相マンモハン・シ

III章　州際河川水紛争　　285

ングに対してカーヴェーリ河水問題の友好的解決への協力を要請した[28]。

新政府にとってカーヴェーリ河水紛争と SYL 用水路の二つが大きな問題となった。6月7日にタミル・ナードゥ州は 56 名からなる州議会全党代表団をニューデリーに送り、有利な解決を求めた[29]。連邦政府は水の利用可能量を推定するために3名の専門家チームをタミル・ナードゥ州とカルナータカ州へ派遣した[30]。

首相マンモハン・シングはタミル・ナードゥ州首相ジャヤラリタが求めていた CRA の開催には慎重で、政策決定最高機関としている政治問題閣内委員会で問題を議論することにした。出席者は国防大臣、人的資源大臣、農業・食料大臣、内務大臣、財務大臣、鉄道大臣、外務大臣、通信・IT 大臣であった。それにタミル・ナードゥ州出身の閣僚2名の出席も認められた[31]。その結果、会議派を中心とする連立政権であるカルナータカ州政府首相に連邦政府首相がタミル・ナードゥ州への放流を依頼した。同年はモンスーンが順調であったこともあり、水が潤沢であったので、同州は 17 日から放流を開始した[32]。

前年行われた両州の農民代表の会議が同年も「カーヴェーリ河家族」の名で6月11日にティルチで開催され、不足分担方式の策定の必要性を強調した[33]。

9月22日にカーヴェーリ河監視委員会の会合が開催された。中央政府水資源省事務次官 V. K. ドゥガルが議長を務め、出席者はカルナータカ州官房長官 K. K. ミシュラー、タミル・ナードゥ州官房長官代行 N. ナーラヤナン、ポンディチェリー官房長官 C. S. ケルワル、ケーララ州水資源省事務次官 A. シール、中央用水委員会・インド気象局・インド農業研究審議会の代表者たちであった。この会議で「不足時配分方式」およびその他の問題点を関係州の見解を付して首相に提出することになった[34]。

沈静化していたかに見えたカーヴェーリ河水紛争が再び険悪化する様相を示している。カーヴェーリ河水紛争審判所は 1990 年7月2日に退職ボンベイ高等裁判所所長 C. ムケルジーを委員長、パトナー高等裁判所退職判事 N. S. ラオとアラーハーバード高等裁判所退職判事 S. D. アガルワルを委員として

構成されていたが、1999年にムケルジーが辞任し、N. P. シングがその後任に任命されていた。カルナータカ州バンガロール市のNGOガンディー文学協会基金（Gandhi Sahitya Sangha Trust）が委員長の前最高裁判所判事 N. P. シングと他の2名の委員との間に意見の相違があるので、審判所の構成を変更すべきである、として最高裁判所に申し立てていた。カルナータカ州政府首相 N. D. シングは全党会議を開き、その出席者たちは政府が審判所再編成を支持する宣誓供述書を最高裁判所に提出することを認めた。2005年初頭にも公表が予定される審判所の最終裁定を遅らそうとする最後の試み、とタミル・ナードゥ州では解釈された。10月26日に最高裁判所はこの申し立てを却下した。いまや審判所の最終裁定を待つのみとなった[35]。

　これまでは、カルナータカ州政府がその農民のためにカーヴェーリ河の水の利用に対し無制限の権利を主張するのに対し、タミル・ナードゥ州政府は歴史的に定まった水量への先取権益と1924年協定の永続性を強調してきた。水紛争審判所の裁定先例では、上流州の沿岸権にもとづくハーモン理論も先取権益も広く受け入れられていない。国際河川の紛争調停のための旧ヘルシンキ規則に盛り込まれ、歴代の審判所がしたがってきたのは有益な用途のための衡平な配分の原則であった[36]。

第3節　ラーヴィー・ビアース河水紛争

　パンジャーブ州政府は1987年8月9日に審判所の報告書に対し再審請求を提出していた。それは審判所で未決のまま残されていただけでなく、連邦政府は審判所の構成員の1名を欠員のままにしていた。

　1996年9月にハルヤーナー州政府が提訴した。中央政府とパンジャーブ州政府は1997年3月に答弁書を提出した。パンジャーブ州政府は1998年10月に質問書を提出した。1999年1月にハルヤーナー州政府は質問書に対する答弁書を提出した。これに対する反論書を6週間以内に提出するよう最高裁は

パンジャーブ州に命じた。同州は1999年4月にそれを提出した。最終審問は2001年8月に行われ、2002年1月15日に判決が下された[37]。

　ハルヤーナー州政府は1999年に、パンジャーブ州政府がその領域内のサトラジ・ヤムナー連結（SYL）用水路部分を建設するよう命じることを求める請願を最高裁判所に提出した。最高裁判所は連邦政府に介入を求めたが、効果がなかった。そこで最高裁は2002年1月15日に、パンジャーブ州政府によるSYL用水路が未完工であることを非難し、ハルヤーナー州とデリーへの水供給を増やすために本日から1年以内、つまり2003年1月15日までに完工するようにと命令した。この訴訟は司法の権限外である州際水紛争に関するものでなく、用水路建設の不履行に対するものであるので、裁判所の権限内である、という判断であった。所定の期間内にパンジャーブ州政府がそれを達成できない場合には、中央政府がその管轄下の機関を通じて事業を完成させねばならない、とされた。また、審判所の欠員を補充することを連邦政府に命じた。さらに審判所の長である退職最高裁判事エラディの無為を咎め、審判所へ提出されている要請・陳述を速やかに処理することを求めた[38]。

　2月13日に州立法議会議員選挙を控えていたパンジャーブ州ではSYL用水路が大きな争点になり、与党アカリ・ダルも野党会議派も農民票を意識して建設反対の立場を打ち出さざるをえなかった[39]。2月8日パンジャーブ州政府は最高裁判所の命令の再審請求を提出したが[40]、3月6日に却下された[41]。選挙戦は泥仕合となり、前州政府首相 P. S. バダルはSYL用水路建設と引き換えにハルヤーナー州政府からホテル建設用地の提供を受けたと批判された。選挙の結果は会議派の勝利に終わった。

　2002年12月16日、最高裁判所はハルヤーナー州政府の訴願にもとづき、中央政府とパンジャーブ州政府に通告を発した[42]。結局期限の2003年1月15日までにパンジャーブ州政府も中央政府もなにもなしえなかった。こうしてSYL用水路完工は1983年12月、1986年8月、1987年12月、1988年3月、1989年6月、1991年1月につづいて7度目の期限も守られなかった。

　パンジャーブ会議派州政府首相 A. シングは最高裁判所へ新たな再審請求

を提出した。事由にあげたのは、1981〜2002年の観測によればラーヴィ・ビアース河の流水量が審判所の採用した 17.17MAF から 14.37MAF に減少したこと、減少しつつある地下水の涵養に支障がでること、1985年ラジーブ・ロンゴワル同意書によればSYL用水路による送水はチャンディーガル市とハルヤーナー州内のパンジャービー語地域のパンジャーブ州への譲渡が条件であること、沿岸州でないハルヤーナー州にラーヴィー・ビアース河の水に対する権利がないことなどであった[43]。

他方、3月に開会されたハルヤーナー州立法議会予算会期に州知事がSYL用水路を必ず完工させると言明した[44]。そして、8月18日にハルヤーナー州政府は最高裁判所の命令に応じて、SYL用水路完工行動計画を策定し、提出した。連邦内閣府官房長官を長とし、連邦内務省事務次官、連邦水資源省事務次官、パンジャーブ州とハルヤーナー州の官房長官の5名を委員とする監視委員会が工事を監督する。建設工事は中央用水委員会と協議して国境道路公団（Border Roads Organisation）が担当する、というものであった[45]。

SYL用水路を中央政府中央用水委員会の監督の下に国境道路公団が建設することを求めるハルヤーナー州政府の要請に対し、2003年12月17日、最高裁判所は立場を明らかにする機会をもう一度パンジャーブ州政府に与えた。2名法廷はハルヤーナー州の申請を「実質的訴訟」（substantive petition）と認め、今後の審理の基礎とした。パンジャーブ州は回答に2週間の猶予を与えられた。しかし、同州政府は最高裁による完工期限2003年1月15日が過ぎてすでに1年を経過しているので、それ以前のハルヤーナー州の申請はすべて無効になった、と主張した。中央政府水資源省は提出した宣誓供述書において、国境道路公団が2016年までジャンムー・カシミール州を含む遠方の戦略的国境地帯における建設工事で忙しく、SYL工事に動員できないと訴えた。また、工事の「緊急計画」は作成したが、パンジャーブ州政府の十全な協力なしには不可能である、と述べた[46]。

2004年2月7日、パンジャーブ州政府首相は野党のBJPと大衆社会党（BSP）を除く全党の代表者を率いて、河川水に対するパンジャーブ州の権利を擁護

することを求める覚書を大統領、連邦政府首相、法務大臣、水資源大臣らに手渡すためにデリーに赴いた。エラディ審判所が審理を再開したことが刺激になった。同審判所を解散して、新たな審判所を設置することを求めた[47]。

2004年2月10日、最高裁判所は1966年最高裁判所規則第6 (a) 条の有効性を争うパンジャーブ州の訴訟を取り上げることを拒否した。ハルヤーナー州政府がこの条項にもとづきSYL建設を命じる最高裁判所判決の取り消しを求めるパンジャーブ州政府の訴訟を却下するよう求めていた。同裁判所はまた2002年1月15日付け判決の再審を求めるインド農民連合パンジャーブ支部（Bharatiya Kisan Union Punjab Unit）の訴訟を、農民組織には本事件に当事者として介入する法的権利がないとの事由で却下した[48]。

パンジャーブ州政府首相A. シングは2月10日に連邦政府法律・裁判大臣と会見し、パンジャーブ州とハルヤーナー州の間の河川水紛争を解決するために新しい審判所を設置することを要請した。理由として、エラディ審判所の勧告が17年を経過し、ラーヴィー河とビアース河の流水量が17.17MAFから14.37MAFに減少したという状況変化に合わなくなったことを挙げた。また、ハルヤーナー州がウッタル・プラデーシュ州、ラージャスターン州およびデリーとの間でヤムナー河の水を分け合う覚書を交わしていること、インドとネパールの間で署名された条約にもとづくシャルダー河とヤムナー河との連結により便益を得ること、SYL用水路がなくともすでにバークラー幹線用水路から2.62 MAFの水をえていること、が指摘された[49]。

3月に入ってエラディ審判所が調停作業を再開し、パンジャーブ州とハルヤーナー州にある用水路頭首工を視察することを両州に伝えた[50]。

2002年1月15日の最高裁判所の命令の実施を求めるハルヤーナー州の訴願とその命令に対するパンジャーブ州の反訴を審理していた最高裁判所2人法廷は、2004年6月4日にパンジャーブ州政府の行動が「侮辱罪を犯す者の行為以外のなにものでもない」と決定した。そして連邦政府に対して、パンジャーブ州内の214kmの用水路の未完工部分の工事を命令から1カ月以内に指名する代理機関に移管すること、パンジャーブ州政府に対しては指名後2

週間以内にその機関に SYL 用水路未完工部分の用地を引き渡すこと、命令発布 4 週間以内に施工を調整・促進する権限のある委員会を設置すること、未完工部分の建設を実施すること、中央政府とパンジャーブ州政府が中央政府機関の職員に十分な安全を保証すること、を命じた。さもなければ、ハルヤーナー州内の 92km は完工しており、「これまで建設に支出された 56 億ルピーが溝に投げ込まれるようなものである」と断じた [51]。しかし、この命令は用水路建設についてであり、「水の配分量」、憲法第 262 条にいう「水紛争」に関するものではない、と明言していた [52]。

　6 月 7 日にパンジャーブ州閣僚会議では州政府首相が連邦政府首相 M. シングと面会し、パンジャーブ州の立場を説明することを決議した [53]。パンジャーブ州では激しく対立してきた現政権を握る国民会議派と野党アカリ・ダルが全党会議を開催し、一致して SYL 用水路建設に反対することを決議した [54]。

　7 月 2 日に中央政府は SYL 用水路の建設を中央政府公共事業局（Central Public Works Department=CPWD）に委ねる決定を下した。それを受けて、翌 7 月 3 日にパンジャーブ州政府は 6 月 4 日の判決の再審請願を提出した [55]。

　前年 6 月の最高裁判所の命令により、7 月 15 日までにパンジャーブ州政府は中央政府公共事業局の技官に SYL 用水路建設予定地を明け渡すことになっていた。ところが、7 月 12 日にパンジャーブ立法議会が全員一致で 2004 年協定破棄法案（Termination of Agreements Bill）を通過成立させ、前年 6 月 4 日の最高裁判所の SYL 用水路建設命令の基礎を切り崩してしまった。同法案は、1981 年 12 月 31 日にパンジャーブ、ハルヤーナー、ラージャスターン 3 州首相が当時の首相インディラ・ガンディー出席の下で署名し、締結した協定およびラーヴィー、ビアース両河の水に関するその他すべての協定を一方的に無効とするものであった [56]。

　パンジャーブ州のこの動きは 2004 年度予算を審議していた国会にも衝撃を与えた。これは「憲政の危機であり連邦制への攻撃」である、ととらえられた。会議派首相 M. シングは野党指導者と会見し、この問題解決に向けての支持をとりつけた [57]。首相シングは 13 日にパンジャーブ、ハルヤーナーの

両州首相と会談し、平和的な解決を求めた。パンジャーブ州首相は「パンジャーブ州協定破棄法は州議会で採択されたものであり、取り消されない」と主張した[58]。首相シングはさらに利害関係州であるラージャスターン、ヒマーチャル・プラデーシュの首相とも会談し、政治問題内閣委員会を開催して、対応を協議した[59]。中央政府が用水路工事の担当者として、中央公共工事局を指名したこと自体が無意味になってしまった[60]。

ハルヤーナー州ではパンジャーブ州が制定した法律に反対して会議派、BJPの州議会議員が辞職をほのめかす事態に発展した[61]。

会議派が主導する現統一進歩連合中央政府は、同じ会議派パンジャーブ州政府と対立することを避けて、利益を損なわれることになる非会議派政権であるハルヤーナー、ラージャスターンの両州政府がパンジャーブ州の決定を訴訟で争うことを期待していた。しかし、政治的計算から両州首相はそれを拒否した。だが、問題を先延ばしはできなかった。連邦政府は憲法第143条にもとづき大統領の諮問権を発動し、大統領がパンジャーブ州の決定に関する見解を最高裁判所に諮問することに決定した[62]。

最高裁判所への大統領の諮問事項は4点あった。
(1) 2004年パンジャーブ州協定破棄法とその条文が憲法の条文に合致するかどうか。
(2) 同法とその条項は1956年州際水紛争法第14条、1966年パンジャーブ州再編法第78条およびそれにもとづいて発布された1976年3月24日付け通達の条文に合致するかどうか。
(3) パンジャーブ州は1981年12月31日付け協定およびラーヴィー・ビアース河に関連する諸協定を有効に破棄し、上記協定のもとの義務を解かれたかどうか。
(4) 7月12日にパンジャーブ州が成立せしめた法律の条項により、SYL裁判における2002年1月15日付けおよび2004年6月4日付け最高裁判所判決から生じる義務を解かれたかどうか。

8月2日に最高裁判所5人憲法法廷の長官R. C. ラホティ（Lahoti）は大統

領諮問に関連して中央政府と北部6州（パンジャーブ、ハルヤーナー、ヒマーチャル・プラデーシュ、ラージャスターン、デリーおよびジャンムー・カシミール）に対してパンジャーブ州の法律の合憲性に関する見解を求める通告を出し、6週間以内にこの問題に関する「事実と法の陳述」を付した宣誓供述書を提出するよう命じた[63]。

パンジャーブ州政府が提出していた6月4日の最高裁判所判決の再審請求は8月25日に正式に却下された[64]。9月20日最高裁判所はパンジャーブの法律に関する大統領諮問の審理を6週間延期することを決定した。ハルヤーナー、ヒマーチャル・プラデーシュ、デリーはすでに答弁書を提出していた。そのなかでハルヤーナーとデリーはパンジャーブ州の協定破棄法が憲法違反であると主張した。しかし、ラージャスターンとジャンムー・カシミールはまだ提出していなかったので、1カ月以内にその提出を求めると同時に、パンジャーブ州政府に対しては大統領諮問に関する13巻におよぶハルヤーナー州の陳述書に答える宣誓供述書を4週間以内に提出することを許可した[65]。

第4節　ナルマダー河水紛争

2003年1月9日に中央政府副首相L. K. アドヴァーニーはグジャラート州政府首相N. モディに対して、ダム建設の障害を除去することを約束し、連邦政府高級官僚に対して促進方策の作成を指示した[66]。3月14日にグジャラート州政府高官がマハーラーシュトラ州とマディヤ・プラデーシュ州における立ち退き者対処の遅れに不満を表明した。グジャラート州政府は立ち退き者再定住費用の前金としてマディヤ・プラデーシュ州政府に対して6億5000万ルピー、マハーラーシュトラ州には5000万ルピーを支払った。インド政府内閣秘書官が召集した関係3州の高官会議においてダム工事の遅れに対する首相ヴァジパイの危惧が伝えられた。この席上、マハーラーシュトラ州は資金不足のため150家族の再定住が遅れているとして、さらに2億5000万ルピー

の支払いをグジャラート州に要求した。この会議では具体的にいつダムの高さを 95m から 100m に上げるかは決定できなかった。マハーラーシュトラ州政府の立場が阻害要因になっていると認められた[67]。

　5月13日、ナルマダー管理委員会更生・再定住小グループは、立ち退き者の再定住・更生をモンスーン到来以前に完了させるというマハーラーシュトラ州の「約束」にもとづき、ダムの高さを現在の 95m から 100m（プラス 3m のハンプ）に高める「条件付き」勧告を与えた。この会議の前にグジャラート州首相 N. モディは中央政府首相ヴァジパイに書簡を送ったり、マハーラーシュトラ州首相 S. K. シンデと会見してプロジェクト推進の要請をしたりしており、小グループに対する政治的圧力が高まっていた[68]。この勧告を受けて翌14日に開催された管理委員会第66回臨時会議でダムの高さを 95m から 100m に高めることが承認された。管理委員会は関係諸州政府に対して洪水期の「不運な」事態に備えてプロジェクト被影響者の「安全を守る」緊急措置を講じておくよう命令した[69]。

　認可を待ち望んでいたグジャラート州は早速翌15日に工事を再開した。州知事 K. ミシュラー、首相 N. モディ、ナルマダー担当大臣 B. チュダスマがダム工事事務所のあるケヴァディアに飛び、認可をえられずに約1年間中断していた工事の再開を祝した。モンスーンの到来以前約65日間で 103m（ハンプを含む）に高めることになった[70]。

　ナルマダー管理委員会の認可を NBA はこう評している。「中央政府、マディヤ・プラデーシュおよびマハーラーシュトラ州政府は、条件付き認可を与えたナルマダー管理委員会とともに、立ち退き者の再定住に関するすべての条項、基準、法律ならびに 2000 年 10 月の最高裁判所命令にまで違反している。土地にもとづく再定住はナルマダー河水紛争審判所の枢要な条項であり、州政府はそれに従うことを誓っていた。土地にもとづく再定住は 2000 年 10 月の最高裁判所判決によっても承認されている。……高さを高めること、その結果としての水没は違法、不正であり、最高裁判所判決に対する明白な侮辱である」[71]。

NBAはすでに2003年2月21日にアリラジプル郡の部族民約150名を組織して、マディヤ・プラデーシュ州政府に対して以下の三つの要求を掲げて郡庁所在地で無期限座り込みを開始していた[72]。
①プロジェクト被影響者の要求の実態調査
②立ち退き者と協議の上での土地台帳記載事項の更新
③立ち退き者の希望を聞かない政府の一方的土地配分の無効
　郡長官が3月4日に書面で回答を示したが、いずれの要求も拒否され、すべての問題を苦情処理機構に赴いて相談するようにと指示された[73]。5月26日ダム反対運動家は3000家族の再定住・更生を求めて、ナーシク地方事務所前で抗議の座り込みを行った。当局がなんら反応を示さないので、メダー・パトカルは5月30日に無期限断食を決行することにした。6月4日にマハーラーシュトラ州政府が以下の要求を受け入れたので、断食は中止された[74]。
(1) プロジェクト被影響者の土地記録を修正し、未公認のプロジェクト被影響者を含めること、
(2) 水没の水準にしたがって同一村の家族を分けるのではなく、村ごとの更生を行い、ダムの高さに応じてなされること、
(3) 土地収用記録をチェックし、成人の息子を定める期限を実際の立ち退き日とすること。一時的に冠水するすべての家族を被影響家族に入れること、
(4) 更生の計画立案・監視は更生計画委員会と監視委員会を通じてのみなされること。これらの委員会が更生の完了を確認するまで、ダムの高さのさらなる引き上げもなされないこと、
(5) ダムがマハーラーシュトラ州にとって有益かどうかを評価するために任命された費用・便益評価委員会（2001年9月設置）が要求する資料は州政府が公衆に利用できるようにすること。
　6月4日にマハーラーシュトラ州政府首相は主な要求を受け入れた。11日に州内閣はダムの高さを上げる許可を出すもとになる諸問題を議論した。NBAの要求すべてを満たすと声明された。しかし、6月23日に公表された州政府決議ではこの約束が守られなかった。決議ではほとんどすべての問題が

苦情処理機構に委ねられることになっていた。ダムの高さが103mになると、更生を受けずに水没する被影響家族数はマハーラーシュトラ州で約1500、マディヤ・プラデーシュ州で1万余と推定された。NBAは州政府に対して、新たな決議を公にしなければ再び激しい抗議行動を行うことになると警告した。「警告・監視」期間は7月31日までとされた[75]。

7月に入ってモンスーンの到来とともにナルマダー河の水量が増してきた。103m（3mのハンプを含む）になったダム・サイトでは水位が108.3mに達したという。マハーラーシュトラ州とマディヤ・プラデーシュ州のいくつかの村が水に漬かるようになり、まだ再定住していなかった被影響者の人家、耕地や立ち作物が被害を受けるようになった。水に囲まれ島状になったマハーラーシュトラ州のチマケディ村の住民74名が警察の追い立てに抵抗して、7月28日救助の名目で逮捕された。同日マディヤ・プラデーシュ州では首相とNBAの代表者たちが協議した結果、被影響者の名簿作成と更生のための農地確認など更生過程に村会（グラム・サバー）を関与させることで一致した。政府特別命令により、被影響者名簿、土地収用詳細、更生のために政府が確保している農地、ナルマダー河水紛争審判所裁定にもとづく権利などを記した文書を村会に送付し、これらに対し村会の見解を質すことになった[76]。

NBAはインターネット・ホームページ上で「緊急行動警報（Urgent Action Alert）」（Jul. 31, 2003）を発して、援助を要請した。7月31日にはマハーラーシュトラ州ナンドゥルバル県庁前で州政府に抗議していた部族民や活動家40名がインド刑法の条項にもとづき公務執行妨害、違法集会、暴動などの容疑で逮捕され、ドゥレ監獄に入れられた[77]。部族民代表はナンドゥルバル県庁に押しかけ、再定住・更生措置について知事に説明を求めたが、明快な回答は得られなかった。NBAの提案により8月5日から交代断食戦術を採用することにした[78]。7月28日に逮捕されたチマルケディ村の部族民たちが釈放されて村に帰ってみると、マハーラーシュトラ州政府が雇ったグジャラート州出身の作業者によって家屋が破壊されてしまっていた。このような州政府の暴行に抗議して、NBAは8月5日からサッチャーグラハを行うことを宣言

した。手始めに、マハーラーシュトラ州ナンドゥルバル県アクラニ郡ニムガヴァン村と同県アッカルクワ郡チマルケディ村で24時間交代の断食を行うことになった[79]。マハーラーシュトラ州では8月4日にナンドゥルバル県知事と関係3局の官僚チームが水没予定村を訪れ、実際の被影響者数の最終確認を開始した。これは2002年のタースク・フォース報告書にもられた勧告の完全実施につながるものと期待された。

マディヤ・プラデーシュ州は、土地の25％以上を失ういわゆる完全被影響者だけが代替地を与えられる権利をもつ家族（約4000）と見なしている。一方的に土地を配分された者、成人した息子、政府台帳に記載されていないが数世代にわたり流域に居住していた者、一時的に影響される者を対象から外している。これは審判所裁定と最高裁判所判決に違反するものである、としてNBAは抗議していた[80]。

グジャラート州では外国人研究者、NGO関係者、報道関係者がナルマダー河流域に入るために州内を通過する場合には、警察が尋問して調書を取るなど妨害していた[81]。

8月21日、マハーラーシュトラ州政府農村開発大臣、社会福祉・公共行政大臣、州立法議会議員、郡長官らの一行が報道陣とともにナルマダー河流域の自州領域を訪れ、水没予定村を視察し、村長やNBA代表たちの説明を受けた。その結果教育、保健、雇用面で種々の援助を約束した[82]。

サウラーシュトラ地方のジャムナガルとスレンドラナガルにおける飲料水不足問題を解決するために、グジャラート州政府はナルマダー幹線用水路から約100万立方フィートを取水する送水管プロジェクトを経費32億ルピーでもって実施することに決定した[83]。2003年11月17日にグジャラート州苦情処理機構が同州再定住地における再定住・更生事業を承認した。それを受けて同月23日にナルマダー管理委員会はグジャラート州のナルマダー・ダム立ち退き者約1500名の再定住・更生が完了したことを認め、ダムの高さを110.64mに上げることを求めていたグジャラート州の要請を正式に認可した。ただし、実際にダムを高めるためにはマハーラーシュトラ州とマディヤ・プ

ラデーシュ州における再定住・更生事業が完了したことを管理委員会が認めねばならなかった。ダムの高さを110mにあげる前に、グジャラート州政府は苦情処理機構に約4000の非影響家族の更生が「完了」したことを報告しなければならない。マディヤ・プラデーシュ州とマハーラーシュトラ州における更生の遅れのために工事がさらに引き延ばされる可能性があった[84]。

　ナルマダー管理委員会環境小グループがサルダル・サロヴァル・ダムの高さを現在の100（＋3）mから110mに高めることを承認したのは、ナルマダー渓谷の部族民と農民を窮乏に追いやる残虐な措置である[85]、とNBAは抗議した。

　苦情処理機構がグジャラート州の再定住地区における再定住・更生事業を承認し、11月17日にヴァドダラで開催された会合で、ナルマダー管理委員会はナルマダー・ダムによるグジャラート州の立ち退き者約1500名の再定住・更生の完了を承認し、ダムの高さを110.64mに高めたいというグジャラート州の要求に公式認可を与えた。しかし、そのためにはマハーラーシュトラ州とマディヤ・プラデーシュ州における再定住・更生事業の完了を確認せねばならない。110.64mという高さはサウラーシュトラとカッチ地域に水を送るために必要な高さである[86]。また、用水路頭首工発電所でモンスーン季の高水期に40MWを発電できる高さであった[87]。

　NBAは1月19日からムンバイーの州政府庁舎の近くで座り込みを行い、サルダル・サロヴァル・ダムの影響を受けるサトプラ山系にある33カ村3000名の部族民の再定住に関する具体的措置を要求していた。マハーラーシュトラ州政府がダムを高めることに同意しないよう求めて、パトカルを含む4名のNBA運動家がムンバイーの州政府庁舎の近くで1月23〜27日の4日間断食をすることに決定した[88]。

　NBAは2004年1月19日からマハーラーシュトラ州政庁前で座り込みを開始した。州政府は20日にNBA代表者、翌21日に退職判事、人権運動家、舞台・映画俳優、社会活動家など著名人とNBAの代表団との協議ののち、以下のような合意に達した。

(1) 州政府は影響を受けるすべての種類の部族民立ち退き者を再定住させ、すべての種類の認証されていない者、成人した息子、タプ地保有者、土地権利証のない者、その他を詳細に調査し、認証する手続きを2004年3月30日までに完了すること。
(2) 2カ月以内に中央政府環境・森林省から再定住のために1500haの荒廃森林地を確保すること。再定住のための私有地収用については土地を被影響者に見せてから収用手続きを開始するよう土地の詳細を土地買収委員会に通達すること。
(3) タースク・フォースの勧告にしたがい、以前になされた指定地配分を取り消し、立ち退き者の同意をえて、耕作不可能地を取り替えること。グジャラート州の再定住地から戻った者または再定住されていなかった者の家族はマハーラーシュトラ州内で再定住されること。再定住地域には飼料地と学校敷地を提供すること。
(4) 2003年のモンスーンによる予期せざる水没でこうむった損害に対し立ち退き者に補償金を支払い、1993～98年間の水没の影響を受けた者に補償金を支払うこと。
(5) 処理済措置報告書（Action Taken Report）を合同再定住計画・検討委員会に提出し、検討後適切な決定をなすこと。
(6) マハーラーシュトラ州にとってのダムの費用・便益の再検討を再開すること。

しかし、同日夕刻に州政府が手渡した文書は薄められ、歪められたものであったため、座り込みが続けられた。27日には州政府更生計画委員会とNBAの代表者とで更生の現状を検討する会合が予定されていた。M. パトカルは村民3名とともにムンバイーにある州政庁前で1月23日から27日まで抗議の断食に入ることになった。SSPの高さを高めることに対する圧力に屈することのないよう州首相の良心に訴えることが目的であった[89]。

27日に開催された合同再定住計画委員会において適格立ち退き者の認定を含めプロジェクト被影響者の更生を確実にする手続きを開始する前向きの

決定がなされた。マハーラーシュトラ州がこれまで以上のダム建設を認めるかどうかの決定は翌28日の閣議に延期された。更生が完了していないので、計画委員会はさらなるダム建設が認可されるべきでないとの結論に全会一致で達した。更生担当大臣が州首相に計画委員会の決定を伝えることになった。マハーラーシュトラ州政府がダムの高さを上げることを認めないよう要求して、断食はそのまま続けることに決定された[90]。

1月27日にナルマダー管理委員会の環境小委員会はSSPの高さを現在の110mから110.64mに高めることを条件付きで承認した。このあとは更生・再定住小グループの承認が必要とされる。この会議でマハーラーシュトラ州政府は決定を黙認した。この高さは重要な意味合いを持っている。というのは、この高さからの放流水で初めて発電タービンを回転させることができるからである[91]。

NBAによると、これによってマディヤ・プラデーシュ州では部族民・非部族民合わせて1万2000名が再定住の見通しなしに水没・立ち退きをやむなくされ、マハーラーシュトラ州では少なくとも部族民3000家族が村に残っており、さらに2000名が立ち退き者・再定住者と認定されなければならないままである。両州ともにかれらを再定住させる計画を持ち合わせていなかった[92]。

グジャラート州政府首相、マディヤ・プラデーシュ州政府首相、ラージャスターン州政府灌漑大臣（3州ともBJP政権）、マハーラーシュトラ州政府租税・更生大臣が出席し、中央政府水資源省事務次官を議長にして、ナルマダー管理委員会再検討委員会の第10回会合が1月29日開催された。マハーラーシュトラ州政府大臣は他の3州代表の圧力に抗して「強硬に反対した」といわれる。かれは同州政府が期限を定め更生計画を策定し、月間進捗報告書を作成すると表明した。次回の会合は2月12日に予定された[93]。

3月13日にニューデリーで開催された会合で、ナルマダー管理委員会はマハーラーシュトラ州政府の留保にもかかわらず、ダムを110.64mに高めたいというグジャラート州政府の要求を許可した。マハーラーシュトラ州には再定住を必要とする家族が177から500残っていた。委員会はマハーラーシュ

トラ州政府に対して立ち退き者の再定住がダムの嵩上げ工事と平行して行われるとの保証を与えるよう説得した[94]。

ダムの高さ 90m と 100m で影響を受けたマディヤ・プラデーシュ州のピッチョディ村とジャルシンディ村の被影響者が建設差し止め請求の請願を最高裁判所に出していた。4月16日にそれに対する判決が言い渡された。建設差し止め命令は出されなかったが、マディヤ・プラデーシュ州政府はナルマダー河水紛争審判所の裁定と最高裁命令にしたがって土地を基礎とする十全な更生を与えるべきで、土地に代える現金補償を認めない、との判決であった[95]。

サルダル・サロヴァル・ダムの高さ 100m で影響を受けることになるナルマダー河沿岸の 9 村からの部族家族 200 余が、5月8日にマハーラーシュトラ州ナンドゥルバル県の荒廃森林地を占拠して地権サッチャーグラハを開始した。

7月に入ってマハーラーシュトラ州ナンドゥルバル県のすべての部族民村の代表が、適正な再定住・更生を求めて州政府庁舎前のガンディー像のところで座り込みをしていた。新しい更生大臣と再定住計画委員会委員、関係官僚、NBA および更生闘争委員会（PSS）の代表を含む検討委員会が協議を重ねた。これには支持団体のほかに人権運動 NGO の代表も参加した。この会議は 1 月 21 日および 28 日の州政府閣議決定が完全には実施されていないだけでなく、公然たる違反の事実があったことを認めた。ナーシクの再定住長官は選挙などを理由に挙げたが、納得されなかった。マハーラーシュトラ州政府が期限をきってすべての立ち退き対象者を更生させる行動を採ることを約束したので、NBA は 7 月 15 日にムンバイーのマハーラーシュトラ州政府前での 3 日にわたる座り込みを中止した。

合意された事項は以下のとおりであった[96]。

(1) タースク・フォースは公的なものであり、そこに挙げられている未公認家族リストは最終的なものである。タースク・フォース報告書に記載されているが、県行政により斥けられた権利はあるがまだ公認されていない家族は郡段階で NBA と PSS の活動家により検討される。かれらが必要な租

税関係文書を閲覧できるようにする。再定住長官はかれらのコメントを調査し、決定を下す。SSP 水没地域に居住している家族の証明文書が一つでもあれば、被影響者として公認すべきである、と大臣が主張した。
(2) 未公認であり、再定住の資格なしという通知を受けた立ち退き者は最終決定がなされるまで一時的に差し止めとすることを大臣が求め、地方長官が同意した。

表III-6-1（1） 主要工事進捗状況（2004 年 6 月現在）

項目	改定総量	2004 年3 月まで	2004 ～2005 年間	2004 年6 月まで	進捗率（%）
ダム本体					
掘削（10 万 m³）	64.00	63.57	0.01	63.58	99.34
コンクリート打ち（10 万 m³）	68.20	61.94	1.65	63.59	93.24
水力発電					
2　河床発電所（土木工事）					
露天掘削（10 万 m³）	17.15	16.85	0.18	17.03	99.30
地下掘削（10 万 m³）	7.31	6.86	0.01	6.87	94.11
3　用水路床発電所（土木工事）					
コンクリート打ち（10 万 m³）	1.29	1.29	0.00	1.29	100.00
4　ヴァダガム・サドル・ダム工事					
コンクリート打ち（10 万 m³）	2.11	2.11	0.00	2.11	100.00
用水路体系					
5　I.B.P.T. 工事					
掘削（10 万 m³）	7.73	7.62	0.01	7.63	98.71
コンクリート打ち（1000m³）	160.00	125.86	0.14	126.00	78.75
第 1 段階：幹線用水路（0 ～ 144km 区間）					
5.2　幹線用水路（0 ～ 144km 区間）					
土工（掘削のみ）（10 万 m³）	789.41	789.41	0.00	789.41	100.00
舗装（10 万 m²）	151.05	151.05	0.00	151.05	100.00
コンクリート打ち（10 万 m³）	21.33	21.33	0.00	21.33	100.00
6　支線用水路（0 ～ 144km 区間）					
土工（掘削のみ）（10 万 m³）	376.83	376.83	0.00	376.83	100.00
舗装（10 万 m²）	90.57	90.57	0.00	90.57	100.00
コンクリート打ち（1000m³）	467.00	467.00	0.00	467.00	100.00
7　配水路体系（0 ～ 144km 区間）					
土工（10 万 m³）	476.73	431.59	8.03	439.62	92.22
舗装（10 万 m²）	139.75	112.81	4.69	117.50	84.08
コンクリート打ち（1000m³）	825.00	653.00	24.00	677.00	82.06

表Ⅲ-6-1（2）　主要工事進捗状況（2004年6月現在）

項目	改定総量	2004年3月まで	2004～2005年間	2004年6月まで	進捗率（％）
第2段階：幹線用水路（144～264km区間）					
8.1　幹線用水路（144～264km区間）					
土工（掘削のみ）（10万m³）	680.11	680.11	0.00	680.11	100.00
舗装（10万m²）	129.89	129.89	0.00	129.89	100.00
コンクリート打ち（10万m³）	5.61	5.61	0.00	5.61	100.00
8.2　七つの主要構造物					
土工（掘削のみ）（10万m³）	33.84	33.84	0.00	33.84	100.00
舗装（10万m²）	1.41	1.41	0.00	1.41	100.00
コンクリート打ち（10万m³）	9.43	9.43	0.00	9.43	100.00
9　支線用水路（144～264km区間）					
土工（掘削のみ）（10万m³）	94.45	94.45	0.00	94.45	100.00
舗装（10万m²）	30.08	25.09	0.33	25.42	84.51
コンクリート打ち（10万m³）	1.11	1.13	0.00	1.13	100.00
10　配水路体系（144～264km区間）					
土工（10万m³）	37.15	28.95	1.30	30.25	81.43
舗装（10万m²）	11.97	7.70	1.27	8.97	74.94
コンクリート打ち（1000m³）	13.69	7.36	2.18	9.54	69.69
石造工事（1000m³）	36.46	20.30	0.00	20.30	55.68
11　サウラーシュトラ支線用水路					
土工（10万m³）	1,180.24	515.78	4.78	520.56	44.11
舗装（10万m²）	141.44	50.68	3.87	54.55	38.57
コンクリート打ち（10万m³）	18.91	11.01	0.32	11.33	59.92
第3段階：幹線（264～357km区間）					
12.1　幹線（264～357km）					
土工（10万m³）	248.63	244.63	1.04	245.67	99.04
舗装（10万m²）	74.62	72.78	0.74	73.52	98.53
コンクリート打ち（10万m³）	4.05	4.05	0.00	4.50	100.00
12.2　三つの主要構造物					
土工（掘削のみ）（10万m³）	8.56	8.24	0.00	8.24	96.26
舗装（10万m²）	0.33	0.326	0.00	0.326	98.79
コンクリート打ち（10万m³）	2.48	2.30	0.11	2.41	97.18
13　支線用水路					
土工（10万m³）	75.64	45.46	5.38	50.84	67.21
舗装（10万m²）	22.72	6.22	3.31	9.53	41.95
コンクリート打ち（10万m³）	0.84	0.37	0.02	0.39	46.43

注　：2003年度にあったシェッディ支線用水路の項目が2004年度にはない。
出所：Sardar Sarovar Nigam（2004）*Current Status of Ongoing Work*,（http://www.sardarsaovardam.org/current-status, Aug. 11）．

表Ⅲ-6-2（1） グジャラート州における更生・再定住の進捗現状

	1.1 被影響村数		1.2 グジャラートに再定住する部落数	1.3 プロジェクト被影響家族総数	1.4 グジャラートに再定住予定の被影響家族数	1.5 再定住済みの被影響家族数		2.1 非影響家族に分与された農地数	2. 非影響家族に分与された土地面積 (h)
	一部	全体				（非農業家族を含む）	1.4欄の割合(%)		
グジャラート	16	3	19	4,728	4,728	4,726	99.96	4,688	9,
マハーラーシュトラ	33	0	16	3,221	999	846	84.68	842	1,
マディヤ・プラデーシュ	191	1	79	33,014	14,124	5,095	36.07	5,064	10,
合計	240	4	114	40,963	19,851	10,667		10,594	21,

表Ⅲ-6-2（2） グジャラート州における更生・再定住の進捗現状

	3.5 被影響家族の保険数	3.6 雇用人数	4.1 分与家屋敷地 (1家族500 m²)		4.2 建設済み基本家屋数		4.3 移転家屋数	4 屋
			被影響家族数	2.2欄の割合(%)	被影響家族によるもの	SSP当局によるもの		
グジャラート	4,707	393	4,716	99.75	3,823	3,804	19	2,952	3
マハーラーシュトラ	775	11	846	84.68	546	473	73	605	
マディヤ・プラデーシュ	5,044	13	5,073	35.92	4,525	1,633	2,892	448	3
合計	10,526	417	10,635		8,894	5,910	2,984	4,005	7

出所：Sardar Sarovar Nigam（2004）*Current Status; Status of Rehabilitation and Resettlement Work in Gujarat,*

(2004年5月現在)

2.3 水没村のうちから	2.4 居住地区総数	3.1 生計維持補助金（被影響家族1戸当たり年間4500ルピー）				3.2 助成金（土地購入用）		3.3 提供生産用資金（1家族7000ルピー）			3.4 再定住補助金	
		第1回支払い分 被影響家族数	第2回支払い分 被影響家族数	第3回支払い分 被影響家族数	総額（1000万ルピー）	被影響家族数	金額（1000万ルピー）	被影響家族数	金額（1000万ルピー）	2.2欄の割合（%）	被影響家族数	金額（1000万ルピー）
19	110	4,630	4,488	4,263	2.01	4,330	32.06	4,533	2.28	96.69	4,108	0.59
16	18	604	603	538	0.26	0	0.00	631	0.33	74.94	234	0.05
67	106	4,086	4,085	3,120	1.69	0	0.00	2,998	1.77	59.20	156	0.03
02	234	9,320	9,176	7,921	3.96	4,330	32.06	8,162	4.38		4,498	0.67

(2004年5月現在)

化数接続済	5.1 街灯数	5.2 連絡道路（km）	5.3 内部道路（km）	5.4 小学校数	5.5 薬局数	5.6 児童公園数・飲料水施設	5.7 浅井戸・深井戸数	5.8 水道管供給施設数	5.9 休息所	5.10 木製台座	6 支出総額（1000万ルピー）
2,920	110	60.13	112.72	110	27	110	349	77	297	165	119.95
465	18	12.04	21.86	18	18	18	54	10	43	26	26.96
2,214	105	37.65	145.05	106	105	106	200	109	251	181	187.14
5,599	233	109.82	279.63	234	150	234	603	196	591	372	334.05

tp://www.sardarsareovardam.org/currnt-status2), Aug. 19, 2004.

(3) タプ地被影響者、年齢基準により外された者、その他の種々の者でまだ公認されていない者は1カ月以内に最終的に決定し、公認することが合意された。約900家族の過去数年間の水没による損失に対する補償金がまだ支払われていない。更生大臣はただちに公的査定（panchamnamas）にしたがい支払うことを約束した。
(4) 大臣は政策決定および更生計画立案構造を検討し、つぎのように決定した。ナーシク地方長官が地方段階で高次の権限をもつようにし、計画委員会と民衆組織の代表が参加する検討委員会に定期的会合をもち、手続き・行動を促進する支援を与えること。
(5) 大臣は早急に実態視察のために流域を訪れることを約束した。
(6) 蛇に咬まれて死亡した者の家族すべてに補償金を支払うことが合意された。
(7) NBAおよび購入委員会が承認した私有地をすべて早急に買い取ることが合意された。

　しかし、この合意も州政府によって守られず、8月に入ってモンスーンの影響でナルマダー河の流水量が増加するにつれて、サルダル・サロヴァル・ダムの水位は113mに達し、村人が再定住の便宜を与えられないままマニベリなど7カ村が全面的または一部水没する事態になっている。
　このようにマディヤ・プラデーシュ州とマハーラーシュトラ州における再定住・更生問題が未解決のまま、グジャラート州政府の強引とも思える仕方で、表Ⅲ-6-1、Ⅲ-6-2にみるように、サルダル・サロヴァル・プロジェクトの工事はダムおよび幹線・支線用水路の大部分ならびに配水路の一部が完工している。しかし、灌漑地総合開発計画（Command Area Development Programme=CAD）はいまだ実施されておらず、幹線用水路沿いの灌漑可能面積45万haにおいて1145の水利用組合が登録されているが、どの組合でも耕地内水路は建設されていないといわれる。灌漑は資金力のある上層農がディーゼル・ポンプで揚水し、パイプで耕地に給水している状態である。ただし、飲料水は用水路最末端のサウラーシュトラとカッチにも届き始めている[97]。

8月4日にグジャラート州ヴァドドラ県内では大雨で増したヒラン河の水がナルマダー幹線用水路の下を通る排水路を泥土で塞ぎ、用水路堤を約500mにわたり破壊し、沿岸のパヴィ・ジェトプル郡内のいくつかの村で約700戸が水没した[98]。10日にはアフマダーバード県で用水路堤が決壊し、10カ村で2000世帯が避難する事態になった[99]。

　2004年5月に成立した国民会議派を中心とする統一進歩連合（United Progressive Alliance）政府は、前国民民主連合（National Democratic Alliance）政府の経済成長優先政策に対抗して、「人間の顔をした成長」を旗印に、環境問題や立ち退き者の更生問題では妥協しない方針を打ち出している。首相マンモハン・シングは水資源大臣P.ダスムンシ宛の公信で、NBAがSSPにおいて最高裁判所の命令で定められた更生条件が満たされていないと主張しているので、自身でナルマダー河流域に赴き実情を確認するよう要請した[100]。同大臣はダム建設の影響を受けた人々の再定住・更生の進捗状況を把握するために、2004年12月10～12日の3日間にわたり中央政府水資源省事務次官M.アガルワル、中央用水委員会のヴァルシェニヤおよびナルマダー管理委員会更生部長A.アフマドの3名で構成される委員会をマディヤ・プラデーシュ州のニマド地方とジャブア県、マハーラーシュトラ州ナンドゥルバル県の村々、およびグジャラート州のサルダル・サロヴァル・ダム近辺の6カ村と再定住村の現場視察に派遣した。しかし、中央で連立を組んでいるインド国民会議派と民族会議派（Nationalist Congress Party = NCP）が政権を掌握しているマハーラーシュトラ州政府が好意的であったのに対して、野党BJPによるマディヤ・プラデーシュ州政府の非協力と、同じくBJPグジャラート州政府の反対に直面して視察を1日で切り上げざるをえなかった、と報じられている[101]。

注

1）"Water Dispute; SC Restrains Petitioners", *The Hindu*, Jan. 20, 2000.
2）India, Govt. of, Ministry of Water Resouces (http://wrmin.nic.in); *Irrigation in Karnataka* (http://waterresources.kar.nic.in)

3) Prasad, S. (2000) "Krishna Water Dispute is Back to Square One", *The Times of India*, Apr. 27.
4) "Shettar for All-Party Meet on Krishna", *The Hindu*, June 2, 2000.
5) "State May Take AP to Court Over Krishna", *The Times* of India, Jan. 2, 2001.
6) "Govt. to Seek New Tribunal on Krishna Waters", *The Hindu*, Jan. 16, 2002.
7) "Karnataka Seeks Krishna Water Tribunal", *The Hindu*, Sept. 28, 2002.
8) "Naidu Backs Krishna Tribunal Proposal", *The Hindu*, Sept. 29, 2002.
9) "A. P. Seeks Tribunal for Sharing Krishna Waters", *The Hindu*, Jan. 23, 2003.
10) Lakshmipathi, T. (2003) "Protest and Politics", Sharma, R. "A Fight over River Waters", *Frontline*, vol.20, issue 14, July 18.
11) "Naidu Offers to Hold Talks with Krishna", *The Hindu*, June 6, 2003.
12) Sharma, R. (2003) "For a New Tribunal", *Frontline*, vol.20, issue 14, July 18, 2003; "Tribunal on Krishna Water Disputes Formed", *The Hindu*, Aug. 23.
13) Iyer, R. R. (2002) "The Cauvery Tangle; What's the Way Out ? ", *Frontline*, vol.19, issue 19, Sept. 14-27.
14) Menon, P. and T. S. Subramanian (2002) "CRA, CMC and Supreme Court", *Frontline*, vol.19, issue 19, Sept. 4-27.
15) Venkatesan, V. (2002) "Distress Over a Formula", *Frontline*, vol.19, issue 19, Sept. 14-27; Menon, P. and T. S. Subramanian (2002) "The Cauvery Tussle", *Frontline*, vol.19, Issue 19, Sept. 14-27; 同上、Menon, P. and T. S. Subramanian (2002) "CRA, CMC and Supreme Court".
16) Sharma, R. (2002) "Mood in Karnataka; Release of Cauvery Water Sparks Protests in Karnataka", *Frontline*, vol.19, issue 19, Sept. 14-27.
17) Menon, P. (2002) "A Problem-Ridden Solution", *Frontline*, vol.19, issue 19, Sept. 28-Oct. 11.
18) Venkatesan, V. and Others (2002) "In Denial Mode", *Frontline*, vol.19, issue 22, Oct. 26-Nov. 8; "Water Martyr" and "Price of Defiance", *Outlook*, Oct. 20, 2002.
19) "Krishna Tenders Apology", *The Hindu*, Oct. 29, 2002.
20) Venkatesan, J. (2002) "SC Specifies Quantum of Cauvery Water Release to T. N.", *The Hindu*, Nov. 2.
21) Menon, P. (2002) "Contempt and Compliance", *Frontline*, vol.19, issue 23, Nov. 9-22.
22) Subramanian, T. S. (2003) "Distress in the Delta", *Frontline*, vol. 20, issue 21, Oct. 11-24.
23) Menon, P. (2003) "The Cauvery Dispute; A Positive Dialogue", *Frontline*, vol. 20, issue 10, May 10-23; Iyer, R. R. (2003) "Cauvery Dispute; A Dialogue Between Farmers", *Economic and Political Weekly*, June 14.

24) Menon, P. (2003) "The Cauvery Dispute; Growing Trust", *Frontline*, vol.20, issue 13, June 21-July 4.
25) "Cauvery; Stalemate Persists over Distress-Sharing Formula", *The Hindu*, Aug. 19.
26) 前出、Subramanian, T. S. (2003).
27) "Lessons Learnt from Cauvery; Nationalise Interstate Rivers", *The Hindu*, Sept. 2, 2003.
28) "Help to Settle Cauvery Issue, Karunanidhi Urges PM, Sonia", *The Hindu*, June 4, 2004; Subramanian, T. S. and S. Viswanathan (2004) "Victims as Voters in Tamil Nadu", *Frontline*, vol.21, issue10, May 21.
29) "Prime Minister Holds Meeting on Cauvery", *The Hindu*, June 8, 2004.
30) "Central Team Coming", *The Hindu*, June 9, 2004.
31) "Cabinet Committee to Take Up Water Sharing", *The Hindu*, June 17, 2004.
32) "Cauvery Water Released to Tamil Nadu", *The Hindu*, June 18, 2004; Subramanian, T. (2004) "Distress and Politics", *Frontline*, vol.21, issue 14, July 16.
33) Subramanian, T. S. and P. Menon (2004) "Distress and Politics", *Frontline*, vol.21, issue 14, July 16.
34) Parsai, G. (2004) "Cauvery Panel to Refer Issues to Manmohan", *The Hindu*, Sept. 23.
35) Jayaram, A. (2004) "Cauvery Water Dispute to the Fore Again", *The Hindu*, Sept. 3; Jayanth, V. (2004) "Karnataka's Counter a Challenge to the Centre", *The Hindu*, Sept. 9; "Now for the Final Award", *The Hindu*, Oct. 28, 2004.
36) 前出、Iyer, R. R. (2002).
37) Gill, P. P. S. (2003) "Cabinet Secy Convenes Meeting on SYL", *The Tribune*, Jan. 16.
38) "SC Directs Punjab to Complete SYL Canal", Gill, P. P. S., "State Govt to File Review Petition", *The Tribune*, Jan. 16, 2002.
39) Gill, P. P. S. (2002) "Badal, Mann Ready to Shed Blood, not Water", *The Tribune*, Jan. 17; "Badal Sold Out Punjab's Interests, Amarinder", *The Tribune*, Jan. 17, 2002; "Manifestoes: SAD Tough on SYL, BJP Cautious", *The Tribune*, Feb. 3, 2003.; Swami, P. (2002) "A Canal for Campaign", *Frontline*, vol.19, issue 4, Feb. 16-Mar. 1.
40) "Punjab Files Review Plea on SYL", *The Tribune*, Feb. 9, 2002.
41) "SYL Case Lost, Punjab May Contest Reorganisation Act", *The Tribune*, Mar. 11, 2002.
42) "SC Notices to Punjab, Centre on SYL Canal", *The Tribune*, Dec. 17, 2002.
43) Swami, P. (2003) "A Battle for Water", *Frontline*, vol.20, issue 3, Feb. 14.
44) "Haryana Firm on SYL Canal Completion; Governor", *The Tribune*, Mar. 3, 2003.
45) Choudhury, S. (2003) "SYL Canal; Haryana Submits Action Plan", *The Tribune*, Aug. 25.
46) Negi, S. S. (2003) "SC Seeks Punjab's Response on SYL Canal Plea", *The Tribune*, Dec. 18.

47) Dhaliwal, S. (2004) "Punjab to Take SYL Issue to President", *The Tribune*, Feb. 8.
48) Negi, S. S. (2004) "SC Rejects Punjab Plea on SYL Canal", *The Tribune*, Jan. 21; "SC Declines to Entertain Punjab's Plea on SYL Issue", *The Tribune*, Feb. 11, 2004.
49) "CM for New Tribunal on River Dispute", *The Tribune*, Feb. 11, 2004.
50) Dhaliwal, S. (2004) "Eradi Tribunal Members to Visit Water Headworks", *The Tribune*, Mar. 18.
51) Negi, S. S. (2004) "SC Orders Centre to Construct SYL Canal, Gives Govt 4 Weeks to Set Up Central Agency; Tells Punjab to Pay Cost of Suit", *The Tribune*, June 5; Chhibber, M. (2003) "The Long and the Short of SYL Dispute; Canal Water May Take Years to Reach Haryana", *The Tribune*, June 7; Negi, S. S. (2004) "SC Castigates Capt for Not Implementing 2002 Order on SYL", *The Tribune*, June 9; "Sutleg-Yamuna Canal; Murky Waters", *Economic and Political Weekly*, June 12, 2004; Rajalakshimi, T. K. (2004) "A Crucial Intervention", *Frontline*, Vol.21, Issue 13, June 19-July 2.
52) "SYL Canal; Water Not an Issue, Says SC", *The Tribune*, June 14, 2004.
53) "Amarinder to Meet PM; Adjudication on River Waters, SYL Canal", *The Tribune*, June 8, 2004.
54) Dhaliwal, S. (2004) "Badal, Capt Sink Differences for SYL Water", *The Tribune*, June 13.
55) "Punjab Seeks Review of SYL Order", *Outlook*, July 4, 2004; "Punjab Files Review Plea against SYL Judge", *The Tribune*, July 4, 2004.
56) "Punjab Annuls All Water Pacts", *Punjab Government Press Releases / News*, July 13, 2004; "Punjab Annuls All River Sharing Accords", *Outlook*, July 13, 2004; Gill, P. P. S. (2004) "Punjab Annuls All Water Pacts; Cong, Akalis Join Hands on Issue", *The Tribune*, July 13.
57) "Punjab Legislation Rocks Parliament", *The Tribune*, July 14, 2004.
58) Dikshit, S. (2004) "Manmohan Meets Chautala, Amarinder on Water Sharing", *The Hindu*, July 14.
59) Parsai, G. (2004) "SYL Canal Issue; Centre to Seek Supreme Court Direction", *The Hindu*, July 15.
60) Negi, S. S. (2004) "Centre Moves SC on SYL", *The Tribune*, July 16.
61) "Punjab Bill; Haryana BJP MLAs Resign", *The Tribune*, July 19, 2004.
62) Katyal, A. (2004) "President Refers Punjab Water Law to SC", *The Tribune*, July 23; Parsai, G. (2004) "Presidential Reference Filed in Supreme Court", *The Hindu*, July 23; Swami, P. (2004) "A Canal Crisis", *Frontline*, vol.21, issue 6, Aug. 13.
63) "SC Notices to Centre, 6 States on SYL Issues", *The Tribune*, Aug. 3, 2004; "Court Notice to Centre, States on SYL Canal Row", *The Hindu*, Aug. 3, 2004.

64) Negi, S. S. (2004) "SC Dismisses Punjab's Plea on SYL", *The Tribune*, Aug. 25; Venkatesan, J. (2004) "SYL Canal; Punjab's Petition Rejected", *The Hindu*, Aug. 25.
65) "SYL; SC Asks Rajasthan, J&K to File Replies", *The Tribune*, Sept. 21, 2004; Venkatesan, J. (2004) "SYL Canal Row; Haryana Seeks Rejection of Presidential Reference", *The Hindu*, Sept. 21.
66) "Centre to Help Gujarat Implement Sardar Sarovar Project", http://www.outlookindia.com, 2003.07.29.
67) "Maharashtra a Stumbling Block in SSP", *Times News Network*, Mar. 14,2003; "Gujarat, Centre Pressure State on Dam Height", *Times News Network*, Mar. 14, 2003.
68) Parsai, G. (2003) "'Conditional' Recommendation to Raise Narmada Dam Height", *The Hindu*, May 14.
69) "'Conditional' Recommendation to Raise Narmada Dam Height", *The Hindu*, May 14, 2003; Parsai, G. (2003) "Clearance for Raising Narmada Dam Height", *The Hindu*, May 15.
70) "Work Resumes at Sardar Sarovar Dam", *The Hindu*, May 16, 2003.
71) "Increase in SSP Height, A Corrupt Politics, Digvijay, Shinde Submit to Modi's Wiles", *NBA Press Release*, May 14, 2003.
72) "Dharna at Alirajpur Begins", *NBA Press Release*, Feb. 21, 2003.
73) "Anti-Adivasi Approach of the Administration", *NBA Press Release*, Mar. 4, 2003.
74) "Dharna and Fast Withdrawn as Maharashtra Government Accepts Demands", *NBA Press Release*, June 6, 2003; "Medha Patkar's Demand Accepted", *The Hindu*, June 13, 2003; Bavadam, L. (2003) "Narmada; A Protest and Some Promises", *Frontline*, June 21-July 40.
75) "NBA Faces Betrayal, A Distorted Official Resolution Rejected, Warn and Watch Centres Will Lead to Satyagraha Unless Dispute is Resolved", *NBA Press Release*, June 30, 2003.
76) "Adivasis Arrested Forcefully in Chimalkhedi, Madhya Pradesh C. M. Agrees to Involve Gram Sabhas in Rehabilitation Process", *NBA Press Release*, July 29, 2003.
77) "Urgent Action Alert (Jul. 31, 2003)", http://www.narmada.org, 2003.08.03; "Adivasis Get Jailed Instead of Rehabilitation, NBA Condemns Police High Handedness, Demands Unconditional and Immediate Release", *NBA Press Release*, Aug. 1, 2003.
78) "Dam-Affected Adivasis Storm Collector's Office, Comdemn Arrest, Demand Steps Before Next Flood, Fast by Sdivasis to Begin from August 5th", *NBA Press Release*, Aug. 3, 2003.
79) "Adivasis on Fast-First Phase of Satyagraha Begins, Police Brutality and Maharashtra Government's Injustice Exposed", *NBA Press Release*, Aug. 5, 2003.
80) "Relay Fast Enters Fourth Day, Official Record Checking Begins, Shaheed Diwas (Martyr's Day) to Be Observed on August 9", *NBA Press Release*, Aug. 8, 2003

81) "Solidarity Team to Narmada Valley Harassed by Gujarat Police", *NBA Press Release*, Aug. 10, 2003.
82) "Official Team of Ministers from the Government of Maharashtra Visits the Narmada Valley for the First Time on August 21", *NBA Press Release*, Aug. 22, 2003.
83) "Jamnagar ; Surendranagar to Get Narmada Water", *The Times of India*, Nov. 24, 2003.
84) "NCA Clears R & R of Gujarat Oustees", *The Times of India*, Nov. 23, 2003; "Raising of Narmada Dam Height May Hit Roadblock", *The Times of India*, Nov. 28, 2003.
85) "Increasing SSP Height to 110m; Narendra Modi for Yet Another Genocide, Violation of Law and Human Rights, Why SC Mute ?", *NBA Press Release*, Dec. 29, 2003.
86) "NCA Clears R & R of Gujarat Oustees", *The Times of India*, Nov. 23, 2003.
87) "Narmada Dam; Should Cost Overruns Get Precedence ?", *The Hindu*, Mar. 3, 2004.
88) "Medha Patkar, Three Activists Launch 4-day Fast; Appeal to CM not to Raise Height of SSP until R & R is Complete", *NBA Press Release*, Jan. 24, 2004.
89) "Medha Patkar, Three Activists Launch 4-day Fast; Appeal to CM not to Raise Height of SSP Until P & P is Complete", *NBA Press Release*, Jan. 24, 2004.
90) "Fast by Medha Patkar and Other NBA Activists Continues on Sixth Day; Government to Decide on Further Construction in Wednesday's Cabinet Meeting", *NBA Press Release*, Jan. 28, 2004.
91) Badavam, R. (2004) "Rahabilitation Realities; Narmada Sarovar Project", *Frontline*, vol.1, issue 2, Jan. 30; Badavam, L. (2004) "Rising Height, Growing Doubts", *Frontline*, vol.1, issue 4, Feb. 27.
92) "Increasing SSP Height to 110m; Narendra Modi for Yet Another Genocide, Violation of Law and Human Rights, Why is SC Mute ?", *NBA Press Release*, Dec. 29, 2003.
93) 前出、Badavam, L. (2004).
94) "Gujarat Given Permission to Raise Narmada Dam Height", *The Hindu*, Mar. 17, 2004.
95) "Supreme Court Directs M. P. Government to Provide Land-based Rehabilitation; Refuses to Stay SSP Construction Despite Incomplete Rehabilitation", *NBA Press Release*, Apr. 17, 2004.
96) "Narmada Satyagraha in Mumbai Withdrawn", *NBA Press Release*, July 15, 2004.
97) Shah, T. (2004) "Water and Welfare; Critical Issues in India's Water Future", *Economic and Political Weekly*, Mar. 20; Upadhyaya, H. (2004) "Narmada Project; Concerns over Command Area Development", *Economic and Political Weekly*, May 8.
98) "Submergence on Sardar Sarovar Dam Reaches 108m; Insincerity of Maharashtra Babudom in Resettlement, Canal Damage in Gujarat", *NBA Press Release*, Aug. 5, 2004; "Unprecedented Disaster in the Narmada Valley as Sardar Sarovar Overflows at 113 Meters", *NBA Press Release*, Aug. 7, 2004.

99) Bavadam, I. (2004) "Dam and Deluge", *Frontline*, vol.21, issue 19, Sept. 11, 24.
100) India, Govt. of, Press Information Bureau, Prime Minister's Office (2004) "Prime Minister Emphasises Narmada Valley Rehabilitation", *PIB Press Release*, Nov. 22.
101) "Central Team Drops Its Tour of Sardar Sarovar Affected Regions Midway Fearing Antagonism from Gujarat; the Falsity of Rehabilitation of Sarovar Sarovar Oustees is Exposed", *NBA Press Release*, Dec. 13, 2004.

IV章
地下水資源とその利用

第1節　地下水資源量の推計

　インドの地下水資源量の推計に関しては三つの政府報告書がある。第1は、India, Govt. of, Ministry of Irrigation, Groundwater Estimation Committee, *Groundwater Estimation Methodology*, New Delhi, 1984、第2は、Ministry of Irrigation, Minor Irrigation Division, *Report of the Working Group on Minor Irrigation for Formulation of the Seventh Plan Proposals for the Years 1985-90*, New Delhi, 1984 であり、第3は Ministry of Water Resources, Minor Irrigation Division, *Report of the Working Group on Minor Irrigation for Formulation of the Eighth Plan（1990-95）Proposals Constituted by the Planning Commission*, New Delhi, 1989 である。いずれも政府部内資料であり、部外者には入手不可能である。ここでは主として B. D. Dhawan の論文[1]に依拠して、インド政府の地下水資源の推定方法と推定量について述べることにする。

　1972年以前に地下水資源の調査にあたっていたのは、インド地質調査局（Geological Survey of India ＝ GSI）と中央地下水審議会（Central Groundwater Board ＝ CGB）であった。1972年に地質調査局の水部門は中央地下水審議会に併合された。他方、1963年以降各州に地下水を専門に取り扱う部局が設置されるようになっていた。

1972年に中央政府農業省が各州政府に対して、地下水資源量を推計するにあたっては、堅い岩盤層地帯では降水量が地下水層に浸透する割合を7.5％にするようにと指示していた。

　1977年11月、に農業再融資公社（のちの国立農業・農村開発銀行）が地下水過剰開発委員会を設置し、当時の中央地下水審議会議長が委員長になった。この委員会は岩盤の種類を問わずこれを10～15％に引き上げた。砂（沖積）地帯ではそれを20～25％とした。

　1982年11月、インド政府は地下水推計委員会（Groundwater Estimation Committee）を設置した。同委員会は1984年に報告書を提出し、岩石地帯における降水量のうちの地下浸透度を表IV-1のように勧告した。

　1971年以降各州に地下水調査機関が設置され、地下水位に関するデータが収集されるようになり、地下水涵養量を降水量によって推計する代わりに、地下水位の変動をもとにすることができるようになった。現在中央地下水審議会は全国で1万2000の井戸を年4回観測している。これは1開発ブロック当たりにすると2.4個の井戸または274km^{2}につき一つの井戸の割合である。州の地下水係は1000～2000の井戸の水位を年2～12回観測している。ブロック当たりにすると8～10の井戸数である[2]。

　この直接的方法では特定地方にある観測用標本井戸の地下水位上昇が地下水涵養量推計の基礎とされる。この垂直的上昇に地域、たとえば開発ブロックの面積を乗じることによって、細孔または空間（すなわち岩盤の破砕）に降水量、用水路からの浸透などによる涵養が蓄えられている土壌／土の量がえられる。この量に「比産出率（specific yield）」係数（湿った土壌／土の総量に対する水の量のある種の基準）を乗じることにより、地下水涵養量の最終測定

表IV-1　降水量の地下浸透度　　　（単位：％）

地質／状態		浸透度
I 花崗岩地帯	1 風化・破砕	10～15
	2 未風化	5～10
II 玄武岩地帯	1 小塊・節理	10～15
	2 未風化	5～10
III パイライト、石灰岩、砂岩、珪岩、けつ岩など		3～10

出所：Dhawan, B. D.（1990）"How Reliable Are Groundwater Estimates ?", *Economic and Political Weekly*, vol.25, no.20, May 19, p.1074.

を行うことができる。

地下水過剰利用委員会は「比産出率」として表Ⅳ-2のような数字を勧告していた。

地下水推計委員会は「比産出率」を種々の機関が行う「揚水」試験の詳細な作業から推計するようにと提案した。しかしながら、指針として表Ⅳ-3のような数値を示唆した。

1977年の地下水過剰利用委員会の基準にしたがって作成された地下水能力の推計は、1984年に第7次計画小規模灌漑作業グループに中央地下水審議会によって提示された。しかし、このグループはこの推計を受け入れず、以前の推計である4000万haにもとづいて第7次計画期間中の灌漑に関する勧告を行った。

1985年5月に中央政府は州政府に対して、1984年の地下水推計委員会の報告書に盛られている方法にもとづいて改定推計を作成する専門家グループを組織するようにとの指示をだした。これらの州別の専門家グループの報告書にもとづいて、地下水審議会は第8次計画小規模灌漑作業グループに対して最終地下水能力に関する高い推計値415km^{3}を採用するようにとふたたび主張した。新しい推計を採用するにあたって、第8次計画作業グループはいま一度専門家委員会を任

表Ⅳ-2　国立農業・農村開発銀行の比産出率　(単位：%)

地質	比産出率
砂地の沖積地帯	12〜18
沈殿沖積地帯	6〜12
花崗岩	3〜4
玄武岩	2〜3

出所：Dhawan, B. D. (1990) "How Reliable Are Groundwater Estimates ?", *Economic and Political Weekly*, vol.25, no.20, May 19, p.1074.

表Ⅳ-3　地下水推計委員会の比産出率　(単位：%)

	地質	比産出率
岩石地帯	1 花崗岩	2〜4
	2 玄武岩	1〜3
	3 ラテライト	2〜4
	4 風化硬緑泥石、けつ岩、片岩、結合岩石	1〜3
	5 砂岩	1〜8
	6 石灰石	3
	7 highly karatified limestone	7
沖積地帯	8 砂地沖積地帯	12〜18
	9 渓谷積土	10〜14
	10 沈泥／粘土地帯	5〜12

出所：Dhawan, B. D. (1990) "How Reliable Are Groundwater Estimates ?", *Economic and Political Weekly*, vol.25, no.20, May 19, p.1074.

命して調査を行うようにとの留保条件をつけた。

地下水による灌漑の最終能力を推定するために、各州の用水深（減水深）(the assumed depth of water or irrigation delta used in one crop ha area in metres) は表IV-4のように定められた。

これにもとづいて、地下水による灌漑最終能力が表IV-5にように改訂された。

表IV-4 地下水最終灌漑能力推計の基礎になった作物1ha当たりの用水深

（単位：cm）

	全般的用水深	用水深幅
1 アッサム	128	
2 ウェスト・ベンガル	94	60～167
3 タミル・ナードゥ	76	36～94
4 アーンドラ・プラデーシュ	71	56～91
5 ケーララ	69	―
6 マハーラーシュトラ	55	40～75
7 カルナータカ	44	35～63
8 マディア・プラデーシュ	40	
9 オリッサ	37	34～44
10 パンジャーブ	40	
11 ラージャスターン	39	39～42
12 ウッタル・プラデーシュ	36	
13 ビハール	40	
14 グジャラート（不圧滞水層）	40	32～50
（被圧滞水層）	43	36～50
15 ハルヤーナー	39	
16 ヒマーチャル・プラデーシュ	39	
17 ジャンムー・カシミール	47	39～60
18 デリー（連邦直轄領）	39	
全インド	47.6	

出所：Dhawan, B. D. (1990) "How Reliable Are Groundwater Estimates ?", *Economic and Political Weekly*, vol.25, no.20, May 19, p.1075.
原資料：Govt. of India, *Report of the Working Group on Minor Irrigation for Formulation of the Seventh Plan Proposals for the Years 1985-90*, New Delhi, 1989.

改訂推計はインド全体では以前の推計の2倍となった。とくに、デカン高原の岩盤層地帯に位置する諸州の推計が大幅に高められていることが特徴である。マディヤ・プラデーシュ州の4.2倍、グジャラート州の3.2倍、マハーラーシュトラ州の2.9倍、カルナータカ州の2.6倍などである。

これは第1に、利用可能地下水量を約50％増加させ（2600万ha・mから3800万ha・m）、第2に用水深を約25％減少させて（0.66mから0.48mへ）えられたものであった。

新しい推計は1989年6月に開催された州政府灌漑局長官会議において認

証された。第8次計画作業部会における国立農業農村開発銀行の代表者も改訂推計に関する中央地下水審議会の説明に満足せず、質疑書を提出した。

改訂推計の信頼性に関しては、ダーワンはつぎのように述べている。

「第8次計画作業部会は、第7次作業部会と異なり、地下水能力に関する改訂推計を採用するなんらかの必要に迫られていたようである。その一つは『数

表IV-5　地下水資源による灌漑の最終能力に関する改訂前推計および改訂推計

州／地方	改訂前推計 （1,000ha）	改訂推計 （1,000ha）	改訂前推計に対する改訂推計の倍数
岩盤層を持つ州・合計	11,400	35,010	3.1
1 アーンドラ・プラデーシュ	2,200	5,190	2.4
2 グジャラート	1,500	4,810	3.2
3 カルナータカ	1,200	3,120	2.6
4 マディヤ・プラデーシュ	3,000	12,700	4.2
5 マハーラーシュトラ	2,000	5,840	2.9
6 タミル・ナードゥ	1,500	3,350	2.2
沖積層を持つ州・合計	23,500	32,760	1.4
7 ビハール	4,000	7,180	1.8
8 ハルヤーナー	1,500	1,880	1.25
9 パンジャーブ	3,500	3,820	1.1
10 ウッタル・プラデーシュ	12,000	18,000	1.5
11 ウェスト・ベンガル	2,500	1,880	0.75
その他の州・合計	4,700	12,247	2.6
12 アッサム	700	1,560	2.2
13 ヒマーチャル・プラデーシュ	50	74	1.5
14 ジャンムー・カシミール	150	783	5.2
15 ケーララ	300	990	3.3
16 オリッサ	1,500	5,400	3.6
17 ラージャスターン	2,000	3,440	1.7
全インド	40,000	80,380	2.0

出所：Dhawan, B. D. (1990) "How Reliable are Groundwater Estimates ?", *Economic and Political Weekly*, vol.25, no.20, May 19, 1990, p.1074.
原資料：Government of India, Ministry of Irrigation, Minor Irrigation Division (1984) *Report of the Working Group on Minor Irrigation for Formulation of the Seventh Plan Proposals for the Years 1985-90* (mimeo), New Delhi; Government of India, Ministry of Water Resources, Minor Irrigation Division (1989) *Report of the Working Group on Minor Irrigation for Formulation of the Eighth Plan* (1990-95) *Proposals Consituted by Planning Commission*, New Delhi.

表IV-6　地下水観測所網の現状

州／連邦直轄領名	95.03.31 現在
州・合計	14,832
1 アーンドラ・プラデーシュ	1,042
2 アルナチャル・プラデーシュ	17
3 アッサム	371
4 ビハール	599
5 ゴア	53
6 グジャラート	974
7 ハルヤーナー	521
8 ヒマーチャル・プラデーシュ	78
9 ジャンムー・カシミール	162
10 カルナータカ	1,349
11 ケーララ	651
12 マディヤ・プラデーシュ	1,350
13 マハーラーシュトラ	1,409
14 マニプル	25
15 メガーラヤ	37
16 ミゾラーム	0
17 ナガーランド	8
18 オリッサ	1,122
19 パンジャーブ	497
20 ラージャスターン	1,414
21 シッキム	0
22 タミル・ナードゥ	766
23 トリプラ	37
24 ウッタル・プラデーシュ	1,514
25 西ベンガル	836
連邦直轄領・合計	163
1 アンダマン・ニコバル諸島	29
2 チャンディーガル	14
3 ダドラ・ナガル・ハヴェリ	7
4 ダマン・ディウ	61
5 デリー	6
6 ラクシャディープ	30
7 ポンディチェリー	16
全インド合計	14,995

出所：Govt. of India, Ministry of Water Resources (http://wrmin.nic.in/resource)

のゲーム』である。第7次計画末までに地下水灌漑の創出能力は3500万haに達する勢いであった。したがって、第8次計画期間中の開発余地は500万haのみとなった。第7次計画期間中の追加地下水能力の目標は710万haであった。計画立案者にとってそれは目標の低下を意味した。したがって、地下水資源推定を上げることにより、第8次計画中の目標を1000万haの追加とすることができたのである[3]」。

新規開発中の用水路灌漑の完成にともない、地下水が補給されることは疑いないことである[4]。また、以前の推計による4000万haという最終灌漑能力は全インドについて統一的な用水深0.66mを適用して算出したものであり、現実的なものでなかったのは確かであった。しかし、かといって表IV-5にもとづく新しい推計が現実的なものであると確言できるほど信頼性の高いものともいえない。すでに触れたように観測用の井戸の数がまだまだ少なかったからである[5]。

最近では、中央地下水委員会が約1万5000の観測所網（大部分国全体

に均等に分布する既存の浅井戸［dug well］から選んだ浅井戸）を利用して地下水位を監視している。浅井戸はしだいに水位監視圧力計に代えられている。水位測定はこれらの観測所で年間4回、1、4～5、8、11月に行われている。毎年4～5月の監視時に地下水サンプルが化学分析のために採取されている。こうして収集されたデータは種々の時期や月の地下水位・水位線・水位変動の地図を作成するために利用される。データはまた地下水位の長期変動趨勢の作成にも用いられ、水不足地域が湛水や過剰利用に備えるようにする。

50m以上の深い地下水位がヒマラヤ山麓のババル地帯の山麓地下水脈に見られる。ラージャスターン西部では地下水位は20～100mの深さである。半島部では地下水位は地表から5～20m下である。

1995年現在の地下水観測所数は1万4995であり、州・連邦直轄領別分布は表IV-6のとおりである[6]。

第2節　地下水灌漑の発達

1　小規模灌漑の種類

インド政府水資源省（Ministry of Water Resources）の定義によれば、小規模灌漑には以下のようなタイプの事業が含まれる。

(1) 地下水事業計画
　①開口井戸
　②井戸の改修
　③井戸の掘削
　④井戸を深くすること
　⑤揚水機器
　⑥管井戸
　⑦アルトワ式井戸

⑧濾過器（filter point）
(2) 表流水事業計画（耕作可能受益面積 2000ha 以下）
　①溜め池・貯水池
　②丘陵地帯の小河川からの分水事業計画
　③河川・小川からの揚水灌漑
　④用水保全と用水涵養事業計画

　地下水開発は主として農民が個人または集団で制度融資または自己資金によって行っている。制度融資の大部分は国立農業・農村開発銀行（National Bank for Agriculture and Rural Development=NABARD）の再融資を受けて、土地開発銀行および州協同組合銀行からえられる。地下水灌漑の場合の公共支出は公共部門の地下水揚水場設置、測量・調査事業、農民への補助金提供に限られている。

　溜め池、小河川、揚水流下などの表流水小規模灌漑事業計画は一般に公共支出に依存している。

　小規模灌漑事業計画の立案・実施の責任は州政府にある。

　中央政府の小規模灌漑部は州別の年間計画および5カ年計画の目標を決定するにあたって計画委員会を助けるという重要な役割を演じている。各州の小規模灌漑を扱う局や組織と連絡を保ち、小規模灌漑の全国的な様相を把握し、統計を整備する。また、中央政府援助の事業計画を通じて小規模灌漑計画の発達を促進する。さらに、外国援助による小規模灌漑プロジェクトを技術的に調査し、監督する[7]。

　1951/52年以来開始された5カ年計画において、公共部門の灌漑投資総額に占める小規模灌漑投資額の割合はつぎのように変遷してきた。第1次16.3、第2次17.2、第3次43.2、第4次29.3、第5次20.5、第6次19.3、第7次19.5%[8]。

　第6次計画末の1984/85年までの小規模灌漑能力はインド全体で3750万haであり、そのうち地下水利用によるものが74.1%にあたる2780万ha、表流水によるものが26.9%の970万haであった。第7次計画における目標は地下

水灌漑面積710万、表流水灌漑面積150万 ha の追加の予定であった[9]。全体の目標は超過達成され、1989/90年度末の灌漑能力は4683万 ha に達した[10]。

小規模施設による灌漑面積を表流水によるものと地下水によるものとに分けてみたのが**表IV-7**である。小規模表流水施設灌漑面積が計画前の640万 ha から第7次計画末には1115万 ha へと1.7倍になった。このうち、溜め池の数が約16万あり、それらから引水して灌漑する面積が9万 ha ほどであった。

同じ期間に地下水利用の灌漑面積は650万 ha から3478万 ha への5.3倍に拡大した。とくに、緑の革命の始まった1960年代後半以降の増加傾向が著しい[11]。この結果、地下水利用の灌漑面積の割合は計画以前段階の50％から

表IV-7　インドにおける小規模灌漑の発達

期間	創出灌漑能力（100万 ha）					
	表流水	割合(%)	地下水	割合(%)	計	割合(%)
最終能力	15	27.3	40	72.7	55	100.0
計画以前	6.4	49.6	6.5	50.4	12.9	100.0
第1次計画	6.43	45.7	7.63	54.3	14.06	100.0
第2次計画	6.45	43.7	8.3	56.3	14.75	100.0
第3次計画	6.48	38.1	10.52	61.9	17.00	100.0
66～69年次計画	6.50	34.2	12.50	65.8	19.00	100.0
第4次計画	7.0	29.8	16.5	70.2	23.5	100.0
第5次計画	7.5	27.5	19.8	72.5	27.3	100.0
78/79年次計画	7.75	27.1	20.85	72.9	28.6	100.0
79/80年次計画	8.0	26.7	22.0	73.3	30.0	100.0
第6次計画	9.7	25.9	27.8	74.1	37.5	100.0
第7次計画						
1985/86	9.99	25.6	29.03	74.4	39.02	100.0
1986/87	10.27	25.3	30.38	74.7	40.65	100.0
1987/88	10.54	24.9	31.73	75.1	42.27	100.0
1988/89	10.85	24.7	33.13	75.3	43.99	100.0
1989/90*	11.15	24.3	34.78	75.7	45.94	100.0
第8次計画**	13.26	22.8	44.79	77.2	58.05	100.0

注　：＊印の数字は予想、＊＊印の数字は提案。
出所：B. D. Dhawan (1990) *Studies in Minor Irrigation with Special Reference to Groundwater*, New Delhi, Commonwealth Publishers, p.10; India, Govt. of, Ministry of Water Resources, *Annual Report 1989-90*, p.39.

77％に増大した。

　小規模灌漑の拡大にともなって、水源別純灌漑面積にも変化が現れてきている。1950/51年には政府、民間合わせて用水路灌漑面積の割合が純灌漑総面積の39.8、井戸灌漑面積が28.7、溜め池灌漑面積が17.3％であった。1973/74年に井戸を水源とする純灌漑面積が用水路灌漑面積を上回って以来、その差

表IV-8　インドの地下水利用構造物・機器の数

年	開口井戸	浅管井戸	公共管井戸	ポンプ総数	電動	ディーゼル
1950/51	3,860	3	2.4	87 (100.0)	21 (24.1)	66 (75.9)
1960/61	4,540	22	8.9	430 (100.0)	200 (46.5)	230 (53.5)
1968/69	6,100	360	14.7	1,810 (100.0)	1,090 (60.2)	720 (39.8)
1973/74	6,700	1,138	22.0	4,180 (100.0)	2,430 (58.1)	1,750 (41.9)
1977/78	7,435	1,740	30.0	5,650 (100.0)	3,300 (58.4)	2,350 (41.6)
1979/80	7,786	2,132	33.3	6,615 (100.0)	3,965 (59.9)	2,650 (40.1)
1984/85	8,742	3,359	46.2	9,259 (100.0)	5,709 (61.7)	3,550 (38.3)
1989/90*	9,487	4,754	63.4	12,581 (100.0)	8,226 (65.4)	4,355 (34.6)
1990/91**	11,198	6,443	74.4	16,203 (100.0)	11,226 (69.3)	4,977 (30.7)

注：＊印の数字は予想、＊＊印の数字は提案。
出所：B. D. Dhawan（1990）*Studies in Minor Irrigation with Special Reference to Groundwater*, New Delhi, Commonwealth Publishers, p.9. より算出。

表IV-9　インドの水源別灌漑面積

年＼水源	政府用水路	割合(％)	民間用水路	割合(％)	溜め池	割合(％)	管井戸	割合(％)	その他
1950/51	7,158	34.3	1,137	5.5	3,613	17.3	n.a.		5,97:
1960/61	9,170	37.2	1,200	4.9	4,561	18.5	135	0.6	7,15:
1970/71	11,972	38.5	866	2.8	4,112	13.2	4,461	14.3	7,42(
1980/81	14,450	37.3	842	2.2	3,182	8.2	9,531	24.6	8,16-
1990/91	16,973	35.3	480	1.0	2,944	6.1	14,257	29.7	10,43
1995/96	16,561	31.0	559	1.0	3,118	5.8	17,937	33.5	11,86
1996/97	16,782	30.5	480	0.9	3,343	6.1	30,818	56.0	
1997/98	17,110	31.1	502	0.9	2,743	5.0	31,585	57.4	
1998/99	17,205	30.1	503	0.9	2,939	5.1	33,158	58.1	
1999/00*	17,550	30.7	445	0.8	2,706	4.7	20,953	36.6	12,67

注：＊印のついた年度の数字は暫定。割合は純灌漑総面積に対する水源別灌漑面積の値。
出所：1950-51年から1995-96年までの数字は、India, Govt. of, Ministry of Agriculture（2000）*Indian Agricultur*
　　　97年から1998-99年までの数字は、India, Govt. of, Central Statistical Organisation, *Statistical Abstract, I*
　　　の区分なし。1999-00年の数字はIndia, Govt. of, Ministry of Agriculture, Dept. of Agricultural Cooperation

はしだいに大きくなり、1990/91 年には前者が 2 億 4694 万 ha になったのに対して、後者は 1 億 6973 万 ha であった。純灌漑面積に占める割合でみると井戸灌漑面積が 51.4、用水路 36.3％、溜め池 6.1％となった。井戸灌漑面積のうちでは、管井戸によるものが 1978/79 年以降通常の開口井戸灌漑よりも多くなり、1980/81 年にそれぞれ 24.6、21.2％となり、その後さらにその差はしだいに大きくなって 1999/2000 年には 36.6、22.2％なった[12]。

少ない投資でもって、適時に適量の用水を確保できる小規模灌漑施設、とくに管井戸に比べて、大・中規模の用水路灌漑には多くの不利な点が指摘されている。建設に多額の投資を必要とし、しかも完成に数年または数十年を要すること、貯水池建造にともなう埋没地域の住民の移住・ダムの多量の沈砂・森林破壊、配水の不規則性、湛水と塩害などである。ここから大規模灌漑建設施設優先か、それとも小規模灌漑重視か、という政策論争も生じた。

しかし、管井戸によって揚水される地下水資源は降水量だけではなく、用水路からの浸潤・浸透によっても補填されるものであり、用水路灌漑と管井戸灌漑との併合的利用の重要性が指摘されるようになってきている[13]。とくに用水路灌漑の導入にともなって湛水・塩害が発生している地域では、その防御のために適当な地下水汲み上げが必要となってきている[14]。

2　地下水灌漑の発達

地下水利用の構造物・機器の変遷をみたのが表IV-8 である。伝統的な開口井戸の数は 1950/51 年から 1989/90 年までに 386 万から 948.7 万へと 2.45 倍になった。これと対照的に、浅い管井戸はとくに 1960 年代半ば以降急速に増加し、わずか 3000 から 475 万へと実に 1583 倍も増加した。深い公共の管井戸も 2400 から 6

(単位：1,000ha)

割合 (%)	その他水源	割合 (%)	計	割合 (%)
28.7	2,967	14.2	20,853	100.0
29.0	2,440	9.8	24,661	100.0
23.9	2,266	7.3	31,103	100.0
21.1	2,551	6.6	38,720	100.0
21.7	2,932	6.1	48,023	100.0
22.2	3,467	6.5	53,402	100.0
	3,626	6.6	55,049	100.0
	3,045	5.5	54,985	100.0
	3,272	5.7	57,077	100.0
22.2	2,905	5.1	57,238	100.0

rief, 27th ed., New Delhi, Jan., pp.33 より算出。1996-
001, New Delhi, p.60 より算出。管井戸とその他井戸
ural Development (http://agricoop.nic.in/statistics)

万 3400 へと 26 倍の増加であった。だが、開口井戸も今では近代的な揚水機器を用いるようになってきている。これを反映して、電動ポンプの数も 2 万 1000 から 822.6 万へ、ディーゼルポンプも 6 万 6000 から 435.5 万へと急速に増加してきた。このうち、1 万 7000 台ほどは表流水を揚げて、灌漑するのに用いられている[15]。増加のテンポが 1970 年代以降急速になってきていることが明らかである。

　地下水灌漑の拡大にともなって、水源別灌漑面積にも変化が現れてきている。1973/74 年に井戸を水源とする純灌漑面積が用水路灌漑面積を上回って以来、その差はしだいに大きくなり、1986/87 年には前者が 2105 万 ha になったのに対して、後者は 1632 万 ha であった。純灌漑面積に占める割合でみると井戸灌漑面積が 48.9％、用水路のそれが 37.7％であった。井戸灌漑面積のうちでは、管井戸によるものが 28.4、開口井戸灌漑が 20.5％であった。既に指摘したように、その差はさらに拡大し、1999/2000 年にはそれぞれ 36.6、22.2％になった（表Ⅳ-9）。

　州別に管井戸灌漑面積の大きいところをみると、ウッタル・プラデーシュ州 879.7 万 ha（純灌漑面積の 69.3％）、パンジャーブ州 269.5 万 ha（67.3％）、ビハール州 200.8 万 ha（55.4％）、ハルヤーナー州 143.2 万 ha（49.6％）、マディヤ・プラデーシュ州 131 万 ha（19.4％）、アーンドラ・プラデーシュ州 100 万 ha（22.8％）、ラージャスターン州 94.7 万 ha（16.9％）、グジャラート州 88.8 万 ha（28.8％）である（表Ⅳ-10）。

　このような地下水灌漑拡大の一つの特徴は、州政府の公共管井戸よりも、民間の浅管井戸の増加によるものであったことである。公共の管井戸は通常地下 100m 以下の被圧滞水層から 17.5 馬力もあるポンプで揚水するのに対して、民間の管井戸は地下 60m 以内の浅い滞水層から 3～5 馬力の小型ポンプで汲み上げている。前者の揚水量は 1 時間当たり 150m^3 であり、後者は 30m^3 と約 5 分の 1 にすぎない。建設費用は 1988 年価格で公共管井戸が 60 万ルピーであるのに対して、民間の浅管井戸は 50 分の 1 の 1 万 2000 ルピーであった。平均灌漑能力（受益面積）は公共管井戸が約 100ha であり、民間のそれ

表IV-10 州別・水源別灌漑面積（1999～2000年）　　　　　　（単位：1,000ha）

州／連邦直轄領	用水路			溜池	井戸		その他水源	純灌漑面積計
		政府	民間		管井戸	その他		
アーンドラ・プラデーシュ	1,634	1,634	—	651	1,000	900	199	4,384
アルナチャル・プラデーシュ	—	—	—	—	—	—	35	35
アッサム	362	71	291	—	—	—	210	572
ビハール	1,136	1,136	—	155	2,008	85	241	3,625
ゴア	4	4	—	—	—	18	—	22
グジャラート	602	602	—	25	888	1,542	25	3,082
ハルヤーナー	1,441	1,441	—	1	1,432	1	14	2,888
ヒマーチャル・プラデーシュ	3	3	—	0	10	3	85	102
ジャンムー・カシミール	278	139	140	3	1	1	21	303
カルナータカ	994	994	—	245	482	477	350	2,548
ケーララ	86	81	5	53	122	—	119	380
マディヤ・プラデーシュ	1,804	1,802	2	193	1,310	2,547	887	6,740
マハーラーシュトラ	1,051	1,051	—	—	—	1,921	—	2,972
マニプル	—	—	—	—	—	—	65	65
メガーラヤ	—	—	—	—	—	—	48	48
ミゾラーム	8	2	7	—	—	—	—	8
ナガーランド	—	—	—	—	—	—	63	63
オリッサ	949	949	—	305	299	537	—	2,090
パンジャーブ	1,296	1,296	—	—	2,695	10	3	4,004
ラージャスターン	1,619	1,619	—	78	947	2,920	47	5,612
シッキム	—	—	—	—	—	—	16	16
タミル・ナードゥ	867	867	1	633	222	1,231	18	2,972
トリプラ	21	21	—	5	2	2	5	35
ウッタル・プラデーシュ	3,109	3,109	—	95	8,797	458	233	12,692
ウェスト・ベンガル	717	717	—	263	689	23	219	1,911
アンダマン・ニコバル諸島	—	—	—	—	—	—	—	—
チャンディーガル	1	—	1	—	1	—	—	2
ダドラ・ナガル・ハヴェリ	2	2	—	—	—	2	2	5
ダマン・ディウ	—	—	—	—	—	1	—	1
デリー	2	2	—	—	36	—	2	40
ラクシャディープ	—	—	—	—	—	1	—	1
ポンディチェリー	8	8	—	—	13	—	—	22
全インド	17,955	17,550	445	2,706	20,953	12,679	2,905	57,238

出所：India, Govt. of, Ministry of Agriculture, Dept. of Agricultural Cooperation and Rural Development
　　　(http://agricoop.nic.in/statistics)

は 10ha であった[16]。

　公共の管井戸が不人気となった理由としては、つぎの諸点が指摘されている。第1に、配水に欠陥があり、末端まで水が届かないこと。第2に、故障が生じた場合に、政府部局内の手続きで修理が遅れがちであること。第3に、多くの農民の土地を通る水路建設が関係農民の間で紛争を起こすこと。第4に、維持管理に州政府が十分な資金を提供しないこと[17]。

　浅管井戸は建設費用も安く、保有地規模の小さい農民の多いインドの現状に適合したものであった。浅管井戸による地下水灌漑を急速に促進した要因としては、つぎの点が指摘できよう[18]。

(1) 農業部門内部
　①耕地統合（交換分合）の進展
　②多収量品種の到来
(2) 農業部門外部およびインンフラストラクチャー
　①農村電化と結びついた電動ポンプとディーゼルポンプの容易な入手可能性
　②中央政府や州政府による管井戸開発に対する補助金の提供[19]
　③国立農業・農村開発銀行（NABARD）による民間の管井戸・ポンプに対する低利貸付金の供給

　とくに、19世紀以来大規模な河川から分水する用水路灌漑の発達していた北西部（パンジャーブ州、ハルヤーナー州、ウッタル・プラデーシュ州西部）では、地下水位もさほど深くなく、用水路による不規則な用水供給を補完することのできる適時に、適量の用水を確保できる管井戸が急速に普及した[20]。

　電動ポンプがディーゼルポンプよりも普及率が伸びてきた理由は、
①ディーゼルポンプの価格と運転費用がともに電動ポンプよりも高いこと
②ディーゼルポンプの揚水能力が低いこと
③ディーゼル燃料の購入代金が電力料金よりも高いこと
④ディーゼルの購入代は即時払いであるのに、電力料金は数カ月遅らせることができること

⑤ディーゼルポンプの耐用年数が電動ポンプよりも短いこと
⑥ディーゼルポンプが重く、運搬に不便であること
などである[21]。

同時に、地下水の過剰開発の問題も生じてきた。それを促した要因としては、以下の点を挙げることができよう。

① 地下水資源の目に見えない、開放的な利用可能性。地下水資源の所有、利用可能量、流れなどの因果関係の確定が困難であること
② 井戸の立地点は私有地であること
③ 農業・灌漑用の電力料金率が非常に低いこと[22]
④ さらに、電力料金はポンプの馬力に応じて年間一律料率で徴収されている。したがって、単位量の水のポンプによる揚水の限界費用はゼロであり、平均費用はしだいに減少する
⑤ ポンプ所有農民は自分の耕地の灌漑に必要以上の余剰水を他の農民に売って、利益をあげることができる[23]

表IV-11　パンジャーブ州における地下水揚水方法別割合　　（単位：％）

県／州	ディーゼルポンプ		電動ポンプ		その他	計
	浅管井戸	追加掘削	浅管井戸	追加掘削		
1 アムリトサル	5.01	—	94.40	0.57	0.02	100.00
2 バティンダー	62.14	4.43	32.56	0.28	0.59	100.00
3 サングルール	29.27	4.96	64.26	1.42	0.09	100.00
4 ファリードコト	43.98	4.52	50.90	—	0.60	100.00
5 フィローズプル	25.41	4.18	69.77	—	0.64	100.00
6 グルダースプル	7.13	—	91.49	1.31	0.07	100.00
7 ホシヤールプル	16.89	5.75	70.43	6.72	0.21	100.00
8 ジャランダル	20.31	1.10	77.81	0.71	0.07	100.00
9 カプールタラー	24.55	1.35	72.51	1.57	0.02	100.00
10 ルディヤーナー	24.78	5.96	66.91	1.97	0.38	100.00
11 パティヤーラー	25.40	3.77	70.10	0.70	0.03	100.00
12 ルーパル	31.43	4.35	57.90	6.23	0.99	100.00
全州	24.88	3.79	69.96	1.14	0.23	100.00

出所：Singh, Surendar（1991）"Some Aspects of Groundwater Balance in Punjab", *Economic and Political Weekly*, vol.26, no.52, Dec. 28, p.A-151.

このような要因による地下水灌漑の過剰開発傾向を抑止するために、制度融資の操作が行われている。すでに触れたように、国立農業・農村開発銀行は農民個人による井戸灌漑の開発に有利な低利資金を与える事業計画を推進している。これらの事業計画は地下水の補填量と揚水量の推計にもとづいてブロック単位で行われている。揚水量・補填量比率が地下水開発段階と呼ばれている[24]。

　この比率が65％よりも低いときは、その地域は「白色（安全）」と分類され、融資になんの限度もない。その比率が65〜85％のときは、「灰色（半危険）」と分類され、若干の融資規制が適用された。85％以上の地域は「黒色（危険）」とされ、国立農業・農村開発銀行の再融資の便宜は与えられなかった。しかし、この措置は自己資金でもって管井戸を設置することのできない比較的貧しい農民には有効であるが、裕福な農民が資金を借り入れずに管井戸を建設することを規制することはできない[25]。

表Ⅳ-12　パンジャーブ州における地下水収支

県／州	年間純涵養量 (1000ha・m)			年間揚水量 (1000ha・m)		
	1986	1988	1989	1986	1988	1989
1 アムリトサル	148	148	148	170	173	1
2 バティンダー	117	118	160	61	64	
3 サングルール	120	121	138	211	236	1
4 ファリードコト	198	199	230	112	123	1
5 フィローズプル	291	291	276	152	162	1
6 グルダースプル	131	131	140	80	97	
7 ホシヤールプル	76	76	83	47	49	
8 ジャランダル	74	74	88	146	156	1
9 カプールタラー	26	26	26	68	70	
10 ルディヤーナー	135	135	142	198	205	2
11 パティヤーラー	113	113	132	212	249	1
12 ルーパル	47	45	48	24	25	
全州	1,476	1,477	1,611	1,481	1,609	1,4

注　：推計は各年の3月に終わる1年間のものである。
出所：Singh, Surendar（1991）"Some Aspects of Groundwater Balance in Punjab", *Economic and Political Wee*

パンジャーブ州の場合を例にとると、県別地下水利用状況は表IV-12のとおりである。

1988年にパンジャーブ州の開発ブロック総数118のうち71が黒色地帯であった。さらに16が灰色に分類されていた。1986年にはそれぞれ68、16ブロックであった。このことは地下水の過剰開発が進行していることを示している[26]。

比較的安全な（白色または灰色）ブロックの数は河川灌漑を含めて表流水灌漑に恵まれた地域に多い。州内の118の開発ブロックのうち83では年間の地下水補填量の50％以上が用水路からの漏水と耕地からの浸透に依存している[27]。

パンジャーブ州に隣接するハルヤーナー州のカルナール県では10開発ブロックのうち八つが「黒色」と分類された[28]。

しかし、過剰開発がどの程度進行しているかについては、研究者の間でも

水収支 (1000ha・m)			用水開発度 (揚水量／純涵養、%)			種別		
1986	1988	1989	1986	1988	1989	1986	1988	1989
-22	-25	-20	114.86	116.89	113.51	黒	黒	黒
56	54	89	52.13	54.24	44.38	白	白	白
-91	-115	-60	175.83	195.04	143.48	黒	黒	黒
86	76	86	56.57	61.81	62.61	白	白	白
139	129	112	52.23	55.67	59.42	白	白	白
51	34	66	61.07	74.05	52.86	白	灰	白
29	27	38	61.84	64.47	54.22	白	灰	白
-72	-82	-63	197.30	210.81	171.59	黒	黒	黒
-42	-44	-50	261.54	269.23	292.31	黒	黒	黒
-63	-77	-61	146.67	151.85	142.96	黒	黒	黒
-99	-136	-44	187.61	220.35	133.33	黒	黒	黒
23	20	22	51.06	55.56	54.17	白	白	白
-5	-132	115	100.34	108.94	92.86	黒	黒	黒

26, no.52, Dec. 28, p.A-147, 149.

表IV-13　パンジャーブ州における地下水涵養源　　　　　　　　　　（単位：%）

県／州	涵養源			計	総涵養量に対する浅い地下水位の割合
	降水	用水路	表流水灌漑		
1 アムリトサル	41.60	27.53	30.87	100.00	2.41
2 バティンダー	33.54	16.67	49.79	100.00	13.66
3 サングルール	40.18	28.76	31.06	100.00	—
4 ファリードコト	27.07	22.32	50.59	100.00	29.18
5 フィローズプル	22.96	23.58	53.46	100.00	33.32
6 グルダースプル	49.08	27.66	23.26	100.00	10.11
7 ホシヤールプル	87.35	3.83	8.82	100.00	0.51
8 ジャランダル	56.53	22.72	20.75	100.00	0.36
9 カプールタラー	87.51	4.06	8.43	100.00	—
10 ルディヤーナー	37.15	46.68	16.17	100.00	—
11 パティヤーラー	49.49	18.88	31.63	100.00	—
12 ルーパル	73.28	24.08	2.64	100.00	5.76
全州	41.04	24.73	34.23	100.00	11.16

出所：Singh, Surendar（1991）"Some Aspects of Groundwater Balance in Punjab", *Economic and Political Weekly*, vol.26, no.52, Dec. 28, p.A-151.

確固たる結論がまだ出ていない。地下水資源量の推計と同様に、今後の一層厳密な観測・調査をまたなければならない問題である[29)]。

3　地下水灌漑の開発の問題点と解決策
1）地下水過剰開発に起因する問題

　地下水の過剰開発に起因する問題として、以下の問題点が指摘されている。

ⅰ．過剰開発にともなう地下水位低下

　インドにおける地下水利用の大部分は深さ 400 ～ 500 フィート以内の浅い地下水層からのものである。乾燥・半乾燥地帯の灌漑を促進するために揚水ポンプ設置に対して大々的に公共資金の補助が与えられてきた。その過程で地方の地下水資源、開口井戸、浅い地下水井戸との間の関係が十分に考慮されなかった。井戸とポンプは個人の土地に設置され、私的に所有されている。問題は建設費だけであり、それさええられるならば、無制限に発展する傾向がある。

このために井戸の数が増加しすぎ、パンジャーブ州では地下水位が毎年0.3mから0.5m沈下しているといわれる[30]。10〜12フィートであった地下水位が30フィート以上になり、雄牛2頭が回す伝統的なペルシャ水車がパンジャーブ州で姿を消したのは、このような地下水位の低下によるといわれる[31]。地下水位低下の傾向はとくに堅い岩盤層の多いマハーラーシュトラ、カルナータカ、アーンドラ・プラデーシュ州において深刻である。半乾燥地帯ではもともと降水量が少ないので、地下水量が豊富でなく、揚水量が浸透量を上回り、地下水位が低下している。また、溜め池や開口井戸の表流水資源を枯渇させている。こうして一部地域ではいわば擬干魃状態がもたらされている。

マハーラーシュトラ州では、サトウキビの栽培が拡大している地方では地下水の過剰揚水により飲料水さえも不足する村の数が2万3000に達している。グジャラート州でも同じような現象が生じている[32]。

ⅱ．灌漑用水と都市用水との競合、農村使用者と都市使用者との間の競争激化

新しい『全国用水政策（National Water Policy）』（2002年）において飲料水の供給が最優先課題にされている[33]。とくに、西部ラージャスターンのように半乾燥地帯で、表流水が少ない地方では都市上水を地下水に依存している。1984年地下水推計委員会によれば、地下水利用可能量の15％が飲料水用途に留保されなければならないとされた。ラージャスターン西部の諸県の半分以上ではすでにこの率を超えていた。タミル・ナードゥやカルナータカ州の一部でも同様な問題が生じている[34]。

ⅲ．塩水・海水の流入による水質悪化

グジャラート州のサウラーシュトラ地方の海岸地帯、とくにジュナガード県では地下水位の低下にともなって、地下淡水層に海水が流入し、灌漑用水に適しなくなる傾向が1960年代後半から見られるようになった[35]。

ⅳ．農民階層間格差の拡大

深い井戸を掘る資力のある者とない者との間の経済格差が拡大し、農村における経済的格差が拡大する傾向がある。

表IV-14 州・連邦直轄領別地下水利用状況

州／連邦直轄領	補填可能地下水総量	家庭・工業その他用途	灌漑用地下水純量
州・合計	43.30063	7.09873	36.201
1 アーンドラ・プラデーシュ	3.52909	0.52936	2.999
2 アルナチャル・プラデーシュ	0.14385	0.02158	0.122
3 アッサム	2.24786	0.33718	1.910
4 ビハール	2.69796	0.40470	2.293
5 チャッティスガル	1.60705	0.24106	1.365
6 ゴア	0.02182	0.00327	0.018
7 グジャラート	2.03767	0.30566	1.731
8 ハルヤーナー	1.11794	0.16769	0.950
9 ヒマーチャル・プラデーシュ	0.02926	0.00439	0.024
10 ジャンムー・カシミール	0.44257	0.06640	0.376
11 ジャールカンド	0.66045	0.09907	0.561
12 カルナータカ	1.61750	0.24186	1.375
13 ケーララ	0.79003	0.13135	0.658
14 マディヤ・プラデーシュ	3.48186	0.52228	2.959
15 マハーラーシュトラ	3.78677	1.23973	2.547
16 マニプル	0.31540	0.04730	0.268
17 メガーラヤ	0.05397	0.00810	0.045
18 ミゾラーム	推計なし	推計なし	推計な
19 ナガーランド	0.07240	0.01090	0.06
20 オリッサ	2.01287	0.30193	1.710
21 パンジャーブ	1.80923	0.18192	1.63
22 ラージャスターン	1.26021	0.19977	1.060
23 シッキム	推計なし	推計なし	推計な
24 タミル・ナードゥ	2.64069	0.39610	2.24
25 トリプラ	0.06634	0.00995	0.056
26 ウッタル・プラデーシュ	8.25459	1.23819	7.01
27 ウッタルアンチャル	0.28411	0.04262	0.24
28 ウェスト・ベンガル	2.30914	0.34637	1.96
連邦直轄領・合計	0.08530	0.02782	0.03
1 アンダマン・ニコバル諸島	推計なし	推計なし	推計な
2 チャンディーガル	0.00297	0.00044	0.00
3 ダドラ・ナガル・ハヴェリ	0.00422	0.00063	0.00
4 ダマン	0.00071	0.00011	0.00
5 ディウ	0.00037	0.00006	0.00
6 デリー	0.02916	0.01939	0.00
7 ラクシャディープ	0.03042	0.00456	0.00
8 ポンディチェリー	0.01746	0.00262	0.01
合計	43.38593	7.12655	36.25

出所：India, Govt. of, Ministry of Water Resources, *Annual Report 2002-2003*, p.94.

(単位：100万 ha・m／年)

利用可能地下水純量	比産出率揚水総推計量	純揚水量	将来利用可能地下水残量	地下水開発水準 (%)
32.58033	19.25207	13.47627	22.72564	37.23
2.69975	1.11863	0.78304	2.21668	26.10
0.11005	—	—	0.02227	—
1.71962	0.20356	0.14249	1.76819	7.46
2.06394	1.17895	0.82527	1.46800	35.99
1.22939	0.10925	0.07647	1.28952	5.60
0.01669	0.00219	0.00154	0.01701	8.30
1.55881	1.20895	0.85327	0.87872	49.27
0.85523	1.02637	0.71846	0.23179	75.61
0.02238	0.00591	0.00413	0.02073	16.63
0.33860	0.00586	0.00403	0.37217	1.07
0.50525	0.17352	0.12146	0.43992	21.64
1.23665	0.64973	0.45481	0.92083	33.06
0.59281	0.17887	0.12509	0.53360	18.99
2.66362	1.05494	0.73846	2.22112	24.95
2.29233	1.26243	0.88370	1.66334	34.70
0.24129	微量	微量	0.26810	微量
0.04128	0.00260	0.00182	0.04405	微量
推計なし	推計なし	推計なし	推計なし	推計なし
0.05535	微量	微量	0.06150	微量
1.53984	0.37196	0.26037	1.45057	15.22
1.47357	2.30028	1.61020	0.02710	98.34
0.95440	1.10350	0.77245	0.28799	72.84
推計なし	推計なし	推計なし	推計なし	推計なし
2.02013	2.00569	1.40398	0.84060	62.55
0.05075	0.02692	0.01885	0.03754	33.43
6.31476	4.25171	2.97619	4.04021	42.42
0.21734	0.09776	0.06843	0.17306	28.34
1.76649	0.90250	0.63175	1.33102	32.19
0.03022	0.03966	0.02777	0.00581	
推計なし	推計なし	推計なし	推計なし	推計なし
0.00227	0.00351	0.00245	0.00007	—
0.00323	0.00065	0.00046	0.00313	12.81
0.00054	0.00069	0.00048	0.00012	80.00
0.00028	0.00042	0.00029	0.00002	94.84
0.00879	0.01684	0.01180	-0.00203	120.78
0.00176	0.00109	0.00076	0.00119	39.12
0.01335	0.01645	0.01152	0.00332	77.63
32.63345	19.29173	13.50404	22.73145	37.24

表IV-15 州別過剰利用および危険（黒色）ブロック・タールク・集水域数

州・連邦直轄領	県数	ブロック・マンダル・タールク数*	過剰数	ブロック・タールク利用(%)*	マンダル・集水危険数	域数(%)
州・合計	470	5,691	305		158	
1 アーンドラ・プラデーシュ	22	1,104	12	1.09	14	1.27
2 アルナチャル・プラデーシュ	3		0	0.00	0	0.00
3 アッサム	23	134	0	0.00	0	0.00
4 ビハール	42	589	3	0.51	9	1.53
5 ゴア	3	12	0	0.00	0	0.00
6 グジャラート	19	184	13	7.07	15	8.15
7 ハルヤーナー	17	108	33	30.56	8	7.41
8 ヒマーチャル・プラデーシュ	12	69	0	0.00	0	0.00
9 ジャンムー・カシミール	14	123	0	0.00	0	0.00
10 カルナータカ	19	175	7	4.00	9	5.14
11 ケーララ	14	154	0	0.00	0	0.00
12 マディヤ・プラデーシュ	45	459	2	0.44	1	0.22
13 マハーラーシュトラ	29	231	2	0.87	6	2.60
14 マニプル	6	26	0	0.00	0	0.00
15 メガーラヤ	5	29	0	0.00	0	0.00
16 ミゾラーム	3	20		推計なし		
17 ナガーランド	7	21	0	0.00	0	0.00
18 オリッサ	30	314	4	1.27	4	1.27
19 パンジャーブ	17	138	72	52.17	11	7.97
20 ラージャスターン	32	236	74	31.36	20	8.47
21 シッキム	4	4		推計なし		
22 タミル・ナードゥ	27	384	64	16.67	39	10.16
23 トリプラ	3	17	0	0.00	0	0.00
24 ウッタル・プラデーシュ	58	819	19	2.32	21	2.56
25 ウェスト・ベンガル	16	341	0	0.00	1	0.29
連邦直轄領・合計		20	5		2	
1 アンダマン・ニコバル諸島						
2 チャンディーガル						
3 ダドラ・ナガル・ハヴェリ						
4 ダマン／ディウ		2	1	50.00	1	50.00
5 デリー		5	3	60.00	1	20.00
6 ラクシャディープ		9	0	0.00	0	0.00
7 ポンディチェリー		4	1	25.00	−	0.00
合計		5,711	310		160	

注：*郡の単位の呼称は、アーンドラ・プラデーシュ州ではマンダル。グジャラート、カルナータカ、マハーラーシュトラ州ではタールクまたはタフシル。
出所：India, Govt. of, Ministry of Water Resources, *Annual Report 2002-2003*, p.95-96.

v．電力使用量増加

　深い井戸の増加が電力使用量の増大をもたらし、それでなくとも不足している電力事情をさらに悪化させている[36]。

vi．地下水の質の悪化

　化学肥料と農薬の過剰使用ならびに未処理の都市排水・工業排水による地下水の質の悪化という新しい現象が生じてきている。ビハール、ハルヤーナー、パンジャーブ、オリッサ、ウッタル・プラデーシュ、デリー連邦直轄領の一部では地下水の硝酸・カリウム・燐酸の含有量が高度になってきた。飲料水における許容限度を超えるフッ化物の含有がアーンドラ・プラデーシュ、ハルヤーナー、マディヤ・プラデーシュ、オリッサ、パンジャーブ、ラージャスターン、ウッタル・プラデーシュの一部で現れている[37]。

　以上のように、地下水過剰開発問題は降水量の少ない半乾燥地帯であるラージャスターン、グジャラート、マハーラーシュトラ、カルナータカ、タミル・ナードゥ、アーンドラ・プラデーシュ、マディア・プラデーシュなどの諸州の一部で深刻になりつつある。河川用水路が発達しているけれども、降水量の比較的少ないパンジャーブ、ハルヤーナー州においてもその現象が現れてきている。

　水資源省の最新の資料によると、地下水開発水準が50％を超える州はハルヤーナー（75.6）、パンジャーブ（98.3）、ラージャスターン（72.8）、タミル・ナードゥ（62.6）の4州であり、30〜50％に達しているのはビハール（36.0）、グジャラート（49.3）、カルナータカ（33.1）、マハーラーシュトラ（34.7）、トリプラ（33.4）、ウッタル・プラデーシュ（42.4）、ウェスト・ベンガル（32.2）であり、州全体としては37.2％となっている。

　これ以上の揚水は危険であると見なされている郡（ブロック・マンダル・タールク）はハルヤーナーで108郡のうち33、パンジャーブでは138郡のうち72、ラージャスターンでは236郡のうち74、タミル・ナードゥでは384郡のうち64にのぼっている。

2）問題解決策

ⅰ．地下水開発の法的規制

　地下水の過剰開発に起因する以上のような弊害を防ぐには、国立農業・農村開発銀行による融資規制だけでは十分でなく、インド政府は1970年に地下水の管理のためのモデル法案「地下水（管理・規制）法案（Groundwater [Control and Regulation] Bill)」を各州政府に提示した。それは1991年に改訂された。

　1970年模範法案を基礎にして、グジャラート州では1976年に地下水管理法（Groundwater Management Act）が制定されている。他の諸州でも（たとえばカルナータカ州、タミル・ナードゥ州）同様な法律の制定が考慮されている[38]。

　これらの法律では、すべての地下水に対する権利が全面的に州政府に属するものとされ、地下水に関する紛争をめぐる管轄権は民事裁判所にはないものとされている。

　主として州政府地下水開発機関から州政府によって任命される人々からなる「庁（authority）」が設置される。この庁の権限は管理区域を指定・通告し、その区域で適当とみなす規制を発布することである。地下水の新たな利用を認可する制度を確立し、既存の利用者はすべて区域の指定後ただちに庁に登録することを求められている。登録証書と認可証は、庁が管理目的のために必要とみなす時はいつでも取り消される。家庭用途（飲料、調理および沐浴）のみがこの法律の適用を免れる。

　これらの法律には調査・差し押さえの規定があり、条項に違反した場合には多額の罰金が課されることになっている。カルナータカ州の法律は罰金に加えて、井戸の登録以外の条項に違反した場合には2年以下の投獄を規定している。タミル・ナードゥ州の法律はいかなる違反に対しても電力供給の停止を認めている。電力供給停止条項はカルナータカ州の法律に対しても1987年に中央政府によって勧告されている。

　いずれの法律にも管理機構に地元の代表を入れることを認める規定がなく、地元の集団に管理権を委譲する規定もない[39]。

ⅱ．表流水と地下水の併合利用（conjunctive use of surface and ground water in canal irrigation）の促進

これはすでにウッタル・プラデーシュ、パンジャーブ、ハルヤーナーなどの北部諸州で実際に行われている。用水路沿いに州政府管理の管井戸が掘られ、汲み上げた水を用水路に再び入れて、下手の耕地の灌漑に用いている。また、民間の小型管井戸の多くは用水路からの水の不足分を補う目的で建設されている[40]。

また、降水量の比較的多い地帯で、用水路灌漑が新たに導入されたウッタル・プラデーシュ州中部・東部では地下水過剰開発よりは、地下水位上昇にともなう湛水・塩害の問題の方が深刻であり、ポンプ揚水による垂直排水、表流水と地下水の併合的利用が重要な解決策とされている[41]。

3) 残された課題

農民参加を認めない州政府による上からの地下水の規制は、すでに管井戸をもっている農民とそうでない農民との格差を拡大する可能性がある。さらに、インドの農村のように農民階層格差と身分位階とのからみあっているところでは、上層農民と行政との癒着が強く、行政による直接的規制は賄賂などを通じて回避される恐れがある。このために電力料金制度の改正、地下水の集団的所有権、地下水管理区の創設など直接的規制に代わる間接的管理が提案されている[42]。

積極的には、降水量の少ない地帯においても表流水灌漑を大々的に発達させて、地下水資源を補填・開発することが勧められている[43]。

注

1) Dhawan, B. D. (1990) "How Reliable Are Groundwater Estimates ?", *Economic and Political Weekly*, vol.25, no.20, May 19, 1990. これはつぎの書に収められている。Dhawan, B. D. (1990) *Studies in Minor Irrigation with Special Reference to Ground Water*, New Delhi, Commonwealth Publishers, 2. Groundwater Estimates of India; A Note of Caution.

2) Moench, Marcus (1992) "Drawing Down the Buffer; Science and Politics of Ground Water Management in India", *Economic and Political Weekly*, vol.27, no.13, Mar. 28, pp.A-8-9; Central Water Commission (1988) *Water Resources of India*, New Delhi, p.52.

3) 前出、Dhawan (1990), p.1075. ダーワンはさらに、当時の首相ラジーブ・ガンディ

一の井戸灌漑開発への熱意、世界銀行からの借款の確保、州政府が中央政府や国立農業・農村開発銀行からの融資割り当てを増加させようとする傾向、などの政治的動機を挙げている。インド国立工学アカデミーもまたこの改訂推計は高めになされているとの意見である。Indian National Academy of Engineering (1990) *Water Management; Perspectives, Problems and Policy Issues*, New Delhi, p.6.

4) Dhawan, B. D., and K. J. S. Satya Sai (1988) "Economic Linkages Among Irrigation Sources; A Study of Beneficial Role of Canal Seepage", *Indian Journal of Agricultural Economics*, vol.43, no.4, Oct.-Dec., pp.569-579. インドの用水路灌漑において頭首工での取水量の50〜70％が用水路の途中での浸潤と耕地での浸透によって失われ、最終的には地下水層に達すると推定されている。ガンガー用水路の例ではハリドワールの頭首工での取水量の50％、パンジャーブ州の用水路の場合も50％から66％が浸透していると推計されている。J. K. Jain はつぎのように推計している。「用水路の送水途中での浸潤による損失は幹線用水路で17、配水路で8、耕地水路で20％である」。(Jain, J. K. (1961) "Hydrological Aspects of Salt Problem in Agriculture and Its Control Through Improved Water Management in Arid and Semi-arid Regions with Particular Reference to Problems in India", *in Proceedings of Tehran Symposium on Salinity Problems in the Arid Zone*, UNESCO.)

5) 前出、Moench (1992), p.A-9-10.

6) India, Govt. of, Ministry of Water Resources (http://www.wrmin.nic.in)

7) India, Govt. of, Ministry of Water Resources (1990) *Annual Report 1989-90*, New Delhi, 1990, pp.32-41.

8) Sawant, S. D. (1986) "Irrigation and Water Use", in Dantwala, M. L., and Others, ed. (1986) *Indian Agricultural Development since Independence; A Collection of Essays*, New Delhi, Oxford Univ. Press, p.115; 同上、India, Ministry of Water Resources (1990) *Annual Report 1989-90*, New Delhi. にもとづいて算出。

9) 同上、*Annual Report 1989-90*, p.39.

10) India, Govt. of, Ministry of Finance, *Economic Survey 1991-92*, Part 2, p.103.

11) 1950/51 年の地下水灌漑面積をもとにすれば、1950 年から 1960 年の間にそれは約 2.5％の率で増加した。1960/61 年から 1964/65 年の間の増加率は 3.7％であった。それは 1964/65 年から 1968/69 年に 19％に急増した。この急増で、高い増加率は多収量品種の登場、制度金融の動員および農村電化の促進によるものであった。(Dakshinamurti, C., and others (1973) *Water Resources of India*, New Delhi, Water Technology Centre, IARI, p.25.)

12) India, Govt. of, Ministry of Agriculture, *Indian Agriculture in Brief*, 23rd ed., New Delhi, 1990, p.34-35; 27th ed., 2000, p.33.

13) Chawla, A. S. and H. D. Sharma (1984) "Conjunctive Use of Components; A Comparative

Study", Indian Water Resource Society, *National Seminar on Modernisation of Canal Irrigation at Lucknow*, Roorkee.

14) India, Govt. of, (1984) *Report of Irrigation Commission, Uttar Pradesh, Part-II Seepage and Waterlogging in the Vicinity of Canals Affecting Cultivated Land*, Lucknow, p.21.
15) 前出、Dhawan, B. D. (1990) *Studies in Minor irrigation*, pp.9-10.
16) Prasad, T., and I. D. Sharma (1991)"Groundwater Development for Agriculture in Eastern India; Problems, Prospects, and Issues", in Meinzen-Dick, R., and M. Svendsen, ed., (1991) *Future Directions for Indian Irrigation; Research and Policy Issues*, Washington, International Food Policy Research Institute, p.243.
17) 同上、p.244.
18) Dhawan, B. D. (1982) *Development of Tubewell Irrigation in India*, New Delhi, Agricole Publishing Academy, pp.44-45; 前出、Moench (1992), pp.A-7-8.
19) Pant, Niranjan (1991)"Groundwater Issues in Eastern India", 前出、Meinzen-Dick, R., and M. Svendsen, ed. (1991), pp.258-261.
20) 前出、Dhawan, B. D. (1982), pp.13-42.
21) 前出、Prasad, T., and I. D. Sharma (1991), p.250.
22) N. パントによれば、1986/87年の数字でアーンドラ・プラデーシュ州では8分の1、パンジャーブ州では農業・灌漑用電力料金は家庭用の6分の1、ビハール州、マハーラーシュトラ州、タミル・ナードゥ州では5分の1、カルナータカ州では4分の1、ハルヤーナー州、ラージャスターン州では2分の1というように低料金率が採用されていた。(前出、Pant, Niranjan (1991), p.263, Table 18.3.)。州電力庁全体の赤字額は1989/90年に3億4830万、1990/91年に5億4560万、1991/92年に4億2980万ルピーとなり、資本収益率(減価償却と利子を差し引いたのち)1989/90年にマイナス16.4、1990/91年にマイナス13.8、1991/92年にマイナス14.8％と推定されていた。その赤字額の主な要因は低料金での農村・農業部門への供給であった。(前出、India, Govt. of, Ministry of Finance, *Economic Survey 1991-92*, p. 21)。
23) Shah, Tushaar (1991)"Water Markets and Irrigation Development in India", *Indian Journal of Agricultural Economics*, vol.46, no.3, July-Sept, pp.335-348; Shankar, Kripa (1992) "Water Market in Eastern UP", *Economic and Political Weekly*, vol.27, no.18, May, pp.931-933; Pant, Niranjan (1992) *New Trend in Indian Irrigation; Commercialisation of Ground Water*, New Delhi, Ashish Publishing House.
24) Govt. of India (1984) *Ground Water Estimation Methodology; Report of the Ground Water Estimation Committee*, New Delhi. (前出、Moench [1992] に引用).
25) 前出、Pant, Niranjan (1991), p.266; ウッタル・プラデーシュ州では民間小規模灌漑施設(主として井戸)80％が保有地規模2ha以上層によって建設され、50％以上が借入金なしで建設されていた。Uttar Pradesh, Govt. of (1985) *Report of Irrigation Commis-*

sion, *Uttar Pradesh*, Part Ⅲ, Lucknow, p.61.
26) Singh, Surendar (1991)"Some Aspects of Groundwater Balance in Punjab", *Economic and Political Weekly*, vol.26, no.52, Dec. 28, p.A-147.
27) 同上、p.A-150.
28) Chopra, Kanchan (1989)"Water Resources Management; Summaries of Group Discussion", *Indian Journal of Agricultural Economics*, vol.44, no.4, Oct.-Dec., p.404.
29) Dhawan, B. D.,"Water Resource Management in India; Issues and Dimensions", *Indian Journal of Agricultural Economics*, vol.44, no.4, Oct.-Dec. 1989, vol.44, no.3, July-Sept. 1989, p.236. ダーワンはこう述べている。「もっともありそうなことは、地下水のはなはだしい過剰利用またはその枯渇に関する話は、中央地下水審議会が地下水はまだまだ未利用の資源であると主張するのに劣らず、誇張されている」。
30) 同上、p.236.
31) 前出、Dhawan, B. D.(1982), p.154.
32) Bandyopadhyay, Jayanta (1987)"Political Ecology of Drought and Water Scarcity; Need for An Ecological Water Resources Policy", *Economic and Political Weekly*, vol.22, no.50, Dec. 12, p.2165; Dubash, N. K.(2002) *Tubewell Capitalism; Groundwater Development and Agrarian Change in Gujarat*, New Delhi, Oxford Univ. Press.
33)「用水の配分順位：システム計画立案・運営にあたっての用水配分優先順位はつぎのとおりとする。飲料水、灌漑、水力発電、生態系、アグロインダストリーおよび非農工業、舟運、その他用途」。India, Govt. of, Ministry of Water Resources (2002) *National Water Policy*, New Delhi, 2002.
34) 前出、Moench (1992), pp.A-7-8.
35) Shah, Tushaar (1992)"Sustainable Development of Groundwater Resources; Lessons from Junagadh District", *Economic and Political Weekly*, vol.27, nos.10/11, Mar. 7-14, p.515.
36) インドの発電量は 1960/61 年に 201 億、1970/71 年に 612 億、1980/81 年に 1193 億、1990/91 年に 2887 億 KWH と増加してきたが、そのうち農業用消費量の割合はそれぞれ 6.0、10.2、17.6、26.0％と増大している。前出、India, Govt. of, Ministry of Finance, *Economic Survey 1991-92*, pp.S-30-31.
37) India, Govt. of, Ministry of Water Resources, Minor Irrigation Division (2001) *Report of the Working Group on Minor Irrigation for Formulation of The Tenth Plan (2002-2007) Proposals*, New Delhi, p.42.
38) Iyer, R. R. (2003) *Water; Perspectives, Issues, Concerns*, New Delhi, Sage Publications, pp.103-104.
39) 前出、Moench (1992), pp.A-10-12; 前出、Pant, Niranjan (1991), p.266.
40) 前出、Central Water Commission (1988), p.19.
41) Uttar Pradesh, Govt. of, *Report of Irrigation Commission, Uttar Pradesh, Part-* Ⅱ *Seep-*

age and Waterlogging in the Vicinity of Canals Affecting Cultivated Land.
42) 前出、Moench (1992), pp.A-10-12.
43) Dhawan, B. D. (1989), p.236; Shah, T. (2004) "Water and Welfare; Critical Issues in India's Water Future", *Economic and Political Weekly*, Mar. 20.

(初出：堀井健三・篠田隆・多田博一編『アジアの灌漑制度——水利用の効率化に向けて——』新評論、1996年。本書に収めるにあたり部分的に加筆訂正)

V章
河川連結（流域変更）案
(Interlinking of Rivers)

はじめに

　Ⅲ章で検討した五つの州際河川水紛争事例の経過から明らかなように、1956年州際水紛争法は必ずしも有効に機能していない。ゴダーヴァリー河の事例を除き、他の4河川ではなんらかの形で紛争が継続している。

　クリシュナー河の事例では一度は審判所裁定にもとづく水配分にしたがって関係州がそれぞれの領域内での開発を進めてきたが、配分済みの水量を超える余剰水の配分・利用をめぐり関係州間で紛争が再燃し、裁定の見直し期限の到来をまって新たな審判所が設置される事態にいたっている。

　カーヴェーリ河やラーヴィー・ビアース河の事例では、州際河川水紛争審判所の暫定裁定を一方の関係州が遵守せず、いまだに最終裁定が下されていない。カーヴェーリ河では州間の水配分に関する最高決定機関としてインド連邦政府首相と関係州すべての首相から構成されるカーヴェーリ河委員会を設置したが、その位置づけ自体が曖昧であり、その決定さえ施行されていない状況である。

　ナルマダー河の場合には審判所裁定のうち関係諸州間の水配分に関する部分は守られているが、立ち退き補償や環境への影響といった問題では必ずしもそうではない。グジャラート州に建設中のサルダル・サロヴァル・ダムに

ついては、反対運動団体 NBA によってインド政府と関係諸州政府が最高裁判所へ告訴され、工事は 5 年にわたる中断を余儀なくされた。反対運動団体は 2000 年 10 月の敗訴後も、住民参加型の持続的開発を目指す立場から関係州政府による強引な立ち退きに抗議し、ナルマダー河流域開発計画自体の修正を求める運動を継続している。

このように円満な解決の見えない州間水紛争に加えて、2000 年から 2002 年にかけて相次いだ各地での旱魃被害が連邦政府の危機感を強め、用水開発において主導権をとろうとする機運を生み出した。その方策の一つ[1]として構想されたのが、インド亜大陸の諸河川を連結して余剰地域から不足地域に水を移送（流域変更）して、水資源賦存の地域間不均衡を縮小しようという計画である。このように異なる河川を連結して水を移送する事業(流域変更)自体はインドでは目新しいものではなく、すでにイギリス植民地統治時代の 19 世紀後半以来実施されていた。

はじめに半島部インドでの事例をみよう。

第 1 は、1863 年にイギリスの民間会社が開通し、1882 年にインド植民地政府が買い取ったものであり、旧マドラス管区州のクルヌール近くのトゥンガバドラー河に建設した高さ 8.23m の堰から 304km の用水路を通じて 84.9cumecs の水をクリシュナー河流域からペンネルー河流域に移送し、5 万 2746ha を灌漑する。

第 2 は、1895 年に開通したペリヤル・プロジェクトで、半島部南端の当時のトラヴァンコール藩王国を西海岸に流れるペリヤル河の上流峡谷に高さ 42.28m のダムを建造し、貯留した水を送水能力 40.75cumecs、延長 1740m のトンネルでもって、東側のマドラス管区州のヴァイガイ河に移すものであった。発電能力は 140MW で、灌漑面積は当初 5 万 7923ha であったが、のちに 8 万 1069ha に拡大した。

独立後では、パランビクラム・アリヤル・プロジェクトとテレグ・ガンガー・プロジェクトがある。パランビクラム・アリヤルは第 2 次および第 3 次 5 カ年計画中に建設されたもので、半島部南端のタミル・ナードゥ州とケーラ

ラ州の州境の山岳部で西側に流れる川五つと東側に向かう川二つにダムを建造し、それらをトンネル導水路で結び付け、両州の旱魃頻発地域の耕地 16 万 2000ha に用水を供給している。

テレグ・ガンガー・プロジェクトは最近着工されたもので、水不足の深刻なタミル・ナードゥ州の首都チェンナイに給水するもので、アーンドラ・プラデーシュ州内のスリサイラムの地点からクリシュナー河の水をまずペンネール河流域のソマシラ貯水池に移送する。ついで、用水はそこから 45km の水路でもってカンダレルにいたり、さらに延長 200km の水路を通ってタミル・ナードゥ州のプーンディ貯水池に入る。クリシュナー河の沿岸州であるマハーラーシュトラ、カルナータカ、アーンドラ・プラデーシュ州との合意により 12TMC の水量が供給されることになっている。用水路は途中アーンドラ・プラデーシュ州内で 23 万 3000ha の耕地を灌漑する予定である[2]。

インド北部平原では、第 1 は、イギリス統治時代の 1910〜15 年に建設された三重用水路 (Triple Canal) であった。これは旧イギリス領パンジャーブ州 (現在のパーキスターン領パンジャーブ州) で 1912 年に完成したアッパー・チェナーブ用水路、1913 年に通水したロワー・バリー・ドアーブ用水路、および 1915 年に開通したアッパー・ジェーラム用水路の三つからなり、ジェーラム河、チェナーブ河およびラーヴィー河の水を相互に補完しあいながら利用するものであった。

第 2 は、独立後のインドで 1960 年代に建設されたマドプル・ビアース河連結があり、ラーヴィー河のマドプル頭首工から余剰水をビアース河を通じてハリケ頭首工に移送している。

第 3 は、1960 年にパーキスターンとの間に結ばれたインダス河水系協定にもとづいてインドのパンジャーブ州に建造されたもので、ビアース河の水を延長 37.25km の導水路 (うち送水能力 254.7cumecs のトンネルが 25.45km で残りは開渠) を通じてサトラジ河のバークラー貯水池に運ぶもので、1974 年に開通した。バークラー用水路体系全体としてすでに灌漑されていた土地 90 万 ha への給水を安定させたうえで、新たに 260 万 ha に灌漑用水をもたら

した。バークラー・ナンガル・プロジェクトの発電能力は 1354MW である。これはのちにラージャスターン用水路に連結し、タール砂漠に 9.36BCM の用水をもたらし、その一部を耕地に変えた[3]。

　これまでの河川連結はインド西北部のインダス平原あるいは半島部のそれぞれにおいて一つの州内で完結するか、あるいは二つの州にまたがっているものである。これに対して今回提唱されている河川連結案は、それぞれの地域内で二つ以上の州に関係するだけでなく、インド亜大陸全体のなかで用水に余裕のある北部平原と不足している半島部とを連結しようとするものである。さらにガンガー河やブラーフマプトラ河の場合のように隣国バングラデーシュ、ブータンおよびネパールとも関係する点で既存の河川連結とは異なる複雑な問題を抱えている。

　以下、独立後インドにおける河川連結（流域変更）構想の展開を紹介し、それが 2002 年になってとくに注目されるようになった意義を明らかにしたい。

第 1 節　ラオ博士の全国水グリッド案[4]

　1972 年ごろに当時の中央用水・電力委員会が全国用水グリッド（National Water Grid Plan）に関する覚書を作成し、ガンガー河・カーヴェーリ河連結のための三つの路線案が他の連結案とともに示された。当時連邦政府灌漑大臣であったラオ（K. L. Rao）博士がさらに調査を進め、ブラーフマプトラ河・ガンガー河連結を含む他の連結案とともにガンガー河・カーヴェーリ河連結路線案の一つを支持した。

　予定延長 2640km におよぶガンガー河・カーヴェーリ河連結用水路は 1 年のうち約 150 日間パトナー近辺でガンガー河の洪水流量（flood flows）から 1680cumec（6 万 cusec）を取水し、このうち約 1400cumec（5 万 cusec）を頭首 549m（1800 フィート）を超して半島部に移送するために揚水し、残りの

280cumec（1万 cusec）はガンガー河流域自体で利用しようというものであった。この提案は 400 万 ha を新たに灌漑するためにガンガー河の水 259 万 ha·m を利用することを予定していた。ラオ博士はまた他に以下のような連結も提案していた。

(1) 12m ないし 13m の揚水で 1800～3000cumec を移送するブラーフマプトラ河・ガンガー河連結。
(2) マハーナディー河から南方に 300cumec を移送する連結。
(3) 275m の揚水でナルマダー河からグジャラート州とラージャスターン州西部に移送する用水路。
(4) 西ガーツ山脈の諸河川から東部への連結。

　ラオ博士はその提案の費用を、当時の価格で約 1250 億ルピーと推定していた。1995 年価格ではきわめておおまかであるが、ガンガー河・カーヴェーリ河連結のみで約 7000 億ルピー（資本費用）を要する。電力費を含め年間費用は 1ha 当たり約 3 万ルピーになる。あとで見るように、ガンガー河とカーヴェーリ河を連結する現在の全国用水開発公社（National Water Development Agency ＝ NWDA）案では、現在価格で 1ha 当たり費用は年間 1 万 5000 ルピーにすぎない。この案は中央用水委員会によって検討され、費用見積もりがきわめて低すぎることがわかった。この計画案では揚水のために大量の電力（5000～7000MW）が必要とされることになるだろう、といわれている。したがって、この提案はそのままの形ではその後取り上げられていない。

第 2 節　ダストゥル機長の花環用水路案[5]

　かつてネパールのカトマンドゥとニューデリーの間でダコタ DC-3 機を操縦していたダストゥル機長（Captain D. J. Dastur）が花環用水路（Garland Canal）を提案した。それは主につぎの二つの用水路からなっていた。
(1) ヒマラヤ山脈南麓に沿って海抜 335～457m の間の用水路床水準で西の

Ⅴ章　河川連結（流域変更）案　　349

ラーヴィー河から東のブラーフマプトラ河にいたる延長 4200km、幅 300m のヒマラヤ用水路。

その補水源は用水路床と同じ高さでヒマラヤ山脈丘陵斜面を掘削して造る 50 の統合的人造湖と、ブラーフマプトラ河以東の 40 の人造湖に貯溜する水である。この案は貯水能力 24.7M.ha・m、61.7M.ha・m の水量を管理・配分する予定である。

(2) 海抜 244～305m の高さを走る延長 9300km、幅 300m の中央・南部花環用水路（Central and Southern Garland Canal）。

この用水路は約 200 の人造湖をもち、貯水能力は 49.7M.ha・m であり、86.4ha・m を管理・配水する予定である。

ヒマラヤ用水路と花環用水路は水の移送のために 2 カ所（デリーとパトナー）で直径 3.7m の管 5 本でもって連結される予定である。ダストゥル機長の推定では、国内の余剰水全量が 2 億 1900 万 ha を灌漑するのに利用できる。約 1680 万人のボランティアの働きでもって 3～4 年で完工できる。かれの費用見積もり（1974 年当時）は 2409 億 5000 万ルピーであった。

この提案を中央用水委員会、州政府の専門家、インド工科大学、ルールキー大学の教授たちが検討した。その結果、技術的に健全でなく、経済的に途方もないものである、との結論に達した。中央用水委員会の推計（1979 年当時）では、ダストゥル機長の案の費用は約 1 兆 2000 億ルピーであった。したがって、この計画は放棄された。

第 3 節　1980 年全国水資源開発展望[6]

その後、多くの人々が関心を示し続けたため流域変更案を研究する機運が生まれた。1980 年 8 月当時の灌漑省（現在の水資源省）が全国用水開発展望（National Perspective for Water Development）を策定した。その具体化作業のために 1982 年 7 月に全国用水開発公社（NWDA）が設置された。

全国展望で採用された全般的な方法は以下のとおりであった。

(1) 既存の水利用はそのまま維持する。
(2) 現行の法的・憲法的枠組みの下での通常の水資源開発は世紀の変わり目までに十分に行われるものとする。
(3) 展望は国内の諸州の間または州内部における現存の協定および隣接諸国との現存の協定の枠内での開発を予定している。
(4) 地形その他の条件により貯水立地点が限られているので、可能なところではどこでも大小規模の新規貯水施設の建設を含む利用可能な貯水施設立地点の最適開発を行う基礎となる計画を策定する。主要河川の連結も視野に入れる。
(5) 計画は多目的・多目標（multi-objective）水資源開発、すなわち灌漑、洪水制御、水力発電および舟運を展望している。
(6) 発電施設は、地域の電力グリッドの需要ピークを最大限にするようにされている。
(7) 水の流域間・州間移送を計画する際は、流域諸州の将来の予測可能な適正需要を考慮し、満たすようにしなければならない。
(8) 既存の灌漑・水力発電所の土地・水のもっとも効率的な利用を今後15〜20年間に達成することを主要目的とせねばならない。
(9) 灌漑の利益に関しては、既存の沿岸灌漑地域、とくにゴダーヴァリー、クリシュナー、カーヴェーリ、マハーナディーのような三角州の需要を満たすような水供給が主要目標である。それによりそれぞれの流域から供給される水が上流部の高地にある旱魃頻発地帯を灌漑するのに利用できるようにする。これがエネルギー需要を最小にする。
(10) 水資源開発は環境保全・改善を主要目標の一つにせねばならず、隣接地域の植林・改良に必要とされる資金を提供せねばならない。リクリエーション、漁業開発なども考慮せねばならない。
(11) 灌漑とならび家庭用および工業用水の優先度を高めねばならない。汚染防止が主要目標の一つとされねばならない。

(12) プロジェクト事業により立ち退かされる人々の更生・再定住に対して寛大な便宜を提供し、生活条件を改善するようにせねばならない。できるだけ多くの立ち退き者をプロジェクト受益地内に再定住させねばならない。

(13) 全国展望計画は二つの部分からなっている。すなわち、半島部河川開発とヒマラヤ山脈系河川開発、である。

A　半島部河川部分

(1) 計画は四つの主要部分に分かれる。

1. マハーナディー・ゴダーヴァリー・クリシュナー・カーヴェーリ河の連結とこれら流域の適当な個所での貯水施設建設

　この部分は河川体系の相互連結を含み、マハーナディー河とゴダーヴァリー河の余剰水を南部の必要とする地域に移送することを目指す。

2. ムンバイーの北およびターピー河の南の地域で西へ流れる河川を連結

　この計画が予定しているのは、これらの諸河川を連結して最大限可能な貯水施設を建設し、追加の水を必要としている地域へ移送するためにかなりの水量を利用できるようにすることである。本計画はムンバイー都市圏に水を供給する用水路を引く予定である。それはまたマハーラーシュトラ州沿岸部に灌漑を提供する予定である。

3. ケン河・チャンバル河連結

　この計画はマディヤ・プラデーシュ州とウッタル・プラデーシュ州の水グリッドならびにできるだけ多くの貯水施設をもつ連結用水路を予定している。

4. 西流河川の分水

　西ガーツ山脈の西斜面での多量の降雨は無数の川となり、アラビア海に注ぎ入る。適正な貯水施設に支えられる連結用水路体系の建設を計画して、ケーララ州の需要を満たし、さらに若干の水を旱魃頻発地帯の需要を満たすために東に移送させる。

　半島部開発は灌漑面積を約 1300 万 ha 増加させ、電力約 4000MW を供給するものと期待されている。

B　半島部河川開発計画のもとでの用水移送連結案

1. マハーナディーーブルハバラング
2. マハーナディーーゴダーヴァリー
3. インドラヴァティーーワインガンガー
4. ワインガンガーークリシュナー
5. クリシュナー（シュリサイラム）－ペンネルー（プラダットゥル）
6. ペンネルー（ガンディコッタ）－ パラルーカーヴェーリ
7. カーヴェーリーヴァイガイ
8. ゴダーヴァリー（インチャンパリ）－ペンネルー（ソマシラ）
9. クリシュナー（ナーガルジュナ・サーガル）－ペンネルー
10. クリシュナー（アルマッティ）－ペンネルー
11. ペンネルー（ソマシラ）－パラルーカーヴェーリ（コルルーン）
12. ゴダーヴァリー（インチャンパリ）－クリシュナー（プリチンタラ）
13. ゴダーヴァリー（ポルヴァラム）－クリシュナー（ヴィジャヤワダ）
14. パルータピーーナルマダー
15. ダマンガンガーータンサ／ピンジャル
16. ケーララ州とカルナータカ州の西流河川（東西連結）
17. ベドティーヴァルダ
18. ネトラヴァティーハマヴァティ
19. パンバーアチャンコヴィルーヴァイパル
20. ケンーベトワー
21. カリシンドーチャンバル

C　ヒマラヤ山脈系河川

(1) 概要

　ヒマラヤ山脈河川部分が予定しているのは、インドおよびネパールにおけるガンガー河とブラーフマプトラ河の主要支流での貯水池建設ならびにブラーフマプトラ本流・支流とガンガー河との連結、ガンガー河とマハーナディー河の連結のほかに、ガンガー河の東部支流の余剰水を西部に移送する連結用水路の建設である。この部分は灌漑面積約2200万haを追加し、約3万MW

の水力発電を行い、さらにガンガー・ブラーフマプトラ河流域の洪水制御に役立つ。それはまたとくにカルカッタ港に流入するのに必要とされるファラッカ堰での流量増加と国内の内陸舟運施設のための水量を供給することになろう。

(2) 用水移送のためのヒマラヤ山脈系河川連結案

1. コーシー－メチー
2. コーシー－ゴグラ
3. ガンダク－ガンガー
4. カルナリ－ヤムナー
5. サルダー－ヤムナー
6. ヤムナー－西ヤムナー用水路のシルサ支線用水路（ラージャスターン）
7. ガンガー－スィルヒンド用水路
8. タジェワーラー－バークラー
9. ハリケ－ラージャスターン用水路のタイレンド
10. ラージャスターン用水路のサーバルマティーへの拡張
11. チュナル－ソン堰
12. ソン堰－キウル
13. ソン・ダム－南部支流
14. ブラーフマプトラ－ガンガー（代案Ⅰ）
15. ブラーフマプトラ－ガンガー（代案Ⅱ）
16. ブラーフマプトラ－ガンガー（代案Ⅲ）
17. ファラッカ－スンダルバン
18. ファラッカ－ドゥルガプル
19. ドゥルガプル－ドワルケシュワル
20. ドゥルガプル－スベルナレカ
21. スベルナレカ－マハーナディー

D 便益

全国展望計画は表流水による灌漑面積 2500 万 ha、地下水の追加利用によ

る1000万haを増加させ、最終灌漑能力を1億1300万haから1億4800～1億5000万haに増加させ、電力3400万MWを発電し、さらに洪水制御、舟運、用水供給、漁業、塩害・汚染制御などの便益がある。

　以上の諸案を検討した結果、下記の連結案が提案された。

E　ヒマラヤ部分と半島部部分の連結提案一覧
(1) 半島部河川開発部分
　1. マハーナディー（マニバドラ）－ゴダーヴァリー（ドウライスワラム）連結
　2. ゴダーヴァリー（ポラヴァラム）－クリシュナー（ヴィジャヤワダ）連結
　3. ゴダーヴァリー（インチャンパリ）－クリシュナー（ナーガルジュナ・サーガル）連結
　4. ゴダーヴァリー（インチャンパリ低位ダム）－クリシュナー（ナーガルジュナ・サーガル末端溜池）連結
　5. クリシュナー（ナーガルジュナ・サーガル）－ペンネルー（ソマシラ）連結
　6. クリシュナー（スリサイラム）－ペンネルー連結
　7. クリシュナー（アルマッティ）－ペンネルー連結
　8. ペンネルー（ソマシラ）－カーヴェーリ（大堰）連結
　9. カーヴェーリ（カッタライ）－ヴァイガイ（グンダル）連結
　10. パルバティーカリシンドーチャンバル連結
　11. ダマンガンガーピンジャル連結
　12. パルータピーーナルマダー連結
　13. ケンーベトワー連結
　14. パンバーアチャンコヴィルーヴァイパル連結
　15. ネトラヴァティーヘマヴァティ連結
　16. ベドティーヴァルダ連結
(2) ヒマラヤ山系河川開発部分
　1. コーシーーメチ連結

図V-1　半島部河川連結案

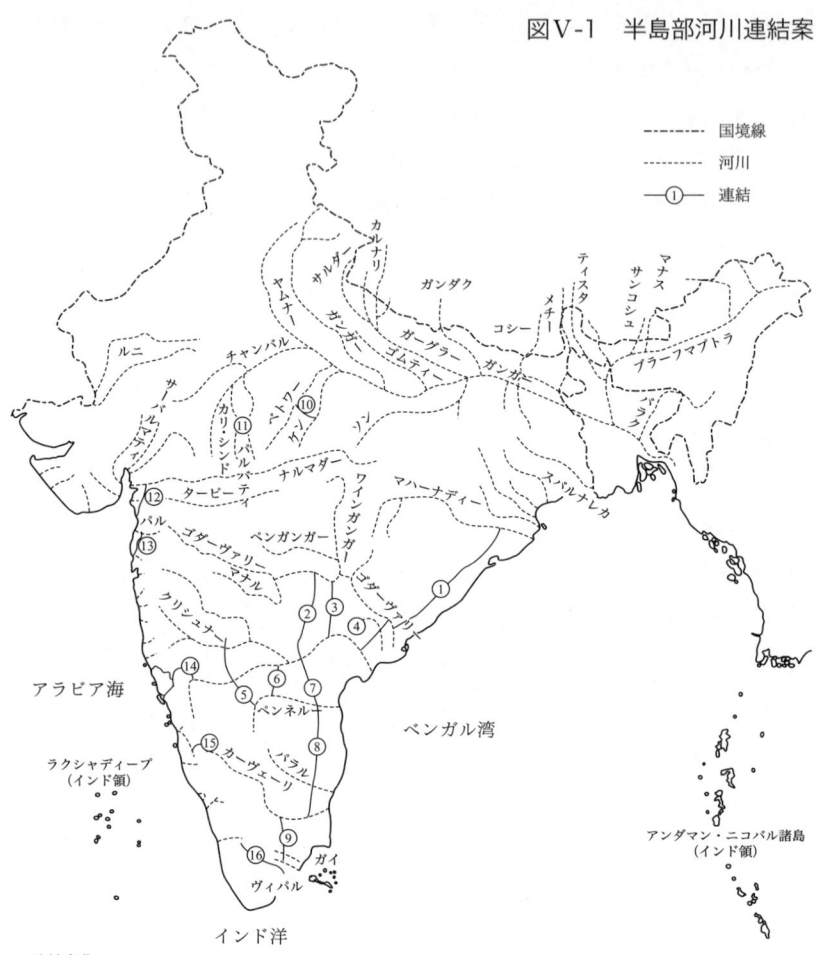

連結名称
1. マハーナディー（マニバドラ）―ゴダーヴァリー（ドウライスワラム）連結
2. ゴダーヴァリー（インチャンパリ）―クリシュナー（ナーガルジュナ・サーガル）連結
3. ゴダーヴァリー（インチャンパリ低位ダム）―クリシュナー（ナーガルジュナ・サーガル末端溜池）連結
4. ゴダーヴァリー（ポラヴァラム）―クリシュナー（ヴィジャヤワダ）連結
5. クリシュナー（スリサイラム）―ペンネルー連結
6. クリシュナー（ナーガルジュナ・サーガル）―ペンネルー（ソマシラ）連結
7. クリシュナー（アルマッティ）―ペンネルー連結
8. ペンネルー（ソマシラ）―カーヴェーリ（大堰）連結
9. カーヴェーリ（カッタライ）―ヴァイガイ（グンダル）連結
10. ケン―ベトワ連結　11. パルバティー―カリシンドー―チャンバル連結
12. パル―タービーニー―ナルマダー連結　13. ダマガンガー―ピンジャル連結　14. ベドティー―ヴァルダ連結
15. ネトラヴァティー―ヘマヴァティ連結　16. パンバー―アチャンコヴィル―ヴァイパル連結

出所：Iyer, R. R.（2004）*Water; Perspectives, Issues, Concerns*, New Delhi, Sage Publications, Map 26.1.

図V-2 ヒマラヤ水系河川連結案

-・-・- 国境線
------ 河川
—①— 連結

連結名称
1. コシー―メチー連結　2. コシー―ガーグラー連結　3. ガンダク―ガンガー連結
4. ガーグラー―ヤムナー連結　5. サルダー―ヤムナー連結
6. ヤムナー―ラージャスターン連結
7. ラージャスターン―サーバルマティー連結
8. チュナール―ソン堰連結
9. ソン・ダム―ガンガー河南岸支流連結
10. ブラーフマプトラ―ガンガー連結（マナス―サンコシュ―ティスター―ガンガー）
11. ブラーフマプトラ―ガンガー連結（ジョギゴパ―ティスター―ファラッカ）
12. ファラッカ―スンダルバンス連結
13. ガンガー―ダモダル―スベルナレカ連結
14. スベルナレカ―マハーナディー連結

出所：Iyer, R. R. (2004) *Water; Perspectives, Issues, Concerns*, New Delhi, Sage Publications, Map 26.2.

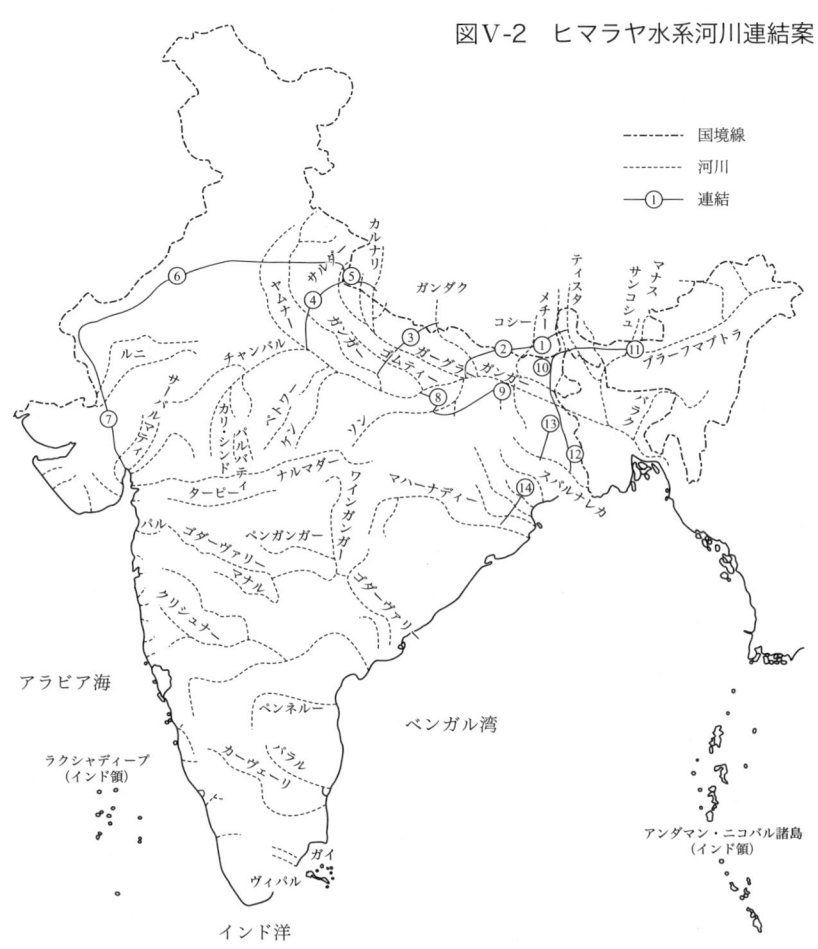

V章　河川連結（流域変更）案　357

2. コーシー—ガグラ連結
3. ガンダク—ガンガー連結
4. ガグラ—ヤムナー連結
5. サルダー—ヤムナー連結
6. ヤムナー—ラージャスターン連結
7. ラージャスターン—サーバルマティー連結
8. チュナール—ソン堰連結
9. ソン・ダム—ガンガー河南岸支流連結
10. ブラーフマプトラ—ガンガー連結（マナス—サンコシュ—ティスター—ガンガー）
11. ブラーフマプトラ—ガンガー連結（ジョギゴパー—ティスター—ファラッカ）
12. ファラッカ—スンダルバンス連結
13. ガンガー—ダモダル—スベルナレカ連結
14. スベルナレカ—マハーナディー連結

第4節　全国統合水資源開発計画委員会 [7]

　インド政府水資源省は河川流域／支流域を単位とする、科学的水資源開発の手法を採用する必要があると考えた。利用可能水量を最大にするためには、国全体の利益を考慮して水余剰流域から水不足流域へ水を移送し、必要とされる救済を与え、便益をより均等に配分せねばならない。表流水および地下水の統合的水資源開発が利用可能な水の経済的利用をもたらし便益を最適化することになろう。

　その検討のために、インド政府は1997年に計画委員会委員 S. R. ハシム (Hashim) 博士を委員長とする全国統合的水資源開発計画委員会（National Commission for Integrated Water Resources Development Plan ＝ NCIWRDP）を

設置した。その委員は以下のとおりである。

① V. ラマチャンドラン（Ramachandran）

② V. S. ヴィヤス（Vyas）博士（経済学者）、開発研究所所長（Director, Institute of Development Studies）

③ D. N. ティワリ（Tiwari）博士、前森林研究所所長（Former Chancellor, F. R. I., Dehradun）

④ S. プラカーシュ（Prakash）、元技監、デリー上水・下水処理機構

⑤ C. C. パテル（Patel）、元インド政府事務次官（水資源省）

⑥ バーラト・シング（Bharat Singh）、元ルールキー大学副学長

⑦ S. P. カプリハン（Caprihan）、マディヤ・プラデーシュ州退職技監

被推薦委員（Co-opted Members）

⑧ 水資源省事務次官補

⑨ 中央用水委員会委員長

⑩ ラマスワミ.R. アイヤル（Iyer）、水資源省元事務次官

⑪ B. G. フェルギース（Verghese）博士、政策研究センター研究教授（Research Professor）

⑫ 中央地下水評議会委員長

⑬ 全国用水開発公社事務長（Director General, National Water Development Agency）、事務局長

委員会の目的は以下のとおりであった。

(1) 飲料、灌漑、工業、洪水制御、その他の用途のために統合的水資源開発計画を作成すること。

(2) 上記の目的を達成するために河川連結により水不足流域に余剰水を移転する枠組みを提案すること。

(3) 段階的に優先順位をつけて施工中および新規の重要プロジェクトを確定すること。

(4) 便益最大化のために用水部門の技術的・多専門的調査計画を確定すること。

(5) 用水部門のために物的・資金的資源創出のための戦略を提案すること。

　委員会の業務は 2 年以内に完了することが期待されていた。全国委員会の任期は 1999 年 9 月 30 日まで延期された。委員会は 1999 年 9 月 30 日までに報告書を提出することになっていた。インド政府は全国委員会への付託事項の個別分野を扱うために全国委員会の委員を長として九つのワーキング・グループを設置した。その名称は以下のとおりである。

①用水需要展望
②用水利用可能性
③農業・水力発電・洪水制御、その他関連部門のための用水管理
④家庭・工業、その他の用途のための用水管理
⑤法的・制度的・資金的側面
⑥環境的側面
⑦水の流域間移送
⑧施工中および新規プロジェクトの優先順位決定と段階化
⑨用水計画立案の国際的局面

　全国統合的水資源開発計画委員会は 1999 年 12 月 1 日に報告書の一部を提出した。

　同委員会の主要勧告は以下のとおりであった。

(1) 主要プロジェクトに対し規模を拡大して政府資金供給を継続すること。ただし、財政規律を注入し、資金供給のためプロジェクトの優先順位を決定すること。主要プロジェクトへの政府援助は全体的計画援助の一部としてではなく、プロジェクトごとになされること。

(2) すべての部類のプロジェクト被影響者に対する詳細に定められた補償パッケージの必要性。委員会は十分な資金を有する機能的公社が再定住・更生プロジェクトを実施するようにと強調した。

(3) 現行の 1956 年州際水紛争法の改正と 1956 年河川審議会法に代わる新法の制定および参加型灌漑管理を促進するように現行の灌漑関連法規を修正する必要性。

(4) 流域間移送を考慮する前に余剰水のある流域における土地と用水の最適利用を目指さねばならない（流域内移送を最優先する）。
(5) 各州際河川に関係諸州政府、用水利用者などを代表する河川流域機関（River Basin Organization）を設置する。
(6) 現存のエネルギー価格委員会（Energy Pricing Authorities）に準じた用水価格委員会を設置して、運用・維持管理費用全額を充足するよう現行の用水料を大幅に改定する。
(7) 環境保護のために、工業用途には「使用者負担、汚染者負担」(User Pays, Polluter Pays）の原則を採用することが必要である。
(8) 全国用水政策（1987 年）の改訂の必要性、すべての流域についての水理データを関係者全員が無料で利用できるようにすることの必要性。
(9) 洪水制御措置として、委員会は災害対策計画の作成、堤防のパフォーマンス調査、洪水地帯における土地利用規制政策を勧告した。現存の洪水予測システムは遠隔制御法や衛星通信を利用して強化・近代化せねばならない。
(10) ヒマラヤ山脈を通る河川の最適・統合的開発のために、インドは隣接諸国との間で協力を得るようにせねばならない。この目的のためにインドの全国用水開発公社（NWDA）、バングラデーシュの水資源計画機構（Water Resource Planning Organisations ＝ WARPO）、ネパールのエネルギー開発公社（Energy Development Authority ＝ EDA）が情報交換所として相互に連絡し合うよう指定された。
(11) 水力発電開発については、委員会は水力発電基金の設置、合弁企業の推進、電力料金合理化などを勧告した。
(12) 舟運開発については、委員会は内陸水運を新興産業として扱うようにと勧告した。

　(4) 項にみられるように、全国統合水資源開発計画委員会は河川連結については慎重な立場をとっていた。同委員会はヒマラヤ山系河川連結部分の資料が機密扱いになっていたため詳細に論じてはいない。ただ、費用が莫大で

表V-1　河川流域別流水量と灌漑能力

	河川流域名	総面積に対する集水域の割合 (%)	集水域の耕作可能地の割合 (%)	平均年間流水量 (km³)	利用可能流水量の割合 (%)	耕作可能面積1単位当たり平均年間流水量 (m)
1	インダス（国境まで）	9.97	30.00	73.31	62.75	0.761
2	(a) ガンガー	26.74	69.84	525.02	47.62	0.873
	(b) ブラーフマプトラ、バラク他	2.42	14.26	59.80	－	5.368
3	スバルナレカ	0.91	65.00	10.79	63.12	0.569
4	ブラーフマニとバイタルニ	1.61	61.80	36.23	50.51	1.132
5	マハーナディー	4.40	56.45	66.88	74.75	0.837
6	ゴダーヴァリー	9.71	60.52	118.98	64.13	0.629
7	クリシュナー	8.04	78.40	67.79	85.56	0.334
8	カーヴェーリ	2.73	65.95	21.36	88.96	0.368
9	ペンネルー	1.71	64.33	6.86	100.00	0.193
10	マハーナディーとペンネルーの間の東流河川	2.31	58.25	16.95	77.35	0.392
11	ペンネルーとカニヤクマリの間の東流河川	3.11	68.69	17.73	94.40	0.258
12	カッチとサウラーシュトラの間の西流河川	9.99	72.84	15.10	99.22	0.064
13	サーバルマティー	0.67	71.34	4.08	47.19	0.264
14	マヒー	1.08	63.51	11.83	26.16	0.535
15	ナルマダー	3.07	59.73	41.27	83.59	0.699
16	タービー	2.02	69.68	18.39	78.85	0.405
17	タービーとカニヤクマリの間の西流河川	3.48	56.01	198.21	18.21	3.167
計		100.00	62.04	1838.45	37.55	0.920
18	ラージャスターン砂漠の内陸排水	n.a.	－	n.a.	－	－
19	バングラデーシュとビルマに流入する小河川	n.a.	－	n.a.	－	－

資料：India, Govt. of, Ministry of Water Resources, Central Water Commission, *Major Rivers of India; an Overview*, New Delhi, 1989（CWC Publications No.50/89）
出所：Sengupta, Nirmal（1993）*User-Friendly Irrigation Designs*, New Delhi, Sage Publications India.

あり、環境問題が巨大になろうと評し、より精密な調査が必要であり、今後数十年間は実施されないだろうと述べている。半島部分については各流域の水収支を精細に分析したあと、こう結論している。「大量の水移送の必要性はない。カーヴェーリ河とヴァイガイ河流域を除いて必要な水量は流域内水資源の完全な開発と効率的な利用により満たされよう」[8]。

第5節　タースク・フォースの設置

　1999年にインド人民党が中心になって12の地方政党と協力して成立した国民民主連合（National Democratic Alliance ＝ NDA）は、統治目標項目の一つに以下のように河川連結を挙げていた。

　「われわれは紛争の効果的・迅速な解決と所定の期限内のその実施について定める全国用水政策を採用する。われわれはガンガー河とカーヴェーリ河を連結する所定期限内の措置を検討・実施する。また、セトゥ・サムドラン用水路プロジェクトも実施されよう」[9]。

　国民民主連合は用水政策全般の見直しに着手した。1987年9月に施行された「1987年全国用水政策」（National Water Policy 1987）が改訂され、代わって2002年4月に「2002年用水政策」（National Water Policy 2002）が採択された。その第3.2節において利用可能水資源増加についてこう規定していた。

　「屋上雨水貯蔵を含む雨水貯留などのような伝統的水保全方法とならんで、流域変更、地下水の人為的涵養、塩水または海水の淡水化のような斬新な水利用方法を用いて利用可能水資源をさらに増加せねばならない。このような技術に焦点をしぼった新規研究・開発の促進が求められる」[10]。このように流域変更は雨水貯留、地下水の人為的涵養、海水淡水化とならぶ一つの手段として挙げられているに過ぎず、特に強調されているわけではなかった。

　河川連結問題は全国統合的水資源開発計画委員会の報告書以後、しばらくは注目されていなかった。河川連結構想が再び脚光を浴びるようになった契

機は、2002年8月14日、独立記念日前日になされた大統領 A. P. J. アブドゥル・カラムの演説であった。カラムは90年前に M. ガンディーが与えた独立という第1の未来像に対して、現在インドに必要とされているのは第2の未来像であるとし、その一つとして河川を連結することにより旱魃と洪水の年々の循環を防ぐ方法を見出すために技術を活用する必要がある、と強調した[11]。水不足問題が深刻になってきているタミル・ナードゥとハルヤーナーの諸州は河川水の国家管理（Nationalisation）を求めるようになった[12]。1999年から3年続きの各地の旱魃被害もその機運を高めた。

　法廷代理人（amicus curiae）R. クマールが大統領カラムの演説を引用して公益訴訟（民事）2002年第512号を最高裁判所に提出した。この審理過程でかれはつぎのように述べた。「州際河川は憲法第7付則第1表連邦管轄事項の一部であり、中央政府はガンガー河やゴダーヴァリー河のような水余剰流域から水不足のクリシュナー河やカーヴェーリ河流域に流域変更で水を移送するために河川を開発・連結することができる」[13]。

　2002年10月31日に最高裁判所の3人法廷（主席判事はナルマダー河裁判と同じ B. N. キルパル）は、完成までに43年を要するという政府の主張を斥けて、「10年以内に河川を連結する方法を策定し、そのプロジェクトの完成のために諸州の合意を形成することを任務とする、高度のタースク・フォースを設置する」ようにとの暫定命令を中央政府に対して発した。関係諸州と協議し、同意書に署名してもらう必要があるとの連邦政府法務長官 S. ソラブジーの主張に対しては、憲法第7付則第1表第56項にもとづいて法律が制定されれば、中央政府がプロジェクトに着手し、完成することができると反論した。最高裁判所はこの訴訟に関してすべての州政府に告知書を送り、見解を質した。それに返答した唯一の州であるタミル・ナードゥは、1982年以来同州が州際河川を国有化し、それらの適正な利用を確実にする法律を制定するよう中央政府に要請してきたことを明らかにした[14]。このような最高裁判所の統治への積極的関与については、法的積極主義（legal activism）の是非やその程度の問題としてインド国内でも評価が分かれている[15]。

州段階で余剰水があると認められているオリッサ、アッサム、カルナータカ、アーンドラ・プラデーシュ、ウェスト・ベンガル、ビハールの諸州が全国用水開発公社の河川連結案に対して反対の立場をとっていた[16]。2002年12月1日にマイソール市で開催された土木工学学会（Institution of Engineers）主催のセミナー「インドにおける地域的・全国的水グリッド設立に関する全国用水政策」において、マディヤ・プラデーシュ州技監がつぎのように述べたと伝えられる。「水は州の管轄事項であるので、連邦政府は河川水の利用を州に命ずる権限を有していない」[17]。サルダル・サロヴァル・ダム建設運動を推進してきたNBAのM.パトカルは河川連結案を実現不可能な夢と評し、反対の意を表明した[18]。12月10日にインド商工会議所連合が主催したセミナー「水の自治（Jal Swaraj）――水利用、成長波及――」においてインド政府計画委員会副委員長K. C. パントは、州が水を地域的資源ではなく、国民的資源として認め、長期的戦略として河川連結に関して合意を形成するようにと呼びかけた[19]。

　11月20日、旱魃対策をめぐる下院における論戦のなかで野党代表ソニア・ガンディーの批判に答えて、インド政府首相ヴァジパイは、政府は国内の諸河川を連結する用意があり、野党もそれに協力してほしい、と要請した[20]。これに対してガンディーも第14次国会総選挙を翌年5月に控え、あからさまに反対するのは得策でないと判断し、協力を約束した。また、与党インド人民党もすでに1998年の選挙綱領のなかにそれを盛り込んでおり、ただちに実施の方策を検討するために全政党会議を開催するよう中央政府に要請した[21]。こうして河川連結構想は国家的事業となる様相を示すようなった。

　最高裁判所の命令に応じて、2002年12月13日にインド政府水資源省のもとに、前連邦政府電力大臣S.プラブーを委員長とするタスク・フォースを設置する以下のような決議[22]が出された。

（1）タスク・フォース設置決議

2002年12月13日

ニューデリー

インド政府水資源省 No.2/21/2002-BM

決議

1 水資源省（当時灌漑省と呼ばれていた）は1980年に河川を相互に連結し水余剰流域から水不足流域に水を移送することにより水資源開発の全国統合的計画を策定した。全国統合的計画には二つの要素、ヒマラヤ山脈系河川開発と半島部河川開発があった。1982年に1860年協会登録法（Societies Registration Act 1860）にもとづいて全国用水開発公社（National Water Development Agency ＝ NWDA）が設立され、全国統合的計画にしたがって連結可能性調査報告書を作成するために詳細な研究・測量・調査を行うことになった。

2 NWDAは詳細な研究を行ったのち、可能性調査報告書作成のための30の連結を特定し、そのうち六つの連結について報告書を準備した。それぞれの流域州がNWDAの作成した研究・可能性調査報告書に関して種々の意見を公表した。諸州間の合意形成、個々のプロジェクトを評価する基準およびプロジェクト資金調達方法に対する指針提供などのために、中央政府はここにタスク・フォースを設置するものである。

3 タスク・フォースは以下の者の管轄下におかれる：

 i スレーシュ・プラブー（Suresh Prabhu）（下院議員、委員長）

 ii C. C. パテル（Patel）（副委員長）

 iii C. D. タッテ（Thatte）（委員兼事務局長）

4 上記のタスク・フォース委員に加えタスク・フォース委員長と協議し、首相の承認をえて、パートタイム委員が任命される。このパートタイム委員は以下のとおりである。

 i 水不足州から1名

 ii 水余剰州から1名

 iii 経済学者1名

 iv 社会学者1名

  v 法学／世界野生専門家 1 名
5 タースク・フォースの審議事項
  i 経済的採算性、社会経済的影響、環境影響および再定住計画策定に関して個々のプロジェクトを評価する基準についての指針提供
  ii 諸州間に速やかな合意形成のための適当な機構の案出
  iii 詳細プロジェクト報告書作成と実施のために種々のプロジェクト要素の優先順位決定
  iv プロジェクト実施のための適当な組織構造の提案
  v プロジェクト融資のための種々の方法の考量
  vi いくつかのプロジェクト要素における国際的局面の考慮
6 タースク・フォースの本部はニューデリーに置き、必要に応じて会合を開催する。
7 委員長、副委員長、委員兼事務局長およびその他委員の条件はいずれ定める。
8 2016 年末までに河川連結の目標を達成する道程／時間表は付録に与えられている。
9 タースク・フォースの財務規定は以下のとおりである。
  i タースク・フォースが負担するのに必要とされるすべての資本・経常支出（capital and revenue expenditure）全国用水開発公社への補助金として中央政府が負担するものとする。
  ii 全国用水開発公社はその事務所費用（establishment expenditure）の一部としてタースク・フォースの支出明細を説明し、必要とされる事務局／省の援助を提供する。インド政府会計検査長と決算検査長（Controller General of Accounts and Comtroller and Auditor General of India）は全国用水開発公社の他の通常支出に対すると同じように上記の支出に対して責任をもつ。

（ヴィジャイ・クマール）

インド政府次官補
（Deputy Secretary to the Government of India）

命令

　この決議の写しを関係諸州政府と連邦直轄領、大統領個人秘書官・軍事秘書官（Private and Military Secretaries to President）、首相府（Prime Minister's Secretariat）、インド会計検査長、計画委員会、中央政府のすべての関係諸省／局およびタスク・フォースの常勤委員に送付するよう命じる。

　また、この決議をインド官報に掲載し、州官報に公示するよう州政府に要請することを命じる。

（ヴィジャイ・クマール）
インド政府次官補

ハルヤーナー州
ファリダーバード
インド政府出版所
長官宛

付録

i　タスク・フォースの通知：2002.12.16 まで
ii　行動計画 I の作成。可能性調査の完了、詳細プロジェクト報告書、費用見積もり、実施計画、具体的便益、プロジェクトの長所などの日程表の概要を示すこと：2003.04.30
iii　行動計画 II の作成。プロジェクトの資金調達と実施の種々の方法および費用回収方法の提案：2003.07.31
iv　プロジェクトを審議し、協力を要請するための諸州首相との会議：2003.05/06
v　可能性調査（すでに進行中）の完了：2005.12.31

vi　詳細プロジェクト報告書完了（六つの河川連結については可能性調査がすでに完了しているので、同時に詳細プロジェクト報告書の作成を開始）：2006.12.31

　vii　プロジェクト実施（10年間）：2016.12.31

　2002年12月17日に政府はこの行動計画書を最高裁判所に提出した[23]。このような政府の動きに対して、旱魃頻発地帯のラージャスターン州を本拠に伝統的水資源保全運動を指導し成果をあげ、その功績により2001年のマグサイサイ賞を受賞したガンディー主義者ラジェンドラ・シング（Rajendra Singh）が反対の声を上げた[24]。かれの指導する若きインド協会（Tarun Bharat Sangh）が中心となってジャイプル市近郊のニンミー村で2001年4月に約7000名が参加して全国水会議が開催され、水同朋団（Jal Biradari）が結成された。これは水問題に関心をもち、水保全事業を民衆運動にし、全国および州レベルで民衆を主体とする用水政策を策定することを目指す個人、農民団体、社会団体、自発的組織、NGO、研究組織、社会科学者や水専門家の意見集約の場となることを目的にしていた[25]。

　他方、最高裁判所を退職したB. N. キルパルは12月7日にバンガロールで開催された「法律、経済改革および自由化」全国集会で、最高裁判所の命令は政策干渉ではなく、単なる「示唆」であり、それにもとづいて行動するかどうかは連邦政府の自由である、と述べたといわれる[26]。

第6節　河川連結構想の是非をめぐる論議

　2003年1月6日に開催されたタースク・フォース第1回会議で、河川連結の種々の側面を調査する五つの小グループが設置された。経済的採算性、社会的問題（立ち退き者の再定住など）、生態（森林・環境・野生生活を含む）、土木工学および国際的問題が扱われることになった。プロジェクト実施の組織

構造に関してはアフマダーバードのインド経営大学(Indian Institute of Management)がタースク・フォースに助言することになった[27]。2003年2月初旬に首都ニューデリーにおいて第12回中央・州政府水資源・電力大臣会議が開催された。この席上、マハーラーシュトラ州とケーララ州政府から河川連結構想に対して反対の意向が表明された。この会議において、この構想の熱心な推進者である首相ヴァジパイは2003年を国連の淡水年に合わせて「2003淡水年」と名づけた[28]。

このあと中央政府は河川連結構想に各界各層の同意をとりつけるために一連の会議を開催している。約80の市民団体が、政府とともにプロジェクトの可能性を調査するものと、代替案を検討するものとの二つに分かれ作業を行うことになった。2月11日にはインド財界団体の一つであるインド産業連合(Federation of Indian Industries)との会議が開催され、民間資本の参入が奨励された[29]。研究教育機関ではインド工科大学(Indian Institutes of Technology)やインド経営大学との会議ももたれた[30]。3月5日にインド商工会議所連合主催の「河川連結全国会議」が開かれた。この会議にはネパール、ブータン、バングラデーシュの高官も招く予定であったが、意見の相違が顕在化するのを恐れたインド政府が外国高官や州レベルの政治家を招待しないよう求めたと伝えられる[31]。

3月にタースク・フォースを強化するために新たに5名の専門家のパネルが設置された。選ばれたのはターター・エネルギー研究所所長R. K.パチャウリ(R. K. Pachauri, Director, Tata Energy Research Institute)、インド宇宙研究機構総裁K.カストゥリランガン(K. Kasturirangan, Chairman, Indian Space Research Organisation)、インド産業信用・投資公社(ICICI)銀行最高執行責任者K. V.カマト(K. V. Kamath, CEO, ICICI Bank)、前全国高速道公団総裁D.ダスグプタ(D. Dasgupta, former chairman of National Highway Authority)、および前オリッサ州政府技監G. C.サフ(G. C. Sahu, former chief engineer, Orissa Govt.)であった[32]。

このような政界・財界の動きに反対して、全国水同朋団(Rashtriya Jal Biradari）を組織していた R. シングが、水・森林・土地の保全の重要性について民衆の意識を高めるために全国水意識覚醒運動（National Water Literacy Campaign, Rashtriya Jal Yatra＝水行脚）を行い、各地で集会を開くようになった。2002 年 12 月 23 日にニューデリー、ラージガートにあるガンディー記念碑前から出発し、ハルヤーナー、ラージャスターン州を通って、グジャラート州に入った。さらに、2003 年 1 月 30 日にアフマダーバードのサーバルマティ・アーシュラムを出発し、マディヤ・プラデーシュ、チャッティスガル、オリッサ、ジャールカンド、ビハール、ウッタル・プラデーシュ、ウッタルアンチャルを廻った。その第 1 段階終了に合わせ、第 3 回世界水会議（京都フォーラム）に先だって 3 月 15、16 日に会議を開いた。V. シヴァが開会演説、ボリビアのコチャカンバ水・生命防衛連合の O. オリヴェラ（Oscar Olivera）が基調講演を行った。この会議は「全国民衆水フォーラム宣言（水保全・権利・解放宣言）」を採択し、「共同体が水資源の保全者であり、保全・管理・持続的利用と衡平な配分の最高権利は共同体にある」との基本的立場を表明した。そして河川連結プロジェクトは社会面・生態面で破壊的であり、河川を殺し、果てしない対立を引き起こす、と批判している。この宣言には環境保護論者の V. シヴァ、R. R. アイヤルら著名な有識者や社会運動家 60 数名が署名していた。さらに、インド政府首相の主宰した州首相会議が「2002 年水政策」を採択した 4 月 1 日の 1 周年に合わせて、ガンディーゆかりのセーワグラムにおいて全国水同朋団は 2 日にわたり全国水会議（Rashtriya Jal Sammelan）を開いた。そこでは「2002 年水政策」文書が火で燃やされ、とくに水利用の民営化策と河川連結構想をめぐって討議がなされた。水行脚は 4 月 3 日にマハーラーシュトラを出発し、ゴア、カルナータカ、アーンドラ・プラデーシュ、タミル・ナードゥ、ケーララを訪れた。全体で旱魃被害に遭いやすい 17 州、64 都市、500 カ村に立ち寄った。5 月 29、30 日にチェンナイで開催された全国水同胞団の第 2 回全国水会議においても、水の村落共同体管理を擁護する立場から河川連結巨大プロジェクトへの反対が表明されることになった[33]。

2003年2月8日にデリーにあるインド国際会館で100名余の有識者の参加のもとに、政府の提案するメガ・プロジェクトをめぐる市民社会対話集会が開かれた。政府もタースク・フォースも全国用水開発機構あるいは全国統合的水資源開発計画委員会の実施した可能性予備調査および可能性調査のような基本的情報を共有していない、という点で参加者全員の意見が一致した。元水資源省事務次官 R. アイヤル、ダム・河川・民衆南アジア・ネットワーク（South Asia Network on Dams, River & People ＝ SANDRP）の代表者、全国荒蕪地開発庁（National Wasteland Development Board）の V. B. イースワラン（Easwaran）、生態基金（Ecological Foundation）理事長スディレンドラ・シャルマー（Sudhirendra Sharma）博士らが報告した。シャルマーはアッサム、ビハール、ケーララ、パンジャーブ、オリッサ、ゴア、ウェスト・ベンガル、マハーラーシュトラの諸州が反対していると指摘した[34]。5月17日にも NGO の毒性物質リンク（Toxics Link）、生態基金、ダム・河川・民衆南アジアネットワークが主催して「市民会議」が開かれ、NBA の M. パトカル、元大使 L. C. ジャイン、R. R. アイヤル、水問題専門家 H. タッカル、元計画委員会委員 L. C. ジャイン、衡平研究センターのシェカル・シングらが反対論あるいは慎重論の立場から河川連結問題について討議した[35]。
　政府部内でも5月23日に環境・森林省が森林・耕地の水没、立ち退き・再定住、植物多様性の喪失など環境への影響の面で危惧される問題点23を指摘した[36]。
　最高裁判所の命令以後、著名な経済学者や知識人による河川連結構想に対する疑問や批判があいついで新聞・雑誌に掲載されるようになってきている[37]。
　他方で、インド政府水資源省タースク・フォースの一員に任命されている元英字紙ヒンドゥスターン編集長で、現在政府シンクタンク、政策研究センター（Centre for Policy Research）教授である水問題専門家 B. G. フェルギース（Verghese）は積極的推進の立場からアイヤルら批判派に反論し、両者の間で論争が行われている[38]。
　このような議論の過程で、河川連結計画に対する慎重派あるいは批判派の

研究者・有識者・社会運動家の有志58名が連署で、2003年4月22日、インド政府首相ヴァジパイ宛てに書簡と覚書を送付した。覚書の要旨は15点にまとめられている[39]。これまでの論争のなかで賛成・反対、積極・慎重それぞれの立場から提起された問題点が包括的に整理されているので、以下に紹介しよう。

(1) 最高裁判所の指摘により、河川連結案は計画手続きを無視して、不完全なまま取り上げられた。
(2) この問題は1996年に全国統合的水資源開発計画委員会に委ねられ、同委員会は1999年にヒマラヤ部分についてはさらなる調査が必要であり、半島部分については大量の水移送の必要はない、と述べていた。
(3) 多量の水力発電が可能であるとされるが、疑問である。
(4) 洪水制御達成手段としての大規模プロジェクトの効用には疑問がある。
(5) 旱魃頻発地域の多くには水を移送できず、その地域内で降雨貯留、集水域開発などの方法で問題を解決する必要がある。
(6) 灌漑地で外部から水を補うことは、用水利用の効率改善への誘引を弱め、要水量の多い作物の栽培をいっそう助長することになる。
(7) 環境上・生態上深刻な結果をもたらす恐れがある。
(8) メガ・プロジェクト決定の発表は所定の作成・検討・評価・認可の手続きを経ておらず、今後それを形骸化する恐れがある。
(9) 提案されている連結案について可能性調査があれば、政府部外に公開し種々の専門領域の人々に検討させるべきである。
(10) 水の移送は主として重力流下によるといわれるが、すべての場合にそれが可能とは限らず、詳細に検討する必要がある。
(11) 流域内紛争は他の流域からの水の移入ではなく、流域内資源のよりよき、より経済的・協力的管理で解決すべきである。
(12) 水の州間移送により水不足州の問題は解決しても、いくつかの新たな州際紛争を惹起することになる。
(13) ヒマラヤ部分についてはネパール、ブータンおよびバングラデーシュに

貯水施設を建設する必要があり、そのための協議が必要となる。また、水不足の半島部に水余剰州であるビハールやウェスト・ベンガル州が水を分け与えるかどうか疑問である。

(14) 建設中のプロジェクトの完工でさえも資金が不足しているのに、約5兆6000億ルピーと見積もられる費用をどのようにして調達するのか。

(15) 莫大な費用のために、受け取る側の水がきわめて高価になろう。

　この首相宛ての書簡と覚書のコピーはインド大統領にも送られた。両者から返書があり、大統領は全国的討議が行われることを望み、首相は流域間水移送連結タスク・フォース委員長S.プラブーと会見することを勧めた。これにしたがってデリー在住の3名の代表が5月27日にプラブーと会見し、河川連結案はプロジェクトはおろかまだ計画ともいえなく、いまだ構想（concept）段階である、との言質を与えられた。また、計画策定過程を透明かつ参加型にするためにあらゆる情報を公開する、さらに河川連結案の生態的・社会的・技術的（工学的）・経済的側面を検討するために企業・政府部局・専門機関の代表者やNGO・報道関係者その他関心ある市民を交えた一連の会議を開催する、との確約をえた。

　州政府のなかで反対もしくは慎重な立場を明らかにしているのはパンジャーブ、ビハール、ウェスト・ベンガル、マディヤ・プラデーシュ、オリッサ、ケーララなどの諸州であり、全面的に賛成しているのは水不足の深刻なタミル・ナードゥ州のみである[40]。

　このような反対もしくは慎重な意見にもかかわらず、タスク・フォースは作業を進め、4月28日に第3回会合を開催し、可能性調査の完了した八つの連結プロジェクトを推定費用8000億ルピーでもって優先的に取り上げることを決定した。選ばれた八つのプロジェクトは半島部部分のゴダーヴァリー河（ポラヴァラム）・クリシュナー河（ヴィジャヤワダ）、クリシュナー河（ナーガルジュナ・サーガル）・ペンネール河（ソマシラ）、クリシュナー河（スリサイラム）・ペンネール河（プロダトゥル）、ダマンガンガー河・ピンジャル河、パル河・タービー河・ナルマダー河、ケン河・ベトワー河および

パンバ河・アチャンコヴィル河・ヴァイパル河であり、ヒマラヤ山系部分ではサルダー河・ヤムナー河であった。タースク・フォースは中央政府水資源省と協力しながら、一方で政党指導者らとの政治的交渉、他方で中央用水委員会と州政府主席技監との頻繁な会合を通じて合意形成を目指している。また、秘密主義との批判に応えて、インターネット上にホームページを開き、情報の公開・共有、透明性の確保に努めている[41]。

しかし、国内で反対・慎重の意見が提起されているだけでなく、隣国バングラデーシュも危惧の念を表明し、国際連合に国際河川の水配分に関する国際法の改正を要請する意向を示している[42]。

以上のように、インド中央政府が国内の水資源賦存の地域間格差を縮小する方策として力を入れている河川連結構想は、国内では余剰な水に恵まれた州による水利用に対する憲法上の権利にもとづく反対、多くの研究者・有識者による主として計画策定手続き、費用対効果や環境問題に関する危惧からの慎重論や反対論、さらにガンディー主義者や環境論者のグループによる開発のあり方そのものをめぐる反対運動、そして国際的にはバングラデーシュやネパールからの反発に直面している。

インド政府の思いどおりに円滑に実施されるかどうか、今後の動向は予断を許さない状況にあり、タースク・フォースの作業も予定よりもはるかに遅れているようである。

第7節　河川連結構想をめぐる最近の動き

2004年2月11日にM.パトカルらが中心となっている民衆運動全国連合 (National Alliance of People's Movements ＝ NAPM) の主催でマハーラーシュトラ州プネー市において、河川連結タースク・フォース委員長S.プラブーを招いて河川連結問題に関する討論会が開かれた。反対の意を表明している元インド政府水資源省事務次官R.アイヤルや退役工兵中将S.G.ヴォンバトカル

も出席した。席上パトカルは二つの異なる生態系を連結することから生じる影響、計画立案への市民団体・民衆組織や被影響者の不参加、公的資金不足、民間資本招聘による資本調達から生じる水利用への悪影響などの論点をあげた。プラブーは現在可能性調査をしている段階であり、中央・州関係の機密に関わる事項でもあり、現時点では公的資料を公開できない、と述べるにとどまった[43]。

同年2月20日には環境・管理センター（Centre for Environment and Management）が中心となって「水・環境セミナー（Seminar on Water and Environment）」がニューデリーで開催された。タスク・フォース委員のD. ダスグプタが基調演説を行った。これに対してS. スリラムが4月29日付けでネット上で反論を公表した。ケーララ、ビハール、ウェスト・ベンガル、アッサム、パンジャーブ、カルナータカ、アーンドラ・プラデーシュ、ゴアなどの諸州の反対があり州の同意が得られていないこと、環境影響評価が行われていないこと、可能性調査報告書がまったく公開されていないこと、プロジェクト費用の見積もりの杜撰さ、立ち退き問題の軽視などの論点が取り上げられた。両者の間でネット上公開論戦が行われている[44]。2月21日にはY. K. アラグ（Alagh）教授、J. バンドパディヤイ（Bandopadhyay）教授やR. R. アイヤルを中心とするインド河川連結全国市民社会委員会（National Civil Society Committee on Interlinking of Rivers in India ＝ NCSCIR）の第2回会合がハイデラーバードのインド公務員養成大学（Administrative Staff College of India）で開催された[45]。

5月に予定されていた下院総選挙に備えて、タスク・フォース委員長のS. プラブーが3月31日をもって辞任し、その後は空席のままになっている。また、事務局長も辞任したままである[46]。

この選挙のための国民民主連合選挙綱領のなかで、インド人民党はこう公約していた。

「河川連結プロジェクトは2004年8月15日以前に実施に移される。最初の一連の計画が公衆参加のもとに2015年までに実施される。プロジェクト被

影響者のための効果的な更生パッケージを完成し、実施する」[47]。

これに対してインド国民会議派の選挙綱領は河川連結構想に直接には触れていなかった。「社会的・物的インフラストラクチャーの項目」のなかで、「2020年までに現在知られている灌漑能力を利用できるようにする。それでも耕地総面積の5分の2が天水依存のままであろう。とくに部族民の大部分が居住する中部インドにおいてそうである。……（中略）……水の利用可能性を補い、国の地下水資源を涵養するために、地元共同体に基礎をおく全国降雨収集計画（National Water Harvesting Programme）を開始し、毎年雨水資源の1％ずつを追加して集める[48]」と述べるにとどまっていた。

インド人民党を中心とする国民民主連合が河川連結プロジェクトに積極的に取り組む態度を示していたのに対して、2004年5月、総選挙で多数派を占め、国民会議派を中心に成立した統一進歩連合（United Progressive Alliance ＝ UPA）政府はこの問題に関しては共通最小限綱領（Common Minimum Programme）のなかでも慎重な姿勢をとっている。その第10項目につぎのように述べられている。

「10　水資源

南流河川をはじめに、国内の河川連結の可能性について包括的評価を行う。この評価は完全に協議式で行う。それはビハールのような諸州内の河川の小流域連結の可能性も探る。カーヴェーリ河水紛争のような長期係争中の州際河川水や水配分に関する紛争が、紛争当事者すべての利害を考慮して、できるだけ早く解決するようあらゆる措置をとる。とくに南部諸州の都市の厳しい飲料水不足を解消するために、チェンナイから始めてコロマンデル海岸沿いに海水浄化装置を設置する。

都市および農村地域のすべての階層に飲料水を提供し、飲料水源の利用可能性を増加させることが最優先課題である。雨水貯留、現存の貯水池の浚渫、その他革新的方法を採用する」[49]。

これを受けて、大統領カラムは6月7日に上下両院合同会議における施政方針演説のなかで、つぎのように述べた。

「政府は国の灌漑能力の開発・利用を促進する。国の河川連結の生態的、技術・経済的可能性を、半島部河川から始めて慎重に検討する。

カーヴェーリ河水紛争のような河川と水配分に関する長期にわたる州際紛争をすべての紛争当事者の利害に配慮して友好的に解決する措置を採る。工事中の灌漑プロジェクトはすべて期限を限って完工する」[50]。

しかし、会議派が主導権を握るケーララ、カルナータカの州政府をはじめ、左翼諸政党、社会党（サマジワーディ党）、ラーシトリヤ・ジャナタ・ダルが河川連結構想に反対している。32のダム建設を予定している種々の河川連結プロジェクトでは50万人の立ち退き、35万haの土地（うち森林が12万ha）の水没・喪失が見込まれている。タースク・フォース設置以来1年が経過しているにもかかわらず、政治的合意も民衆の合意も得られていないのが実情である[51]。

全国水同朋団は若きインド協会と共同で18カ月にわたり全国水行脚（Rashtriya Jal Yatra）を行い、30の州・連邦直轄領において144の河川流域を訪れた。その目的は地域の水管理・供給・配分に関連する問題を理解すると同時に、2002年全国用水政策への意識を高めることであった。水行脚は2004年5月18、19日にバンダー県チトラクートにあるサルヴォダヤ・セーワ・アーシュラムにおいて開催された全国水会議でチトラクート宣言を発表して閉じられた。その後、新しい水政策に関して統一進歩連合政府との対話を始めるために6月25、26日にニューデリーにあるガンディー平和センターにおいて全国水同朋団会議（Rashtriya Jal Biradari Samelan）が開催された。これには16州の州水同朋団議長やNGO代表、政府代表と退職官僚らが出席した。NGO科学・環境センターのS. ナラインが基調演説を行い、頻発する旱魃と洪水に対処する鍵は伝統的降雨集水技術と構造物の復活である、と強調した。報告者のなかには環境保全論者として名高いR. R. アイヤル、V. シヴァらがいた。アイヤルは河川連結タースク・フォースに代えて持続的水管理タースク・フォースを設置すべきである、と主張した。最後に新政府に2002年水政策を破棄することを求め、新しい水政策を策定するための提言をまとめた。水は有

限の資源であり、工業製品・消費財と異なり需要予測に応じて生産することのできない共同体の資源（a community resource）である、との基本的立場から、需要を有限な利用可能性に合わせて抑制・管理せねばならない、と主張している。河川連結構想に関してはきわめて慎重な態度を示して、こう述べている。

「河川水の貯留または分水あるいは長距離の水移送のための大規模プロジェクトは最後の手段としてのプロジェクト、すなわちすべての費用と便益（資金的、経済的、社会的、人的、環境的）についての厳しい独立的評価を行い、影響を受ける予定の人々の十分な参加をえて、これ以外にないまたは最善の選択という場合にのみ実施されるものでなければならない。（これとの関連で、情報の自由法、土地収用法の全面的改正のような改革が必要である。とくに全国更生政策はおおはばに改正されなければならない）スモールは必ずしも美しいと限らないが、ビッグは問題が多く、非常に注意深く扱わねばならない。大規模な中央集権的プロジェクトと長距離水移送（大規模貯水池から用水路や連結水路を通して）は場合によっては避けられないが、すべての可能性と選択肢を考慮し、提案されたプロジェクトを厳密に精査して、それ自体がよい提案であり、それが唯一の選択肢または利用できる選択肢のうち最善のものであることを明らかにしたのち、最後の手段たるプロジェクトとして取り上げるべきである（選択の基準には共同体の最小限の立ち退きまたは混乱および最小限の環境影響をとくに含めねばならない）」[52]。

行政の側の動きを見ると、9月30日にインド政府法務長官が最高裁判所の3人法廷において、2002年に当時の首相ヴァジパイが始めた河川連結構想を再考することなく原則として継続すること、現在種々の委員会で検討中であり、報告書の提出をまって内閣が審議し、今後の政策を決定する予定である、と陳述した。最高裁判所は政府に対して6週間後にプロジェクトについて報告することを命じた。すべての政党代表で構成される国会の水資源常設委員会もこの構想を支持している、といわれる[53]。

政府部内では中央政府により多くの権限を与えるために、憲法を改正して

州際河川を共管項目に入れることが真剣に考慮されている。統一進歩連合の最小限共同綱領で提案されている中央・州関係委員会において論議されることになろう。水資源省は計画委員会と協議の上、河川流域機構の設置、貯水・灌漑体系、洪水管理および排水を含む州際河川流域の計画立案・開発に関する新条項を共管項目の経済・社会計画の下に入れることを考慮している。また、第7付則州管轄項目の条項に飲料水、州内河川（州の境界内を流れる河川）貯水・灌漑体系、洪水管理および排水を含めることが議論されている。これは会議派州政府のパンジャーブとカルナータカと隣接州との間の州際河川水紛争の再燃により緊急になっている[54]。

10月6日に水資源大臣P.ダスムンシが河川連結構想の実現に熱心である大統領カラムに対し、統一進歩連合政権が河川連結プロジェクトを放棄したわけではないが、実施が非常に困難である、と述べた。強硬に反対する州政府のほかに強力な環境論者ロビーもあり、合意形成が非常に難しいが、最大限努力しており、今後の日程としては2005年12月までに全国用水開発公社が30の連結案の可能性報告書（12はすでに完了）を完成する予定である、と説明した[55]。

インドの現政権は前のインド人民党を中心とする国民民主連合政府と異なり、河川連結構想の実現にはきわめて慎重であることが窺える[56]。最高裁判所で審理中のラーヴィー・ビアース河水紛争、審判所が最終審理中のカーヴェーリ河水紛争の判決・裁定とあいまって、すべての利害関係者が満足するような包括的な水政策が策定されることを期待したい。

注

1) Iyer, R. R. (2002) "Disputes over Sharing of Inter-State River Waters; Towards Cooperation and Conflict Resolution", *The Tribune*, Oct. 6. 他に、①憲法改正により「用水」を州管轄事項から共同管轄事項に移す、②河川流域または支流域を単位として水資源計画・管理のための流域組織または公社を設置する、という提案がなされてきた。
2) Task Force on Interlinking of Rivers, *Existing Experience* (http://www.riverlinks.nic.in); Vandana, S. (1991) "Large Dams and Conflicts in the Krishna Basin", *Ecology and the Poli-*

tics of Survival; Conflicts over Natural Resources in India, New Delhi, Sage Publications, pp.202-259.
3) Dhillon, G. S. (2002) "Interlinking Ideas Revisits Polity", *The Tribune*, Dec. 2.
4) Rao, K. L. (1995) *India's Water Wealth; Its Assessment, Uses and Projections*, Reprint (First Published, 1975), Bombay, Orient Longman, pp.229-236.
5) 以下の叙述は、India, Govt. of, Ministry of Water Resources(http://wrmin.nic.in/tenterbasin/transfer)
6) 以下の叙述は、India, Govt. of, Ministry of Water Resources(http://wrmin.nic.in/tenterbasin/transfer)
7) India, Govt. of, Ministry of Water Resources (http://wrmin.nic.in); "River Link; Some Basic Information", *Dams, Rivers & People*, Issue 1, Feb. 2003.
8) Iyer, R. R. (2003) "Making of a Subcontinental Fiasco", *Himal South Asian*, Aug. に引用；"Govt's *Blue Ribbon* Commission is Sceptical about River Link Proposals", *Business Line*, Feb. 17, 1999, *Dams, Rivers & People*, Issue 1, Feb. 2003 に引用。
9) National Democratic Alliance (1999) *An Agenda* (http://www.bjp.org)
10) India, Govt. of, Ministry of Water Resources (2002) *National Water Policy 2002*; Iyer, R. R. (2002) "The New National Water Policy", *Economic and Political Weekly*, May 4.
11) Vyas, N. (2002) "Eradicate Communal, Divisive Clashes, Says President", *The Hindu*, Aug. 15.
12) Parsai, G. (2002) "Rivers of Discontent", *The Hindu*, Oct. 13.
13) Rao, T. S. (2002) "Linking of Rivers", *Business Line*, Oct. 11.
14) The Task Force on Interlinking of Rivers, *Views of Supreme Court* (http://www.riverlinks.nic.in); Venkatesan, J. (2002) "Set Up Task Force on Linking of Rivers: SC", *The Hindu*, Nov. 1.
15) Iyer, R. R. (2002) "Linking of Rivers; Judicial Activism or Error ?", *Economic and Political Weekly*, Nov. 16; Mitta, M. (2003) "States Dreaming the Dream; How It All Happened", *The Indian Express*, Mar. 2.
16) Jain, S. (2002) "River-Linking Stuck at Stage Ⅰ; Getting Yes from the States", *The Indian Express*, Nov. 22.
17) "Water-Sufficient States Can Help Interlinking", *The Hindu*, Dec. 2, 2002.
18) Patkar, M. and L. S. Aravinda (2002) "Interlinking Mirages", *The Hindu*, Dec. 3.
19) "Pant Calls for Consensus on Linking Rivers", *The Hindu*, Dec. 11, 2002.
20) "Drought; PM in Full Flow, Says Link Rivers", *The Indian Express*, Nov. 21, 2002.
21) 前出、Jain, S. (2002); Getting Yes from the States", *The Indian Express*, Nov. 22.
22) Govt. of India, Ministry of Water Resources (http://www.wrmin.nic.in)
23) "River Link by 2016, Prabhu to Head Panel; Comes in Response to an SC Order to

Achieve Goal by 2012", *The Indian Express*, Dec. 18, 2002; Venkatesan, J. (2002) "Linking Rivers by 2016; Centre Tells SC", *The Hindu*, Dec. 18.

24) "River Link Will Be a Washout; Singh", *The Indian Express*, Dec. 22, 2002.
25) Jal Biradari (http://www.tarunbharatsangh.org/programs/jalbirardari); Appeal from Rashtriya Jal Biradari (http://www.janmanch.org/newsletter)
26) "SC Remark on Rivers Linkage was Only a Suggestion", *Dams, River & People*, Feb. 2003; Iyer, R. R. (2004) "Preserving Proprieties", *The Hindu*, Dec. 14. 最高裁判所の最初の所見が命令かどうかについては見方が分かれているが、その後の政府の対応の仕方と裁判所の動きを見ると、命令とみなされていることは明らかである、とアイヤルは解釈しており、そのような裁判所の積極主義を批判して以下の事由をあげている。第1に命令を出すのに十分な資料があったのかどうか、第2にそのようなプロジェクトの準備・検討・評価・承認に関して政府の所定の必要事項と手続き（法的・行政的）が無視されたこと、第3に国家計画に載せられていなかった5.6兆ルピーもの巨額の投資の促進を政府に要請するのが適正であったかどうか、第4にそのような命令を発し、その実施を監視することが最高裁判所の管轄する事項なのかどうか。
27) Parsai, G. (2003) "Sub-Groups to Undertake Preliminary Studies", *The Hindu*, Jan. 7.
28) "Linking Rivers; Two States Want Plan Watered Down", *The Indian Express*, Feb. 6, 2003; Bandyopadhyay, J. and S. Perveen (2002) *The Interlinking of Indian Rivers; Questions on the Scientific, Economic and Environmental Dimensions of the Proposal*, Paper Presented at Seminar on Interlinking Indian Rivers; Bane or Boon ?, at IISWBM, Kolkata, 17 June.
29) Jain, S. (2003) "Govt Takes First Step to Link Rivers", *The Indian Express*, Feb. 9; "Big Players Wooed to Link Rivers", *The Indian Express*, Feb. 12, 2003.
30) 前出、Mitta, M. (2003).
31) Parsai, G. (2003b) "Meet on Interlinking Rivers; 'No' to Foreign Dignitaries", *The Hindu*, Mar. 5.
32) Jain, S. (2003) "PM Selects Panel for River-Linking Plan", *The Indian Express*, Mar. 3.
33) Parsai, G. (2003) "Interlinking of Rivers Impractical", *The Hindu*, Apr. 2; *National People's Water Forum Declaration, 15-16 March 2003* (http://www.citizen.org); Singh, Rajendra, *Invitation to Rashtriya Jal Sammelan* (*National Water Convention*), Seva Gram Ashram (Wardha), Maharashtra, April 1-2, 2003 (http://www.narmada.org/resources); "Water Meet to Discuss Inter-linking Proposals", *The Hindu*, May 29, 2003; UN, Dept. of Economic and Social Affairs, Division for Sustainable Development, *International Rivers and Lakes*, Dec. 2003; Singh, Rajendra, *Invitation to Rashtriya Jal Sammelan* (*National Water Convention*), Shankar Mat. Kanchipuram District (Tamil Nadu) (http://www.narmada.org/resources); Rajinder Singh Concludes National Water Literacy Campaign (http://www.tarunbharat.org/programs/jalbiradari/campaign)

34) "Rising Scepticism about River Link Rhetoric", *Dams, River & People*, Feb. 2003.
35) Parsai, G. (2003c) "River Grid Project Will Lead to New Inter-State Disputes", *The Hindu*, May 18; "National Citizens' Meeting in Delhi Concludes; River Link Proposals Ill Conceived, not in National Interest", *Dams, River & People*, May-June, 2003.
36) Bandyopadhyay, J. and S. Perveen (2002).
37) いくつか例をあげてみよう。同上、Bandyopadhyay, J. and Perveen S. (2002); Rath, N. (2002) "Linking Rivers; Some Elementary Arithmetic", *Economic and Political Weekly*, July 19, 2002; Iyer, R. R. (2002) "Linking Rivers; Vision or Mirage ?", *Frontline*, vol.19, no.25, Dec. 7-20; Iyer, R. R. (2003) "Linking of Rivers", *Economic and Political Weekly*, Mar. 1; Thakkar, H. (2003) "Let's Have Our Feet on Ground, Mr. Prabhu", *Dams, River & People*, Mar.-Apr.; Vaidyanathan, A. (2003) "Interlinking of Rivers Ⅰ, Ⅱ", *The Hindu Business Line*, Mar. 26, 27; Vaidyanathan, A. (2003) "Interlinking of Peninsular Rivers; A Critique", *Economic and Political Weekly*, July 5; 前出、Iyer, R. R. (2003) "Making of a Subcontinental Fiasco"; Bandyopadhyay, J. and Perveen, S. (2004) "Doubtful Science of Interlinking", *India Together*, Feb. インド政府水資源省事務次官補ラダー・シング (Radha Singh) は政府案を擁護する立場から元水資源省事務次官 R. アイヤルに対して反論を試みている。Singh, R. (2003) "Linking Rivers", *Economic and Political Weekly*, Feb. 1; Singh, R. (2003) "Interlinking of Rivers", *Economic and Political Weekly*, May 10; Singh, R. (2003) "Interlinking of Rivers", *Economic and Political Weekly*, Oct. 4.
38) Verghese, B. G. (2003) "Exaggerated Fears on 'Linking Rivers'", *Himal South Asian*, Sept; Iyer, R. R. (2003) "Need of Caution", 同誌; Thakkar, H. (2003) "Verghese in Denial", 同誌; Dixit, A. (2003) "Rivers of Collective Belonging", *Himal South Asian*, Oct.
39) "Linking of Rivers, Need for Reconsideration; a Memorandum to the Prime Minister", *Dams, River & People*, May-June 2003; Singh, S. (2003) "Linking of Rivers; Submission to Prime Minister", *Economic and Political Weekly*, Oct.4.
40) 各州の状況については、Thakkar, H. (2003) "River Linking Plans; The Disconnect between Drought of Good Deeds and Flood of Nonsense", *Dams, River & People*, July-Aug.
41) Parsai, G. (2003) "Rivers Project; First Phase Priorities Eight Links", *The Hindu*, Apr. 27.
42) Vidal, J. (2003) "Troubled Waters for Bangladesh as India Presses on with Plan to Divert Major Rivers; UN Urged to Act amid Warnings of Social and Ecological Disaster", *The Guardian*, July 24; "Neighbours to Bridge Gap over River Linking", *The Indian Express*, Sept. 30, 2003; Ahmad, R. (2003) "Foreign Friends Back Dhaka's Fight Against Delhi's Plan", *The Daily Star*, Aug. 20; Majumdar, M. K. (2003) "Indian River Linking Starts This Year; Bangladesh Position Yet To Be Solid", *The New Nation*, Sept. 5.
43) *InfoChange India News and Features Development News on Water Resources in India* (http://www.infochangeindia.org); Patkar, M. ed. (2004) *River Linking; a Millenium Folly ?*,

Munbai, National Alliance of People's Movement.
44) Sriram, S. (2004) "River Link Project ; Lies, Damned Lies, and Statistics", Dasgupta, D., "A Response to Sangeetha Sriram on behalf of TF-ILR", http://riverlinks.nic.in/viewnewsletter, Mar. 3.
45) National Civil Society Committee on Interlinking of Rivers in India, Second Committee Meeting on 21 February 2004（http://www.narmada.org）
46) Ghose, A. (2004) "At Last UPA for River Link", *Organiser*, Sept. 12; Upadhyay, V. (2004) "Cart before the Horse", *India Together*, May.
47) NDA Election Manifesto 2004（http://www.bjp.org）
48) Indian National Congress Election Manifesto 2004（http://www.indian-elections.com）
49) "Common Minimum Programme of UPA", *The Hindu*, May 28, 2004.
50) "Text of President's Address in Parliament", *The Times of India*, June 7, 2004.
51) Parsai, G. (2004) "Lack of Consensus on River-Linking Underscores Need for Re-think", *The Hindu*, May 24.
52) Help the Community Find Solutions for Its Resource; Rashtriya Jal Biradari Asks Government, (http://www.tarunbharatsangh.org); Learnings from the Rashtriya Jal Yatra (http://www.tarunbharatsangh.org), (http.//www.janmanch.org); A.Grover (2004) "Water; A National Conversation", *India Together*, July.
53) Bhatnagar, R. (2004) "River Inter-linking Project to Keep Flowing; UPA", *The Times of India*, Aug. 30; Venkatesan, J. (2004) "No Rethink on River Links Project; Centre", *The Hindu*, Aug. 31; 前出、Ghose, A. (2004).
54) Parsai, G. (2004) "Centre Plans to Put Water Resources on Concurrent List", *The Hindu*, Sept. 7.
55) Katyal, A. (2004) "River-linking Project On, Dasmunshi Assures Kalam", *The Tribune*, Oct. 7.
56) Iyer, R. R. (2004) "Preserving Proprieties", *The Hindu*, Dec.14. 全国水同砲団が6月25、26日に開催した全国水会議の参加者は新政府の態度を高く評価した。「参加者は6月24日に行われた首相M. シングの国民向けラジオ放送演説が新政府の用水管理について正しい優先順位を示したものと高く評価した。意見が分かれている河川連結プロジェクトに一言も触れなかったことが正しい方向への第一歩である、と解釈された」。Help the Community Find Solutions for Its Resource; Rashtriya Jal Biradari Asks Government, (http://www.tarunbharatsangh.org)。2004年12月30日付けヒンドゥー紙に掲載されたG. パルサイの署名入り記事によると、インド政府は全国民民主連合政府が2002年12月に設置した河川連結タスク・フォースを解散し、水資源省に特別班（Special Cell）を設立すると公表した。旧タスク・フォースの委員兼事務局長N. ガルグ（Neena Garg）が特別班の長になり、その職務はタスク・フォースの

経常的業務と河川連結計画のフォローアップ活動である。主要な課題は優先的事業であるケン・ベトワー河連結とパルバティ・カリシンド・チャンバル河連結についてのラージャスターン、ウッタル・プラデーシュおよびマディヤ・プラデーシュの関係3州の間における政治的合意の形成である。その後、半島部河川の連結計画が取り上げられることになった。水資源省には事務次官を長とする環境・社会経済問題専門家委員会 (Committee of Experts on Environment and Socio-Economic Issues) が新たに設置され、特別班はプロジェクト報告書作成にあたり同委員会と調整することを求められている。(Parsai, G. [2004] "Centre Scraps Task Force on River Interlinking", *The Hindu*, Dec. 30.)。

結論

　以上、インドにおける州際河川に関わる河川委員会と水紛争の歴史と現状の5事例、小規模（地下水）灌漑および河川連結構想をめぐる英語メディアに現れた議論の過程と主要な内容・論点について紹介してきた。
　はじめに、インドにおける用水関連の現在の法的枠組みのなかで水資源の源泉と行政機構との関係、そこから生じると予想される用水担当行政機関・責任者の間に生じる利害状況を水源種類・行政レベルのマトリックスの形で簡単に図式化しておこう（図　水をめぐる行政諸段階・住民の利害関係略図）。
　国際河川の水利用にあたっては、関係国はたがいに国益を最大にするよう努力する。2国間で平和裏に問題を解決することが困難な場合には国際機関に調停を依頼することもある。1960年インダス河水利協定がその例である。インドはネパールおよびバングラデーシュとそれぞれ2国間でいくつかの国際協定を結んでいる。この問題は本書では取り上げていない。
　同一国内における国際河川およびその支流の流域に関しては、州際河川の場合と同じ問題が生じうる。したがってこれは州際河川と同じ扱いができる。インダス河の支流であるラーヴィー、ビアース河がその事例である。州際河川の場合には、まず中央政府と沿岸諸州政府との間で利害対立が起こりうる。中央政府が考える流域全体の利益、いわゆる公共の利益と関係各州が考えるそれが一致しない場合である。第2の局面は州益対州益の対立である。とくに上流域に位置する州と下流域の州との間に紛争が生じやすい。これまでイ

図　水をめぐる行政諸段階・住民の利害関係略図

水源 行政段階	表流水				地下水
	国際河川	州際河川	州内河川・州政府用水路	溜池	地下水(開口井戸・管井戸)
国	国益 　対国益	流域益 　対州益			
州		州益 　対州益 州政府 　対利用者	州益 　対農民益 上流域(民) 　対下流域(民)		
県				県益 　対地域益	
開発ブロック				地域益 　対地域益 地域益 　対共同体益	
地区				地域益 　対地域益 地域益 　対共同体益	
村（共同体）					個人益 　対個人益 個人益 　対共同体益

ンドの州際河川において生じた水紛争はこの種類のものであった。第3の局面は州政府が考える州益と州民各層が考える利益とが一致しない場合である。州際河川問題ではこれまで州政府対州政府の対立のみが注目されてきて、州政府が州民全体の利益を代弁するものと前提されてきたが、それが必ずしもそうでないことをカーヴェーリ河の事例が示している。

　州際河川または州内河川から引水する州政府用水路の場合には、建設・運営・維持管理責任者である州政府と水利用者である農民、その他の社会階層との間ならびに用水路上流域の農民（集団）と下流域に位置する農民（集団）との間にしばしば紛争が生じる。用水路灌漑に現れるこの問題は別の書で扱ったので、本書では取り上げていない[1]。

　表流水のもう一つの利用形態である溜池の場合には、その規模によって利害対立の主体が異なってくる。関係する地域共同体と共同体の間、共同体と

それを構成する個人との間に利害対立が生じる可能性がある。この問題は本書では扱っていない。

　地下水の利用にあたっては、土地所有者が自己の所有する土地の地下にある地下水脈から揚水し、利用する権利がインド地役権法[2]により認められており、個人と個人の間だけでなく、個人と近隣の地域共同体の間で利害が対立する事例が多くなっている。これはインドにおいて地下水の所有・利用に関する権利・義務関係を明確に規定する法律がないことに起因する[3]。

　図式的にみた利害状況[4]を前提にして、本論でたどってきた独立後のインドにおける水資源開発・利用をめぐる議論の中で、何が、どのように、問題とされてきたのかを整理してみよう。

　最初に法的側面を取り上げる。

　州際河川に関する二つの重要な法律の一つである1956年河川委員会法についてみると、Ⅱ章で紹介したように州際河川流域全体を総合的に開発するための審議会は一つも設置されていない。州際河川またはその一部について中央政府も関与する州際機関が設立されているが、すでに建設済みの施設の管理・運営や調査など特定目的のためのものであり、河川流域全体の総合的開発を目指したものではない。バークラー・ビアース運営審議会のように本来中央政府代表が中心となるべき機関において、パンジャーブ州がその権限を掌握して離さない事例もある[5]。こうして河川流域全体を開発の対象とするはずであった河川審議会法は、立法目的を達成できず有名無実化している[6]。

　州際河川に関するもう一つの重要な法律である1956年州際水紛争法の実施経緯についてみると、州際河川の関係沿岸諸州の間でいまだに水配分の問題をめぐって争われているのが、クリシュナー河、カーヴェーリ河およびラーヴィー・ビアース河の事例である。

　クリシュナー河の場合には一度は審判所の裁定により関係各州に流水量が配分され、それにしたがってそれぞれの州が配分された水資源の開発を行ってきたが、その裁定の有効期限をまって新たな紛争が生じた。それはすでに配分された流水量を超える余剰分の配分をめぐる争いで、主として上流域の

結論　389

カルナータカ州と下流域にあたるアーンドラ・プラデーシュ州との間のものであるが、それにカルナータカ州よりさらに上流に位置するマハーラーシュトラ州も関係している。その解決は2002年州際水紛争（改正）法にしたがって新たに設置された審判所に委ねられている。関係諸州間ですでに配分済みの流水量を超えるいわゆる余剰水量がどれだけであり、それをどのような割合で配分するかが、大きな論点になろう。審判所の裁定が出るまでに10年以上も要したこれまでの事例と異なり、今度は改正法の規定にもとづき数年の間に裁定が下されるものと期待されている。

　カーヴェーリ河の事例では関係4州のうちとくにカルナータカ州とタミル・ナードゥ州の間の紛争が深刻である。本質的には歴史的事情により灌漑開発の遅れていた上流域のカルナータカ州と、古くから行われてきた灌漑稲作のための用水先取利用権を守ろうとする下流域にあるタミル・ナードゥ州の間の争いである。これについて審判所が下した暫定裁定の適合性と遵守、および暫定裁定に規定されていなかった流水量不足の場合における両州の間での負担割合をめぐる争いに加えて、政治的意図でもって設置されたカーヴェーリ河委員会の位置づけや審判所の人的構成も問題とされてきた。その解決にあたっては関係諸州政府だけに頼るのではなく、学識者、社会運動家や退職高級官僚の斡旋により実際に用水を利用する両州の農民代表が直接話し合い、よりよい解決策を模索する動きが出てきていることが注目される。現在は審判所の最終裁定待ちの状態である。

　ラーヴィー・ビアース河の水紛争は上記2河と異なり、沿岸州であるパンジャーブ州と沿岸州でないハルヤーナー州との争いである。ハルヤーナー州は現在では沿岸州でないが、かつてはパンジャーブ州の一部であり、1966年11月1日に1966年パンジャーブ州再編法により現在のパンジャーブ州とハルヤーナー州に分割されたが、再編法に盛り込まれた資産・権益の配分規定にもとづき旧パンジャーブ州に配分されたラーヴィー・ビアース河の水の一部への継承権を主張している。したがって、この水紛争はパンジャーブ州再編法、そのあと結ばれたラジーブ・ロンゴワル協定、さらには1960年インダ

ス河水利協定の妥当性の問題にまで波及する。最高裁判所の命令によりエラディを長とする審判所が再び審理を開始すると、パンジャーブ州政府はラーヴィー・ビアース河の水に関するすべての協定を一方的に破棄するという挙に出たわけである。パンジャーブ州政府の行為の違憲性が現在最高裁判所において審理中であり、審判所の審理も中断された状態であり、この解決にはまだ時間がかかりそうである[7]。

　州際水紛争の法的側面が環境保全や立ち退き補償・再定住・更生をめぐる社会運動と絡み合ったのがナルマダー河の事例である。

　この場合には前3者と異なり、流水量の配分については現在では関係諸州の間には争いがない。まったくなかったわけではなく、審判所が裁定を下した際に基礎とした水量が多すぎるという不満がマディヤ・プラデーシュ州から出されたが、2000年10月に下された最高裁判所判決以後は水配分問題は一応決着がついたものと、関係諸州政府によって認められている。ナルマダー河の事例で大きな問題となったのは関係諸州間における水配分そのものではなくて、配分後の水利用のあり方をめぐる人権問題と環境問題であった。ナルマダー河流域開発においては30の大規模ダムの建設が予定されているわけであるが、それにともなう森林・耕地・宅地などの水没、住民の立ち退きが深刻な問題となっている。人権問題ではとくに大きな影響を蒙る部族民の伝統的文化・生活様式維持の問題、立ち退き補償・再定住・更生の問題が焦点である。環境問題と関連しては大規模ダムの功罪、生態系維持・環境保全の仕方、開発の目的と開発方式のあり方など本質的な問題が論議の対象にされている。ナルマダー河流域開発をめぐるこのような論争の過程で水資源開発のあり方に関するインド社会各層の間での意見の根本的相違が明らかになってきた。それが2002年以降再び脚光を浴びるようになった河川連結構想をめぐる議論のなかに反映されることになった、と理解される。

　インドにおける緑の革命の原動力の一つになった、ディーゼルおよび電動管井戸灌漑のための地下水の過剰揚水による地下水位の低下や沿岸部における海水浸入、フッ素やヒ素の堆積なども大きな問題になり、水資源保全や有

機農法の普及運動などを生み出した。これは村落や地域共同体レベルにおける運動として国家（中央政府と州政府）と対立するようになった。とくに1992年憲法（第73次改正）法にともない憲法第243G条第11付則第3項にもとづき小規模灌漑、水管理および集水域開発がパンチャーヤトの権限に入れられた[8]ことがこのような地域に根ざした運動に関する意識を高め、促進する効果をもった。さらに、2002年用水政策において水管理への民間部門の参入を認めた[9]ことが村落共同体や地域共同体の権限を制約し、縮小するのではないかとの危惧を生み出した。

　本論で紹介したようなナルマダー河流域開発と地下水過剰開発をめぐる論争の過程で三つの問題が浮かび上がってきた。

　一つは、伝統的水資源保全方法の再評価と復活の動きである。

　1974年にラージャスターン州ジャイプル大学キャンパスに、ボランティア団体若きインド協会が設立された。その事務局長に1984年に就任したラジェンドラ・シングは、翌1985年からインド農村における主要問題は水であるとし、伝統的雨水貯留方法の復活・普及運動を展開するようになった[10]。若きインド協会の組織した水同朋団が展開した、前政権の河川連結構想に反対する活動については本論において紹介したとおりである。A.アガルワル（Agarwal, 生没年1947-2002）を中心とする技術者、科学者、ジャーナリスト、環境保全論者の一団が1980年にニューデリーでNGO科学・環境センター（CSE）を設立し、科学・技術・環境・開発に関する民衆意識の向上を目指して啓蒙活動を開始した。センターは1997年に地域共同体に基礎をおく伝統的集水・灌漑様式に関する研究書『死に行く智慧（Dying Wisdom）』を出版し、その復興を訴えた。また、センター主催で1998年10月3〜5日に「集水全国会議（National Conference on Water Harvesting）」がデリーで開催された[11]。

　第2に、大規模水資源開発の効用についての疑問である。

　食糧自給を目指して1965年に開始された新農業戦略にもとづくいわゆる高収量品種計画は安定した灌漑地域を中心に大きな成功を収め、インドは1980年代に目標の食糧自給を達成した。これはラーヴィー・ビアース河における

大規模なバークラー・ナンガルや、ゴダーヴァリー河のナーガルジュナ・サーガルなどの大規模プロジェクトの完工にともなう用水路灌漑および地下水灌漑面積の拡大によるところが大きかった。したがって、ナルマダー河開発プロジェクトにおける立ち退き補償問題から大規模プロジェクトそのものを存続すべきかどうかという、開発路線をめぐる論争に展開していった[12]。とくに便益・費用計算をめぐり環境への影響、部族民の伝統的文化や生活様式への社会的費用をどのように算出するかが問題とされた。

　第3は、ナルマダー河流域開発論争が経済力の強いグジャラート州の利害に圧倒されたことを反省して、水資源問題を特定の州の利害にとらわれるのではなく、全インド的視野から再検討しようとする動きを促進したことである。政府機密法（Official Secrets Act）を盾に取り、行政側、とくにグジャラート州政府がプロジェクトに関する情報の完全公開を拒んだことが強く批判された[13]。ナルマダー河流域開発をめぐってグジャラート州所属の研究者と他の関係諸州、とくにマハーラーシュトラ所属の研究者との間に対立が生じ、サルダル・サロヴァル・プロジェクトに反対する運動が分裂したことを反省して、多分野行動研究グループ（Multiple Action Research Group ＝ MARG）をはじめとして、州益の対立を超えるインド全体としての立場からの見方の必要性が強調されるようになった[14]。

　このような反省が2002年以降用水政策と河川連結構想をめぐる活発な論争を誘発したと考えられる。この過程で、立ち退き補償をめぐる部族民の人権擁護運動から入ったM.パトカルらが大規模開発を否定し、伝統的水資源保全運動を続けてきたラジェンドラ・シング、大規模ダム反対運動を推進してきたバーバー・アムテなどガンディー主義者と同調するようになった。これに自然農法論者のシヴァ・ヴァンダナ、一部の経済学や社会学の研究者、元高級官僚などの有識者が合流するようになってきている[15]。こうして環境保全主義者、有機農法論者、人権擁護論者、ガンディー主義者など幾つかの思想潮流が合流して河川連結構想に対する反対運動はかつてない広がりを見せるようになった。

以上のような論争の過程で全国的に統一を必要とされる個別の問題も取り上げられるようになった。第1は、土地収用法の改正[16]であり、第2はこれまでは各州でプロジェクトごとになされてきた立ち退き補償・再定住・更生の基準の全国的統一[17]であり、第3は地下水利用の法的関係の明文化の試みである[18]。さらに1993年4月24日施行の第73次憲法改正にともない、パンチャーヤトに賦与された小規模灌漑・水管理・集水域開発の権限との調和の問題である。いずれも中央政府が原案を作成し、州政府に回覧してその意見を集約している段階であり、成案にはいたっていない。
　最後に水紛争をめぐる政治的側面にふれる。
　州政権を掌握するための州立法議会選挙においては、水利用の80％を占める灌漑に利害関係の深い多数の農民票を確保することが必須であり、どの政党も水紛争において他州に譲歩しにくい状況に置かれている。カルナータカ州、タミル・ナードゥ州、パンジャーブ州の場合に見られるように、水紛争では全党会議を開催して紛争相手州と対抗する傾向が見られる。水問題が州の政争の具に利用されることが多い。カーヴェーリ河水紛争の事例のように相対立する州の農民が学識者や退職高級官僚の斡旋により相互に意見交換し、両者が受け入れられるような解決を模索する動きも見られるが、その成否はまだ明らかでない。
　同一政党が連邦政府と州政府を構成している場合には、インディラ・ガンディーが1981年にパンジャーブ州との間で行ったように、連邦政府の方針を強制することもできる。しかしこれはシク教徒の間に強い反発を招き、のちにインディラ・ガンディーが暗殺される遠因の一つになった。憲法第256条「州および連邦の責務」および257条「一定の場合における連邦の州に対する監督」にもとづき連邦政府は州政府に命令を発し、実施させることができる。その命令にしたがわない州政府を連邦政府は憲法第356条「州における憲法機構運用不能の場合の規定」にもとづいて罷免し、州立法府の権限を大統領に移すことができる。しかし1989年第9次総選挙以後インド国民会議派の一党支配体制が崩れ、国会において一党でもって絶対多数を占める政党がなく

なり、比較多数党と特定の州に基盤をもつ多数の地方政党や左翼諸政党との連立政権か、あるいは多くの政党が結成する第三戦線連立内閣が通常化している。連邦政府政権のなかで中心となる全国政党（インド国民会議派、インド人民党または他の第3党）も協力関係にある地方政党の意向を無視することができなくなった。このため連邦政府の考える公共の利益を州政府に押し付けることが不可能となっている。こうして、上述のような連邦政府・州政府の間の力関係の変化は、連邦政府が自ら設置した州際水紛争審判所の下した裁定の実施を州政府に強制することを困難にしている。

　今後、水資源開発・管理の法制度・政治体制上のこれらの問題点を抜本的に是正する措置がとれるかどうかは、連邦政府と州政府、連邦議会と州立法議会との間の政治的力関係によって左右されることになろう[19]。

注
1) 多田博一（1992）『インドの大地と水』日本経済評論社。
2) Indian Easement Act, 1882; Saleth, R. M.（1996）*Water Institutions in India*, p.177.
3) Singh, C.（1991）*Water Rights and Principles of Water Resources Management*, Bombay, N. M. Tripathi Pvt. Ltd., pp.39-40.
4) アイヤルは起こりうる水をめぐる利害対立の形態を以下のように列挙している。
　利用面：
　　飲料水の必要と灌漑用水需要との間
　　農業用水需要と工業用水需要との間
　　都市需要と農村需要との間
　　隣接する農場、共同体、村落または県の相互の間
　　灌漑可能地域のなかの諸集団または部分の間（たとえば、上流部と末端部）
　　プロジェクトにより立ち退きを余儀なくされた者または他の悪影響を受けた者と利益を得る者との間
　　利益を得る者とダム下流部の流水量減少の影響を受けるものとの間
　建設設計面：
　　灌漑需要と発電需要との間
　　灌漑需要と洪水制御、舟運需要または下流河川流水維持との間
　　共同体の創意と国家の役割意識との間
　　国家の「開発目的」と「社会的費用」を負担する民衆との間

国際面：
　　河川または地下水脈の水配分および水質問題をめぐる国家と国家の間

Iyer, R. R.（2003）*Water; Perspectives, Issues, Concerns*, New Delhi, Sage Publications, p.117.

5) 2004年12月2日にラージャスターン州政府首相V. ラジェが中央政府首相M. シングと会見し、パンジャーブ州との水紛争への介入を要請した。ラージャスターン州に配分されている用水8.06MAFをパンジャーブ州が放流していない、という苦情であった。ラーヴィー・ビアース河管理委員会が管掌すべきロパール、ハリケおよびフィーローズプルの頭首工をパンジャーブ州政府が管理しているために生じたことであった。これは中央政府首相M. シングの介入により即時解決された。Prabhakar, M. (2004) "Rajasthan CM Seeks PM's Intervention on Waters", *The Tribune*, Dec. 3; "BBMB Releases Water to Rajasthan", *The Tribune*, Dec. 5, 2004.

6) Iyer, R. R., "The Idea of River Basin Planning", 前出、Iyer, R. R.（2003）, pp.69-74.

7) Iyer, R. R.（2004）"Reassess Water Needs; Better Management Can End SYL Crisis", *The Tribune*, July 26; Iyer, R. R.（2004）"Punjab Water Imbroglio", *The Hindu*, July 26; Iyer, R. R.（2004）"Punjab Water Imbroglio; Background, Implications and the Way Out", *Economic and Political Weekly*, July 31.

8) *The Constitution of India*, Part IX, Clause 243-G, Eleventh Schedule.

9) 2002年用水政策第13項につぎのように規定されている。「可能な場合には、種々の用途の水資源プロジェクト計画立案・開発・管理への民間部門の参入を促進せねばならない。民間部門の参入は革新的改善をもたらすことになろう。特定の状況に応じて、水資源施設の建造・所有・運用・貸し出し・移転への民間部門の参入の仕方の組合せが考慮されよう」。

10) About TBS (Tarun Bharat Sangh)（http://www.tarunbharatsangh.org）

11) Centre for Science and Environment（1997）*Dying Wisdom; Rise, Fall and Potential of India's Traditional Water Harvesting System*, New Delhi.

12) Paranjpye, V.（1990）*High Dams on the Narmada; a Holistic Analysis of the River Valley Projects*, New Delhi, INTACH: Dhawan, B. D., ed.（1990）*Big Dam; Claims, Counter Claims*, New Delhi, Commonwealth Publishers; World Commission on Dams（2000）*Large Dams; India's Experience, Final Report prepared by R. Rangachari and Others*; Vaidyanathan, A.（1999）*Water Resource Management*.

13) 前出、Iyer, R. R.（2003）*Water*, p.149.

14) Dhagamwar, V.（1997）"The NGO Movements in the Narmada Valley; Some Reflections", in Dreze, J., M. Samson and S. Singh, ed.（1997）*The Dam and the Nation*, pp.93-102: Bandyopadhyay, J., B. Mallik, M. Mandal and S. Perveen（2002）"Dams and Development; Report on Policy Dialogue", *Economic and Political Weekly*, Oct. 5.

15) Bandyopadhyai, J. and S. Parveen (2002)*The Interlinking of Indian Rivers; Some Questions on the Scientific, Economic and Environmental Dimensions of the Proposal* (Paper Presented at Seminar on Interlinking of Indian Rivers; Bane or Boon? At IISWBM), Kolkata, 17 June 2002, Kolkata, Centre for Development and Environment Policy, Indian Institute of Management Calcutta; 同上、Bandyopadhyay, J., B. Mallik, M. Mandal and S. Perveen (2002); Patkar, M., ed. (2004) *River Linking; A Millennium Folly?*, Mumbai, National Alliance of People's Movements. コルカタにあるインド経営研究所開発・環境センター所属のバンディオパディヤイは南アジア7カ国の研究者を動員して南アジア学際水資源研究コンソーシアム (South Asian Consortium for Interdisciplinary Water Resources Studies = SaciWaters)、またムンバイーにあるインド技術研究所所属の技術者 H. タッカル (Himanshu Thakkar) は南アジア・ダム・河川・民衆ネットワーク (South Asia Network on Dams, Rivers & People) を組織して、南アジア地域全体における水資源開発に関する情報を提供している。

16) Fernandes, Walter (1998) "Land Acquisition (Amendment) Bill, 1998; Rights of Project-Affected People Ignored", *Economic and Political Weekly*, Oct. 17-24; Fernandes, W. (2004) "Rehabilitation Policy for the Displaced", *Economic and Political Weekly*, Mar. 20.

17) 同上、Fernandes, Walter (2004) "Rehabilitation Policy for the Displaced".

18) Shah, Tushar (2004) "Water and Welfare; Critical Issues in India's Water Future", *Economic and Political Weekly*, Mar. 20.

19) アイヤルはインドにおける水に関する現行法の欠陥をつぎのように指摘している。
「(1) 真の意味での河川流域公社はない。いくつかの公社が別法で設置されているが、機能が限定されている。
(2) 州内河川の規制の問題。
(3) 流域間移送についての法的規定なし。州の同意なしには不可能。
(4) 1983年全国水資源評議会 (National Water Resources Council = NWRC) が設置された。構成は首相が議長、連邦政府水資源省大臣が副議長となり、評議員はすべての州首相と数人の連邦政府大臣である。設立の経緯は、資源政策の問題の重要性を認識したからではなく、州際河川水紛争の解決方法としての裁定に失望し、他の方法を求めた結果であった。中央政府の決議で設置されたもので、法的根拠はない。1987年に初めて全国用水政策 (National Water Policy) を策定した。2002年に新たに用水政策を策定し直した。
(5) 憲法第246条「国会および州立法府の立法事項」第7付則州管轄表第17項の規定の欠陥。
　i　水供給、灌漑など特定の用途を規定している。
　ii　灌漑が重要視されている。用水路、築堤、排水、貯水などへの言及は土木工学的視角の強い影響を示している。

iii 水という語は地下水も含むととられるが、明示的ではない。憲法起草者は主として河川水を考えていたようである。
iv 中央は州際河川とその流域だけにしか権限を与えられていない。
v 水資源の全国的配分についての明示的な規定がない。
vi より大なる環境または生態系の一部としての水はおろか、天然資源としての水という概念に対する直接的言及が憲法の条項にはない。

　希少かつ貴重な天然資源としての水に関連して協力的行動のためのなんらかの全国的機構が必要である。
　さらに、憲法改正にともない連邦構造の第3段階としてパンチャーヤト制が導入されたことは、水資源管理に新しい側面を導入することになる」。
Iyer, R. R.（1994）"Federalism and Water Resources", *Economic and Political Weekly*, vol.29, no.13, Mar. 26; Iyer, R. R.（2003）"Water and the Constitution of India" in his *Water*, pp.21-26.

あとがき

　本書は筆者が大東文化大学東洋研究所機関誌『東洋研究』に平成10年から16年まで6回にわたり連載した論文を主体にしたものである。初出年次と題目は以下のとおりである。

　Ⅰ章「州際河川・流域の規制・開発の法的枠組み」：第130号、平成10年12月、「インドの州際河川の水利用――カーヴェーリ河水紛争の事例――」の前半

　Ⅲ章「州際河川水紛争」

　Ⅲ-3「カーヴェーリ河」：第130号、平成10年12月、「インドの州際河川の水利用――カーヴェーリ河水紛争の事例――」の後半

　Ⅲ-4「ラーヴィー・ビアース河」：第135号、平成12年1月、「インダス河水系の水利用――ラーヴィー・ビアース河水紛争の背景――」

　Ⅲ-5-1「ナルマダー河水紛争審判所の裁定」：第139号、平成13年1月、「インド、ナルマダー河流域開発（1）――ナルマダー河水紛争審判所の裁定――」

　Ⅲ-5-2「サルダル・サロヴァル・プロジェクトと民衆運動」

　第1～2節および付属資料（ナルマダー河水紛争審判所裁定後の事件略年表）：第143号、平成14年1月、「インド、ナルマダー河流域開発（2）――サルダル・サロヴァル・プロジェクト（SSP）反対運動の展開（ⅰ）――」

　第3～5節：第146号、平成14年12月、「インド、ナルマダー河流域開発

(2)――サルダル・サロヴァル・プロジェクト（SSP）反対運動の展開（ⅱ）――」

第6節：第151号、平成16年1月、「インド、ナルマダー河流域開発（3）――サルダル・サロヴァル・プロジェクト（SSP）反対運動の展開（ⅲ）――」

第7節：第152号、平成16年11月、「インド、ナルマダー河流域開発（4）――2000年10月最高裁判所判決後の動向――」

またⅣ章「地下水資源とその利用」は、堀井健三・篠田隆・多田博一編著『アジアの灌漑制度――水利用の効率化に向けて――』新評論、1996年、「インド②　小規模灌漑の発達」が初出である。

本書に収めるにあたり、いずれも誤りを訂正し、新たに発見した資料を組み入れて加筆している。

他の章節は既発表の論文を本書にまとめるにあたり、インドの水資源開発問題の全体像を明らかにするために書き下ろしたものである。序章では、州際河川水紛争問題をインドの水問題全体のなかに位置づけるために、インドの水問題の概観を試みた。Ⅱ章では、州際河川の開発のために制定された1956年河川審議会法の実施状況を、インド政府水資源省の公式資料にもとづき紹介している。Ⅲ-1「クリシュナー河」とⅢ-2「ゴダーヴァリー河」は主としてGulhatiとChauhanの著書に依拠して簡単に概観したものである。

Ⅲ-3からⅢ-6、Ⅳ章、Ⅴ章は既刊の研究書だけでなく、新聞・雑誌などに掲載された関連の記事・論文をあさって、インドにおける水資源開発問題をめぐる論争の過程をできるだけ客観的・具体的に描き出し、直面している問題と解決の方向・選択肢を探ろうと試みたものである。

筆者の目的が達成されたかどうかは、読者の判断を待つしかない。専門外の分野にまで言及しているので、用語や表現において思わぬ過ちを犯しているかもしれない。読者のご叱正・ご教示を請うしだいであります。

本書の主題の調査・研究活動、論文の執筆にあたり、大東文化大学東洋研究所と筆者の職場である国際関係学部の同僚や、学外の多くの南アジア地域研究者からあたたかいご協力や有益なご批判をいただいた。いちいちお名前

を記すことは省きますが、心からお礼いたします。

　また、インド現地調査にあたり、文部省科学研究費助成金「アジアの伝統技術と芸術——伝統文化の未来性と振興策——」（平成7〜9年度「国際学術研究」、課題番号07041069）を授与された。ここに明記して、当局に謝意を表します。

　本書制作にあたり、読みにくい乱雑な原稿の整理から装丁までの面倒な仕事いっさいを茜堂・宮崎研治氏のお世話になったことを記し、感謝の意を表します。

　昨今の厳しい出版事情のなかで、本書のように地味で売れそうもない研究書の出版をお引き受けくださった株式会社創土社代表取締役・酒井武史氏に感謝いたします。

2005年2月末

多田　博一

参考文献目録

日本語文献
研究書

ICID 国内委員会（1985）『日本灌漑の歴史』
天野礼子（2001）『ダムと日本』岩波書店（岩波新書 716）
天野礼子編（1997）『21 世紀の河川思想』共同通信社
家永泰光（1981）『東南アジアの水』アジア経済研究所
小塩和人（2003）『水の環境史——南カリフォニアの二〇世紀——』玉川大学出版部
公共事業チェック機構を実現する議員の会編（1996）『アメリカはなぜダム開発をやめたのか』築地書館
志村博康（1987）『農業水利と国土』東京大学出版会
鷲見一夫（1989）『ODA 援助の現実』岩波書店
鷲見一夫編著（1990）『きらわれる援助——世銀・日本の援助とナルマダ・ダム——』築地書館
世界水ビジョン　川と水委員会編（2001）『世界の水ビジョン』山海堂
ジョンソン, B. L. C 著・山中一郎他訳（1986）『南アジアの国土と経済　第 1 巻：インド』二宮書店（原著：*India; Resources and Development*, London, Heinemann Educational Books, 2nd ed., 1983）
ジョンソン, B. L. C 著・山中一郎他訳（1987）『南アジアの国土と経済　第 3 巻：パキスタン』二宮書店（原著：*Pakistan*, Hampshire, Gower Publishing Co. Ltd., 1979）
戴晴編・鷲見一夫・胡暐婷訳『山峡ダム——建設の是非をめぐっての論争——』築地書館
高橋裕編（2003）『地球の水危機——日本はどうする——』山海堂
多田博一（1992）『インドの大地と水』日本経済評論社
玉城哲（1984）『風土の経済学』新評論
玉城哲編（1979）『灌漑農業社会の諸形態』アジア経済研究所
玉城哲・旗手勲・今村奈良臣編（1984）『水利の社会構造』国際連合大学
槌田劭・嘉田由紀子編（2003）『水と暮らしの環境文化——京都から世界へつなぐ——』昭和堂
中村尚司（1988）『スリランカの水利研究序説』論創社
中村靖彦（2004）『ウォーター・ビジネス』岩波書店（岩波新書 878）
福田仁志編（1976）『アジアの灌漑農業——その歴史と理論——』アジア経済研究所

藤田和子編（2002）『モンスーン・アジアの水と社会環境』世界思想社
別枝篤彦（1983）『モンスーン・アジア』アジア経済研究所
堀井健三・篠田隆・多田博一編著（1996）『アジアの灌漑制度——水利用の効率化に向けて——』新評論
真実一美（2001）『開発と環境』世界思想社
真勢徹（1994）『水がつくったアジア——風土と農業水利——』家の光協会
柳沢悠（2002）『現代南アジア：第4巻　開発と環境』東京大学出版会
山田國廣（2002）『水の循環——地球・都市・生命をつなぐ"くらし革命"——』藤原書店
ロイ，アルンダティ著・片岡夏実訳『わたしの愛したインド』築地書館
渡辺斉（2004）『水の警鐘——世界の河川・湖沼問題を歩く——』水曜社

論文

アーヤンガル，スダルシャン（2002）「トライブの人々、開発とナルマダー」柳沢悠『現代南アジア：第4巻　開発と環境』東京大学出版会
黒崎卓（1996）「用水路・地下水灌漑の経済的分析——パキスタン——」堀井健三・篠田隆・多田博一編著『アジアの灌漑制度——水利用の効率化に向けて——』新評論
鷲見一夫（1997）「国際的脈絡から眺めた河川思想の展開——『川殺し世紀』から『川を回復する世紀』へ」天野礼子編『21世紀の河川思想』共同通信社
多田博一（1996）「インドにおける小規模灌漑の発達」堀井健三・篠田隆・多田博一編著『アジアの灌漑制度——水利用の効率化に向けて——』新評論
多田博一（1998）「インドの州際河川の水利用——カーヴェーリ河水紛争の事例——」『東洋研究』第130号、大東文化大学東洋研究所
多田博一（2000）「インダス河水系の水利用——ラーヴィー・ビアース河水紛争の背景——」『東洋研究』第135号、大東文化大学東洋研究所
南埜猛（1996）「大規模灌漑の発達——インド——」堀井健三・篠田隆・多田博一編著『アジアの灌漑制度——水利用の効率化に向けて——』新評論
パーヴィスカル，アミター（2002）「開発をめぐるナルマダー峡谷におけるトライブの闘い」柳沢悠『現代南アジア：第4巻　開発と環境』東京大学出版会
柳沢悠（2002）「インドの環境問題の研究状況」長崎暢子編『現代南アジア：第1巻　地域研究への招待』東京大学出版会
柳沢悠（2002）「ナルマダー開発における立ち退き民と反対運動——編者まえがき——」柳沢悠『現代南アジア：第4巻　開発と環境』東京大学出版会

英語文献
州際河川水紛争審判所報告書

India, Govt. of, Ministry of Energy and Irrigation, Krishna Water Disputes Tribunal (1973) *The Report*, vols.1-2, New Delhi.

India, Govt. of, Ministry of Irrigation, Krishna Water Disputes Tribunal (1976) *Further Report*, New Delhi.

India, Govt. of, Ministry of Agriculture and Irrigation, Narmada Water Disputes Tribunal (1978) *The Report*, vol.1-4, New Delhi.

India, Govt. of, Ministry of Energy and Irrigation, Godavari Water Disputes Tribunal (1979) *The Report*, vol.1, New Delhi.

India, Govt. of, Ministry of Energy and Irrigation, Godavari Water Disputes Tribunal (1980) *Further Report (under Section 5 (3) of the Inter-State Water Disputes Act, 1956)*, New Delhi.

India, Govt. of, Ministry of Irrigation, Ravi and Beas Waters Disputes Tribunal (1987) *The Report*, New Delhi.

政府・政府機関報告書

Gujarat, Govt. of, Dept. of Irrigation, Narmada Planning Group (1983) *Sardar Sarovar (Narmada) Project Development Plan*, 2 vols., Gandhinagar.

Gujarat, Govt. of, Dept. of Irrigation, Narmada Planning Group (1985) *Sardar Sarovar (Narmada Project) Environmental Studies and Impact Assessment*, Gandhinagar.

Gujarat, Govt. of, Narmada Development Dept. (1986) *Catchment Treatment Programme for Sardar Sarovar Project*, Gandhinagar.

India, Govt. of (1960) *Indus Waters Treaty*, New Delhi.

India, Govt. of (1988) *Report of the Commission on Centre-State Relations*, 2 pts., New Delhi.

India, Govt. of, Brahmaputra Board (1986) *Master Plan of the Brahmaputra Basin*, New Delhi, Part 1: Main stem; Part 2: Barak basin.

India, Govt. of, Central Water Commission (1979) *Agreements on Development of Inter-State and International Rivers*, New Delhi.

India, Govt. of, Central Water Commission (1988) *Water Resources in India*, New Delhi.

India, Govt. of, Central Water Commission (1992) *Organisational and Procedural Requirements in the Irrigation Sector*.

India, Govt. of, Central Water Commission (1993) *Reassessment of Water Resources Potential of India*.

India, Govt. of, Ministry of Environment and Forest (1986) *Environmental Aspects of Nar-*

mada Sagar and Sardar Sarovar Milti-Purpose Projects, New Delhi.

India, Govt. of, Ministry of Irrigation (1980) *National Perspective for Water Resource Development*, New Delhi.

India, Govt. of, Ministry of Irrigation and Power (1972) *Report of the Cauvery Fact Finding Committee*, New Delhi.

India, Govt. of, Ministry of Irrigation and Power (1973) *Additional Report of the Cauvery Fact Finding Committee*, New Delhi.

India, Govt. of, Ministry of Water Resources (1987) *National Water Policy*, New Delhi, Sept.

India, Govt. of, Ministry of Water Resources (1994) *Report of the Five-Member Group on Various Issues Relating to the Sardar Sarovar Project*, New Delhi.

India, Govt. of, Ministry of Water Resources (1995) *Further Report of the FMG on Certain Issues Relating to the Sardar Sarovar Project* (unpublished)

India, Govt. of, Ministry of Water Resources (1997) *Report of the Working Group on Participatory Irrigation Management for the Ninth Plan*, New Delhi.

India, Govt. of, Ministry of Water Resources, *Annual Report* for Each Year, New Delhi.

India, Govt. of, Ministry of Water Resources (1999) *The Report of the National Commission on Integrated Water Resources Development Plan; A Plan for Action*, New Delhi.

India, Govt. of, Ministry of Water Resources (2002) *National Water Policy*, New Delhi.

India, Govt. of, Ministry of Water Resources, Minor Irrigation Division (2001) *Report of the Working Group on Minor Irrigation for Formulation of The Tenth Plan (2002-2007) Proposals*, New Delhi, Aug.

India, Govt. of, National Commission on Agriculture (1976) *Report*, part 4, New Delhi.

India, Govt. of, National Water Development Agency (1988) *Proposals for Large Scale Inter-Basin Transfer*, New Delhi.

India, Govt. of, Planning Commission (1992) *Report of the Committee on the Pricing of Irrigation Water*, New Delhi.

India, Govt. of, Planning Commission (nd) *Report of the Ninth Plan Working Group on Major/Medium Irrigation*, New Delhi.

India, Govt. of, Planning Commission (nd) *Internal Papers on Externally Aided and Rural Water Supply.*

India, Govt. of, Planning Commission (2001) *Report of the Working Group on Watershed Development, Rainfed Farming and Natural Resource Management for the Tenth Five Year Plan*, New Delhi, Sept.

Indian Water Resources Society (1998) *Theme Paper on Five Decades of Water Resources Development in India*, New Delhi.

Karnataka, Govt. of (1985) *Irrigation Projects in Karnataka (Major and Medium)*, Bangalore.

Karnataka, Govt. of (1992) *Cauvery Water Dispute*, Bangalore.

Madhya Pradesh, Govt. of (1992) *Sardar Sarovar Project; Action Plan for Rehabilitation and Resettlement of Oustees of Madhya Pradesh*, Jan.

Madhya Pradesh, Govt. of, Narmada Valley Development Dept. (1998) *Task Force Report on Alternatives of Water Resource Development of N. V. D. A.*, Bhopal.

Maharashtra, Govt. of (1991) *Sardar Sarovar Project; Master Plan for Resettlement and Rehabilitation of Project Affected Persons of Maharashtra State*, Dhule.

Maharashtra, Govt. of (2002) *Report of the Task Force*.

Maharashtra, Govt. of, Committee to Assist the Resettlement and Rehabilitation of the Sardar Sarovar Project-Affected Persons (2002) *Report of the Chairman and Other Non-Official Members and Invitee*.

Sardar Sarovar Narmada Nigam Ltd. (1998) *Sardar Sarovar Project; The Lifeline of Gujarat, Views and Articles*, Gandhinagar.

Supreme Courts of India (2000) *Civil Original Jurisdiction, Writ Petition (C) No. 319 of 1994, Narmada Bachao Andolan Versus Union of India and Others*.

Tamil Nadu, Govt. of (1971) *Brochure on the Cauvery River Water Dispute with Mysore*, Madras.

Tamil Nadu, Govt. of (1987) *Irrigation Reservoirs in Tamil Nadu*, Madras.

研究書

Agarwal, Anil (2000) *Drought; Try Capturing the Rain*, New Delhi, Centre for Science and Environment.

Alagh, Y. K., M. Pathak and D. T. Bush (1995) *Narmada Environment; an Assessment, under the Auspices of Narmada Planning Group*, New Delhi, Har-Anand Publications.

Ali, I. (1988) *The Punjab under Imperialism, 1885-1947*, New Jersey, Princeton Univ. Press.

Alvares, C. and B. Billorey (1995) *Damming the Narmada; India's Greatest Planned Environmental Disaster*, Dehra Dun, Natraj Publishers.

Asian Development Bank (1998) *The Bank Policy on Water*, Working Paper, August.

Balekundri, S. G. (1992) *Optimum Development of Krishna and Cauvery Basins*, Bangalore, Karnataka Vikas Vedike.

Barber, C. G. (1940) *History of the Cauvery-Mettur Project*, Madras, Govt. of Maderas.

Barh Mukti Abhiyan (1997) *Proceedings of the Second Delegates Conference*, Apr. 5, 6, Patna.

Barh Mukti Abhiyan (1998) *Proceedings of the Seminar on River Crises in South Asia*, June 21-22, Patna.

Barlow, M. and T. Clarke (2003) *Blue Gold; The Fight to Stop the Corporate Theft of the World Water*, New Delhi, Leftward Books. (鈴木主税訳 [2003]『「水」戦争の世紀』集英社)

Baviskar, A. (1995) *In the Belly of the River*, Delhi, Oxford Univ. Press.

Beach, H. L. and Others (2000) *Transboundary Freshwater Dispute Resolution*, Tokyo, United Nations University. (池座剛・寺村ミシェル訳 [2003]『国際水紛争事典——流域別データ分析と解決策——』アサヒビール)

Bharadwaj, Krishna (1990) *Irrigation in India; Alternative Perspectives*, New Delhi, ICSSR.

Caufield, C. (1997) *Masters of Illusion; The World Bank and the Poverty of Nations*, London, Macmillan.

Centre for Science and Environment (1997) *Dying Wisdom; Rise, Fall and Potential of India's Traditional Water Harvesting System*, New Delhi.

Centre for Science and Environment (1991) *State of India's Environment, A Citizen's Report; Floods, Flood Plains and Environmental Myths*, ed. by A. Agarwal and S. Narain, New Delhi.

Centre for Science and Environment (1999) *The Citizen's Fifth Report*, by A. Agarwal, S. Narain and S. Sen, New Delhi.

Chauhan, B. R. (1992) *Settlement of International and Inter-State Water Disputes in India*, Bombay, N. M. Tripathi.

Chikkanna, R. (1992) *The Cauvery Water Resource Development; an Appraisal*, Bangalore, Resource Management Trust.

Dhagamwar, V. (1991) *Legal Aspects of Land Acquisition Act, 1894*, New Delhi, Multiple Action Research Group.

Dhawan, B. D., ed. (1990) *Big Dam; Claims, Counter Claims*, New Delhi, Commonwealth Publishers.

Dhawan, B. D. (1993) *Indian Water Resource Development for Irrigation; Issues, Critiques and Reviews*, New Delhi, Commonwealth Publishers.

Dhawan, B. D. (1993) *Trends and New Tendencies in India's Irrigated Agriculture*, New Delhi, Commonwealth Publishers.

Dhawan, B. D. (1995) *Groundwater Depletion, Land Degradation and Irrigated Agriculture in India*, New Delhi, Commonwealth Publishers.

Dogra, B. (1992) *The Debate on Large Dams*, New Delhi.

Doria, R. (1990) *Environmental Impact of Narmada Sagar Project*, South Asia Books.

Drèze, J., M. Samson and S. Singh, ed. (1997) *The Dam and the Nation; Displacement and Resettlement in the Narmada Valley*, New Delhi, Oxford Univ. Press.

Dubash, N. K. (2002) *Tubewell Capitalism; Groundwater Development and Agrarian Change in Gujarat,* New Delhi, Oxford Univ. Press.

Electric Power Development Company of Japan (1988) *Draft Terms of Reference of Prefieasibility Study of Himalaya Hydro-Power Development Projects,* Tokyo.

Fernandes, W. and E. G. Thukral, ed. (1989) *Development, Displacement and Rehabilitation,* New Delhi, Indian Social Institute.

Fisher, W. F., ed. (1995) *Toward Sustainable Development; Struggling over India's Narmada River,* New York, M. E. Sharpe. ([1997] Jaipur, Rawat Publications).

Gadgil, M. and R. Guha (1993) *This Fissured Land; an Ecological History of India,* Delhi, Oxford Univ. Press.

Gadgil, M. and R. Guha (1995) *Ecology and Equity; the Use and Abuse of Nature in Contemporary India,* London, Routledge.

Gandhi Peace Foundation (1978) *Recommentdations of the National Workshop on the Integrated Development of the Ganges-Brahmaputra-Barak Basin,* New Delhi, Dec. 15-17.

Gaur, Vinod K., ed. (1993) *Earthquake Hazard and Large Dams in the Himalayas,* New Delhi, INTACH.

Goldsmith, E. and N. Hildyard (1984) *The Social and Environmental Effects of Large Dams,* vol.1, Sierra Club Books.

Guhan, S. (1984) *Irrigation in Tamil Nadu; a Survey,* Madras, Madras Institute of Development Studies.

Gulhati, N. D. (1972) *Development of Inter-State Rivers; Law and Practice in India,* New Delhi, Allied Publishers.

Gulhati, N. D. (1973) *Indus Water Treaty; an Exercise of International Mediation,* Bombay, Allied Publishers.

Habitat International Coalition, Housing and Land Rights Network, South Asia Programme (2003) *The Impact of the 2002 Submergence on Housing and Land Rights in the Narmada Valley; Report of a Fact-Finding Mission to Sardar Sarovar and Man Dam Projects,* Cairo.

Hussain, Basheer M. (1972) *The Cauvery Water Dispute,* Mysore, Rao and Raghavan Publishers.

Indian Institute of Management, Ahmedabad (1991) *Report on Canal-Affected Persons,* Ahmedabad, Sept.

Indian Water Resources Society (1997) *River Basin Management Issues and Options,* New Delhi.

Indian Water Resources Society (1998) *Five Decades of Water Resources Development in In-*

dia, New Delhi.

Islam, M. M.（1997）*Irrigation Agriculture and the Raj; Punjab, 1887-1947*, Delhi, Manohar.

Iyer, R. R.（2003）*Water; Perspectives, Issues, Concerns*, New Delhi, Sage Publicaations.

Jain, S. N., K. Jacob, and S. C. Jain（1971）*Inter-State Water Disputes in India*, Bombay, N. M. Tripathi.

Jayal, N. D.（1993）*Ecology and Human Rights*, INTACH.

Joshi, Vidyut（1987）*Submerging Villages*, New Dehi, Ajanta.

Joshi, Vidyut（1991）*Rehabilitation; a Premise to Keep a Case of SSP*, Ahmedabad.

Krishnaswamy, S. Y.（1974）*Development of Irrigation under the Cauvery-Mettur Project*, Madras, Govt. of Madras.

McCully, Patrick（1998）*Silenced Rivers; The Ecology and Politics of Large Dams*, Orient Longman（India）（鷲見一夫訳（1998）『沈黙の川——ダムと人権・環境破壊——』築地書館）

McNeill, J. R.（2001）*An Environmental History of the Twentieth Century World*, New York, Norton.

Michel, A. A.（1967）*The Indus Rivers; A Study of the Effects of Partition*, New Haven and London, Yale Univ. Press.

Misra, S. D.（1970）*Rivers of India*, New Delhi.

Mohanadrishnan, A.（1990）*Selected Papers on Irrigation*, Tiruchi, Irrigation Management Training Institute.

Morse, B., and T. Berger（1992）*Sardar Sarovar; Report of the Independent Review*, Ottawa, Resource Futures International Inc.

Multiple Action Research Group（MARG）（1992）*Sardar Sarovar Oustees in Madhya Pradesh; What Do They Know ?*, vols.1-4, New Delhi.

Narayan, B. K.（1996）*Bachawat Award and After; Krishna Basin Projects in Karnataka*, Mumbai, Himalaya Publishing House.

Narmada Bachao Andolan（1992）*Towards Sustainable Development*, Baroda.

Pangare, Vasudha and Ganesh（1992）*From Poverty to Plenty; The Story of Ralegan Siddhi*, New Delhi.

Paranjpye, V.（1990）*High Dams on the Narmada; a Holistic Analysis of the River Valley Projects*, New Delhi, INTACH.

Patel, C. C.（1991）*Sardar Sarovar Project; What It Is and What It Is Not*, Gujarat, Sardar Sarovar Narmada Nigam Ltd.

Pathak, M. T., ed.（1991）*Sardar Sarovar Project; A Promise for Plenty*, South Asia Books.

Patkar, M., ed.（2004）*River Linking; A Millennium Folly*, Mumbai, National Alliance of People's Movements.

Postel, Sandra (1999) *Pillars of Sand; Can the Irrigation Miracle Last ?*, New York, W. E. Norton (福岡克也監訳 (2000)『水不足が世界を脅かす』家の光協会)

Ram, R. N. (1993) *Muddy Waters; A Critical Assessment of the Benefits of Sardar Sarovar Project*, New Delhi, Kalpavriksh.

Ramana, M. V. V. (1992) *Inter-State River Water Disputes in India*, Madras, Orient Longman Ltd.

Rangachari, R. and Others (2000) *Large Dams; India's Experience, A Report to the World Commission on Dams*, June.

Rao, D. S. (1998) *Inter-State Water Disputes in India; Constitutional and Statutory Provisions and Settlement Machinery*, New Delhi, Deep & Deep Publishers.

Rao, K. L. (1975) *Indian Water Wealth; Its Assessment, Uses and Projections*, New Delhi, Orient Longman.

Rao, K. L. (1979) *India's Water Resources*, New Delhi, Orient Longman Ltd.

Reisner, Mark (1986) *Cadilla Desert; The American West and Its Disappearing Water*, New York, The Spider Agency (片岡夏美訳 (1999)『砂漠のキャデラック――アメリカの水資源開発――』築地書館)

Rothfeder, J. (2001) *Every Drop for Sale*, New York (古草秀子訳 (2002)『水をめぐる危険な話――世界の水危機と水戦略――』河出書房新社)

Saleh, R. M. (1996) *Water Institutions in India; Economics, Law and Policy*, New Delhi.

Salman, M. A. S. and K. Uprety (2002) *Conflict and Cooperation on South Asia's International Rivers; a Legal Perspective*, Washington, D. C., World Bank.

Sangvai, Sanjay (2000) *The River and Life; People's Struggle in the Narmada Valley*, Mumbai, Earthcare Books.

Sengupta, N. (1985) *Irrigation; Traditional vs. Modern*, Delhi, Institute of Development Studies.

Sengupta, N. (1993) *User-Friendly Irrigation Designs*, New Delhi, Sage Publications.

Shah, M. and Others (1998) *India's Drylands; Tribal Societies and Development Through Environmental Regeneration*, Delhi, Oxford Univ. Press.

Shah, T. (1993) *Groundwater Markets and Irrigation Development*, Mumbai, Oxford Univ. Press.

Shankari, U. and E. Shah (1993) *Water Management Traditions in India*, Madras, PPST Foundation.

Sheth, P. (1994) *Narmada Project; Politics of Eco-Development*, New Delhi, Har-Anand Publications.

Singh, C. (1991) *Water Rights and Principles of Water Resources Management*, Mumbai, Tripathi (for the Indian Law Institute)

Singh, C. (1992) *History of Water Laws in India*, New Delhi, Indian Law Insitute.

Singh, J. (1998) *My Tryst with the Projects Bhakra and Beas*, New Delhi, Uppal Publishing House.

Singh, S. (1997) *Taming the Waters; The Political Economy of Large Dams in India*, Delhi, Oxford Univ. Press.

Shiva, V. (1991) *Ecology and the Politics of Survival; Conflicts over Natural Resources in India*, U. N. Univ. Press.

Shiva, V. (1991) *The Violence of the Green Revolution; Ecological Degradation and Political Conflict in Punjab*, Natraj Publishers (浜谷貴美子訳 (1997)『緑の革命とその暴力』日本経済評論社)

Shiva, V. (2002) *Water Wars; Privatization, Pollution, and Profit*, New Delhi, India Research Press (神尾賢二訳『ウォーター・ウォーズ』緑風出版)

Thukral, E. G. (1992) *Big Dams, Dispersed People; Rivers of Sorrow, Rivers of Change*, New Delhi, Sage Publications.

Uppal, H. L. (1989) *Resources of the Punjab; Their Potential, Utilisation and Management*, mimeo.

Vaidyanathan, A. (1999) *Water Resources Management; Institutions and Irrigation Development*, New Delhi, Oxford Univ. Press.

Verghese, B. G. (1990, 1999) *Waters of Hope; Himalaya-Ganga Development and Cooperation for a Billion People*, New Delhi, Oxford and IBH Publishing Co.

Verghese, B. G. (1994) *Winning the Future; from Bhakra to Narmada, Tehri, Rajasthan Canal*, Delhi, Konarak Publishers.

Verghese, B.G. and R. R. Iyer, ed. (1993) *Harnessing the Eastern Himalayan Rivers; Regional Cooperation in South Asia*, New Delhi, Konark Publishers (for Centre for Policy Research)

Verghese, B. G. and Others, ed. (1994) *Converting Water into Wealth*, New Delhi, Konarak.

Wilcocks, W. (1984) *Ancient System of Irrigation in Bengal* (reprint), New Delhi.

World Bank (1991) *India Irrigation Sector Review*, vols.1-2, Report No.9518-IN, Dec. 20.

World Bank (1994) *Resettlement and Rehabilitation in India*, 2 vols., Washington, D. C.

World Bank (1998) *India Water Resources Management Sector Review*, March.

World Bank (1999) *India Water Resources Management* (a set of 6 publications), The World Bank and Allied Publishers.

World Bank (2003) *Conflict and Cooperation on South Asia's International Rivers; a Legal Perspective*, Washington, D. C.

World Bank and IUCN (1997) *Large Dams; Learning from the Past, Looking at the Future*, July.

World Commission on Dams (2000) *Dams and Development; A New Framework for Decision-Making*, London, Earthscan Publications Ltd.

World Commission on Dams (2000) *Large Dams; India's Experience, Final Report prepared by R. Rangachari and Others*.

World Water Forum, The Hague (2000) *World Water Vision Commission Report; A Water Scarce World-Vision for Water, Life and Environment*, World Water Council.

World Water Forum, The Hague (2000) (nd) *Ministerial Declaration of the Hague; Water Security in the 21st Century*.

研究論文

Abraham, P. (2002) "Notes on Ambedkar's Water Resources Politics", *Economic and Political Weekly*, Nov. 30.

Amte, Baba (1990) "narmada Project; The Case against and an Alternative Perspective", *Economic and Political Weekly*, Apr. 1.

Baijal, P. and P. K. Singh (2000) "Large Dams; Can We Do Without Them ?", *Economic and Political Weekly*, May 6.

Bandyopadhyay, J. and S. Parveen (2002) *The Interlinking of Indian Rivers; Some Questions on the Scientific, Economic and Environmental Dimensions of the Proposal*, Paper Presented at Seminar on Interlinking Indian Rivers; Bane or Boon ? At IISWBM, Kolkata, 17 June.

Bandyopadhyay, J. and S. Parveen (2004) "The Doubtful Science of Interlinking", *Indiatogether*, Feb.

Bandyopadhyay, J. and S. Parveen (2004) "Interlinking of Rivers in India; Assesssing the Justifications", *Economic and Political Weekly*, Dec. 11.

Bandyopadhyay, J. and Others (2002) "Dams and Development; Report on the Policy Dialogue", *Economic and Political Weekly*, Oct. 5.

Bavadam, I. (2003) "Woes of the Displaced; Sardar Sarovar Dam", *Frontline*, Aug. 30-Sept. 12.

Bavadam, I. (2004) "Dam and Deluge", *Frontline*, vol.21, issue 19, Sept. 11-24.

Baviskar, A. (1994) "Fate of the Forest; Conservation and Tribal Rights", *Economic and Political Weekly*, vol.29, no.38.

Bharwada, C. and V. Mahajan (2002) "Drinking Water Crisis in Kutch; A Natural Phenomenon ?", *Economic and Political Weekly*, Nov. 30.

"Cauvery Dispute; a Positive Initiative" (1992), *Frontline*, Apr. 24.

Chopra, K. (2003) "Sustainable Use of Water; the Next Two Decades", *Economic and Political Weekly*, Aug. 9.

D'Souza, Roshan (2002) "Colonialism, Capitalism and Nature; Debating the Origins of the Mahanadi Delta's Hydraulic Crisis (1803-1923)", *Economic and Political Weekly*, vol.37, no.13, Mar. 30, 2002.

D'Souza, Roshan (2003) "Damming the Mahanadi River ; The Emergence of Multi-Purpose River Valley Development in India (1843-46)", *Indian Economic and Social History Review*, vol.40, no.1, pp.81-105.

D'Souza, Roshan (2003) "Supply-Side Hydrology in India; the Last Gasp", *Economic and Political Weekly*, Sept. 6.

D'Souza, Roshan, P. Mukhopadhyay And A.Kothari (1998) "Re-Evaluating Multi-purpose River Valley Projects; A Case Study of Hirakud, Ukai and IGNP", *Economic and Political Weekly*, Feb. 7, pp.297-302.

Dasgupta, P. and S. Lele (2002) "Water Resources, Sustainable Livelihood and Ecosystem Services", *Economic and Political Weekly*, May 4.

Dhagamwar, V. (1997) "The NGO Movements in the Narmada Valley; Some Reflections", in Drèze, J., M. Samson and S. Singh, ed. (1997) , *The Dam and the Nation*, pp.93-102.

Dharmadhikari, S. (1993) "State Sponsored Attack on 'Pani-Panchayat' ", *Economic and Political Weekly*, May 15.

Dhawan, B. D. (1989) "Mounting Antagonism towards Big Dams", *Economic and Political Weekly*, May 20.

Dhawan, B. D. (1989) "Water Resource Management in India; Issues and Dimensions", *Indian Journal of Agricultural Economics*, vol.44, no.4, July-Sept.

Dhawan, B. D. (1990) "How Reliable are Groundwater Estimates ?", *Economic and Political Weekly*, vol.25, no.20, May 19.

Dhawan, B. D. and K. J. S. Sarya Sai (1988) "Economic Linkages Among Irrigation Sources; A Beneficial Roel of Canal Seepage", *Indian Journal of Agricultural Econmics*, vol.43, no.4, Oct.-Dec.

"Drowned Out" (2000) , *Frontline*, Oct. 28-Nov. 10.

Ecologist (Asia), vol.11, no.1, Jan.-Mar. 2003. "Large Dams in Northeast India; Rivers, Forests, People and Power"

Fernandes, W. (1998) "Land Acquisition (Amendment) Bill, 1998; Rights of Project-Affected People Ignored", *Economic and Political Weekly*, Oct. 17-24.

Fernandes, W. (2004) "Rehabilitation Policy for the Displaced", *Economic and Political Weekly*, Mar. 20.

"Going Beyond the Narmada Valley" (2000), *Frontline*, Nov. 11-24.

Gilmartin, D. (2003) "Water and Waste; Nature, Productivity and Colonialism in the Indus Basin", *Economic and Political Weekly*, Nov. 29.

Grover, A. (2004) "Water; A National Conversation", *Indiatogether*, July.

Guhan, S. (1993) "What is Next ?", *Frontline*, vol.10, no.16, Aug. 13.

India Today, Aug. 31, 1996.

"Issues on Floods; A Symposium on Flood Control and Management" (1999), *Seminar*, 478.

Iyengar, S. (2003) "Environmental Damage to Land Resource; Need to Improve Land Use Data Base", *Economic and Political Weekly*, Aug. 23.

Iyer, R. R. (1989) "Large Dams; the Right Perspective", *Economic and Political Weekly*, Sept. 30.

Iyer, R. R. (1994) "Federalism and Water Resources", *Economic and Political Weekly*, vol.29, no.13, Mar. 26.

Iyer, R. R. (1994) "Indian Federalism and Water Resources", *International Journal of Water Resources Development*, vol.10, no.2.

Iyer, R. R. (1998) "The New National Water Policy", *Economic and Political Weekly*, May 4.

Iyer, R. R. (1998) "Scarce Resources and Language of Security", *Economic and Political Weekly*, May 16.

Iyer, R. R. (1998) "Water Resources Planning; Changing Perspectives", *Economic and Political Weekly*, Dec. 12.

Iyer, R. R. (1999) "Conflict Resolution; Three River Treaties", *Economic and Political Weekly*, June 12.

Iyer, R. R. (1999) "Centre State River Water Disputes; Some Suggestions", *Mainstream*, June 5.

Iyer, R. R. (1999) "The Fallacy of Augmentation", *Economic and Political Weekly*, Aug. 14.

Iyer, R. R. (2000) "Water Large and Small", *The Hindu Survey of the Environment*, Madras.

Iyer, R. R. (2000) "A Judgment of Grave Import", *Economic and Political Weekly*, Nov. 22.

Iyer, R. R. (2002) "Was the Indus Waters Treaty in Trouble ?", *Economic and Political Weekly*, June 22.

Iyer, R. R. (2002) "Inter-State Water Disputes Act 1956; Difficulties and Solutions", *Economic and Political Weekly*, July 13.

Iyer, R. R. (2002) "The Cauvery Tangle; What's the Way Out ?", *Frontline*, vol.19, no.19, Sept. 14-27.

Iyer, R. R. (2002) "Linkng of Rivers; Judicial Activism or Error ?", *Economic and Political*

Weekly, Nov. 16.

Iyer, R. R. (2002) "A Cauvery Debate", *Frontline*, vol.19, no.24, Nov. 23-Dec. 6.

Iyer, R. R. (2002) "Linking of Rivers; Vision or Mirage ?", *Frontline*, vol.19, no.25, Dec. 7-20.

Iyer, R. R. (2003) "Cauvery Dispute; a Dialogue between Farmers", *Economic and Political Weekly*, June 14.

Iyer, R. R. (2003) "Making of a Subcontinental Fiasco", *Himal South Asian*, Aug.

Iyer, R. R. (2003) "Need of Caution", *Himal South Asian*, Sept.

"Linking of Rivers; EPW Letter to Editor" (2002), *Economic and Political Weekly*, Dec.7; (2003), Feb. 1, July 12.

Jayaranjan, J. (1998) "Cauvery Dispute; Changing Paradigms", *Economic and Political Weekly*, vol.33, no.46, Nov. 14.

Kapoor, S. (1999) "Flooding Corruption", *Seminar*, 478.

Krishnakumar, R. (1999) "The Kosi Untamed", *Frontline*, vol.16, Sept. 20-Oct. 8.

"Let Naidu Take a Lead in Inter-Linking of Rivers" (2002), *Organiser*, vol.54, no.15, Oct. 27.

Levien, M. (2003) "Gujarat; Leaked White Paper on Dam Alternatives", *Economic and Political Weekly*, Dec. 27.

"Linking of Rivers, Need for Reconsideration; a Memorandum to the Prime Minister of India" (2003), *Dams, River & People*, vol.1, issue4-5, May-June.

Lokayan Bulletin (1991), Special Issue on Dams on the River Narmada, vol.9, nos.4/5.

Mathew, K. (1989) "Satyagraha by Sardar Sarovar Oustees", *Economic and Political Weekly*, Mar. 18.

Mehta, L. (2003) "Contexts and Construction of Water Scarcity", *Economic and Political Weekly*, Nov. 29.

Menon, M. S. (2003) "Sardar Sarovar Project; Another Perspective", *Economic and Political Weekly*, Sept. 23.

Menon, P. (2002) "A Difficult Turn on Cauvery", *Frontline*, vo.19, no.21, Oct. 12-25.

Menon, P. (2003) "A Positive Dialogue; the Cauvery Dispute", *Frontline*, vol.20, no.10, May 10-23.

Menon, P. (2003) "Growing Trust; the Cauvery Dispute", *Frontline*, vol.20, no.13, June 21-July 4.

Menon, P. and T. S. Subramanian (2002) "The Cauvery Tussle", *Frontline*, vol.19, no.19, Sept. 14-27.

Menon, P. and T. S. Subramanian (2002) "CRA, CMC and Supreme Court", *Frontline*, vol.19, no.19, Sept. 14-27.

Menon, P. and T. S. Subramanian (2002) "Contempt and Compliance", *Frontline*, vol.19, no.23, Nov. 9-22.

Mishra, D. K. (1999) "The Embankment Trap", *Seminar*, 478. Special Issue on Floods.

Mishra, D. K. (1997) "The Bihar Flood Story", *Economic and Political Weekly*, Vol.32.

Mitra, A. (1989) "Mounting Antagonism towards Big Dams", *Economic and Political Weekly*, Aug. 5.

Moench, M. (1992) "Drawing Down the Buffer; Science and Politics of Ground Water Management in India", *Economic and Political Weekly*, vol.27, no.13, Mar. 28.

Moench, M. (1998) "Allocating Common Heritage; Debates over Water Rights and Governance Structure in India", *Economic and Political Weekly*, June 27.

Moily, M. V. (2001) "For Equitable Sharing of Water; Water Policy", *Frontline*, vo.18, no.10, May 12-25.

Moily, M. V. (2002) "Need or Greed ?", *Frontline*, vol.19, no.21, Oct. 12-25.

Mukta, P. (1990) "Worshipping Inequalities; Pro-Narmada Dam Movement", *Economic and Political Weekly*, Oct. 13.

Muralidharan, S. (1993) "Opting Out of the Loan; the Narmada Valley Project", *Frontline*, Apr. 23.

Padmanabhan, R. (1993) "Meandering on the NBA-dam Lobby Tussle; the Sardar Sarovar Project", *Frontline*, Aug. 28.

Patel, J. (1990) "Who Benefits Most from Damming the Narmada", *Economic and Political Weekly*, Dec. 29.

Patel, J. (1994) "Is National Interest Being Served by Narmada Project ?", *Economic and Political Weekly*, July 23.

Patkar, M. (2002) "Illogical Verdict", *The Week*, Nov. 5.

Poff, N. L. et al. (1996) "The Natural Flow Regime; A Paradigm for River Conservation and Restoration", *BioScience*, vol.47, no.11.

Prasad, T. (2004) "Interlinking of Rivers for Inter-Basin Transfer", *Economic and Political Weekly*, Mar. 20.

Ramachandran, R. (2000) "Dealing with Drought", *Frontline*, June 10-23.

Rangachari, R. (1999) "Some Disturbing Questions", *Seminar*, 478, June.

Rao, H. (2002) "Sustainable Use of Water for Irrigation in Indian Agriculture", *Economic and Political Weekly*, May 4.

Rath, N. (2002) "Linking Rivers; Some Elementary Arithmetic", *Economic and Political Weekly*, July 19.

Reddy, V. R. (2003) "Irrigation; Development and Reforms", *Economic and Political Weekly*, Mar. 22-29.

Reddy, V. R. (2003) "Land Degradation in India; Extent, Costs and Determinants", *Economic and Political Weekly*, Nov. 1.

"Regulated Rivers, Research and Management (RRR)", *Geographical Review*, 335, 1995.

Roy, Arundathi (1999) "The Narmada Dam Story; the Greater Common", *Outlook*, May 24 and *Frontline*, June 4.

Roy, Arundathi (2000) "The Cost of Living", *Frontline*, Feb. 5-8.

Sebastian, P. A. (1992) "Cauvery Water Dispute and State Violence", *Economic and Political Weekly*, July 4.

Sen, J. (1995) "National Rehabilitation Policy; a Critique", *Economic and Political Weekly*, Feb. 4.

Shah, T. (2004) "Water and Welfare; Critical Issues in India's Water Future", *Economic and Political Weekly*, Mar. 20.

Shah, T., C. Scott and S. Buechler (2004) "Water Sector Reforms in Mexico; Lessons for India's New Water Policy", *Economic and Political Weekly*, Jan. 24.

Sharma, R. (2002) "Mood in Karnataka", *Frontline*, vol.19, no.19, Sept. 14-27.

Singh, R. (2003) "Interlinking Rivers", *Economic and Political Weekly*, May 10.

Singh, R. (2003) "Interlinking Rivers", *Economic and Political Weekly*, Oct. 4.

Singh, S. (2003) "Linking of Rivers; Submission to Prime Minister", *Economic and Political Weekly*, Oct. 4.

Smita (1993) "Desparate Measures; Police Repression of Anti-Dam Movement at Alirajpur", *Economic and Political Weekly*, May 19.

Subramanian, T. S. (2001) "Waiting for Cauvery Waters", *Frontline*, vl.18, no.20, Sept. 29-Oct. 12.

Subramanian, T. S. (2001) "Cauvery Pressures", *Frontline*, vol.18, no.22, Oct. 27-Nov. 9.

Subramanian, T. S. (2002) "An Award in Sight", *Frontline*, vol.19, no.5, Mar. 2-15.

Subramanian, T. S. (2002) "Mixed Response in Tamil Nadu", *Frontline*, vol.19, no.19, Sept. 14-27.

Subramanian, T. S. (2003) "Distress in the Delta", *Frontline*, vol.20, no.21, Oct. 11-24.

Swami, P. (1993) "Some Compromise; Mixed Trends at the Negotiation", *Frontline*, July 30.

Swami, P. (1999) "A Fusion of Politics and Religion", *Frontline*, vol.16, no.9, Aug. 24 -May 7.

Swami, P. (2002) "A Canal for Campaign", *Frontline*, vol.19, no.16, Mar. 1.

Swami, P. (2003) "A Battle for Water", *Frontline*, vol.20, no.3, Feb. 1-14.

Thakkar, H. (2003) "Let's Have Our Feet on Ground, Mr. Prabhu", *Dams, River & People*, vol.1, issue 2-3, Mar.-Apr.

Thakkar, H. (2003) "Verghese in Denial", *Himal South Asian*, Sept.

Thukral, G. (1986) "Jinxed Link; Sutlej-Yamuna Canal", *India Today*, Nov. 30.

Upadhayay, V. (2002) "Water Management and Village Groups; Role of Law", *Economic and Political Weekly*, Dec. 7.

Upadhayay, V. (2004) "Cart before the Horse", *Indiatogether*, May.

Vaidyanathan, A. (2003) "Interlinking of Rivers, 1 and 2", *Hindu Business Line*, Mar. 26, 27.

Vaidyanathan, A. (2003) "Interlinking of Peninsular Rivers; a Critique", *Economic and Political Weekly*, July 5.

Vaidyanathan, A. (2004) "Managing Water; Book Review of Water; Perspectives, Issues, Concerns, by R. Iyer, 2003", *Economic and Political Weekly*, Jan. 24.

Venkatesan, V. (1998) "A Deal Clinched", *Frontline*, vol.15, no.18, Sept. 11.

Venkatesan, V. (1998) "An Authority on Test", *Frontline*, vol.15, no.23, Nov. 20.

Venkatesan, V. (1999) "Triumph for Gujarat", *Frontline*, vol.16, no.6, Mar. 26.

Venkatesan, V. (1999) "At a Crossroad; Narmada Valley Project", *Frontline*, May 21.

Venkatesan, V. (1999) "Threat of Submergence", *Frontline*, July 16.

Venkatesan, V. (2000) "The Debate on Big Dams", *Frontline*, Feb. 2.

Venkatesan, V. (2001) "Contempt in Question", *Frontline*, May 12-25.

Venkatesan, V. (2002) "Limits of Federal Mediation", *Frontline*, vol.19, no.19, Sept. 28-Oct. 11.

Venkatesan, V. (2002) "Distress over a Formula", *Frontline*, vol.19, no.19, Sept. 14-27.

Venkatesan, V., R. Sharma and T. S. Subramanian (2002) "In Denial Mode", *Frontline*, vol.19, no.22, Oct. 26-Nov. 8.

Verghese, B. G. (1999) "A Poetic License", *Outlook*, July 5.

Verghese, B. G. (2002) "The Ebb and the Flow", *The Week*, Oct. 20.

Verghese, B. G. (2003) "Exaggerated Fears on 'Linking Rivers'", *Himal South Asian*, Sept.

Wallach, B. (1984) "Irrigation Development in the Krishna Basin since 1947", *Geographical Review*, vol.74, no.4, Apr.

Whitehead, J. (2003) "Space, Place and Primitive Accumulation in Narmada Valley and Beyond", *Economic and Political Weekly*, Oct. 4.

インターネット

政府部局・外郭団体

Andhra Pradesh, Govt. of (http://www.ap.gov.in)

Bhakra Beas Management Board (http://www.bhakra.nic.in)
Gujarat, Govt. of (http://www.gujaratindia.com)
Haryana, Govt. of (http://www.haryana.nic.in)
India, Govt. of, Ministry of Water Resources (http://www.wrmin.nic.in)
Karnataka, Govt. of (http://www.karnatakainformation.in)
Maharashtra, Govt. of (http://www.maharashtra.gov.in)
Narmada Control Authority (http://www.nca.nic.in)
Sardar Sarovar Narmada Nigam Ltd. (http://sardarsarovardam.com)
Punjab, Govt. of (http://punjabgovt.nic.in)
Rajasthan, Govt. of, Irrigation Dept. (http://www.rajirrigation.com)
Tamil Nadu, Govt. of (http://www.tn.gov.in)

NGO

Friends of the River Narmada (http://www.narmada.org)
Tarun Bharat Sangh (http://www.tarunbharatsangh.org)

新聞・雑誌

Dams, River & People (http://www.narmada.org/sandrp)
The Economic and Political Weekly (http://www.epw.org.in)
Frontline (http://www.thehinduonnet.com.fline)
Himal South Asian (http://www.himalmag.com)
The Indian Express (http://indianexpress.com)
The Hindu (http://www.thehinduonnet.com)
Organiser (http://www.organiser.org)
Outlook (http://www.outlookindia.com)
The Times of India (http://www.timesofindia.com)
The Tribune (http://www.tribuneindia.com)

索引

本文からのみ採録し、図表・注からは採録しない。

事項

【数字・アルファベット】

1892年マドラス・マイソール協定　104
1894年土地収用法（Land Acquisition Act of 1894、1984年改正）　181, 200
1914年調停　105
1919年インド統治法　37
1924年協定　106-109, 111, 112, 122, 126, 127, 287
1935年インド統治法　37, 38, 141
1942年インダス河委員会　122, 142
1953年アーンドラ州法（Andhra State Act）　42, 78
1955年協定　146, 151
1956年河川審議会法　ii, v, 42, 44, 51, 82, 159, 360, 400
1956年州際水紛争法　ii, v, 43, 45, 71, 115, 125, 126, 132, 153, 159, 169, 170, 224, 276, 281, 292, 345, 360, 389
1957年違法活動（予防）法（Unlawful Activities [Prevention] Act, 1957）　254
1960年インダス河水系協定　149
1966年パンジャーブ州再編法　55, 59, 133, 150, 292, 390
1971年法廷侮辱法（Contempt of Courts Act, 1971）　252
2002年用水政策（National Water Policy 2002）　363, 392
2004年協定破棄法案（Termination of Agreements Bill）　291
5名委員グループ　219-221
ARCH-Vahini →村落社会保健・開発行動調査

CMC（カーヴェーリ河監視委員会）　281, 285
CRA →カーヴェーリ河委員会
CWC →中央用水委員会
CWINC →中央水路・灌漑・水運委員会
CWPC →中央水・電力委員会
NBA →ナルマダー河救おう運動
NCA →ナルマダー管理委員会
NDA →国民民主連合
NGO（非政府組織）　46, 73, 163, 187, 202, 204, 206, 210, 214-217, 223, 230, 232, 251, 252, 254, 259, 272, 287, 297, 301, 369, 372, 374, 378, 392
SSP →サルダル・サロヴァル・プロジェクト
SYL用水路→サトラジ・ヤムナー連結用水路
UPA →統一進歩連合

【あ行】

アカリ・ダル　152, 153, 288, 291
アッサム　11, 16, 63-65, 365, 372, 376
アッパー・ジェーラム用水路　139, 347
アッパー・チェナーブ用水路　139, 347
アッパー・バリー・ドアーブ用水路　137
アッパー・ヤムナー河審議会（Upper Yamuna River Board=UYRB）　65, 66, 68
アッパー・ヤムナー河検討委員会（Upper Yamuna Review Committee = UYRC）　68
アーナンド・ニケタン・アーシュラム　202
アフマダーバード　223, 249, 257, 307, 370, 371
アラビア海　74, 134, 352
アルナチャル・プラデーシュ　63, 64
アルマッティ・ダム　278, 280
アーンドラ・プラデーシュ　15, 16, 24, 27, 29, 32, 33, 44, 45, 51, 52, 72, 76, 79, 80, 82-87, 89, 91, 92, 95, 96, 98-100,

索引　421

109, 232, 278-281, 326, 333, 337, 347, 365, 371, 376, 390
イギリス政府インド省　140
溢流用水路　139
インダス　11, 55, 59, 72, 121, 122, 134, 136, 137, 139, 141, 142, 145, 149, 177, 387, 390, 399
インダス河水系　132-134, 399
インダス河水系協定（The Indus Waters Treaty）　133, 149, 347
インチャンパリ（Inchampally）　95, 96, 98-100, 252, 353, 355
インディラ・ガンディー用水路　147
インド・ウォーター・パートナーシップ（India Water Partnership）　259
インド河川連結全国市民社会委員会（National Civil Society Committee on Interlinking of Rivers in India＝NCSCIR）　376
インド経営研究所付属開発・環境政策センター（Centre for Development and Environment Policy）　259
インド経済成長研究所（Institute of Economic Growth）　30
インド憲法　38, 39, 42, 51, 85, 91, 125, 145
インド工科大学（Indian Institutes of Technology）　350, 370
インド国際会館　372
インド国内灌漑・排水委員会（Indian National Committee on Irrigation and Drainage）　30, 33
インド産業連合　370
インド商工会議所連合　365, 370
インド人民党（BJP）　60, 159, 231, 244, 245, 279, 282, 363, 365, 376, 377, 380, 395
インド水資源協会（Indian Water Resources Society）　30, 31
インド制憲議会　38
インド政府水資源省　v, 53, 114, 115, 182, 219, 245, 275, 285, 321, 358, 365, 366, 372, 375, 400
インド政府法務長官　379
インド地質調査局（Geological Survey of India＝GSI）　315
インド独立法　85
インド洋熱帯性低気圧　9
飲料水　ii, 19, 67, 182, 197, 238, 245, 249, 257, 297, 306, 333, 337, 377, 380
ヴァイガイ　32, 346, 353, 355, 363
ヴィジャヤワダ　76, 77, 84, 99, 353, 355, 374
ウェスト・ベンガル　11, 15, 16, 24, 39, 51, 337, 365, 372, 374, 376
ウッタル・プラデーシュ　15, 16, 24, 29, 44, 45, 53, 54, 58, 65-67, 157, 290, 326, 328, 337, 339, 352, 371
ウッタルアンチャル　371
エコノミック・アンド・ポリティカル・ウィークリー（Economic and Political Weekly）　ii, 72
エラディ審判所　153, 155, 157, 290
沿岸権　43, 91, 122, 133, 143, 184, 287
沿岸権州（Riparian State）　43, 122
大堰（Grand Anicut）　104, 107, 355
オリッサ　15, 16, 24, 45, 89, 91-97, 99, 168, 232, 337, 365, 370, 371, 372, 374

【か行】

カーヴェーリ　v, 18, 27, 32, 33, 42, 71-73, 102, 104-111, 113, 115, 117, 121, 122, 125-130, 281, 282, 285-287, 345, 349, 351-353, 355, 363, 364, 388-390, 399
カーヴェーリ河委員会（Cauvery Water Authority＝CRA）　114-116, 118-120, 281-286, 345, 390
カーヴェーリ河水紛争　45, 110, 121, 122, 159, 281, 284, 286, 377, 378, 394, 399
カーヴェーリ河水紛争審判所　72, 112, 114, 115, 122, 125, 286
カーヴェーリ三角州農民協会（Cauvery

Delta Farmers Association=CDFA） 284
カーヴェーリ流域委員会（Kavery Valley Authority） 110
科学・環境センター（Centre for Science and Environment ＝ CSE） 223, 378, 392
河川審議会 v, 42-44, 47, 51, 81, 82
河川連結（流域変更）案（Interlinking of Rivers） 73, 345
河川連結構想 ii, vi, 32, 73, 285, 363, 365, 369-372, 375, 377-380, 387, 391-393
ガッガル河 136
カビニ・ダム 128, 283
カーブル河 134, 136
カルナータカ 15, 27, 44, 45, 51, 52, 72, 76, 84, 86, 87, 89, 92, 99, 102, 109, 110-114, 116-119, 121-123, 125-130, 159, 249, 278-287, 318, 333, 337, 338, 347, 353, 365, 371, 376, 378, 380, 390, 394
カルナータカ州農民組合（Karnataka Rajya Raitha Sangha=KRRS） 283
ガンガー ii, 102, 121, 348, 349, 353, 354, 358, 363, 364
ガンガー・ブラーフマプトラ河水系 ii
ガンガー河・カーヴェーリ河連結路線案 348
環境影響評価 195, 220, 234, 241, 376
環境・管理センター（Centre for Environment and Management） 376
環境・森林省 39, 182, 191, 192, 195, 196, 208, 212-214, 223, 224, 239, 241, 270-272, 299, 372
環境小グループ（Environment Sub-Group） 223, 224, 239, 240, 256, 298
環境保護法（Environmental Protection Act, 1986） 40, 241
環境防衛基金 215-217, 274
旱魃 vi, 11, 33, 185, 192, 232, 282, 285, 346, 347, 351, 352, 364, 365, 369, 371, 373, 378

旱魃多発地域 279
ガンディー平和センター 378
季節的河川（seasonal rivers） 13
救済・更生小グループ（Relief and Rehabilitation Sub-Group） 223, 239, 242, 248
居住国際連合（Habitat International Coalition） 259
巨大主義病 230
共管項目 39, 380
共同事項表 38
共同体の資源（a community resource） 379
グジャラート 11, 15, 16, 20, 24, 29, 32, 33, 42, 44, 45, 79, 91, 162-164, 167-185, 187, 189-192, 195-198, 201-207, 209-215, 218-221, 224-226, 228, 230-233, 235-238, 240, 242, 244-246, 248-250, 253-257, 259, 270-276, 293, 294, 296-300, 306, 307, 318, 326, 333, 337, 338, 345, 349, 371, 393
苦情処理機構（Grievance Redressal Authority＝GRA） 224, 225, 233, 236, 239, 240-242, 248, 258, 276, 295-298
クッタライ河床調整工 108
グランド（会議） 231
クリシュナー v, 11, 27, 33, 42, 45, 47, 71-74, 76-87, 91, 92, 94-99, 102, 278-281, 283, 345-347, 351-353, 355, 364, 374, 389, 400
クリシュナー河・ゴダーヴァリー河委員会 79, 94
クリシュナー河・ペンネール河プロジェクトの放棄 77
クリシュナー河水紛争 45, 52
クリシュナー河水紛争審判所 52, 82, 83, 98, 278, 280
クリシュナラージャ・サーガル 105-107, 111
クルヴァイ作稲 102
渓谷への行進（The Rally for the Valley）

索引 423

228

計画委員会　30, 32, 33, 60, 76-79, 91, 92, 108, 109, 151, 167, 168, 196, 219, 272, 295, 299-301, 306, 322, 358, 360, 361, 363, 365, 368, 372, 373, 380

芸術・文学騎士賞（Chevalier des Arts et des Letters）　249

ケーララ　16, 45, 102, 109-112, 114, 116, 117, 119, 125, 127-130, 281, 285, 286, 346, 352, 353, 370-372, 374, 376, 378

懈怠　235, 243

ゴア　371, 372, 376

公益訴訟（裁判）　223, 364

公益の名のもとに（The Greater Common Good）　229

公共管井戸　326

更生闘争委員会（Punarwasan Sangharsh Samiti = PSS）　251, 253, 301

耕作可能給水地面積（Cultivable Command Area = CCA）　19

衡平　83, 84, 122, 127, 129, 143, 151, 177, 184, 222, 372

衡平な配分　84, 85, 95, 97, 122, 127, 130, 172, 185, 287, 371

衡平配分の理論（Doctrine of equitable apportionment）　184

国際ナルマダー・シンポジウム　216, 273

国際河川　ii, 132, 287, 375, 387

国際開発協会　192

国際大規模ダム委員会（International Commission on Large Dams = ICOLD）　19, 231

国際連合　191, 271, 375

国際灌漑・排水委員会（International Commission on Irrigation and Drainage）　30

国民民主連合（National Democratic Alliance = NDA）　307, 363, 376, 377, 380

国立農業・農村開発銀行（National Bank for Agriculture and Rural Development = NABARD）　316, 322, 328, 330, 338

国連「環境と開発」会議　216
国連の淡水年　370
ゴダーヴァリー　v, 11, 42, 47, 71, 76, 80, 81, 83, 89, 91, 93-100, 102, 345, 351-353, 355, 364, 374, 393, 400
ゴダーヴァリー河水紛争　45
ゴダーヴァリー河水紛争審判所　96, 101
ゴダーヴァリー河流域　80, 82, 89, 91-93, 95
ゴダーヴァリー三角州用水路体系　91
国境道路公団（Border Roads Organisation）　289
コロマンデル海岸　377

【さ行】

サイクロン（台風）　9
最高裁判所　39, 43, 46, 47, 66, 83, 111, 113-115, 118, 119, 125, 126, 152, 153, 175, 176, 187, 189, 205, 218-221, 223, 225, 226, 228, 230-233, 239, 241, 245, 246, 248, 249, 251, 252, 255-259, 275, 276, 278, 279, 281-284, 287-294, 301, 307, 346, 364, 365, 369, 372, 373, 379, 380, 391
最高裁判所判決（サルダル・サロヴァル・ダム）　73, 221, 233, 241, 244, 245, 247-250, 254, 276, 294, 297, 391, 400
サウラーシュトラ　167, 180, 250, 298, 306
サウラーシュトラ地方　297, 333
サッカル堰プロジェクト　139, 140
サッカル堰用水路　141
サッチャーグラハ　218, 232, 251, 273, 276, 296, 301
サトラジ河　55, 56, 58, 61, 134, 136, 137, 139, 140, 142, 145-149, 347
サトラジ・ダム（バークラー）・プロジェクト　139
サトラジ・ダム・プロジェクト　140
サトラジ・ヤムナー連結用水路（Sutlej Yamuna Link Canal = SYL Canal）　152,

155-157, 286, 288-291
サトラジ流域プロジェクト 139
サーバルマティー 17, 18, 354, 358
サルカリア委員会（Sarkaria Coimmission）46
サルダル・サロヴァル・ダム 163, 164, 179-182, 188, 191, 202, 218, 223, 225, 226, 228-234, 244-248, 255, 257, 275, 276, 298, 301, 306, 307, 345, 365
サルダル・サロヴァル・ナルマダー公社（Sardar Sarovar Narmada Nigam Ltd. ＝ SSNN） 187
サルダル・サロヴァル・プロジェクト（Sardar Sarovar Project ＝ SSP） 179, 183, 187, 189, 191, 192, 195-197, 200, 207, 208, 210, 211, 214-216, 218-220, 223, 224, 230, 231, 233, 235, 246-248, 250, 253, 254, 259, 270-276, 299, 300, 302, 306, 307, 393, 399, 400
サルダル・サロヴァル・プロジェクト被影響者再定住・更生援助委員会（Committee to Assist the Resettlement and Rehabilitation of the Sardar Sarovar Project-Affected Persons） 250
三重用水路（Triple Canal） 347
三重用水路プロジェクト 139
暫定命令 45, 72, 112-116, 118, 119, 129, 130, 225, 226, 276, 281, 284, 364
ジェーラム河 134, 137, 139, 347
ジェーラム用水路 137, 139, 347
島状（タプ地［tapu］） 200, 201, 209, 251, 296, 299, 306
市民的自由国民評議会（National Council for Civil Liberties） 254, 255
資源管理・経済発展研究所（Institute of Resource Management and Economic Development ＝ IRMED） 259
社会知識・行動センター（Centre for Social Knowledge and Action ＝ SETU） 202
社会の公正・権限賦与省（Ministry of Social Justice and Empowerment） 223, 224
ジャールカンド 371
ジャルシンディ協定 168, 173
シャルダー河 290
ジャンムー・カシミール 15, 24, 55, 58, 132, 134, 136, 141, 146, 289, 293
周年河川（perennial rivers） 13, 158
周年用水路 139
州管轄事項表 38
州再編法（States Reorganization Act） 42, 91, 108, 109
州際水紛争（改正）法（Inter-State Water Disputes ［Amendment］ Act, 2002） 47, 390
州際水紛争審判所 ii, 395
州立法事項表 38
小規模プロジェクト 19, 95
象徴的禁固刑 256
蒸発率 11
新政策 206
新農業戦略 18, 392
森林（保全）法（Forest ［Conservation］ Act, 1980） 40, 191
水域（Water Bodies） 13, 15, 16
水資源省 v, 46, 51, 53, 55, 61, 66, 68, 196, 219, 220, 223, 245, 246, 275, 289, 321, 337, 350, 358, 359, 365, 366, 375, 380, 400
水資源省通達 SO675（E） 115
スィドナーイー用水路 137, 139
スィルヒンド用水路 137, 139, 146, 354
スライマーンキー 136, 141
スリサイラム右岸用水路 279
スリサイラム左岸用水路 279
スワト河 134, 136
生態基金（Ecological Foundation） 372
政府機密法（Official Secrets Act） 393
世界ダム委員会 231, 244-246, 254
世界銀行 73, 133, 145, 146, 149, 163, 164, 191, 192, 195, 196, 202-206, 208, 210,

213-218, 230, 231, 243, 270-275
世界水パートナーシップ（Global Water Partnership） 30
世界水フォーラム（World Water Forum） 30, 232
世界保全連合（World Conservation Union） 231
世界連帯行動（Action for World Solidarity） 216, 273
政策研究センター（Centre for Policy Research） iii, 359, 372
全印アンナ・ドラヴィダ進歩連盟（AI-ADMK） 282
全国荒蕪地開発庁（National Wasteland Development Board） 372
全国降雨収集計画（National Water Harvesting Programme） 377
全国水行脚（Rashtriya Jal Yatra） 378
全国水意識覚醒運動（National Water Literacy Campaign, Rashtriya Jal Yatra＝水行脚） 371
全国水会議（Rashtriya Jal Sammelan） 369, 371, 378
全国統合的水資源開発計画委員会（National Commission for Integrated Water Resources Development Plan＝NCIWRDP） 30, 32, 33, 358, 360, 363, 372, 373
全国民衆水フォーラム宣言（水保全・権利・解放宣言） 371
全国用水グリッド（National Water Grid Plan） 348
全国用水開発公社（National Water Development Agency＝NWDA） 349, 350, 359, 361, 365-367, 380
全国用水開発展望（National Perspective for Water Development） 350
全国用水政策（National Water Policy）(1987年) 361
全国用水政策（2002年） 333, 363, 378
村落社会保健・開発行動調査（Action Research for Community Health and Development＝ARCH-Vahini） 189, 190, 202-206, 208, 213-215, 270, 271

【た行】

代替的開発 211, 218, 221, 230, 253
大規模ダム ii, iii, 19, 163, 221, 223, 228-232, 244, 246, 253, 259, 270, 391, 393
大規模プロジェクト 19, 31, 32, 109, 169, 280, 373, 379, 393
大規模河川 11
第3回世界水会議（京都フォーラム） 371
タイムズ・オブ・インディア紙（The Times of India） iii
多角的行動調査グループ（Multiple Action Research Group＝MARG） 214
タースク・フォース（河川連結） 363-370, 372, 374-376, 378
タースク・フォース（河川連結）設置決議 365
タータ社会科学研究所（Tata Institute of Social Sciences＝TISS） 189, 207, 209, 212, 273, 274
正しき生活賞（Right Livelihood Award） 218
立ち退き ii, 46, 73, 78, 174, 175, 179, 181, 183, 185, 188, 190, 191, 195-198, 200-205, 207-211, 213, 214, 218, 220-222, 225-227, 232-237, 240, 242, 243, 246-251, 253-259, 270, 271, 275, 276, 293-295, 297-302, 307, 345, 346, 352, 369, 372, 376, 378, 379, 391, 393, 394
タドヴィ族（Tadvis） 197
ターピー 352, 353, 355, 374
タブ地→島状
タミル・ナードゥ 9, 15, 24, 27, 32, 33, 44, 45, 72, 102, 109-119, 121-123, 125-130, 159, 281-287, 333, 337, 338, 346, 347, 364, 371, 374, 390, 394

溜池（tanks and ponds） 15, 78, 86, 355, 388
ダム 20, 23, 45, 62, 64, 79, 105-107, 126, 128, 139, 162, 163, 167, 168, 171-173, 177, 180, 181, 195, 197, 198, 211, 215, 220, 221, 224-226, 231, 233, 234, 236-240, 242, 244-251, 253, 254, 256, 258, 259, 278, 279, 294-301, 306, 325, 346, 347,
ダム・河川・民衆南アジア・ネットワーク（South Asia Network on Dams, River & People ＝ SANDRP） 372
ダモダル河 38, 39, 51
ダモダル河流域公社法（Damodar Valley Corporation Act, 1948） 38
タラディ作稲 102
タール砂漠 348
タル・プロジェクト 139-141
タンジャーヴール 102, 107, 110, 118, 285
チェナーブ河 134, 136, 137, 139, 140, 347
チェナーブ用水路 137, 139, 347
チェランブンジ i
チェンナイ 72, 228, 259, 284, 347, 371, 377
地下水 i, ii, v, 16, 18, 19, 23, 31-34, 67, 68, 87, 100, 192, 222, 237, 289, 315, 318, 320-323, 325, 326, 328-333, 337, 338, 339, 354, 358, 359, 363, 377, 387, 389, 391-394, 400
地下水（管理・規制）法案（Groundwater [Control and Regulation] Bill） 338
地下水位低下 ii, 332, 333
地下水過剰開発 332, 337, 339, 392
地下水過剰開発委員会 316
地下水推計委員会（Groundwater Estimation Committee） 316, 317, 333
地下水涵養量 316
地権サッチャーグラハ 301
チトラクート宣言 378

チャッティスガル 248, 371
中央・州関係委員会 380
中央・州政府水資源・電力大臣会議 370
中央・南部花環用水路 350
中央水・電力委員会（Central Water and Power Commission＝CWPC） 76, 79, 92-94, 166, 167, 171,
中央水路・灌漑・水運委員会（Central Waterways, Irrigation and Navigation Commission ＝ CWINC） 166
中央地下水審議会（Central Groundwater Board ＝ CGB） 315-317, 319
中央電力庁（Central Electricity Authority＝CEA） 29
中央用水委員会（Central Water Commission＝CWC） 16, 53, 54, 59, 65, 66, 100, 116, 117, 164, 270, 285, 286, 289, 307, 349, 350, 359, 375
中規模プロジェクト 19
貯水池（reservoirs） 13, 15, 20, 52, 57, 59, 67, 104-108, 111, 112, 119, 126-128, 147, 174, 181, 182, 200, 202, 222, 250, 282, 283, 322, 325, 347, 353, 377, 379
ティパイムク・ダム 64
溺死による自己犠牲（Jal Samarpan） 219, 229
天然流水（natural run off） 16
デリー 11, 30, 45, 55-58, 65-67, 151, 152, 156, 188, 204, 211, 223, 226, 228, 256, 259, 273, 288, 290, 293, 337, 350, 359, 372, 374, 392
テレグ・ガンガー 279
テレグ・ガンガー・プロジェクト 346, 347
テレグ・デーサム党 280
統一進歩連合（United Progressive Alliance ＝ UPA） 285, 292, 307, 377, 378, 380
ドゥレ監獄 229, 296
トゥンガバドラー河 44, 51, 76, 346
トゥンガバドラー河審議会（Tungabhadra

索引 427

Board) 51, 52
独立調査団 216
土木工学学会（Institution of Engineers）365
ドラヴィタ進歩連盟＝DMK 282
トリビューン紙 72
トリプラ 62, 337

【な行】

ナーシク地方事務所 295
ナーガルジュナ・サーガル・プロジェクト 79
ナルマダー 17, 353, 355
ナルマダー河 v, 45, 71-73, 102, 162, 164, 166, 167, 171-174, 176, 177, 179, 183, 185, 195, 200, 212, 227, 229, 233, 237, 243, 244, 248, 249, 257, 296, 306, 345, 349, 374, 391
ナルマダー河水紛争 45, 166, 169, 293
ナルマダー河水紛争審判所 164, 170, 182-185, 187, 189, 200, 202, 204, 206, 220, 223, 225, 233, 235, 254, 270, 294, 296, 301, 399
ナルマダー河水紛争審判所最終命令 178
ナルマダー河水紛争審理の予備論点 170
ナルマダー管理委員会（Narmada Control Authority＝NCA） 44, 162, 182, 186, 187, 197, 212, 220, 223, 224, 227, 228, 239, 240, 243, 245, 248, 250, 251, 253-258, 272, 294, 297, 298, 300, 307
ナルマダー河救おう運動（Narmada Bachao Andolan＝NBA） 73, 188-190, 207, 211-216, 218-223, 226-230, 232, 233, 235, 238, 241-249, 251-259, 272-276, 294-301, 306, 307, 346, 365, 372
ナルマダー渓谷開発プロジェクト 189
ナルマダー渓谷新生活委員会（Narmada Ghati Navnirman Samiti＝NGNS） 190, 272
ナルマダー・サーガル・プロジェクト 181, 196, 227
ナルマダー・サマルタン（Narmada Samarthan） 254
ナルマダー水利計画（Narmada Water [Amendment] Scheme 1990） 182
ナルマダー・ダム被影響者委員会（Narmada Asargrashta Samiti＝NAS） 190
ナルマダー・ダム土地死守委員会（Narmada Dharangrast Samiti＝NDS） 190, 207, 272
ナルマダー被影響者闘争委員会（Narmada Asargrasta Sangharsha Samiti） 204
ナルマダー流域復興委員会 207
南西モンスーン 9, 74, 89, 102
ナンドゥル・マヘシュワル・ゴダーヴァリ用水路 91
ナンドゥルバル県庁 296
南部地域協議会 109
ニザーム・サーガル・プロジェクト 91
西ガーツ山脈 11, 74, 76, 77, 349, 352
西ヤムナー用水路 157, 354
ニマド地域 198
ニヤーヤグラハ 232
ニューデリー 60, 68, 115, 117, 125, 127, 131, 145, 214, 228, 231, 252, 283, 285, 286, 300, 349, 366, 367, 370, 371, 376, 378, 392
ネパール 290, 348, 349, 353, 370, 373, 375, 387
ネパールのエネルギー開発公社（Energy Development Authority＝EDA） 361
農業再融資公社 316

【は行】

ハイデラーバード 76-79, 84, 85, 91-93, 376
バイラビ多目的プロジェクト 64
ハヴェーリー・プロジェクト 139-142

パークパタン用水路　141
バークラー運営審議会（Bhakra Management Board）　55, 150, 151
バークラー幹線用水路　290
バークラー管理審議会（Bhakra Control Board）　146
バークラー諮問審議会（Bhakra Advisory Board）　146
パグラディヤ・ダム・プロジェクト　63, 65
バークラー・ナンガル・プロジェクト　55, 57, 150, 348
バークラー・ナンガル事業　147, 148
バークラー・ビアース運営審議会（Bhakra Beas Managememt Board ＝ BBMB）　44, 55, 151, 389
バークラー・プロジェクト　141
バークラー用水路　145, 146, 148, 347
バークラー用水路体系　347
バサヴァシュリー賞　249
パティヤーラー　136, 139
パティヤーラー・東パンジャーブ藩王国連合（Patiara and East Punjab States Union ＝ PEPSU）　132, 145
パドマ・ブーシャン　212, 273
花環用水路案　349
バハーワルプル藩王国　139, 140
ハーモン理論(Harmon Doctrine)　184, 287
バラク　17, 18, 61, 62, 65
パラゴドゥ・プロジェクト　280
パランビクラム・アリヤル・プロジェクト　346
パラ用水路　137
バリー・ドアーブ用水路　137, 139, 347
ハリケ　59, 136, 147, 347, 354
バルーチ　245, 257
ハルヤーナー　24, 27, 32, 33, 42, 44, 45, 55, 57-60, 65-67, 72, 132, 133, 136, 150-152, 154, 155, 157, 158, 287-293, 326, 328, 331, 337, 339, 364, 368, 371, 390

バローダ　230, 257
バンガロール　113, 228, 284, 285, 287, 369
バングラデーシュ　348, 370, 373, 375, 387
バングラデーシュの水資源計画機構（Water Resource Planning Organisations ＝ WARPO）　361
バンサガル・ダム　54
バンサガル監督審議会（Bansagar Control Board）　54
パンジャーブ　v, 11, 24, 27, 32, 33, 42, 44, 45, 55, 57-61, 72, 122, 132, 134, 136, 137, 139-142, 145-159, 287-293, 326, 328, 331, 333, 337, 339, 347, 372, 374, 376, 380, 389, 390, 391, 394
パンジャーブ合意（ラジーブ・ロンゴワル合意書）　153
パンジャーブ州再編　55, 59, 132, 133, 150-152, 292, 390
半島部河川開発　352, 355, 366
ビアース・サトラジ連結用水路　148
ビアース・プロジェクト　55-58, 150
ビアース河　v, 27, 42, 45, 55, 58, 71-73, 132, 133, 136, 139, 142, 146-149, 151-153, 155, 157, 158, 287, 289, 290, 292, 345, 347, 380, 387, 389-392, 399
ビアース事業　147
ビーカーネール藩王国　132, 139-141, 145
比産出（specific yield）率　316, 317
ビージャープル県　279
ビハール　24, 38, 44, 45, 51, 54, 326, 337, 365, 371, 372, 374, 376, 377
ヒマーチャル・プラデーシュ　44, 55, 57, 58, 65, 66, 134, 136, 292, 293
ビーマ揚水灌漑　279
ヒマラヤ山脈系河川開発　352, 366
ヒマラヤ山脈系河川連結案　354
ヒマラヤ山麓地帯　11
表流水　i, 16, 19, 23, 31-33, 67, 68, 89, 111, 322, 323, 326, 331, 333, 338, 339, 354, 358, 388

ビリグントゥル観測所　285
ビル族（Bhils）　197
深管井戸　19
部族民（Tribals）　46, 189, 197, 198, 200, 203-207, 210, 211, 213-215, 217, 221, 228, 229, 232, 234, 235, 237, 243, 247, 249, 250, 251, 254, 270, 271, 295, 296, 298-301, 377, 391, 393
ブータン　348, 370, 373
不法侵入者　189, 200, 201, 203-208, 213, 270, 271
ブラーフマプトラ　ii, 11, 16-18, 61, 62, 65, 350, 353, 354, 358
ブラーフマプトラ河・ガンガー河連結　348, 349
ブラーフマプトラ河審議会（Brahmaputra Board）　61-64
プラヴァル用水路（the Pravaru canals）　91
プラムバディ事業計画　108
プルチンタラ分水　279
フロントライン（Frontline）　72, 229
並行政策（pari passu policy）　196
ベトワー河審議会（Betwa River Board）　44, 53
ペリヤル・プロジェクト　346
ベンガル湾　74, 89, 102
ペンネルー　18, 33, 76-78, 346, 347, 353, 355, 374
法的積極主義（legal activism）　364
北東モンスーン　9, 89, 284
北東地域水力・関連研究所（North Eastern Hydraulic and Allied Research Institute）　65
ポーチャンパド・プロジェクト　95
ボパール　168, 223, 226-228, 259
ポング・ダム　57, 148, 149
ボンベイ　42, 76, 77, 79, 84, 85, 91-93, 111, 139-141, 166, 167, 171, 195, 204, 229, 273, 274, 286

【ま行】
マイソール　76, 77, 79, 82, 84-86, 91, 92, 95, 104-109, 113, 126-128, 365
マイソール藩王国　85, 104, 126
マディヤ・プラデーシュ　15, 20, 24, 29, 44, 45, 53, 54, 76, 89, 91-93, 95, 97-99, 162-164, 167-169, 171-185, 190, 192, 196-198, 200, 202, 203, 206-215, 217, 220, 221, 224-228, 230-234, 236-242, 245, 247-251, 254-259, 271, 273, 274, 276, 293-298, 300, 301, 306, 307, 326, 337, 352, 359, 365, 371, 374, 391
マディヤ・プラデーシュ州プロジェクト被影響者（更生）法（Madya Pradesh Project Affected［Rehabilitation］Act, 1985）　227
マディヤ・プラデーシュ州プロジェクト立ち退き者（再定住）法（Madhya Pradesh Project Displaced Persons［Resettlement］Act）　208
マドプル・ビアース河連結　347
マドプル頭首工　347
マドラス　42, 76-79, 84, 91-93, 104-109, 114, 121, 126, 127, 142, 346
マドラス開発研究所（Madras Institute of Development Studies）　284, 285
マナヴァディカル・ヤトラ（人権行進）　226
マニプル　24, 63, 64
マハーナディー　11, 17, 38, 349, 351-355, 358
マハーラーシュトラ　15, 20, 29, 32, 33, 42, 44, 45, 73, 76, 79, 82, 84-87, 89, 91, 92, 95, 96, 98, 99, 162, 164, 167-169, 171-185, 190, 192, 197, 200, 201, 203, 204, 206, 207, 209, 210-215, 217-219, 221, 225, 226, 229-231, 236-238, 240, 242, 245, 247-250, 252-254, 256-258, 271, 274, 279, 280, 281, 293-301, 306, 307, 318, 333, 337, 347, 352, 370-372,

375, 390, 393
マンドヤ県農民利益擁護団体（Mandya Jilla Raitha Hitarakshana Samiti）　283
水同朋団（Jal Biradari）　369, 370, 371, 378, 392
民衆運動全国連合（National Alliance of People's Movements ＝ NAPM）　375
ムンバイー　72, 89, 189, 207, 219, 226, 248, 253, 254, 298, 299, 301, 352
メガーラヤ　11, 63, 65
メットゥール・ダム　107-109, 111, 112, 114, 128-130, 282-285
メットゥール高位用水路　108, 109

【や行】

有効貯水量　20, 23, 57, 106, 180
用水深（減水深）　318
用水路　ii, 13, 15, 37, 38, 56, 61, 78, 106, 109, 110, 126, 128, 139, 149, 167, 171, 172, 176, 177, 180, 197, 217, 242, 290, 316, 325, 326, 328, 331, 339, 346, 347, 349, 352, 379

【ら行】

ラーヴィー河　132, 134, 136, 137, 142, 146, 149, 152, 290, 347, 350
ラーヴィー・ビアース河水審判所　153
ラーヴィー・ビアース河水紛争　45, 132, 158, 287, 380, 399
ラージガト・ダム・プロジェクト　53
ラージャスターン　i, 11, 15, 16, 19, 24, 27, 44, 45, 55, 58-61, 65, 66, 72, 132, 136, 146-150, 152-154, 156, 158, 162, 169-173, 175-181, 183-185, 224, 225, 232, 237, 238, 245, 290-293, 300, 321, 326, 333, 337, 348, 349, 354, 358, 369, 371, 392
ラージャスターン用水路　147, 348, 354
ラトワ族（Rathwas）　197
ラモン・マグサイサイ賞　218

流域変更　73, 76, 77, 122, 345, 346, 348, 350, 363, 364
ルールキー大学　350, 359
連邦管轄事項表　38
連邦制　ii, 9, 37, 133, 237, 291
連邦立法事項表　38
ロワー・ジェーラム用水路　139
ロワー・ソハグ用水路　137
ロワー・バリー・ドアーブ用水路　139, 347

【わ行】

ワインガンガー用水路　91
若きインド協会（Tarun Bharat Sangh）　369, 378, 392

人名

【あ行】

アイヤル，ラマスワミ．R.（Ramaswamy R. Iyer） iii, 30, 33, 219, 231, 245, 281, 285, 359, 371, 372, 375, 376, 378
アイヤル，V. R. K.（V. R. K. Iyer） 113
アスマル（K. Asmal） 231
アガルワル，アニル（Anil Agarwal） 223, 392
アガルワル，S. D. 112, 286
アドヴァーニー，L. K. 231, 245, 254, 293
アナンド（A. S. Anand） 233
アムテ，バーバー（Baba Amte） 205, 211, 212, 218, 227, 251, 252, 253, 272, 273, 393
アラグ，Y. K. 376
アンダーソン，ジョン（John Anderson） 141
ヴァイディヤナタン（A. Vaidyanathan） 246
ヴァジパイ（A. B. Vajpayee） 114, 229, 231, 245, 255, 282, 283, 293, 294, 365, 370, 373, 379
ヴィヤス（V. S.Vyas） 359
ウォルフェンソン，J. 230
ヴォンバトカル，S. G. 375
エラディ，V. バラクリシュナー（V. B. Eradi） 153, 154, 158, 288, 391

【か行】

カストゥリランガン，K. 370
ガドギル（M. Gadgil） iv
カプリハン（S. P. Caprihan） 359
カマト，K. V. 370
カラム（A. P. J. Abdul） 364, 377, 380
カルナニディ 282, 285
ガンディー，インディラ（Indira Gandhi） 110, 152, 159, 291, 394
ガンディー，ソニア 281, 285, 365
ガンディー，M. 364
キルパル（Kirpal） 233, 364, 369
クランダイスワミ，V. C. 219
クマール，R. 364
クリシュナー，S. M. 280, 281, 283
グルハティ（N. D. Gulhati） iii, 47
コースラー（A. N. Khosla） 166, 168
コナブル（B. Conable） 215, 216, 273
ゴルダル，ビシュワナト（B. Goldar） 30, 32, 33
ゴワリカル（V. Gowarikar） 219

【さ行】

サフ，G. C. 370
サングヴァイ（S.Sangvai） 188
シヴァ，V. 371, 378, 393
ジャイン，L. C. 219, 372
ジャヤラリタ（Jayalalitha） 114, 282, 283, 286
シャルマー（B. D. Sharma） 218, 372
シング，A. 233, 288, 290
シング，N. P. 112, 287
シング，バーラト（Bharat Singh） 359
シング，マンモハン 285, 286, 291, 292, 307
シング，ラジェンドラ（Rajendra Singh） 369, 371, 392, 393
シンデ，S. K. 168, 171, 172, 173, 178, 228, 230, 232, 251, 257, 275, 276, 294, 301
スカッダー，テイヤー（Thayer Scudder） 204, 205
鷲見一夫 188
セン（A. Sen） 230

【た行】

ダウド（S. M. Daud） 250, 253
ダガムワル，V. E. G. 214
ダスグプタ，D. 370, 376
ダストゥル，D. J. 機長 349, 350
ダスムンシ，P. 307, 380

タッテ（C. D. Thatte） 366
ダルマディカリ（S. Dharmadhikary） 216, 221
ダーワン, B. D. 319
チェイヴ（E. H. Chave） 142
チョプラ, カンチャン（K. Chopra） 30, 32, 33
ティワリ（D. N. Tiwari） 359
ドレズ, J. 188, 189

【な行】

ナイドゥ, N. C. 280
ナトラジ, V. K. 285
ナライン, S. 378
ナラヤナン大統領 228, 247
ネルー, J. 167, 230, 235

【は行】

ハシム（S. R. Hashim） 358
バダル, P. S. 288
パティル, J.（Patil） 219, 221
パテル, A.（Anil Patel） 189, 191, 202, 206, 214, 215
パテル（C. C. Patel） 128, 359, 366
パテル, サルダル 245
パチャウリ, R. K. 370
パトカル, メダー（Medha Patkar） 190, 207, 210, 212, 215, 218, 219, 228, 229, 230, 231, 232, 241, 248, 249, 251, 252, 253, 257, 272, 273, 295, 298, 299, 365, 372, 375, 376, 393
パラスラマン, S.（S. Parasuraman） 189, 191, 209
パランジピエ, ヴィジャイ 215
パリク（H. Parikh） 202
バルチャ（J. Bharucha） 233, 241, 242
パント, K. C. 365
バンドパディヤイ, J. 376
ヒッキー（P. F. B. Hickey） 142
フィッシャー, W. F. 188, 189

フェルギース（B. G. Verghese） iii, 359, 372
ブーシャン（S. Bhushan） 212, 219, 273
プラカーシュ（S. Prakash） 359
プラブー, スレーシュ（Suresh Prabhu） 365, 366, 374, 375, 376
プレストン, ルイス 216, 274
ベラル, S. C. 226

【ま行】

マンデラ, N. 246
ムケルジー, C. 112, 130, 286, 287
モース, B. 216
モディ, N. 293, 294

【ら行】

ラオ, K. L. 168, 348, 349
ラオ, N. S. 112, 130, 286
ラホティ, R. C. 292
ロイ, アルンダティ（Arundathi Roy） 228, 229, 230, 232, 241, 249, 251, 252, 256

多田博一（ただ・ひろかず）
1934年生まれ。一橋大学大学院社会学研究科修了。大東文化大学国際関係学部教授。著作：『インドの大地と水』（日本経済評論社）、共著『アジアの灌漑制度——水利用の効率化に向けて——』（新評論）、共訳『インドの伝統技術と西欧文明』（A. J. カイサル）（平凡社）、共訳『進歩の触手——帝国主義時代の技術移転——』（D. R. ヘッドリク）（日本経済評論社）。

インドの水問題
州際河川水紛争を中心に

2005年3月31日第1版第1刷

著者

多田　博一

発行人

酒井　武史

発行所　株式会社　創土社
〒165-0031　東京都中野区上鷺宮 5-18-3
電話 03-3970-2669　FAX 03-3825-8714
制作　茜堂（宮崎研治）
印刷　モリモト印刷株式会社
ISBN4-7893-0035-8 C0036
定価はカバーに印刷してあります。